行銷管理全球觀

作者：Kamran Kashani
　　　Dominique Turpin
譯者：陳智暐・周慈韻
校閱：許長田教授

弘智文化事業有限公司

Marketing Management: An International Perspective

Kamran Kashani
Dominique Turpin

ISBN 957-0453-55-9

Printed in Taiwan, Republic of China

序　言

　　商業環境中對於企業國際化的興趣越來越高，在市場上執行行銷活動所面臨的挑戰也越來越大，本書的目的就在回應這些興趣與挑戰。由於運輸的便捷、通訊的即時化、金融市場與貿易快速的自由化，企業環境似乎縮小了，本書將為國際行銷管理的讀者介紹全球市場的刺激性、挑戰性、以及機會，並提供學習國際行銷議題的實際方法。

　　本書主要是為了國際行銷的教學目的而撰寫，但是書中也涵蓋許多國際企業的一般管理議題，像是「跨文化」（cross-cultural）的管理、策略聯盟、合夥關係。個案的資料來源是根據我們個人對於企業的觀察、或是IMD瑞士洛桑國際管理學院教師們對企業所提供的研究諮詢成果。書中的每一篇個案都曾經在IMD的MBA與EMBA課堂上經過充分的討論。這些個案涵蓋了國際行銷的各種主題：評估全世界各國市場的潛力、以全球性的觀點推出產品或服務、在新環境或是國際性的環境管理行銷組合、執行全球性行銷策略、處理跨文化的行銷議題、管理國際行銷的聯盟與合夥關係策略。

　　書中所附的個案並不一定是「最佳實務」的範例，但也不見得是「經營失敗」的案例。我們選擇這些個案的主要原因包括：它們能引發讀者一般性的興趣並提供教學價值、它們能描繪企業進行國際性營運活動的概況、它們能顯現國際性行銷的特定議題。書中所有的個案都具有相當的廣度，而且是根據真實的商業情況所編寫的。個案中包含公司、特定事件、企業環境……等相關資訊。所有個案都是為了教學目的而撰寫，個案顯示各個人物在探討與發展管理架構過程中，所必須面對的重要議題。更重要地，本書描繪了真實的管理議題。雖然

　　來自各不同企業的經驗與各經理人的觀點有所不同、與學術界學者的看法也有所差異，但是這些經理人的觀點與企業的經驗都是無價之寶，因爲這些觀點與經驗完全是現實世界行銷人員的實地經歷。

　　本書的結構是根據下列主題所串成的流程：在討論到全球行銷的進階議題之前，首先介紹與檢視行銷的基本觀念。書中的四個單元如下：

　　第一單元：行銷導論　本單元提供國際行銷議題、市場分析與決策的一般概念，向學生介紹國際環境的複雜性，並提供國際行銷關鍵性管理議題的概觀，像是爲某一創新產品評估新市場的規模、或是衡量各個不同市場的成長機會。

　　第二單元：行銷決策　本單元向學生介紹行銷活動的關鍵決策領域，也就是一般通稱的「行銷5P」：市場區隔與定位、產品與服務政策、定價、配銷通路、傳播溝通。

　　第三單元：國際行銷—— 全球整合策略　本單元探討的重點在於組織修改國際行銷活動，以朝向全球連貫性整合策略所引發的議題。本單元特別說明一些值得討論的議題，像是行銷決策時所產生的本土化與全球化對立情形，隨後以個案的方式說明此一議題。

　　第四單元：國際行銷—— 策略的執行　本單元說明大部分國際行銷個案書籍常遺漏的重要議題：組織結構與策略執行的要素。策略執行要素所探討的是管理團隊如何採取必要的行動，以執行某一特定的策略。當某一特定策略的影響層面擴及許多不同的組織、文化、市場時（國際行銷常見的情況），策略執行的議題特別具有舉足輕重的地位。

Kamran Kashani
Dominique Turpin

譯　　序

　　《行銷管理——全球觀》一書包含20個真實的個案，這些個案所探討的議題都是全世界許多國際性大企業所面對的問題。個案的來源涵蓋亞洲、美洲、歐洲，對於修習行銷管理或國際行銷課程的大學部與MBA學生來說，這種編寫方式提供了許多有用的資源，使學生能透過企業環境的真實情境，理解各種行銷功能的相關議題。

　　本書由IMD瑞士洛桑國際管理學院的教授群所撰寫，該校所撰寫的個案一向得到各界高品質的評價，而學校在全世界也是聲名遠播。根據英國倫敦《金融時報》*Financial Times*於2002年1月所公布的全球MBA課程排名，IMD名列第14，與許多名校的排名不分軒輊。能有機會使用到國際級名校的個案，這絕對是台灣讀者們的福氣。

目　　錄

第四單元　國際行銷：策略的執行

行銷概論

■行銷經理人的工作

■行銷的使命

■行銷決策的分析

■總結

■行銷導論的個案

■學習重點

個案1.1　雪上風帆（The Skisailer）
　　　　——替一位年輕投資人實現他的夢想

個案1.2　Delissa日本公司

行銷經理人的工作

過去數十年來，行銷的功能已經有了巨幅的改變，從原本狹隘的功能轉變爲更寬廣且更具策略性質的功能。行銷最早期的型式是被界定爲一種受限於本地市場的銷售或廣告功能。行銷經理人的職責通常只限於將工廠的產出銷售出去，以及管理與經銷商聯繫的實體貨品配銷通路。競爭態勢只限於當地市場且並不激烈。現今，對許多產業而言，這些美好的舊時光已如過往雲煙了！行銷經理人現在的職責不僅具有策略的性質，影響層面甚至擴散到整個公司組織。因此，寬廣的視野與豐富的產業知識是不可或缺的。行銷經理人尤其必須具備服務顧客之各項企業活動的能力，以及以企業整體爲考量的策略觀。所以，行銷經理人的功能至少包含下列不同性質的技巧：管理市場情報、管理行銷組合、與全球的顧客以及公司內部各個不同的部門保持互動、顧客導向的觀念。換句話說，行銷功能的範疇已經從一種單純的作業性功能演變成一種較廣泛且較具策略性管理的功能。[1]

行銷的使命

過去數十年來，行銷人員的工作不斷地演進，但是行銷的使命仍舊不變：行銷經理人首先必須確認顧客的需求（有些時候甚至連顧客本身也無法清楚地表達自身的需求），同時善用企業整體的資源來滿足顧客的需求，並藉此爲企業謀取利潤。產品、科技、系統、人力資源都只是行銷經理人與其團隊爲了滿足市場需求以及爲顧客提供附加價值的方法。以顧客爲尊、從顧客的觀點出發是一些掌握領導品牌公

司之所以會成功的中心思想，比方說是新力Sony、寶鹼Procter & Gamble、利樂包Tetra Pak、新加坡航空Singapore Airlines、亞馬遜書店Amazon.com。對以上這些公司來說，滿足顧客的需求是它們生存與成長不可或缺的成功關鍵因素。在這些公司的眼中，顧客就是它們的衣食父母。

許多公司至今仍難以建立與維持市場導向，生產的精神與導向通常使得公司將成本及資源都花在技術專精上，這些公司會宣稱它們生產的是卓越的產品，消費者總會發現產品的優點而去購買。短期而言這樣的觀點可能適用，但長期而言，有限的市場投入與缺乏顧客回饋的情況下，這些公司將會逐漸被競爭者擠到黑暗的角落，因為只有當顧客承認技術卓越的重要性時，技術本身才會產生它的附加價值，這就意謂著公司始終需以顧客為中心。Matsushita松下電子公司是世界最大的消費性電子產品製造商，最近正面臨著這種挑戰，公司所生產的新型攝錄像機有許多新的技術與功能，一致被工程師認為可以打敗競爭者，且奪回市場佔有率的寶座。這款攝錄像機第一波於市場推出後，僅經過一段時間的新鮮熱潮後，業務量便停滯不前了，Matsushita的工程師沒有認知到消費者不熟悉產品功能的過度複雜，許多的按鈕及機械的裝置附件的確增加了所謂的「技術附加價值」；但根據市場上的反應及顧客的回饋意見顯示，顧客所需要的是「使用簡便user friendly」的產品。此外，產品使用說明書的內容也被顧客視為是用技術人員的專業用語所寫出，而非一般大眾可以快速理解的。Matsushita檢視顧客的意見後，決定重新設計其攝錄像機，將產品修改為比較使用者導向，且在使用說明書的編寫上也加入顧客的意見。毫無疑問地，Matsushita攝錄像機的銷售量開始暴增。

另外一個公司經常面臨的挑戰為市場導向與銷售導向的混淆。銷售導向的公司主要任務在於將銷售量極大化，它們的第一要務是說服顧客使用其產品，這些公司也不會傾向調整自己的產品以符合顧客的需求，這些公司耗費許多時間與資源在大型的宣傳或廣告活動上，且

成立一大群的銷售團隊來販賣自己的產品。為了要達到預估的銷售配額，這些銷售人員會降低售價以獲得更多的訂單，甚至會因為過於依賴銷售量而產生一些銷售倫理的問題；最後，不僅顧客不滿意，負面的公司形象也會被廣為宣傳，公司業務因此停滯。

銷售人員首要且唯一的要務就是銷售量。相反地，行銷導向是每個人的責任，消費者對公司形象的形成來自於每一次與公司人員的接觸，也就是Scandinavian Airlines北歐航空公司執行長 Jan Carlzon曾說過的「Moments of Truth關鍵時刻」。[2]例如，在電話中讓顧客等待每一秒鐘的時間，或者當電話忙線而失掉服務顧客的機會，都會使得公司的形象與信用大損，且直接導致公司業務的流失。

組織文化、自滿、不注重細節是幾個公司會失掉顧客的原因。當大部分的公司都在成熟產業下競爭，且提供的產品是消費性用品時，釐清與滿足顧客需求始終是公司成長和繁榮的競爭優勢。

行銷決策的分析

行銷分析包括一般所稱的「5C分析」：脈絡（Context）、顧客（Customer）、競爭（Competition）、公司（Company）、配銷通路（Channel）與成本（Cost）。

脈絡分析

發現顧客需求意謂著瞭解誰需要特定的產品或服務、目的何在、何時、何地、及如何使用此種產品或服務。然而，發現和滿足顧客需求並無法滿足組織在市場上持續的競爭優勢。組織要求生存，必須要能超越過去甚至是未來的競爭者。因此，在決定要提供何種產品或服

務、提供的對象、價格、行銷通路、溝通推廣的工具之前，行銷人員需要對產品或服務所在的環境有全面性的瞭解，這些環境包括：

1. 產品或服務所運作的脈絡（Context）：政治、法律、社會經濟、社會文化、種族……等環境。
2. 所服務的目標顧客。
3. 對外部競爭對手的瞭解與公司本身能力的全盤檢視。

推出新產品

脈絡分析（Context Analysis）特別適用於當公司決定要發展一個全新的產品概念，或者進入一個全新的市場時。以一家位於澳洲的中型酒廠Mibrovale為例，最近這家公司決定將酒出口至世界其它國家，但是應該選擇先進入哪一個市場呢？法國市場嗎？酒的消費量在法國占最高的比例，然而在法國市場競爭情勢已經穩定的情況下，法國人對於澳洲商品的接受程度想必不高。日本市場如何呢？進口酒在日本市場的消費量正如火如荼的暴增中，然而法國酒與義大利酒已經具有強勢的市場佔有率。再看看英國的市場情況，英國人對於澳洲酒的認識程度頗高，但其它澳洲競爭對手早已佔據了有利的位置。要想將公司成功的機會增至最大，這家澳洲公司必須衡量切入市場的幾個主要因素，這些因素包括：

1. 國民平均每人酒的消費量。
2. 國民對於澳洲酒的認知程度。
3. 進口酒占所有酒消費量的比例。
4. 市場競爭的程度。
5. 進口關稅。

Mibroval蒐集和分析這些資料後，認為切入愛爾蘭與英國市場具備最大的成功機會。

進入新市場

　　許多販售快速流通消費性商品（Fast Moving Consumer Goods, FMCG）的企業最近都切入中國的市場，並且期盼這12億人口發揮購買力。若是每人都向公司購買一個產品，公司未來的榮景就可持續許多年。然而，也有為數不少的公司發現中國市場遠比它們所期待的小且複雜，例如菲律賓的San Miguel公司、荷蘭的飛利浦Philips公司、法國的標緻Peugeot汽車公司。1998年，法國的標緻Peugeot汽車公司決定退出中國市場，因為公司嚴重的低估中國汽車市場的複雜性，與中國政府漫長的協商過程比預期的還要久，稅率的改變、進口法令的限制、未預料到的其它競爭壓力，都使標緻Peugeot汽車公司的中國夢成為一場夢魘。與福斯Volkswagen汽車公司選擇推出適合中國市場的車型相比，標緻Peugeot汽車公司在中國所推出的車款，銷售情況相當不佳。標緻Peugeot汽車公司選擇將十年前在法國推出的車種引介到中國市場，這款車型的銷路並不好，原因在於中國消費者會很快地將標緻Peugeot的轎車拿來和其它較複雜的車型做比較，像是日本車款與其它西方的競爭者的車款。

顧客分析

　　瞭解誰（who）購買我們的產品、什麼時候購買（when）、如何（how）購買、為什麼（why）購買是顧客分析（Customer Analysis）的基本問題。在行銷學中，消費者行為可藉由下列幾個面向來分析：釐清需求、尋找資訊、評估潛在需求、購買決定、評估購買行為。[3]

　　在第一階段（釐清需求），顧客表達了某種需求，這種需求是被其它驅力所啟動的（例如對新產品的需求或是替換舊產品）。然後，顧客開始尋找最能符合其需求的資訊，這些資訊包括哪裡可以買到、何時買、買什麼。資訊通常會以不同的型式展現，像是廣告、促銷、

口耳相傳、過去的經驗……等。關於這些資訊型式,行銷人員都可以運用不同的溝通工具來影響。一旦顧客認知到各種替代產品的可行性時,顧客會比較各種產品的不同屬性,並根據其最重視的屬性評比結果,選擇最合乎需求的產品,並做出最後的購買決定。這些產品的屬性可以是有形的,像是可感知的性能、方便性、售後服務、價格;也可以是無形的,像是產品形象、知覺、感情……等。最後,當顧客使用此一產品時,會根據產品的實際使用結果與之前的期待,來完成對產品的綜合評價。顧客對產品的滿意程度(由失望到高興)會影響其未來購買類似產品的意願。

顧客分析的另一個重要元素是認知購買者不一定是產品使用者或付費者,尤其是工業用產品。基本上,產品若是越昂貴,參與購買決定過程的人數會越多。根據產品的性質,購買決策的成員包括:

1. 決定者(Decider):負責擬定購買決策,通常也是引發購買動機的人。
2. 規格制定者(Specifier):負責制定所欲購買產品的詳細規格需求。
3. 行政者(Administrator):負責支付購買費用給供應商。
4. 使用者(User):負責使用所購買的產品。

行銷人員必須瞭解,涉入購買決策過程的每位決策者都有不同的需求角度,但是這些需求都需要行銷人員及其行銷團隊去發掘並滿足。例如要購買一架新飛機時,航空公司的執行長是引發購買決策的人,技術人員會制定所需飛機的規格,財務人員會衡量飛機的全部成本與潛在收益。最後,真正駕駛飛機的駕駛員會關注飛機的技術性與安全性議題,但對於財務議題就沒什麼興趣。

市場區隔

市場區隔(Market Segmentation)是行銷經理人所需做的最重要

決策之一。行銷人員必須認知到市場是由許多購買者組成，而購買者具有許多不同的特性，區隔是瞭解顧客及建立因應策略的核心。讓我們來看看可口可樂Coca-Cola的例子。即使可口可樂是以其全球性的產品聞名，但是公司也承認所有可口可樂的消費者並不大相似。其中一個消費者區隔只對「Classic Coke」具有高度評價，這個區隔俗稱為「傳統者」；另一個消費者區隔只喜愛「Coca-Cola Light」，因為這種飲料具有較少量的糖與咖啡因，這個區隔俗稱為「健康意識者」。同樣地，可口可樂也為其產品提供不同的包裝方式，像是易開罐裝、玻璃瓶裝、寶特瓶裝，或是1.5公升包裝與6.5盎司包裝。所有不同的產品包裝方式都是為了滿足特定的顧客需要與愛好（玻璃瓶裝與塑膠瓶裝）、不同的顧客群體（1.5公升包裝適用於家庭）、便利性（易開罐與玻璃瓶）。

　　既然任何產品類別（不論是冰淇淋、銀行、包裝機器）都無法滿足所有的顧客，區隔就成為顧客分析的核心任務。分析市場區隔的過程通常涵蓋以下三大部分：

1. 評估市場，並將顧客依其人格特質、需求和偏好、不同的購買動機及行為，區分成數個有意義的聚集（或區隔）。
2. 選擇特定的區隔，鎖定顧客群，將行銷策略及資源置於這群區隔身上。
3. 制訂詳細的行銷計畫（產品、價格、傳播溝通、配銷通路），以符合目標區隔的特殊需求。

顧客分析與市場區隔為公司提供許多優勢：

1. 藉著專注於分析顧客的差異性及偏好，迫使公司瞭解顧客的問題何在。
2. 迫使公司將有限的資源（人、金錢、技術）做最適當的運用。
3. 藉由提供滿足不同區隔之特殊需求的行銷計畫，使得管理階層

發展出獨特的競爭優勢。

評估市場區隔

既然每個個體和企業都是獨一無二的，理論上，每個潛在顧客都是可能的市場區隔。然而，基於成本考量，企業不可能將每一個顧客當成一個不同的市場區隔，並提供不同的服務。因此，透過以下的基準，公司希望找出最有助益的市場區隔：

1. 可衡量性（Measurability）：這個市場區隔是否夠大、或者成長夠快，可以充分證明行銷與組織所做的投資是值得的，且提供值得的回收？
2. 可接近性（Accessibility）：公司是否具有一套可實行且持續的行銷計畫，可以解決或滿足這個市場區隔的問題與需求？
3. 防衛性（Defensibility）：公司是否能運用其核心競爭力來鞏固自己的競爭優勢，即使當任何競爭者想要進入這個市場，也能維持其獨特的地位？
4. 持續性（Durability）：此市場區隔是否會持續成長、萎縮、或與其它區隔合併？
5. 競爭優勢（Competitive Edge）：公司是否能藉著所選定的市場區隔，創造出極大的競爭優勢，並超越其它競爭者？

重新塑造市場區隔，以重拾競爭優勢

很多行銷經理人將目前存在的市場區隔視為理所當然，但是重新塑造市場區隔是行銷創新的關鍵，也是主要競爭優勢的來源。以攝影底片產業為例，直到最近，攝影底片產業才以下列的面向做為市場區隔：黑白底片 vs. 彩色底片；一般底片 vs. 幻燈片；底片感光度ISO 100 vs. ISO 200 vs. ISO 400等等。柯尼卡Konica公司是第一家發現底片產業可以因不同的消費者行為，而將整個市場重新區隔的底片製造商。藉由觀察消費者如何使用底片，且發掘新的目標顧客市場，柯尼

卡Konica公司增加了豐富的財務營收，且建立了全新的形象（詳見
【個案2.1 柯尼卡Konica公司】）。其它類似的案例，像是日本的朝日
Asahi酒品公司成功的將日本啤酒第一名的寶座，從麒麟Kirin酒品公
司的手中奪下，其成功的關鍵因素即在於研究消費者行為，而非僅依
賴傳統技術特性而形成的市場區隔（詳見【個案2.2 麒麟Kirin酒品公
司】）。

Nike如何對運動鞋市場進行市場重新區隔

產業重新區隔的經典例子之一是耐吉Nike公司。運動鞋產業長久
以來被德國廠商愛迪達Adidas所霸佔時，德國製造商卻低估了來自美
國市場的競爭與顧客的偏好。[4]更糟的情況是，愛迪達Adidas低估了
新競爭者Nike進入市場所帶來的影響，因為Nike是如此積極的想要改
變整個運動鞋產業的市場遊戲規則。在Nike進入運動鞋產業之前，愛
迪達Adidas和彪馬Puma就幾乎佔有了所有的運動鞋市場，愛迪達
Adidas的優勢在於一直與各種國際和奧林匹克的運動相結合，而這些
運動的參與者都是業餘的運動員。通常愛迪達Adidas會與這些國際運
動協會或組織簽訂贊助合約，而非與個別運動員簽訂廣告合約。到了
1970年代末期及1980年代初期，環境的改變影響了整個運動鞋產業
的生態，因為美國消費者越來越注重生理上的舒適性。

當愛迪達Adidas早已將其市場區隔依運動類型來分類時，Nike的
創始者Phil Knight往前又想到了一步，他將市場依下列的面向作重新
的區隔：足部的動作、身體的重量、跑步的速度、訓練的時程、性
別、不同階層的技能。在1980年代初期，Nike產品的需求情況大致如
下：60％的Nike零售商會預先訂購商品，因為Nike的商品通常需等待
六個月才能送達。在四年內，Nike在跑步鞋的市場佔有率由0％爬升
到33％，同時間愛迪達Adidas的市場佔有率由50％降到20％。藉由提
供多樣化的產品型式、價格、使用方式，Nike成功吸引了不同的顧客
層級。當所有的跑步鞋製造商都跟隨著愛迪達Adidas的區隔策略時，

Nike卻因此走出自己的路，而且做得更好。Nike不只在創意上、研發上、市場研究上超越其它競爭者，藉由投入大量的資源於各種傳播媒體與許多明星運動員，Nike成功建立起自己的品牌形象。

競爭分析

若是組織要生存，績效表現就必須超越其競爭對手。就像前面所提過Nike／Adidas的例子，知道誰是現在與潛在的競爭對手是很重要的議題。確認現有的競爭對手並不是一件困難的工作。競爭資訊的來源主要來自以下兩個管道：

1.出版品：產業出版刊物、年度報告、期刊文章、專利記錄等。
2.實際活動：銷售人員報告、顧客與供應商的反應等。

充分利用這些資訊是瞭解及掌握競爭對手行動的關鍵。針對已存在的競爭對手與潛在的競爭對手，很重要的課題是釐清哪些顧客區隔是我們所欲專注的？我們打算提供哪些價值給這群目標顧客？行銷人員需認知到，競爭對手如果不是提供顧客有價值的產品或服務，它們就無法在市場上生存。以下是進行競爭分析（Competition Analysis）時，所需掌握的關鍵問題：

1.競爭對手對於獲利程度、市場佔有率、新產品推出、市場區域擴張的目標為何？
2.競爭對手對產業、對我們、對自己有什麼樣的假設？
3.競爭對手的目標是否會隨著時間而改變？為什麼會？為什麼不會？
4.競爭對手主要的優勢和劣勢為何？
5.產業環境什麼樣的改變會影響競爭對手？
6.競爭對手將會如何回應我們的市場切入動作？

12

　　確認未來的競爭對手是一件較困難的事情。行銷人員必須定期釐清與評估誰是新進者，這就好比敏銳的雷達偵測器，隨時探測是否有新進者的進入。在我們的研究中發現，剛進入產業的新進者就好比眞正的「革命者」，它們不會被傳統的思考方式所束縛，這些新的競爭對手通常以新角度來看待顧客，並設計與運用新的顧客區隔，且在市場提供給顧客創新的價值定位。戴爾電腦Dell在電腦業、威名百貨Walmart在零售業、任天堂Nintendo在電子遊戲機產業、微軟Microsoft在軟體業、維京Virgin航空公司在運輸業的成就，都是成功顛覆原有市場遊戲規則的最典型例子，它們令人驚訝地取代原有產業領導巨人的地位，因爲它們所生產的創新產品與服務，使得它們在產業界中已經取得牢不可破的領先地位。

嬌生（Johnson & Johnson）公司的創新是如何失敗的

　　Johnson & Johnson曾經因爲使用一種稱爲「Stent」的醫療設備，而在冠狀動脈拴塞症的治療方法中得到革命性的突破，最近公司就遇上了競爭對手的挑戰。在過去三年中，Johnson & Johnson在一種打開阻塞心臟血管的醫療器材上，擭取了90％的市場佔有率，相當於十億美元的業務量，僅在1998年輸給Guidant公司。在1998年秋季，Guidant公司發展出一套具競爭性的醫療器材，並在45天內就達到79％的市場佔有率！[5]Johnson & Johnson是哪裡出了問題？根據Cleveland醫院心臟病科總醫師Eric Topol的說法，Johnson & Johnson並未持續保有技術的優勢，且低估了快速回應的競爭對手，這也就打開了一扇讓競爭對手進入大門。競爭對手設計出更好的產品，Johnson & Johnson在發展下一代產品時顯然慢了一步。Johnson & Johnson爲了要保護自己的產品免於競爭，甚至讓許多頂尖醫師產生Johnson & Johnson將許多專利暗藏起來的印象。尤有甚者，Johnson & Johnson的產品價格相當僵化、毫無彈性，這讓許多主要顧客感到非常不滿，即使是一年購買了十億美元的產品，顧客也沒辦法得到任

何折扣。當Guidant公司有替代的產品出現時，這些不滿的顧客自然很快地改變供應商，Johnson & Johnson失敗的地方在於未能預期競爭對手強烈且快速的回應，而且這還是一種邊際獲利很高的產品市場。現在Johnson & Johnson在實驗另一種新的醫療器材，希望可以說服這些存有疑心的醫師，以重新找回醫師們對於Johnson & Johnson心臟病醫療器材的信心。但是，在此同時，Guidant公司及其它競爭對手也在研發新世代的產品，也對Johnson & Johnson重回當年主宰市場地位的雄心，給予了一些限制與阻礙。

　　Johnson & Johnson的例子並非單一個案。事實上，這顯示許多技術導向公司之行銷人員所會遭遇的共同問題。在產品週期較短的產業，每一個新的產品革新都能造就出新的競爭遊戲規則，像是時裝、玩具、消費性電子產品。

公司分析

　　根據哈雷機車Harley Davidson總裁Richard Teerlink的說法：「自滿、貪婪、傲慢是公司失敗的關鍵原因。」[6]定期檢視公司的能力於是變為組織成長與生存的重要任務。「同樣是滿足目標顧客的需求，我們和其它競爭對手有什麼不一樣的地方？」「我們還有哪些地方可以改進？」「如何可以提供顧客更好的服務？」「我們的產品或服務處於生命週期的哪一階段？」「我們獨特的價值定位在哪裡？」這些都是成功公司一而再，再而三會強調與檢視的問題。

　　公司通常會因為內部執行的客觀性受到質疑，導致行銷內控或稽核難以進行。個人利益、辦公室政治、日常事務太過繁複導致看不清問題所在，種種因素都導致公司傾向依賴外部行銷專家，來為組織的行銷績效表現做個客觀性的診斷。公司分析（Company Analysis）的典型方法通常具有三大重要步驟：

1.行銷績效評估。

2.行銷診斷。

3.釐清主要優勢和劣勢，並擬定改善的行動。

行銷績效評估

這個步驟主要是檢視目標區隔的需求如何被滿足（我的產品或服務的績效與競爭者相比如何？在產品售出前、銷售期間、及銷售之後，分別評估品質、可取得性、其它顧客所認知的重要價值來源面向）。分析的資料通常來自於顧客滿意度及其它行銷市場研究的調查。行銷績效評估也涵蓋整體組織績效的稽核，稽核項目包括依據產品線、顧客區隔、地理環境為區分的財務獲利情況分析，以及市場佔有率。當公司的經營績效需與相同產業的競爭對手相比較時，標竿調查在上述的面向中提供了非常有用的回饋功能。行銷策略之獲利影響評估PIMS（Profit Impact of Marketing Strategy）是另一項有效的策略行銷工具，這個工具讓企業可以學習採取相同策略之公司的經驗。以往企業只能從處於相同產業的公司得到經驗，但相同產業的公司往往處於不同的脈絡與情境，而PIMS這個工具使得行銷人員能從具有同樣競爭位置的公司，習得更實用的經驗。

行銷診斷

行銷診斷可幫助行銷人員找出行銷問題的所在。例如，一家小型的德國廚房器具製造商發現，其獲利來源很大一部份是來自於少數產品的成功，但這些產品目前的需求都已呈現停滯狀態；而且若是每筆銷售訂單的金額低於60德國馬克，公司就會虧本，因為銷售這些商品所產生的訂單處理成本遠超過此筆訂單的邊際獲利。另一家英國的地板裝飾品公司發現，50％的顧客續購率與66％的整體市場鋪貨率，提供了市場進展的潛在指標。經過行銷診斷之後，這兩家公司都發現，雖然它們獲得的新顧客數量比失去的多，但將心力投注於留住現有顧

客，仍代表著重要的商機。

行銷行動

藉著定期執行完整的行銷診斷，行銷人員可以擬定適當的行銷計畫。行銷計畫是考量現有的優勢、待改進的地方，並將行銷行動依重要性做出優先順序的排列。例如，前面提過的德國廚房器具製造商將銷售重點重新放在獲利較多的產品上；英國的地板裝飾品公司也針對原有顧客設計了一套獎勵回饋辦法，捨棄為了吸引新顧客而辦的昂貴宣傳活動。

配銷通路分析

越來越多行銷人員承認關係行銷（Relationship Marketing）的重要性，起因在於公司配銷通路夥伴（經銷商與零售商）所具有的議價權力正在擴張，所以大型零售商也被視為非常特殊的顧客之一。只把重心放在最終使用者（End-user），會導致製造商忽略這些通路夥伴對最終銷售量的影響力。

樂高Lego玩具公司是一家丹麥玩具製造商，它是管理各型零售商最成功的例子。針對大型零售商與小型零售商，樂高Lego玩具公司很快就領悟到應採用不同的管理方式，公司才能在產業中保有競爭優勢。大型零售商藉由電子資料庫系統的幫助，通常能對產業中的潮流趨勢有較迅速的察覺，這些大型零售商通常要求及時化的配送（Just in Time Delivery）模式，好讓產品能快速的周轉。為了回應大型零售商的特殊需求，樂高Lego玩具公司要求這些零售商給予其產品較好的上架空間。

另一方面，小型的玩具商店並不像大型零售商擁有複雜的電子資料庫系統，因此它們無法像大型零售商如此精準的抓住最終使用者的趨勢。庫存管理與銷售預測通常是這些小型玩具商店最感頭痛的兩件

事，樂高Lego玩具公司與這些小型商店一起解決上述兩項挑戰，也在解決過程中贏得了這些小型零售商的尊敬。樂高Lego玩具公司從這樣的經驗中學到：大型或小型零售商所碰到的任何議題或問題，都是另一個增加銷售量的機會，樂高Lego玩具公司越重視這些配銷通路夥伴所提出的問題，這些配銷通路夥伴就會提供更多的上架空間給公司，這樣形成的是一種長期的良性循環關係。

其它產業剛好呈現相反的趨勢，尤其是技術密集的產業。技術密集產業的顧客通常是經銷商，最終使用者的意見很少被公司所重視，這種情況直到最近才有些改變。SKF公司是一家瑞典的軸承製造商，它以往都是直接將產品賣斷給經銷商，而非透過經銷商將產品賣給最終消費者。因此，SKF公司的員工絲毫不用去考量最終使用者——汽車修理技師與汽車擁有者的反應。軸承以每噸的方式大量賣給經銷商，針對汽車修理技師所提供的服務（像是產品適用性、可取得性、安裝簡便性）則不被視為重要的議題。為了要扭轉這種趨勢，SKF公司將焦點改放在最終使用者身上，公司也因此取得業界領先的地位。[7]

成本分析

太多行銷人員在碰到詳細數據分析的時候，就直些跳過這個部分，但是財務或經濟分析通常是經理人在評估不同行銷方案的考量重點。無論是發展一個新產品、修改定價策略、配銷通路或溝通傳播策略，都與成本有密不可分的關係。

成本與貢獻

成本分析（Cost Analysis）的主要用意在預測行銷決策對公司的基本影響。銷貨收入與成本之間的差距即是利潤的來源。行銷成本可以分為變動成本與固定成本兩種。變動成本與產品製造或售出的數量有直接的關係。舉例來說，原料成本與銷售人員的佣金都可以視為變

動成本的一部分,因為這些成本都會隨著產品或銷售量而改變。另一方面,廣告的花費可以算是固定成本,因為廣告成本並不會因為產品銷售量的多寡而有所不同。

　　每單位產品售價與變動成本之間的差距即是每單位產品的貢獻或邊際獲利。同樣地,邊際淨利就等於每單位的邊際獲利乘以產品銷售量,再減掉固定成本。

　　為了說明上述的概念,接下來以某一生產淡啤酒的小型釀酒廠為例。假設租用工廠與廠房設備的成本(包括水電費用、保險費、稅金)每年是300,000美元,銷售人員的薪資、廣告費用、其它行銷與管理的成本合計每年是400,000美元,每年租用機器設備(預期可使用五年)的成本是200,000美元,每一箱啤酒(12罐裝)的原料成本與人工成本是30美元。如果每一箱啤酒的最終售價是36美元,則我們可以得到下列的算式:

固定成本 = $300,000 + $400,000 + $200,000 = $900,000
每一箱啤酒的變動成本 = $30
每一箱啤酒的售價 = $36
每一箱啤酒的貢獻 = $36 - $30 = $6

　　如果釀酒廠一年預估要售出35,000箱的啤酒,則預估的成本與收益如下:

全部變動成本　　=35,000 × $30 = $1,050,000
全部收益　　　　=35,000 × $36 = $1,260,000
全部貢獻　　　　= $1,260,000 - $1,050,000 = $210,000

損益兩平分析

　　損益兩平是計算需要多少銷售量才足以讓所有的固定成本與貢獻相抵,如此既沒有獲利,也沒有損失,呈現的是收支平衡的狀態。損益兩平點是將所有固定成本除以每單位的貢獻。運用前述釀酒廠的例

子：

損益平衡點：$900,000 ÷ $6 = 150,000箱

損益兩平的概念可以幫助經理人決定何種價位是適當的，且此一價位要能負荷固定成本與企業的運作。接著經理人要開始計算會影響損益兩平點的各項數據，包括產品售價、廣告費用、銷售人員的數量……等。

實際上，公司很少以損益兩平的狀態在運作，達到獲利目標才應是公司的常態。損益兩平的公式主要在計算需要多少銷售量才能達到獲利目標。如果釀酒廠的經營者希望達到 $100,000的年度獲利目標，則計算的方式如下：

獲利目標　　　　　　　　　＝單位貢獻×銷售量－固定成本
達到獲利目標所需銷售量　　＝（固定成本＋獲利目標）÷單位貢獻
　　　　　　　　　　　　　　＝（$900,000 + $100,000）÷ $6 =
　　　　　　　　　　　　　　166,667箱

很明顯地，如果所有的行銷決策都只依賴這些數據的話，將會產生許多錯誤，除非釀酒廠的經營者也將下列的因素納入考量：市場的規模大小、市場的成長率、顧客的偏好、競爭對手的產品、潛在顧客與競爭對手的回應、配銷通路的優勢……等。換句話說，成本分析不能完全取代顧客分析、競爭分析、公司分析、配銷通路分析。成本分析只能幫助行銷經理人理解與判斷方案的是否可行，幫助縮小可行方案的範圍，幫助選定一種對公司最好的行銷方案來執行。

總結

　　一旦行銷分析的四個元素（脈絡、顧客、競爭、公司）都執行完畢以後，行銷人員應該可以對於自己公司的競爭力有更進一步的瞭解。系統化行銷分析是發展持續性競爭優勢的第一步：

1. 創造獨特的產品或服務，讓顧客與配銷通路系統感受到產品或服務的優越性。
2. 針對目標區隔發展出一套適切的行銷計畫，包括產品、價格、促銷、通路等細節。
3. 獲取所需資源（包括金錢、技術、人力）以執行行銷計畫。

行銷導論個案

　　本單元的個案提供許多應用基本概念的機會，像是脈絡分析、顧客分析、競爭分析、公司分析。

　　第一篇個案「雪上風帆（The Skisailer）：替一位年輕投資人實現他的夢想」的主題，討論一項結合滑雪與風帆衝浪的新產品，第一年在全世界銷售所遭遇的困境。一群MBA學生蒐集市場相關訊息，並針對問題進行研究；而產品的發明者則必須採取行動以挽救岌岌可危的情勢，他應該怎麼做？

　　第二篇個案「Delissa日本公司」描述瑞典乳製品公司Agria在日本推出Delissa優格的情形。Agria公司透過合資與授權協議的方式在日本銷售優格。起初，Agria公司預期可以達到10％至15％的日本優

格市場佔有率，可是儘管Agria公司行銷專家不斷地對日本市場進行
訪查，在跨入日本優格市場九年後，Delissa優格仍然無法突破日本優
格市場3％的佔有率。有感於Delissa優格令人失望的結果，瑞典管理
部門開始懷疑是否應該繼續在日本的事業？更換合作的授權廠商？還
是乾脆完全撤出日本市場？

學習重點

藉由以下個案的分析與討論，同學們可以得到以下的學習重點：

1.脈絡分析、顧客分析、競爭分析、公司分析。
2.市場區隔。
3.市場切入策略。
4.產品重新定位的策略。
5.為新產品上市而模擬市場潛力的市場研究方法。
6.阻礙新產品銷售發展的特定問題診斷。
7.國際化的過程與文化差異。
8.消費性商品的國際行銷活動。
9.全球化企業的管理。
10.跨文化與跨國界的策略聯盟。

註釋

[1] 引述自*Long Range Planning Journal*第28期第4卷第87-98頁，標題爲「Marketing Futures: Priorities for a Turbulent Environment」，Kamran Kashani撰。

[2] 引述自1989年Harper Collins公司出版的*Moments of Truth*一書，Jan Carlzon撰。

[3] 引述自1978年Holt, Rinehart & Winston公司出版的*Consumer Behavior* 《消費者行爲》一書第22頁，J.F. Engel、R.D. Blackwell與D.T. Kollat合撰。

[4] 細節請參閱1996年John Wiley & Sons公司出版的*Marketing Mistakes*一書，標題爲「Adidas: Letting Market Advantage Slip Away」，Robert F. Hartley撰。

[5] 細節請參閱1998年9月23日出刊的*The Wall Street Journal Europe* 《歐洲華爾街日報》，標題爲「Missing a Beat: How a Breakthrough in Cradia Treatment Broke Down for J&J」。

[6] 引述自1997年10月20日Richard Teerlink 對IMD瑞士洛桑國際管理學院 1997年班MBA學生的演講稿。

[7] 引述自IMD瑞士洛桑國際管理學院教學個案SKF Bearings Series: Market Orientation Through Services，Sandra Vandermerwe與Marika Taishoff合撰。

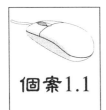

雪上風帆（The Skisailer）：
替一位年輕投資人實現他的夢想

個案1.1

David Varilek剛剛得知他的發明——雪上風帆Skisaile——全球銷路欠佳的消息，消息來自投資David Varilek的Mistral公司管理部門。Mistral公司指出「雪上風帆」第一年的銷售量未達預期目標，而且對該產品的未來前景有所懷疑，因為第一季的銷售期間才賣出708套而已。在全球負責製造和行銷該產品的Mistral公司，已經在這個產品投資超過50萬美元，其管理部門已經開始認真思考該產品明年是否該撤出產品線。

David Varilek知道出師不利會危及他四年來的心血，因此他商請一群就讀IMD瑞士洛桑國際管理學院的MBA學生們，替他研究雪上風帆的市場潛力，進而給他可行的建議，好讓銷售情況好轉。學生們最近剛完成該計畫的第一階段，把結果報告給David Varilek，而這位年僅23歲的年輕投資人正在閱覽這些資訊。

發明始末

雪上風帆基本上是一種結合了滑雪和風帆衝浪的新型態運動。David Varilek是一個土生土長的瑞士人，他覺得自己是「踩著雪橇出生的」，可是冬天他不能在住家附近的平坦雪原上滑雪，因此倍感挫折。

於是在四年前，他就在自家車庫裡發明一種連桿，可以固定在一般雪橇上，而雪橇仍具有許多彈性能活動自如，而整套桅桿和風帆組成的帆具也可以安裝在雪橇上。如此一來，只要風夠大，在平坦的雪面上滑雪也會很好玩，這個構想不久便取得了瑞士專利。該發明獨特的設計特徵就是可以和一般的滑降雪橇及任何種類的帆具一起使用，

這是一項替消費者省錢的創舉。雪上風帆的連桿和帆具都很容易安裝，而且連接連桿和雪橇的側夾不會傷到使用者，頂多只會在雪橇側面留下凹痕而已。整個雪橇上只有五公分長的地方是用來固定風帆，其它部分都能保持一般的彈性。安全性也是雪上風帆開發時的重要考量，所以在產品上安裝了三個能自行釋放的安全機制。（詳見【附錄4】顯示雪上風帆Skisailer的產品型錄）

雪上風帆可以在平滑的坡道或雪面上玩，修整好且具有緊實雪面的滑雪坡道是最理想的平面。此外，雪上風帆也可以每小時100公里的速度在冰面上航行，但是在雪深處或緩升坡上航行則需要更強的風力。高速航行時，最好戴上安全頭盔。

據David Varilek表示，就算該產品非得要在天寒地凍的氣候下才能玩，其樂趣仍可媲美於衝浪。David Varilek說道：「雖然兩者的感覺是一樣的，但是雪上風帆比衝浪板更容易控制、更容易學。你可以輕鬆上下雪上風帆，而且你一定可以踩到地面。」雪上風帆的另一項長處是可以利用地形翻滾，就像在玩衝浪一樣，它是一種可以適應環境多樣性的絕佳運輸工具。

Mistral風帆衝浪公司

Mistral公司是ADIA集團的分支機構，ADIA總部設在瑞士洛桑Lausanne，總資產共計十億美元，該集團的營運活動主要集中在ADIA Interim公司，這是一家提供全世界臨時雇員的人力派遣公司。

幾年前，ADIA集團併購了Mistral公司，將之納入其多角化經營策略之中，集團將這次併購視為一個投入高成長速度相關產業的機會。Mistral在過去十年間一貫的行銷及產品政策，使該公司穩居全球風帆衝浪產業的龍頭，其成功的基礎乃是公司的科技能力、持續的創新、高品質標準、選擇性國際配銷政策、強健的財力所共同成就的。衝浪裝備市場向來以品牌及製造商的興衰著稱，而Mistral因為上述條

件基礎，才得以在激烈競爭的市場終站有一席之地。對ADIA總裁 Martin Pestalozzi來說，當Mistral管理部門益發關注風帆衝浪市場的未來時，雪上風帆正是擴張產品線的良機。

Mistral公司與風帆衝浪市場

現代風帆衝浪之父是兩個加州人——Holye Schweitzer和James Drake。他們發展出風帆衝浪的概念並註冊了「風帆衝浪Windsurfer」這個品牌。他們為這項介於衝浪板和帆船之間的產品申請了專利許可。

幾年後，Holye Schweitzer買斷了James Drake的股份，並繼續發展他自己的公司：Windsurfing International風帆衝浪國際公司；該公司已經從一個以家中客廳出發的小公司，轉變為今日總值千萬、分公司遍及世界六國的大企業。因為公司在北美洲享有專利，所以Windsurfing International風帆衝浪國際公司得以在其它公司進入市場前，獨占美加地區的市場。

另一方面，歐洲市場的風帆衝浪設備競爭比北美洲要早了數年，自從一家名為Ten Cate的荷蘭公司將風帆衝浪引介到歐洲市場後，風帆衝浪設備便享有空前的成長，尤其是在法國與德國。即使在該產業趨於成熟後，雖然銷售量無法成長，但銷售額仍維持穩定的成長。愛好該運動的人口由原本的一小群開始成長，並且不停地增加，據估國際間約有二百萬到三百萬的風帆衝浪人口。

Mistral公司成立於瑞士蘇黎士Zurich附近的Bassersdorf。該公司成立後，很快就在風帆衝浪玩家間贏得了國際性的聲譽。它的成功肇因於兩項促銷策略：第一、Mistral公司一開始就與Robby Naish簽訂廣告合約，而他是該活動競賽中常常贏得重要錦標和冠軍的加州年輕人。Robby Naish使用Mistral的產品，在12歲時就成為當時的世界冠軍，並一直在此運動中穩居冠軍寶座，去年他已經第十度蟬聯世界錦

標冠軍了。第二、供應免費器材給地中海俱樂部Club Mediterranean之類的休閒團體,因而幫它的品牌打出了世界性的知名度。

　　Mistral公司也憑藉著高價位和高品質的優勢,凌駕風帆衝浪市場中的其它廠商。Robby Naish的名字和Mistral的高品質與可靠度,有助於該公司在三十個國家中建立廣泛的配銷通路網絡。它的美國子公司握有三分之一的世界銷售量與市場占有率。Mistral也在一些歐洲國家設立分公司,如德國、法國、荷蘭、比利時、盧森堡。Mistral在其它國家的市場中則授權獨家代理經銷商銷售其產品。

風帆衝浪市場近況

　　近年來,在幾個因素的聯合作用下,美國風帆衝浪市場的銷售量降低了。專利侵權法律訴訟導致兩大法國廠商Bic和Tiga撤資,這兩家公司曾憑著16,000套的年度總銷售量而進入美國市場的主要廠牌之列。同時,有些歐洲製造商瀕臨破產,於是就大幅減產並節省行銷開支。另一個導致銷售量下滑的原因是市場飽和,年度總銷售量已經從兩年前的73,000套下滑至去年的62,000套。

　　在歐洲,風帆衝浪曾以驚人的速度成長了好幾年,不過好景不常,後來市場就逐漸疲軟。根據法國行銷研究組織ENERGY的報告指出,法國風帆衝浪設備的年度銷售量,在短短十年內由600套不到直飆至115,000套以上。然而,由於氣候偏冷再加上市場飽和,使得去年法國銷售量減少到65,000套。而在僅次於法國的德國市場裡,情況也不理想,銷售量一路下滑到60,000套以下。在義大利甚至只能賣出不到35,000套,荷蘭約有45,000套,瑞士約有15,000套。

　　歐洲的銷售情況主要受歐洲品牌掌控。舉例來說, Bic和Tiga在法國合計售出45,000套,Mistral則算是舶來品中的第一品牌。在德國的領導品牌是Klepper,Mistral在當地的市場占有率只能排名第四。去年Mistral公司全球45,620套風帆衝浪設備的總銷售量中,各地所佔的銷售量分佈如下:美國25%、歐洲30%、歐美以外的地區45%。

風帆衝浪設備銷售金額占該公司五千四百萬美元營業額的60％，其餘20％為運動服飾的銷售金額，另外20％是零件與配件的銷售金額。

雪上風帆和Mistral公司的多角化經營策略

三年前，ADIA集團的管理部門從一本瑞士當地重要的雜誌上，讀到一篇長約四頁、內容關於雪上風帆的報導後，便和David Varilek連絡。

雪上風帆看來是相當適合Mistral多角化經營策略的一項產品，Mistral管理部門計畫發展多季運動裝和其它滑雪相關產品的新興產品系列，而雪上風帆也正符合這個產品系列的訴求。得到ADIA集團的全力支援之後，Mistral公司開始產品推出計畫。

David Varilek與Mistral公司正式簽署一份關於雪上風帆開發、製造、經銷的合約。在合約期間，所有雪上風帆的專利和商標權為Mistral公司所有，但David Varilek身為雪上風帆的技術顧問，將獲得銷售金額2％的權利金。合約中還包括讓David Varilek在Mistral參加的競賽和展覽中做示範。若在第二年年底的總銷售量仍低於5,000套，雙方皆可終止合約，商標與專利權回歸David Varilek。同時，針對任何競爭對手提供給David Varilek的條件，Mistral公司有權再提供更好的條件，這就是所謂的「優先議價權」。

在市場上推出雪上風帆

合約簽訂後不久，Mistral就開發了兩套雪上風帆原型，並在ISPO上發表。ISPO是歐洲最大型的運動產品商展，每年都在德國慕尼黑Munich舉辦。合約的第二年，Mistral的工程師研發了幾項裝在雪上風帆的新裝置。舉例來說，連桿和裝置基座被強化了，使雪上風帆更加抗震、更耐低溫。整套設備被修改成能與Mistral帆具搭配的型式。

在德國慕尼黑Munich的ISPO會場上，雪上風帆被廣泛宣傳為貨

真價實的創新產品，必定會贏得消費大眾的瘋狂搶購。然而在研發初期階段，該產品仍欠缺促銷方面的支援。沒有手冊、影片或照片來展示產品或教導潛在消費者如何使用該產品。David Varilek覺得Mistral向經銷商介紹產品的照片並不吸引人，不足以引發消費者的興趣和購買慾，不過仍有些經銷商很喜歡該產品，並立即下了訂單。

雪上風帆的正式推出是在去年，Mistral公司製造了2,000套的雪上風帆：一根桅杆配上風帆（由標準的風帆衝浪用具產品線取得）和連桿。透過公司在大城市和中型都市的批發商通路網絡與獨立的運動用品商店，雪上風帆被配銷到各地。舉例來說，在瑞士洛桑Lausanne這個城市裡，居民共有250,000人，並有30間滑雪用品專賣店和3間風帆衝浪用品商店；雪上風帆在其中3家店面販售，之中的兩家專賣滑雪設備，第三家則賣風帆衝浪用品。

雪上風帆的零售價訂為410美元，包括連桿和裝置基座，但不包括風帆和桅杆（兩樣合計要另加590美元）。雪上風帆和帆具組的零售邊際獲利率設定為35％，批發邊際獲利率也是35％。Mistral公司製造與配銷每套雪上風帆的成本是85美元，航行用帆具組的成本約為200美元。

David Varilek覺得第一年撥給雪上風帆的15,000美元促銷預算似乎太低了。雖然Mistral公司已經駁回David Varilek一項製作動態錄影帶的提案（該案預算為35,000美元），但是David Varilek決定在加州的Mammoth湖自行拍攝一捲介紹雪上風帆活動的錄影帶。Mistral公司後來決定補貼David Varilek拍攝錄影帶的10,000美元成本。

從開始到現在，Mistral公司已經投資了50萬美元以上的經費在雪上風帆：

工程與製造成本	$214,000
其它成本	74,000
研發成本	288,000

存貨成本──成品與零件	
總公司倉庫	180,000
經銷商倉庫	68,000
小計	248,000
合計	$536,000

市場研究的發現

David Varilek 相當在意雪上風帆的未來,於是他委託一群MBA學生研究雪上風帆的全球市場,並要求他們提出研究報告。在學生們已完成的第一階段研究有兩項任務:第一是估計雪上風帆的市場潛力、競爭的商品、滑雪市場的發展;第二是對購買者、零售商、批發商進行問卷調查。以下是該研究發現的摘要:

潛在市場

根據該團隊對雪上風帆購買者的調查,得知潛在的消費者可能是那些既會滑雪也玩風帆衝浪的人。而根據產業報告,該團隊估計全球現有的兩百萬風帆衝浪玩家和三千萬滑雪愛好者裡,最多有60%的風帆衝浪玩家,也就是120萬人也從事滑雪活動。然而,據這些MBA學生表示,雪上風帆的「可實現市場realizable market」遠低於此一最大值,他們認為至少有四種「篩選機制」會使「可實現市場」的潛力降至最大值120萬的一小部分。

篩選機制一:消費者類型。因為這是一種相對而言比較新的運

動，它主要吸引的是被MBA學生稱為「創新派」的熱中者；學生在研究中指出，這些購買者的年齡層大概分佈在15歲到25歲之間；這個年齡層的人雖然喜歡運動，不過大部分都負擔不起雪上風帆的價位。第二個最可能購買的族群則稱為「早期接受者」，他們年紀比較大，比較沒那麼愛運動，也比較注重形象；對這個階層的人來說，價位不是最重要的考量。研究小組認為讓第二種消費者族群對這項新產品感興趣之前，有必要將該產品充分滲透到第一個族群的消費者之中。

篩選機制二：地點。雪上風帆的使用者回應說，理想的運動場地——比如平坦的冰面或覆雪的原野——並不是隨便找都有的。研究小組相信這種地形因素可能會削弱產品的潛力。

篩選機制三：氣候。根據這些MBA學生表示，氣候是另一項抑制銷售量的因素。雪上風帆不只需要適當的雪面或冰面，同時也需要適當的風力。風速起碼要達到每小時20公里才夠。該研究找到一些兼具雪面及風力的地區：像是斯堪地那維亞半島（北歐）和中歐，北美和南澳的一些地方。

篩選機制四：競爭產品。學生們找到四種類似的產品，不過根據他們的報告，那四種產品缺乏產品形象、廣闊的配銷通路系統、產品成熟度。雖然競爭產品的資訊不足，學生們還是根據不同的消息彙編出以下的資料：

品牌（產地）	零售價格	售出套數	主要銷售地區
Winterboard（芬蘭）	$395	4,000	芬蘭、美國
Ski Sailer（澳洲）	$90	3,500	澳洲、美國
ArticSail（加拿大）	$285	3,000	美國、加拿大
Ski Sailer（US）	$220	300	美國

學生們依據初期對潛在市場最大值的估算，以及這四種篩選機制會產生的抑制效果，最終估計雪上風帆的可實現市場總數是20,000套，而這個數字每年會以10％的速率成長。（詳見【附錄1】說明雪

上風帆的市場潛力；【附錄2】預估雪上風帆未來五年的銷售量）

競爭產品

Winterboard滑板

　　Winterboard滑板是芬蘭當地發明的產品，它是附有雪橇的輕型風帆衝浪板，據說用在冰面或雪面上的表現頗佳，有些人評論說Winterboard滑板是繼雪上風帆之後表現最好的風動雪橇。就銷售量來說，Winterboard滑板是賣的最好的風動雪橇產品。過去五年內就賣了4000套，主要是從斯堪地那維亞半島（北歐）和美國的一般運動用品專賣店裡賣出的。Winterboard滑板零售價是395美元，不包含帆具。零售的邊際獲利率大致在40％左右。雪橇已經和衝浪板組合在一起，無須另外購買。

　　根據研究小組表示，Winterboard滑板的管理部門相信價位、零售邊際獲利率、廣告費用支出，對於其行銷策略都不是很重要，而成功的關鍵在於安排競賽活動，因為人們想要在冬季週末有運動性質的聚會。如果在冷天裡要獨自跑出去活動，人們很快就會失去興致。

澳洲製的「雪中風帆」（Ski Sailer）

　　該產品基本上只是一根加裝桅桿的簡單橫桿，可以連在一般的雪橇靴上用來滑雪或溜冰。此一「雪中風帆」有一個平衡滑板與接合的機械裝置。不論是平行翻轉、跳躍翻轉或是鏟雪動作皆操縱自如。任何帆具都可以加裝在「雪中風帆」的桅柱上。

　　美國經銷商整理出該產品的銷售量大致是3,000套（30％在滑雪用品店售出，70％在衝浪用品店售出），零售價是90美元。不過經銷商也坦承，當他瞭解只有強壯而耐寒的顧客才喜歡在冬天玩滑雪的時候，他就對這樣產品沒什麼興趣了。因為這表示相較於其它休閒／運動用品的顧客群來說，此一產品的顧客群太狹窄了。

32

ArticSail Board滑板

這種產品基本上就是一塊在雪上、冰上或水上用的W形衝浪板，由加拿大Quebec魁北克省Monsonville的Plastiques LPA公司所製造與經銷，該公司的位置大約離美國與加拿大邊境有50英哩。

ArticSail滑板是特別設計給雪上或冰上使用的，但也可以在水面上使用。如果在水面上使用，滑板後面的填充盤就要換成另一種對衝浪板也支援的補助翼，可調式繫腳帶也要重新調整位置。該產品是用一種特殊的塑膠製成，在常溫和極低溫下都適用，製造商特別要玩家當心任何會破壞雪橇底面的物體。

該公司所得知的累計銷售量約為3,000套（估計去年冬天賣了600套），主要是在加拿大售出的，零售價是285美元（零售邊際獲利率是38％）。產品促銷費用是美國與加拿大銷售金額的15％。

美國製的「雪中風帆」（Ski Sailer）

另一位加州的年輕人Carl Meinberg則發明了另一套的「雪中風帆」。此一「雪中風帆」也是一小塊裝置在雪橇上的衝浪板，與David Varilek發明的產品相似。Carl Meinberg靠自己的努力賣出了50套零售價220美元的「雪中風帆」。一到冬天，他就會到處拜訪滑雪聖地，並示範「雪中風帆」的用法，剩下的時間就全用在促銷他的發明。

世界雪橇市場最近的發展情形

研究小組同時也自雪橇市場獲得資料，並以其做為研究的背景（詳見【附錄3】顯示去年滑降雪橇「阿爾卑斯式雪橇」及越野雪橇的銷售量）。

全世界參與阿爾卑斯式滑雪的人口總計約3,000萬人，但滑雪市場的競爭非常激烈，而且市場總產能大概超過需求25％到30％之間，因此雪橇的賣壓沈重，而且零售商還會用折扣來拓展銷路。零售的獲利大部分來自於附件或滑雪裝的銷售。

　　在配銷通路方面，專賣店的市場佔有率往往比不上大型連鎖店的佔有率，生產活動主要集中在七個製造商手裡，它們共掌控了80％的市場。由於歐洲貨幣對美元匯率的下滑，像Fischer與Kneissel這類的歐洲大廠都在美國市場陷入頹勢。

　　雪橇的行銷活動成功與否，是與世界冠軍和勝利品牌的形象唇齒相依的，美國顧客似乎對滑雪越來越沒興趣，不過在歐洲和日本倒不至於如此，滑雪運動在這兩地仍然相當受歡迎。

　　滑雪產業最近的創新是滑雪板，這項產品在年輕顧客群中很受歡迎，滑雪板基本上是一個大的雪橇加上兩個附屬的雪橇固定帶，後者裝配的位置和衝浪板的繫腳帶是一樣的。

　　很多年以前在美國就買得到滑雪板了，但是直到最近才被引進到歐洲，而滑雪板的銷售量每年都以倍速成長，估計上一季的總銷售量達到40,000組，一家美國製造商Burton就佔了50％的市場。許多冬季用品的製造商都趕上這個機會，並開始製造它們自己的滑雪板，這種產品在歐洲的購物頻道非常受歡迎，同時前景也很被看好。

針對購買者做的調查

　　研究小組訪問了一些德國、奧地利、比利時、荷蘭、盧森堡、美國、加拿大的雪上風帆消費者，他們對於雪上風帆的優缺點評鑑如下：

產品優點

1.毫無疑問地，冬天在雪上衝浪是很棒的感受，而且充滿樂趣。
2.你可以進行高速的操作，滑出漂亮的迴轉並迅速改變控制方法。而且它（雪上風帆）對風帆衝浪而言也是個非常好的訓練。你在雪橇上感受到的壓力，可以幫你模擬衝浪時控制方向的感覺。
3.我迴轉時一點問題也沒有。

4. 只要你對航行有點感覺就一點也不難學。

5. 它可以讓你在自家後院模擬衝浪。

6. 禮拜六下午玩這個剛好（如果你沒空開車去哪兒的話）。

7. 有趣，與眾不同，新鮮，好玩。

8. 這是唯一可以在平原上玩，但感覺置身山上的東西。

9. 它可以轉動，這使它比市場上其餘產品都來的有趣多了，你可以在上面搖擺或跳躍，真的很好玩。

10. 如果條件適合的話，真的會非常好玩。

產品缺點

1. 腳會扭在一起，在風上航行讓腳和膝蓋容易拐到。

2. 連桿兩端的白色小蓋子動不動就掉下來，而且幾乎找不到替代品。

3. 很難找到條件完美的操作場地。

4. 風雪大時會很難玩。

5. 你一季只會用到3次到4次，就這點來說，價位未免太高了點。

6. 用起來不太舒服，你得解開你的靴子，不然鞋子的邊緣會卡到腳。

7. 太貴了。

8. 雪太深的話不能玩，你所需要的是強風。

9. 我的問題是冬天很少有風。

10. 一開始，我的姿勢不太自然而使身體太過僵硬，甚至傷了我的膝蓋，不過我慢慢學著放鬆後就會獲得樂趣了。

11. 隆冬時玩嫌太冷，春天比較理想。

零售商對於Mistral雪上風帆的意見

研究小組也調查了德國、加拿大、奧地利、法國，共計12個雪上風帆零售商的意見：

產品優點

1. 第一年很好賣，不過我不認為這項產品能「引領風潮」。
2. 第一年很新鮮。
3. 對有錢人來說，在雪上玩很好玩，這可是個新花樣。
4. 它結合了兩樣最受歡迎的運動——滑雪和風帆衝浪。
5. 比那種完全自己組裝的產品好，你能完全動起來。
6. 容易用。是個原創性的好點子。
7. 你可以用你自己的雪橇，很好拆卸和儲存。
8. 做的很好，很耐用。

產品缺點

1. 設計不當的產品。它只能在特別的天氣狀況下使用。
2. 這只是一時的風潮。
3. 你就是不會到結冰的湖上試用它。
4. 或許它在冬季用品店會賣的比較好吧。
5. 你在該雪橇上的姿勢是不正常的，滑雪板就好得多了。
6. 我們並不覺得該產品會很快就有起色。
7. 不可能賣出去的——沒人會試用它！
8. 在我們這邊沒地方可以玩，沒湖也沒平原。
9. 就算Mistral公司的形象很好，但做為在後院玩的設備還是太貴了點。或許等這種產品比較有名後，情況就會改善點。
10. 顧客看錄影帶的時候很熱衷，不過當他們一聽到價位，那份熱情馬上就蕩然無存了，我們都已經把價格降到六折了。
11. 如果你滑雪也玩風帆衝浪，你的嗜好會花掉你很多錢，通常在早期就願意接受產品的人是那些沒什麼收入的運動狂，你怎麼能說服這些人買下這樣的產品？

經銷商的評論

　　研究小組訪問了歐洲和北美洲十個不同國家的經銷商，以下是五個經銷商的評論：

歐洲

1. 我們一開始是在慕尼黑Munich的ISPO聽到雪上風帆，同時我們也訂了一些。

2. 我們從Mistral那裡拿了些小冊子和錄影帶，如果你看過錄影帶的話，甚至馬上就會想要試試雪上風帆。

3. 我們並不太支助零售商，因為我們覺得雪上風帆的行銷一開始就不是處理的很專業，舉例來說，它的送貨就有點漫。

4. Mistral兩年前和我們聯絡後，我們就買了雪上風帆，因為它在我們這種冬季型的氣候裡很好用。

5. 如果價格調降，且行銷事務處理能更專業點的話，雪上風帆會滿有潛力的。

6. 這項產品太貴而且沒什麼功能。

7. 促銷執行的一點也不成功，只有一些需付費的錄影帶和小冊子，產品損壞時也買不到替代零件。

8. 有一項芬蘭的產品已經掌握了市場，它看起來像是裝了兩支雪橇的衝浪板。

9. 我們動用所有的關係，而且光在去年就花了7,500美元在電視上促銷該產品。

10. 對一個只能在冬天用上幾個禮拜的產品來說，零售價未免太高了點。

11. 專門設計用來在坡道上俯衝的滑雪板要新潮多了。

12. 衝浪與滑雪用品專賣店在服裝和配件上賺的錢比較多，因為可以賣比較多件。

13. 你不能先發明一樣產品再去找市場，這樣是不對的，雪上風

帆比較適合斯堪地那維亞半島（北歐）及北美洲地區情況相
似的地方。

14.我們之前不太熟這樣產品，但發現錄影帶滿有說服力的，所
以我們趁法國阿爾卑斯山區滑雪聖地有很多觀眾參與比賽時
去展示，我們在一些零售店賣出了40套雪上風帆。

15.要賣這樣產品，就得先找一個風力充足和有雪的訓練場所。

16.我們估計零售商已經賣掉了一半的存貨，不過我們不希望和
零售商有所牽連。零售商要找的是現在所缺乏的顧客需求。

北美洲

1.雪上風帆若沒有更多產品支援的話，我看不出該產品會有什麼
遠景，塑膠關節在低溫下會壞掉，但如果我們想要替換的話，
Mistral並沒有可以給我們換的零件。最後，我們得去拔其它雪
上風帆上的零件。

2.我們的環境很適合雪上風帆（安大略省Ontario／魁北克省
Quebec），而且這裡有一大群愛好者，產品銷售給上千個人，
小冊子和錄影帶都很棒。

3.在多倫多的一場貿易展覽上，除了它那麻煩的價格外，產品廣
受歡迎。

結論

在看過研究小組的報告後，David Varilek開始尋找能夠解釋雪上
風帆第一季表現不佳的線索。產品的設計是否需要改良？或是雪上風
帆的價位真的太高？公司高層在促銷支援上的欠缺是不是真的構成問
題？或者Mistral公司的配銷通路系統才是問題的核心？還有什麼因素
可以解釋該產品無法符合每個人期望的原因？

另一項額外的資訊使得改革的迫切性更加提高了，David Varilek

37

剛剛從Mistral得到一份雪上風帆最近銷售和存貨的圖表，其中指出雖然有708套的訂單，可是最後只有賣出80套。

銷售套數

國家	售予經銷商	售予零售商	售予最終使用者
美國／加拿大	233	98	45
德國	250	50	10
瑞士	42	30	1
法國	56	40	20
荷蘭／比利時／盧森堡	60	0	0
其它國家	67	12	4
總計	708	230	80

David Varilek知道Mistral管理部門會再度評估雪上風帆的未來，他擔心要是不能提出一份有說服力的分析和行動計劃的話，Mistral會讓雪上風帆撤出產品線。因此他正焦慮地等待著MBA學生依據資料為他提出建議。

附錄1 雪上風帆的市場潛力

雪上風帆的市場潛力

市場	規模	百分比	篩選機制
潛在市場 Potential Market	120萬	100％	消費者類型
可行市場 Available Market	80萬	66％	地點與氣候
合格市場 Qualified market	8萬	7％	間接競爭產品 （溜冰、滑雪等）
可服務市場 Served Market	4萬	3.5％	直接競爭產品 （Winterboard、 ArticSail等品牌）
可實現市場 Realizable Market	2萬	1.7％	消費者類型

資料來源：Mistral公司資料。

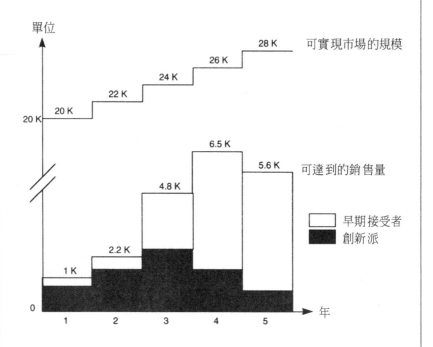

附錄2　預估雪上風帆未來五年的銷售量

資料來源：Mistral公司資料。

附錄3　滑降雪橇「阿爾卑斯式雪橇」及越野雪橇的銷售分佈

滑降雪橇「阿爾卑斯式雪橇」	銷售量
奧地利、瑞士、德國	1,450,000
歐洲其它國家	1,550,000
美國與加拿大	1,600,000
日本	1,100,000
其它國家	300,000
總計	6,000,000

越野雪橇	銷售量
奧地利、瑞士、德國	700,000
斯堪地那維亞半島（北歐）國家	800,000
歐洲其它國家	400,000
美國與加拿大	750,000
其它國家	150,000
總計	2,800,000

資料來源：Mistral公司資料。

附錄4　雪上風帆的產品型錄

mistral

PRESENTS

A NEW WAY OF SKIING

The SKISAILER ™

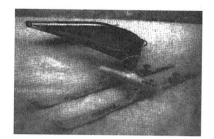

Invented by David Varilek and developed in conjunction
with Mistral Windsurfing AG, Bassersdorf, Switzerland

Contact
Mistral Windsurfing AG
CH – 8303 Bassersdorf/Zürich
Switzerland
Telephone 01/836-8922
Telex 59 266 MWAG CH

續附錄4　雪上風帆的產品型錄

自由：Mistral用雪上風帆發展出一種風和雪的極致結合，滑雪加上御風航行。有滑雪的快感卻沒有滑雪需要坐纜車上山的麻煩，你每小時都會有更多樂趣和消遣。無聊灰暗的冬天下午只能瞪著雜誌上的滑雪圖片，懷念你在衝浪板上的大晴天，那些日子已經結束了。Mistral雪上風帆正是可在雪上玩的衝浪板，可以讓你在滑雪假日裡的享受弄潮之樂。

輕鬆：你只要把雪橇給固定好，就能自由自在地飛躍白雪遍佈的鄉村，單純容易好組裝，如果你想從風力切換到地心引力的話，整套設備可以收在背包裡方便你去滑雪。

功能：雪上風帆主要的好處來自它的基本理念和輕巧耐用的構造，桅桿底座的靈活度可讓你做出任何動作。

安全性：你對速度的追求，做更長的跳躍和更激烈的動作而不受限制，內建有三重的自行釋放安全裝置，可確保此運動的安全性：傳統的雪橇繫帶、桅桿基座連接裝置、桅桿本身。

資料來源：Mistral公司資料。

個案1.2　Delissa日本公司

「我們可以選擇繼續留在日本市場發展，也可以選擇徹底退出日本市場。」

1997年秋季，Bjorn Robertson剛被瑞典最大的乳製品公司——Agria公司指派為營運總監，此時他正和他的團隊會面，共同審視公司的國際業務情況。四位男士圍坐在一張桌子旁，桌上堆滿了厚重報告、A.C.Nielsen尼爾森行銷研究顧問公司的市場調查資料、廣告看板、優格杯、大量的日文促銷資料。Agria公司旗下的Delissa系列新鮮乳製品已經藉由授權結盟協定銷往世界各國。好幾個授權結盟協定已到了續約期；然而，最急迫的是與日本Nikko公司的協定事宜。

Bjorn Robertson說道：「根據這些結果顯示，我們在日本可以進行幾件事。可以繼續留在日本發展，並且和目前的加盟商簽約；也可以更換合作的加盟商；甚或是撤出日本市場。不過，還是讓我們先看看公司在日本的銷售情況到底有多糟。」看著會議桌的另一頭，他發現Peter Borg、Stefan Gustafsson、Lars Karlsson過去幾年來都與Agria在日本的業務有所牽連。

Bjorn Robertson拿著一份Agria公司Delissa優格在國外主要的投資報告，將內容朗誦給其他人聽：「美國1977年上市，市場佔有率12.5％；德國1980年上市，市場佔有率14％；英國1982年上市，市場佔有率13.8％；法國1983年上市，市場佔有率9.5％；日本1987年上市，市場佔有率2％到3％。」Bjorn Robertson圈出該項數據並轉身看著他的團隊說道：「十年了，市場佔有率仍然不到3％！這到底是怎麼一回事！」

歷史

　　Agria公司成立於1973年，當時有一批瑞典乳製品業者決定要合作，一起建立一個能開發並銷售一系列新鮮乳製品的組織。當時主要的工作人員是Rolf Anderen和Bo Ekman，他們在瑞典首都斯德哥爾摩Stockholm附近的Uppsala成立了該集團的總部。在1980年，當各獨立業者同意放棄各自的商標後，便共同推出Delissa系列商品。這是瑞典少數的「國產乳製品」，它的系列產品包含了優格、點心、鮮乳酪、鮮奶油。

　　在接下來的二十年裡，Agria在瑞典鮮乳製品市場中的佔有率，從3％提升為25％。憑著Rolf Anderen的洞察力，加上合作業者旗下20,000名酪農的一致努力，讓Agria在國內和國際上成為強大的組織。

　　到了1996年，全世界每年會食用超過11億份的Delissa優格和甜點。在1996年會計年度中，Delissa在瑞典國內外共擁有21億的銷售額和4,400名員工。

　　產業加盟的風氣於1980年代尚未盛行，很少瑞典乳製品公司會在國外投資，然而Bo Ekman提出的特許授權概念，可以讓各地通過認證的加盟商使用瑞典方面的技術來生產優格，同時可以配合加盟商在當地的配銷通路系統進行銷售，因而讓Delissa能夠用最小的資本成功地橫跨十三國市場。相反地，Delissa最強勁的國際競爭對手Danone（以Danone為品牌名稱進軍優格系列產品市場的法國食品企業集團）則主要透過併購國外公司，或是成立國外公司的方式，甚或是形成長期合資企業的方式進佔國際市場。

　　當Bjorn Robertson於1991年成為歐洲區行銷總監時，瑞典人所熟知的白色乳牛Delissa商標已傳至世界各國。Delissa在體育活動的贊助上十分活躍，它不僅是跨國滑雪和風帆運動的主要支持廠商，更以公

司的名義提給全球Delissa團隊各項協助。

當Bjorn Robertson審核公司的國際業務時，他十分訝異Agria在日本的聯合投資結果竟無法與其它國外市場相提並論。在他召集公司國際行銷團隊趕來之前，Bjorn Robertson要求先行參閱日本業務相關檔案，並花些時間研讀當初結盟的歷史。他閱讀到以下的內容：

進軍日本市場的計劃

在1985年初，公司決定要進軍日本市場。Agria赴日考察團正著手進行市場可行性的研究，並找尋適當的加盟商。

目標

據估1996年日本的優格市場消費量約為六億杯（一億公升）。優格市場預估將在五年內至少成長平均8％。我們的產品推出策略預計將以整個市場10％到15％的成長率為基礎。我們為自己訂下目標，要在日本的優格市場發展成高品質區隔的產品，並讓日本消費者熟知。我們可以在頭一年達到5％的市場佔有率；並在上市三年內達到10％。我們計劃在二年之內進佔三個主要大都會區：東京、大阪、名古屋；並在接下來的三年內推向整個日本。

Bjorn Robertson把「10％」用紅筆圈起來。他明白管理部門不敢在市場佔有率上把目標訂的太高，因為有些執行者認為要打入日本市場會有困難。1997年，Delissa在日本優格市場的佔有率下降至2％（從未到達3％）。Bjorn Robertson寫了份摘要送給公司Uppsala總部的遠東事務處經理，說明他認為從Agria在日本的銷售記錄上，完全看不出公司在日本的績效能與其它地區的成功相提並論。他開始納悶，何以日本的情況會如此不同。

他所閱讀的檔案對於日本的優格市場有簡單的描述：

消費量

根據總消費量顯示，日本的優格消費量和斯堪地那維亞（北歐）國家的消費量比起來算是低的。據估在日本每人每年平均消耗5.3杯優格；而在瑞典和芬蘭每人每年的消費量各是110杯和120杯。在日本的銷售量是隨季節而易的，從三月到七月為高峰期，最高記錄顯示為六月。因此，最佳的商品推出日期便是在二月底。

日本市場所擁有的優格種類—1986年

在日本市場，優格的銷售可分為三大類：

- 原味（佔市場總量的39％）：因為顏色是白色的，所以在日本被稱作「原味」；然而，它實際上是調配成香草口味。通常以500毫升杯販售。裡面加糖或附糖包。
- 調味（佔市場總量的45％）：它在顏色和添加物不同於前一口味。口味沒有太多變化，多為香草、草莓、杏仁、柑橘口味。
- 水果口味（佔市場總量的16％）：跟瑞典傳統水果優格相似。然而當中加工果肉比真正水果多。添加色素和調味料。

西式優格也以同樣的價位與日本競爭對手在當地所生產的甜點（如布丁和果凍）相互對抗。

競爭情形

日本三大製造商就佔有約半數的優格市場：

雪印乳品公司Snow Brand Milk Products是日本第一大的乳品製造商。它生產牛奶、乳酪、冷凍食品、生化產品、藥品。其1985年之營業額為443,322百萬日圓（1985年美元對日圓的匯率為1：234）。

明治乳品公司Meiji Milk Products是日本第二大的乳品製造商，特別專注於生產嬰兒奶粉、冰淇淋、乳酪。明治乳品公司與保加利亞政府的結盟使優格在日本風行起來。它在1985年的營業額是410,674百萬日圓。

森永乳品公司Morinaga Milk Industry是日本第三大的乳品製造商，其製品包括食用奶、冰淇淋、即溶咖啡。森永乳品公司和美商卡夫（Kraft）合資生產乳酪。1985年森永的營業額為301,783百萬日圓。

這三家製造商的市場佔有率長久以來一直很穩定，大約是雪印25％；明治19％；森永10％。

日本人也食用一種稱作「養樂多Yakult」的優酪乳飲品。此種優酪乳通常列入優格總消費量的數據中和其它普通優格競爭。在所有優格和優酪乳飲品的市場中，養樂多具有31％的市場佔有率。養樂多是由酸化的奶粉或鮮奶加上乳酸和葡萄糖所製成的。養樂多並非於商店中直接販售，而是由一群群的婦人挨家挨戶兜售，或是在每天下午一家家拜訪公司並直接將養樂多賣給員工。

Bjorn Robertson找到了一份Agria公司Uppsala總部的會議記錄，也找到一些由公司國際營運總監Ole Bobeck於1985年所寫的一些筆記。會議記錄中提到兩位Agria公司成員在國際管理方面的發現：

選擇加盟商

我們剛結束於日本與農業合作社Nikko公司的會議，準備啓程返國。Nikko公司是日本第二大的農業合作社，相當於是日本的Agria。Nikko公司為一重要的政治勢力，然而其勢力卻比不上全國聯合農業合作社「Zennoh」，而我們的法國競爭對手Sodima公司已經與Zennoh取得合作協定。Nikko公司是日本許多食品價格的領導者（鮮乳、果汁、稻米），

同時也會為了農業製造商的利益於各方進行積極的遊說。Nikko公司分為製造和銷售兩大部門，製造和銷售牛奶和乳製品；另外也銷售稻米與蔬菜。

我們也同其它的備選廠商會談過，然而當時似乎僅有Nikko公司打算加入我們。我們相信Nikko公司是Agria在日本最適合的銷售商。Nikko公司的規模龐大，而且其資格也符合Agria的要求，它在日本三大都會區的乳製品超市中已有現成的配銷通路系統，這項優勢尤其適合販賣優格產品，因為在日本有80％的優格皆由超市販售。然而事情的發展卻令我們感到十分沮喪，因為在數次赴日並延長會議後，Nikko公司仍遲遲不肯簽約。我們感覺到Nikko公司的主管雖然想要簽約，可是在簽約前他們必須確定所有事項。我們十分急著要讓這項計劃在Danone、Sodima、Chambourcy進軍日本市場前起步。

該份會議記錄中也包含了一些讓Bjorn Robertson感興趣的日本消費者基本資料：

有關日本消費者的背景資料

長久以來，雖然日本當地所生產的優格一直和其它乳製品並售，如布丁、咖啡鮮奶油；但日本算不上是乳製品的消費國。

由於空間的缺乏（總人口的60％，合計約120百萬人集中在3％的島嶼面積上，而其餘的大片土地多為山地），在日本諸多層面的生活皆趨於小型化。日本有85％的人口居住於城市之中，而超過三分之一的城市擁有超過50百萬的人口。這樣的都市稠密度自然會影響人們的生活型態、品味和習慣。侷促的生活空間和貯存空間的不足，意味著有大多數日本家庭主婦必須每天採購，且甚少購買長期的食品，因此她

們期望商店每天都有新鮮的乳製品。由於文化和財富分配的
考量，全日本的情況是十分類似的。日本人的可支配所得很
高，多數人會花費30％以上的家庭預算在食物上，讓食物這
個項目成為最大的消費項目（衣著為第二大項）。

就乳製品的消費而言，日本市場是比不上斯堪地那維亞
（北歐）或美國的。今天或許有年輕的主婦購買優格，然而
她們的母親卻很少知道優格的存在，而她們的外婆則更不可
能會在家中存放牛奶。曾有一段時間，人們認為日本人體內
缺乏分解牛奶的酵素，而上一代的日本孩童所食用的奶類也
多半只是牛奶或羊乳。但是隨著日本市場的迅速西化，現在
日本對美國和歐洲產品的接受度已極為普遍，當然也包含了
優格在內。

縱使日本目前的優格消費量尚低，研究卻指出市場極具
成長潛力。像Delissa這樣一個外國品牌正式出擊時，正確的
定位是成功與否的關鍵。我們必須將Delissa和日本既有品牌
作區隔，並超越一般廣告所訴求的「新鮮」。

配銷通路

傳統上，日本人有複雜的配銷方式。配銷通路系統包含
了許多層級，而這種方式使得銷售成本變得比較高。冷藏食
品的配銷方式較為直接，因而比乾燥食品的配銷方式來得簡
單。

為了配合日本人每日採購食品的習慣，Delissa補貨的速
度必須快而有效。我們基本的配銷目標是先確保量販店的通
路穩定。商品首先會藉由原本販賣Nikko公司產品的銷售據
點來販賣。乳類相關製品和甜點類食品也會配銷給大型量販
店，目地是要有效利用原有的銷售通路來進行每日補貨，並
減低新產品的配銷成本。

日本零售市場

由於獨立零售商包辦了57％的零售市場總銷售量（美國的獨立零售商為3％），日本的零售市場相當零散。以每十萬人便有1,350間商店來看，每位日本人所擁有的商店數目是一般歐洲國家居民的二倍。傳統、經濟、政府法規、需求服務……等都會影響日本的零售系統。

主婦每日平均採買一次，而且大多選擇當地的小型商店採購，因為這些小型商店營業時間長、提供送貨到府的服務、有時可以賒帳、甚至是社區的資訊交流中心。開設一家西式超級市場是昂貴而複雜的，因此多數的零售業務落在小型、獨立或是家庭式的店家手中。

日本有三個主要都會區：東京、大阪、名古屋。它們分別擁有1,100萬、300萬、200萬的居民。Nikko公司所生產的日光牌牛奶，佔有15％的市場，領先許多其它的供應商。Nikko公司認為用來販賣日光牌牛奶的銷售通路系統就適於販售優格。每個大都會區都有一個獨立的配銷通路系統，而每個系統都有好幾個倉庫跟分支據點。舉例來說，大東京都會區〈擁有超過4,000萬人的最大區域〉有五個Nikko公司的倉庫與五個分支據點。

大部分的實體配銷活動〈司機和投遞貨車〉是在批發商的支援下，由一家Nikko公司的子公司來執行。冷藏牛奶貨車的體積必須很小，才能開進狹小的街道中。同樣的路徑也用來分送牛奶、布丁、果汁。我們初步的策略是接受Nikko公司現有的配銷通路系統，並同時調配送貨路徑。日本複雜的街道識別系統〈僅顯示號碼而無名字〉對於配銷通路系統與送貨司機都是一項重大的挑戰。

授權結盟協定

　　公司前國際營運總監Ole Bobeck是催生日本計劃並負責早期合資工作的人，他於1990年離開公司。Bjorn Robertson打開另一份由Ole Bobeck所寫的報告，內容包含了Agria和Nikko公司合約的所有細節。1985年，Nikko公司和Agria簽訂了授權結盟協定合約，合約中允許Nikko公司在Agria核准下製造並銷售Delissa產品。這份合約乃是Agria公司Delissa品牌產品的標準授權結盟協定合約，內容涵蓋技術轉移和商標宣傳。Agria應該提供當時商品的製造方法、市場行銷、技術、商業廣告、銷售支援，而每一杯Nikko公司售出的優格都必須向Agria公司繳交權利金。此外，Nikko公司需建立一個獨立的子公司來負責Delissa商品的配銷、市場行銷和推廣活動。在產品上市前的前置階段中，資深的區域品牌經理Per Bergman將負責訓練銷售和行銷團隊，而Agria的技師將傳授製造方法給日本方面的人員。

　　到1986年末，Nikko公司在東京西北方60英哩的Migima，建立了一間用來製造Delissa優格、牛奶與乳製品的工廠。Agria向Nikko公司提供技術、機械、發酵和生產程序上的種種建議，而從美國、瑞士、德國和日本挑選出的生產設備也已備妥，另外更安裝了一部能夠一次分裝2、4或6杯優格的歐式包裝機。

　　Bjorn Robertson又打開Ole Bobeck寫的另一篇報告——日本Delissa產品上市前置期間資料。此份報告涵蓋了市場、定位、宣傳、媒體計劃，以及當初與負責上市、市場研究調查分析的Nikko公司執行部門和SRT國際廣告代理公司共同恰談的會議記錄。Bjorn Robertson闔上資料夾，並思索著日本市場的情勢。在產品上市前置期的計劃階段中，一切都顯得如此大有可為。按照一般的方式，Agria準備了傳統的發售宣傳活動，以確保Agria與Nikko公司的合資案能為Delissa成功的進佔日本市場。Bjorn Robertson納悶著：「為什

麼經過幾年的銷售，銷售量仍如此地低呢？」Bjorn Robertson拿起電話並撥電話給Agria的創建者之一Rolf Anderen。儘管Rolf Anderen已經退休了，他仍對其創建的事業深表關切。隔天，Bjorn Robertson便和Rolf Anderen一起吃中餐。

老人家聆聽這位新上任的營運總監談論他的職責、瑞典總公司、國外授權、開發中的新產品……等事項。喝過咖啡後，Bjorn Robertson開始討論日本合資案的事，他表示Delissa過於緩慢的成長令他感到訝異。Rolf Anderen點了點頭表示瞭解他的意思，並點燃煙斗說道：

「是的，那實在令人沮喪，我記得在與Nikko公司簽約前的幾次會談。我們經營團隊對於談判感到挫折。Ole Bobeck數度赴日並與日本方面開了無數次的會議，然而事情卻仍停滯不前。在我們決定進軍日本時，公司擁有許多很不錯的國外事業。我想那時候我們都以為自己能隨意跨入任何我們要去的市場。當時我們的台灣加盟廠商已經有所成績，而我們便預設能在日本也如法炮製，結果是我們雖然知道日本人有所不同，但是Wisenborn〈我們的國際行銷經理〉和Ole Bobeck終究承認失敗了。他們二人盡責的完成整件事，可是卻為商機延誤而自責。我告訴他們要有耐心，並且要記得亞洲人有不同的習俗，他們在決定事情之前需要一些時間仔細考慮。我們的工作人員不辭辛勞地收集各種資料，我記得他們第二次還是第三次訪日回來時帶著資訊、媒體成本、配銷資料、社會經濟分析資料、競爭情況的詳細評估、產品定位……等大量的資料，可是沒有帶回簽訂好的合約。」（Rolf Anderen講話時嘴角帶著一絲笑意。）「當然，Nikko公司終究是簽下合約，但是我們從不知道他們對我們的看法，或是他們對此項交易的期望。」

Bjorn Robertson很專心聆聽著，因此Rolf Anderen繼續說道：

「整個故事很有趣。當你進入一個像日本這樣的市場時，你是孤單的。若你不會他們的語言，你便寸步難行，接著你就得依靠當地人以及你的商業合夥人。我必須承認，日本人相當樂於助人，但是我們所面對的文化鴻溝仍不可謂不大。另外一個迷人的面向則是慶典儀式，在日本就如同其它大多數的亞洲國家一樣，你感覺到自己好像在觀察一種他們特有的儀式，這足以使一向意志堅定的北歐經理人為之動搖。當然，他們可能也認為我們有我們的習俗。另外，Nikko公司的人員特別沉默，當然，也有少數人可以說日文以外的語言。」

「剛開始幾個月很緊張，部分是因為法國兩大優格品牌優沛蕾Yoplait跟Danone正著手進軍日本市場，這也證實了Ole Bobeck在談判階段的恐懼。」

Rolf Anderen在煙灰缸上彈了彈煙斗，並對Bjorn Robertson微笑：

「或許這會讓你略感安慰：其它兩家品牌在日本的情況也沒有比我們好。」

其它歐洲競爭對手的情況？

和Rolf Anderen的這番討論極具激勵性。急著想知道故事結局的Bjorn Robertson決定和Peter Borg聊一聊。丹麥籍的Peter Borg取代了當初Per Bergman的職位，成為Agria公司在日本多年來的負責人。Bjorn Robertson向Peter Borg問道：「為什麼優沛蕾Yoplait與Danone在日本的表現顯然沒有比Delissa的表現好？」Peter Borg回答道：

「我可以解釋這兩個品牌在日本的經營模式是如何,但我不知道這對於了解它們的表現是否有幫助。首先,法國乳製品公司Sodima採取與我們類似的做法,藉由授權結盟協定在全世界販賣以優沛蕾Yoplait為品牌名稱的優格。以優沛蕾Yoplait為品牌的商品與日本全國聯合農業合作社Zennoh有緊密的合作關係,就像是Sodima的日本分公司一般。Zennoh的事業龐大並極具政治勢力,它的總銷售金額是Nikko公司的兩倍。優沛蕾Yoplait大約佔有日本整個優格市場的3%,這比它在其餘國家市場所佔的15%到20%還要低許多。然而,Zennoh在先前沒有任何銷售優格的經驗。」

「Danone採取另一種方法。它與日本的味之素Ajinomoto公司簽下合約。它們的合資公司『Ajinomoto—Danone』是由一個移居國外的法國人和一些日本主管所共同經營,一位在東京的法國銀行家也是合資公司的董事會成員之一。正如你所知道的,味之素Ajinomoto公司是日本最大的綜合食物製造商,它擁有30億美元的年度銷售金額,公司事業大約有45%是在製造氨基酸;20%在製造脂肪;15%在製造油脂。味之素Ajinomoto公司與General食品公司的即溶咖啡品牌『麥斯威爾Maxwell House』有極成功的合資關係。然而,味之素Ajinomoto公司在和Danone簽約之前,並沒有任何處理鮮乳製品的經驗。因此,對於味之素Ajinomoto公司跟Zennoh兩個日本合作廠商而言,這項業務是全新的,並且很可能成為它們多角化經營的一部份。我聽說Danone的合資案在最初也有一段艱辛的歷程,它們必須以漸進的方式建立起乳製品的配銷通路系統。順道一提,我也從某些管道聽說,雀巢Nestle公司就是因為這些配銷通路問題,因而打消了在日本重新推出Chambourcy優格系列產品的念頭。跟西方國家比起來,日本的配銷通路成本是非常高昂的,我懷疑

Ajinomoto—Danone合資公司在去年僅能勉強達到損益兩平。」

Bjorn Robertson說道：「謝謝你Peter Borg！這是個有趣的故事。順道一提，我聽說你剛跟一位日本女孩結婚。恭喜你了，幸運的傢伙！」

經過這次與Peter Borg的討論後，Bjorn Robertson重新翻閱Delissa-Nikko公司的檔案。Delissa在日本的早期歷史引發了他的興趣。

市場切入策略

Delissa進軍「新乳類相關製品」市場的廣告任務由SRT國際廣告代理公司負責。Agria和Nikko公司共同通過鉅額的廣告與銷售推廣預算。由於Nikko公司在牛奶飲料市場中算是極為強大的公司，SRT公司相信它投入加工乳製品或食用乳製品市場是個很好的決定，因為這個市場區隔成長快速且經濟附加價值又高。

SRT廣告公司基於特定的原因，建議Delissa在上市前置期間應該強調某些策略，Bjorn Robertson正讀到這些資料。這個從日文翻譯成英文的計劃裡提到：

> Agria將會和Delissa品牌一起打入市場，建立一個不同於其它商品的市場，並提出「天然乳製品嚐起來很棒」的觀念來做為商品計劃、銷售及宣傳的主軸。Nikko公司強調其商品是「新鮮自然並迥異於其它優格的產品」，好跟那些早已進入市場的其它乳製品競爭品牌做出區隔。
>
> 商品鎖定的核心消費族群為有孩童的家庭。家庭主婦被認為是主要的購買者。然而，產品會被更廣的年齡層（從小朋友到中學生）所購買。公司會針對主婦寄發廣告與產品販

賣地點等訊息，特別是年輕的主婦。在日本，年輕的

主婦在小型便利超市進行採購是種趨勢，然而上了年紀的主婦卻喜愛在傳統市場消費。主婦們越來越堅持食物必須完全新鮮，這意味著Delissa必須建立起每天直接自製造廠配送商品的形象。我們覺得主要的銷售重點要擺在Nikko公司生產線是「新鮮」的觀念上，這將會吸引消費者，就像是Delissa跟其它品牌明顯的區別一樣。廣告必須要吸引人並且具獨特性，因為Nikko公司在這個競爭市場中是新人，Delissa必須被定位為高級的大眾化商品。

SRT廣告公司在提案中也指出：因為日本主婦越來越有營養觀念，強調Delissa的營養價值將是一項明智的抉擇。Agria則較希望強調Delissa是由Agria公司Uppsala總部授權在日本製造的瑞典產品，Agria公司認為這個想法會吸引日本主婦，因為她們總是把「瑞典」和健康食品、「精緻口味」聯想在一起。因此，廣告傳遞的主要訊息就是「直接從農場來的健康產品」和「從瑞典來的精緻口味」。問題是就算大家一致認為「有益健康」和「美容養顏」，的確是Delissa在口味方面的一項重要考量，但是要用這個方法替Delissa建立一種不同於其它品牌的形象卻沒什麼幫助，因為所有品牌的商品帶給消費者的形象都很接近。

為了加強商品形象並使品牌知名度增加，SRT提議所有促銷活動都採用確切的視覺訊息和語言訊息，廣告背景是一位站在農場上身穿典型瑞典服裝的瑞典女孩。廣告代理商說道：「我們覺得使用這個場景做為視覺焦點，能夠成功營造出溫馨的畫面——那會是一種來自瑞典而擁有自然、簡單、友善且口味迷人的產品。」這個畫面可以用這樣的台詞搭配：「令人耳目一新的瑞典Delissa優格——從農場端出來的它，是多麼的新鮮啊！」

SRT廣告公司的提案中還包括：

廣告

對預算做最有效利用的廣告方式，是把所有活動排在短時間內做密集地運作，而不是持續整年的長期活動。運用電視廣告就能夠經常地反覆對觀眾產生立即衝擊和強烈印象。而電視上的訊息又會在報章媒體上再次增強。這筆預算將可與Delissa於美國發售時的預算相提並論。

定價

價格的定位將緊盯著日本的頂尖品牌〈雪印Snow Brand、明治Meiji、森永Morinaga〉，以顯示Delissa的高檔形象。然而，價位仍需是主婦所能負擔的價錢。上個月進行的價格敏感度分析指出，Delissa的定價可以比其它競爭商品高出15％。

上市

1987年1月，Delissa的系列產品在東京、大阪、名古屋搶先發售，共有三種不同種類的優格同時上市。〈Delissa在國內外銷售最為成功的水果優格將在一年到二年後在日本發售〉

1.原味〈二杯裝或四杯裝〉。
2.原味加糖〈二杯裝或四杯裝〉。
3.香草、草莓、鳳梨口味〈二杯裝〉。

這三個種類都統一以120毫升的杯裝上市。上市前的主要促銷活動就是前一個月集中在電視、報紙和雜誌的廣告，還包含街頭秀、商店內的促銷、零售商店內外的試賣。Delissa的商品在1987年3月1日於東京上市，同年5月1日於大阪、名古屋上市。

1990年：Delissa跨入日本市場三年後

在上市三年後，擁有日本優格市場2％的Delissa僅達成原訂目標的一小部份。有鑒於日本市場的成長速度緩慢，Agria組成一個特別小組來調查Delissa的狀況，並持續定期監督日本市場。這個小組調查報告的結果正在Bjorn Robertson桌上。總部派出的調查小組成員包括Stefan Gustafsson（負責行銷問題）、Per Bergman（負責銷售和配銷通路）、Peter Borg（負責研究整個經營狀況及訓練Nikko公司的銷售人員）。調查小組花了許多時間在東京稽核Delissa—Nikko公司的日常營運作業、分析督導日本市場、撰寫研究報告。Bjorn Robertson正在研讀調查小組的研究報告。

Peter Borg積極地想要在他的新工作有所表現，他向總部遞出第一份報告書：

配銷通路／訂購系統

我認為Delissa的配銷通路系統仍有改進的空間，而訂購系統又太過複雜而緩慢，這很可能是造成商品配銷瓶頸的問題所在。一般商店會打電話訂購牛奶和果汁，但卻得要根據下列程序訂購Delissa的商品：

第一天早上：　　每位銷售人員遞送訂單到其所屬的倉庫。
第一天晚上：　　每個倉庫的訂單轉送往橫濱的倉庫。
第二天早上：　　橫濱的倉庫將訂單轉至工廠。
第二天晚上：　　在Nikko公司乳製廠生產優格。
第三天：　　　　商品運送至各倉庫。
第四天：　　　　商品運送至各店家。

Stefan Gustafsson與我都同意新鮮食品配銷程序的速度過慢，特別是當優格杯上的製造日期對日本消費者是如此重

要時。按照我們現在的配銷運作方式,優格會在製造二天到三天後才抵達商店裡,而理想時間應縮短為一天。我們發現傳統上日本的商品配銷體系比起西方的體系顯得更複雜和多層。另外,各世界大型都市中只有東京和大阪沒有街道名。因此,初級、次級、甚至是三級批發商有時要負責對超市和零售商供貨。再加上小型零售據點的儲藏空間不大,批發商有時需要在一天內拜訪這些零售據點一次以上。

我懷疑Nikko公司是否認真執行工作。目前有80位Nikko公司的銷售人員販賣Delissa的產品,然而他們似乎著重在推銷其它的產品,僅付出5%的時間在Delissa的產品上。雖然這種情形在許多其它國家也不是沒有發生過,但由於日本的人事成本偏高,指派專人專門負責特定產品的銷售有其困難,因此這種情形已成為日本的典型情況。

Peter Borg的報告繼續寫道:

廣告

當初針對上市活動及後續活動所進行的預演測試表現相當不錯,但自從1987年Delissa上市後,廣告活動便一直不甚理想,這令我感到很納悶。廣告公司似乎很投入Delissa的案子,但我懷疑廣告中的訊息是否過於雜亂。根據最近的消費者調查結果顯示,只有4%的人記得清楚廣告所傳達的訊息;只有16%的受訪者對於廣告所傳達的訊息尚有一點記憶;55%的受訪者並不知道我們電視廣告的訴求。

根據Oka市場調查公司一項針對廣告功效的調查結果指出,我們必須強調Delissa「美味」的事實,而這意味著Delissa無法藉由現有的電視廣告與其它品牌的優格做出區隔。

Delissa在日本：直到1997年的情況

　　儘管Delissa於上市前的準備工作堪稱鉅細靡遺，但是到了1997年，也就是上市後十年之際，Delissa卻仍只佔有3％的日本優格市場。雖然Agria高層明白以長期眼光看待日本事業的重要性，但Agria在瑞典的管理部門也承認日本的成績遠比預期要低。Nikko公司在主要都會區以外的有限配銷通路系統，導致了嚴重的挫折，當Agria按照上市計劃準備在小城鎮和郊區開始販賣Delissa時，卻顯示Nikko公司在這些地區的配銷能力十分薄弱。難道當初熱切計劃的時候，我們對Nikko公司的配銷勢力範圍有所誤解嗎？

　　Bjorn Robertson持續翻閱Agria對日本業務所做的調查，並在閱讀一定的內容之後也寫了一些摘錄。沮喪的Peter Borg這樣寫到：

　　　1994年，日本市場十分艱辛而且競爭很激烈。消費者的品牌忠誠度似乎不高。然而，市場是龐大而極具消費潛力的，特別是年輕的消費族群。Nikko公司擁有足夠的規模和人力來面對挑戰，而且預計到1996年時，Nikko公司會在市場滲透力上有相當的成長。然而Nikko公司的Delissa組織亟需加強。在日本這樣競爭的市場裡，Nikko公司最大的障礙就是缺乏真正的銷售能力。

　　　產品配銷通路是我們面對最嚴重的問題之一。日本的配銷成本格外高昂，而Delissa尤其高〈1994年佔總成本的27％，而同業競爭者的配銷成本占其總成本的19％〉。將配銷成本與製造成本加總，再與公司供貨給零售商的平均單價54.86日圓做比較，很顯然我們無法在日本市場靠銷售Delissa的商品賺錢。必須改善現有店家的鋪貨比率，成本才能降低。

　　　40％的配銷水準是促成Delissa表現欠佳的主要因素之

一。Nikko公司於都會區以外的不良配銷通路系統造成了我們的困境。

63

1995年，Delissa在日本的策略再一次的重新界定。廣告內容抽掉瑞典形象的表達，因為消費者調查顯示，有些消費者認為「來自農場的新鮮產品」就是表示該優格直接由瑞典進口，而這樣一來，產品的新鮮度便值得懷疑了。現在將把廣告內容改成金髮兒童開心吃著優格的畫面。

過了一段時間，該系列產品在市場上的表現有顯著的成長，而且新推出布丁系列的產品。Nikko公司要求我們每三個月便得提出新產品，並對我們產品種類的不足感到不滿。

到了1997年，原味優格佔Delissa在日本銷售量的一半，並佔整個日本優格市場的43％。原味優格在三年內成長50％。然而，我們認為我們真正的優勢是水果優格的區隔，日本的水果優格市場區隔自1994年以來成長了25％，並且應該在明年佔整個優格市場23％的佔有率。目前為止，Delissa水果優格的銷售結果是令人沮喪的。相反的，一項新的產品「果凍優格」卻銷路良好，在上市後三個月即售出一百二十萬杯。巧克力布丁的銷售量也相當令人失望，但原味優格的銷售績效頗佳。

Bjorn Robertson無意中發現Stefan Gustafsson近日所寫的備忘錄：

年中結果

1996年的年中銷售成果不如預期，而且我們也不太可能在1998年達到售出120毫升5,500萬杯的目標。照目前銷售速率來看，到年底我們應該剛好售出4,200萬杯。

涵蓋商店

1997年，Delissa僅在A.C.Nielsen尼爾森行銷研究顧問公司界定的大型和超大型商店販賣。在販賣Nikko公司乳製品的商店之中，大約有71％的商店會販賣Delissa的商品。我們認為在大東京地區應該有七千家商店的涵蓋率，但是我們發現Nikko公司的零售商資料似乎不很可靠。

回收產品

Delissa產品回收數目在日本比起其它各國而言是相當高的。從1996年4月到1997年3月，Delissa在日本市場的平均回收率為5.6％，在斯堪地那維亞（北歐）大約為0％，而國際標準則是2％到3％之間。在日本，優格在架上的壽命是十四天。難道高回收率是因為日本消費者對商品時效的觀念（為5天到6天）有所不同而導致？回收率的高低隨著產品類別的不同有很大的差異，回收率最高的產品類型是「健康混合」優格與水果優格，而原味優格和果凍優格的回收率最低。

媒體規劃

Oka市場調查公司最新的報告中指出，Delissa最主要的目標族群應該是13歲到24歲的年輕人，而其次要目標族群則是兒童。預算的限制使得廣告經費應該針對真正的消費者（兒童）出擊，而非針對他們的母親。

然而，在最近造訪日本的期間，我們發現Nikko公司和廣告商在晚上十一點十五分到十二點十五分時，在電視頻道中撥放針對年輕人和兒童的廣告。若是把撥放廣告的時間提早到傍晚，應該會有更多的消費者接受到產品資訊。在我們有限的預算之下，審慎的媒體規劃是必須的，Nikko公司可能是企圖藉著深夜廣告，同時對消費者和配銷通路商進行宣傳。不然當真正的目標顧客群是兒童時，公司為什麼會在半

夜進行宣傳呢？另一個問題則是電視廣告是否真的有必要存在？

閱讀過一些日本電視廣告費率的相關數據後，Bjorn Robertson發現1997年在東京地區每十五秒的廣告費介於125萬日圓與230萬日圓之間，這個金額根據撥放時段而有所不同。這些廣告費率與歐洲的價碼比起來顯得十分昂貴。（1997年的1美元＝121日圓）

定位

我很懷疑我們的產品在日本市場中究竟是針對誰而推出的。A.C.Nielsen尼爾森行銷研究顧問公司和Oka市場調查公司的研究報告中指出，原味優格佔日本優格市場最大的一塊市場區隔，其次為調味優格，而第三則是水果優格。因此報告中建議定時的廣告應主攻原味優格，當中再穿插其它兩種優格的廣告。然而，根據Nikko公司表示，銷售原味優格僅帶來些微的邊際獲利，因此Nikko公司認為針對水果優格進行廣告會比較好。

有鑒於這個特殊的情況以及Oka市場調查公司的研究報告結果，我們建議原味優格延續先前的品牌形象來廣告（將乳牛至於廣告內容之中），並基於「流行觀點」為水果優格重塑一份新的商業廣告。我們也相信如果原味優格藉著廣告與其它品牌商品有明顯的區隔時，其銷售成績將有所提昇，生產成本將會降低，而Nikko公司將開始靠此一產品賺錢。

在去年，為了幫助公司了解在市場定位與宣傳活動上可能出了哪些差錯（這些差錯常會變動），我們要求Oka市場調查公司運用結構性問卷，以及到府進行的個人訪談來進行一項調查。394位受訪者於1997年4月11日和27日之間在東京與橫濱都會區接受訪問，研究結果的重要發現如下：

品牌認知度

就獨立品牌認知度而言，明治Meiji公司出品的「保加利亞優格」擁有最高的認知度，27%的受訪民眾首先想到「保加利亞優格」，並有47%的受訪者在沒有提示情況下提到此一品牌。森永Morinaga公司的「比菲德氏Bifidus」位居認知度第二位。緊追在這兩大品牌之後的是「優沛蕾Yoplait」和「Danone」，在沒有任何提示的情況下有4%的受訪者記得該品牌，總計有14%和16%的受訪者記得該品牌。而在沒有任何提示的情況下有3%的受訪者記得Delissa，而有16%的受訪者在提示後記得起來。在一項附有相片的測試中，Delissa的原味優格被71%的受訪者認出，這個成績和「保加利亞優格」很接近；而Delissa的水果優格被78%的受訪者認出，這個成績和「保加利亞優格」相同。Delissa的水果優格認知度勝過「比菲德氏Bifidus」和「Danone」，但輸給「優沛蕾Yoplait」。優格飲料方面，99%的受訪者知道「養樂多Yakult Joy」，而只有44%的受訪者認得Delissa的產品（與「保加利亞優格」的比率很接近）。

很有趣地，在市場上所有原味優格的產品中，明治Meiji公司的「保加利亞優格」除了在「流行性」評比以外，其餘的品牌形象皆得到最高分。Delissa在評比中的排名屬於末端（在「保加利亞優格」、「比菲德氏Bifidus」、「Natulait」之後），與「Danone」、「優沛蕾Yoplait」的品牌形象排名相近。一般認為Delissa的產品並不像評比前三名的產品一般出色，特別是將某些特色列入考慮時更是如此，像是口味、每日購買者於商店中取得優格的方便性、價格折扣的頻繁度、製造商的可靠度、產品對健康的益處。Delissa的形象是「時髦」的。Stefan Gustafsson在報告中註記：「這樣的情形是好是壞？這將是我們的新舞台嗎？我們已試過所

有方法了！」

廣告認知度

在廣告認知度測試中，半數的受訪者指出在過去六個月內並未注意到任何一家優格的廣告。對於那些有見過廣告的受訪者而言，最有印象的廣告是「比菲德氏Bifidus」，其廣告認知度為43％，其次為「保加利亞優格」的41％，Delissa則以36％居第三位，「Danone」以28％的廣告認知度排第五，「優沛蕾Yoplait」的26％名列第六。有見過廣告的受訪者多半在電視上看過Delissa的廣告（94％），再來才是店內促銷廣告（6％）、報紙廣告（4％）、雜誌廣告（4％）。注意到Delissa廣告的受訪者有65％還記得現在的廣告片段，有9％還記得以前的廣告片段；但是當這些受訪者被要求形容Delissa的廣告訊息時，55％的受訪者回答說他們不知道Delissa公司想藉由廣告傳達什麼訊息。

消費量

77％的所有受訪者在過去幾個月中曾購買過原味優格：28％購買「保加利亞優格」、15％購買「比菲德氏Bifidus」、5％購買「優沛蕾Yoplait」、4％購買「Danone」、3％購買Delissa的產品。受訪者中至少嚐過Delissa的人數（22％）與嚐過「保加利亞優格」（66％）的人數相比較，看起來是相當少的。在原味優格這個產品區隔中，Delissa位居受訪者最常購買品牌的第三位，「保加利亞優格」位居第一，而「比菲德氏Bifidus」位居第二。在水果優格這個產品區隔中（過去數個月的消費量），Delissa排第三（5％），落居「優沛蕾Yoplait」（10％）與「保加利亞優格」（8％）之後，而「Danone」（3％）排第四位。Stefan Gustafsson在報告中註記：「所以我們下一步該怎麼走？」

Bjorn Robertson闔上了檔案夾,思索著Stefan Gustafsson的問題。

下一步該怎麼走?

Bjorn Robertson環視同坐桌旁的其他團隊成員,並問道:「我們怎麼會在日本市場闖蕩十年,市場佔有率卻仍然無法突破3%呢?」他知道Peter Borg、Stefan Gustafsson、Lars Karlsson對於Delissa的差勁表現有不同的意見,而且每一位經理人對於應該採取什麼行動都有自己的看法。

Stefan Gustafsson花了幾個月的時間在Nikko公司,與銷售人員一同拜訪零售商,調查新市場的研究報告,並監督整個Nikko—Delissa團隊。Stefan Gustafsson這次的經驗令他感到沮喪,因為語言的障礙使他覺得自己被排斥於Nikko公司的員工之外。Nikko公司把他安排在一間有百位員工的超大辦公室裡工作,可惜的是全辦公室的人都無法與他溝通。日本籍的員工對他非常有禮貌,可是卻沒有人能與他用日文以外的語言溝通,這種情況讓Stefan Gustafsson感到孤獨而受孤立。他開始相信Nikko公司並未全心投入Delissa在日本的品牌開發活動,他也認為這項合資案原先預期的市場佔有率是很荒謬的。此外,他也相信Nikko公司對Agria所提供的情勢描述有所偏差。他覺得Nikko公司只是利用Delissa的品牌做為公關噱頭,藉此建立Nikko公司國際化的形象而已。當他說著這些時,他的語調十分地激動:

> 「Bjorn Robertson,我不知道該怎麼想。我知道我不瞭解我們的日本伙伴,而且我從來就不確定自己是否信任他們。他們用一種令人困惑的方法取得最初的控制權,這種方法也就是極度的禮貌。因為他們的禮貌,你無法與他們爭執,接著他們就突然處於主導地位。我記得當時Nikko公司

的主管們來瑞典參觀時，整車的人都面帶微笑，並且不斷在整個廠房裡鞠躬，而我們也鞠躬並回以微笑。這就是他們成功的方法，這也是我們在日本成果平平的原因。Agria從未真正控制這個合資案。我們的配銷通路系統建置就是一個很好的例子，因為語言問題，我們必須要依賴Nikko公司，所以我們從未真正了解事情是如何進展。同樣的問題也發生在產品的定位與廣告策略。我們以為事情都在我們的控制之下，但其實並沒有，而且有一半的時間我們是在執行我們所不願意做的事。」

「Bjorn Robertson，我認為一旦日本人精通了瑞典的技術後，他們會立即扼殺Delissa，然後將發展自己的品牌。我認為該終止與Nikko公司的合資協議，我的意思是徹底撤出日本市場！」

Bjorn Robertson接著將注意力轉向對此一問題另有見解的Peter Borg。Peter Borg認為Nikko公司那些受訓販售乳飲品產品線的人員，對於乳飲品和優格事業欠缺確切的認識。代替Per Bergman負責日本銷售人員訓練的Peter Borg曾經造訪日本多次，他負責訓練Nikko公司的員工行銷Delissa品牌的商品，同時負責改善配銷通路與銷售情形。他也另外培養了一位行銷經理。Peter Borg與日本東京總部的日本人有著密切的工作關係。

Peter Borg表示道：「我了解Stefan Gustafsson的感受、挫折、沮喪，但是我們已經給日本人足夠的時間嗎？」

Stefan Gustafsson笑著說道：「足夠的時間？我們已經切入日本市場超過十年了！如果你看看我們所訂下的銷售目標，你會發現我們失敗得一塌糊塗。問題不在於我們是否給日本人足夠的時間，而在於Nikko公司是否給予我們足夠的支援。」Peter Borg轉向Stefan Gustafsson繼續說道：

　　「Stefan Gustafsson，我明白你怎麼想的。但是十年真的有那麼長嗎？當日本人進入國外市場時，不論時間有多長，他們會一直待在那個市場，直到在當地市場掌握一席之地。他們有毅力，他們按照著自己的速度在前進，而且比我們更為冷靜。我同意主導權方面的確有問題，但正因為他們缺乏西方式的進取心，反而讓他們以退為進、獲得較多的主控權。他們外表的謙遜確實讓人消除敵意，可是我們真的必須立即終止合資關係嗎？我剛到日本時，不停的挑剔每件事，我把全部的責任都推給Nikko公司。在六年後，我想我學到了一些事情。我們不能以自己的方式來接近他們，不能以評斷自己的方式來評斷他們，我們對他們的了解不會比他們對我們的了解還要深入。對我而言，整個問題的癥結並不在於我們應該試著了解他們，而在於我們必須接納他們、並且信任他們。我不認為我們應該如此輕易地退出日本市場。就像Stefan Gustafsson所提到，日本人可能真的禮貌到煩人的地步，可是在這些禮貌之外，我很懷疑他們是怎麼看待我們的。」

　　Agria公司產品經理Lars Karlsson負責日本市場的時間還不算長，他在十八個月前才從寶鹼Procter＆Gamble公司跳槽過來。

　　「以我的觀點來看，我們在日本市場運作的最嚴重缺失是工作夥伴之間的溝通不良與大量互相矛盾的資料。我是最晚參與這個計劃的成員，但對於過去十年來每個人所進行的研究數量感到訝異。我所見的大多數報告是相互矛盾且令人困惑的。同樣地，負責日本業務的經理經常調換，也打斷了這計劃的連續性。此外，在我們進行所有研究之後，有任何人積極的將這些發現好好利用嗎？我們犯了多少錯誤？再者，我們是否已經在日本投注足夠的資源？」

　　「這中間有太多的矛盾。雖然日本人積極西化，可是在日本市場成功的優格還是帶有日本獨特的口味。我們是否忽略了這個事實的含意？Agria公司的人相信自己擁有一種優越的優格產品，而且認為日本競爭對手所生產的優格口味並不好，可是當我們看到日本頂尖製造商在優格市場的佔有率時，這種狹隘的論點還能站得住腳嗎？很顯然地，日本競爭對手所生產的優格口味才合乎日本人的口味標準。我們可能改變日本人的口味偏好嗎？還是我們應該重新檢視自己產品的口味？」

　　「相當有趣地，優沛蕾Yoplait與Zennoh的合資企業、味之素Ajinomoto與Danone的合資企業都遭遇到跟我們相似的問題。沒有一家外來廠商在日本優格市場的佔有率超過3％，這些外來廠商的優格口味也和我們的產品口味相同。」

Bjorn Robertson饒富興味的聽著他的小組成員進行爭論，他很快就得做出決定。Agria公司應該放棄一起打拼十年的Nikko公司，並且另尋其它經銷商？或者應該與Nikko公司一起擬定新辦法，並且追逐市場佔有率？或者Agria公司乾脆承認失敗，從日本市場完全撤退算了？還是這個合資案根本就是個徹底的失敗？Bjorn Robertson很高興自己召集團隊的成員一起討論Delissa的未來，成員們的想法給他在日本市場打拼的新啓發。

行銷決策：5P

- ■區隔決策與定位決策
- ■産品管理決策
- ■定價決策
- ■配銷決策
- ■傳播溝通決策
- ■結論
- ■學習重點

行銷決策涵蓋了行銷計畫的主要元素。行銷計畫的元素包含以下幾點，也就是一般俗稱的「**5P**」（5Ps）：定位（Positioning）、產品（Product）、價格（Price）、通路（Place 或 Distribution）、促銷（Promotion 或 Communication）。這些決策通常是在處理以下的議題：

1. 我們應該要如何定位自己所提供的產品或服務？
2. 我們應該要提供給顧客何種產品線？
3. 我們應該要如何定價？
4. 我們應該要採取何種方法才能最有效地達成目標？
5. 我們應該要直接接觸客戶？還是間接透過配銷通路系統接觸客戶？
6. 我們應該要如何在媒體上向客戶傳達產品或服務的利益？選用何種媒體？

區隔決策與定位決策

在第一單元的內容中，我們點出將產品或服務以差異化做出區隔對於公司取得競爭優勢的重要性，此種差異化或區隔的概念就是「定位」（Positioning）的觀念。定位的目的就是在既有產品或潛在具有競爭力產品的目標顧客群心中，創造出獨特且有意義的利基點。將定位觀念廣為宣傳的 Al Ries 和 Jack Trout 認為：「定位所針對的對象並不是產品，而是潛在客戶的心智模式。」[1]

關於「定位」策略最經典的例子莫過於七喜 7UP 公司的「Uncola 非可樂」聲明。在打出這樣的口號之前，7UP 常常被消費者以為是綜合果汁，而非軟性飲料。經過重新定位的結果，7UP 將自己視為可樂飲料的另一種選擇。另一個經典的例子是 Avis 租車公司及其口號「We try harder!」。Avis 向消費者訴說，自己雖非最大的租車公司，但

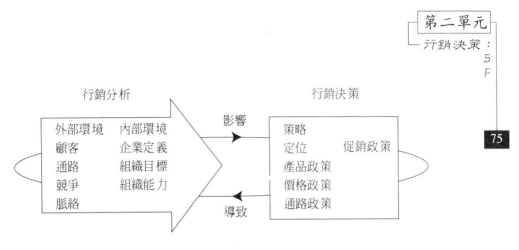

行銷分析　　　　　　　　　　　行銷決策

外部環境	內部環境	影響	策略
顧客	企業定義		定位　　促銷政策
通路	組織目標		產品政策
競爭	組織能力		價格政策
脈絡		導致	通路政策

圖2-1　行銷決策的「5P」

是其對於服務品質的承諾絕對是超越競爭對手的。在汽車產業，富豪VOLVO汽車定位自己是市場上最安全、最持久的家庭房車，因此VOLVO成功的在潛在消費者的心中，創造出獨特的競爭利基。同樣地，保時捷Porsche、吉普Jeep、Bentley都因有其獨特的定位策略與競爭利基，造成它們可以在廣大的汽車市場中、在顧客心中佔有獨特的品牌風格與形象。

　　Al Ries與Jack Trout指出品牌定位的印象是呈階梯狀的。以漢堡品牌而言，麥當勞McDonald、漢堡王Burger King、溫娣漢堡Wendy's就呈現階梯狀的排列。在快遞業，聯邦快遞FedEx、洋基通運DHL、優比速UPS也是例子之一。尤有甚者，在特殊的產品線中，於消費者心理佔有最高品牌意識的產品，往往也具有最高的市場佔有率，在階梯最上層的定位往往是企業競爭優勢的來源。當我們在酒吧或是餐廳想要點啤酒時，服務生往往會接著問我們有沒有偏好任何特定的品牌，在那時刻，你只有幾秒鐘回應並選擇哪種品牌的啤酒，一般人當然會選擇排名第一的品牌。當公司的品牌定位是排在第三或第四順位時，顯然這就是一個很大的弱勢。Al Ries與Jack Trout建議這些公司找出自己產品最主要的特質或利基，也就是找出一個很清楚的理由，讓消費者瞭解為什麼非擁有這項產品不可。因此，像7UP就在消費者心中創造了新的階梯，在這個階梯上7UP就是第一名。

　　雖然定位策略與溝通策略有很大的關連，不過要強調的是定位策略仍須靠相對應的產品策略、定價策略、通路策略來支持與加強所選擇的定位聲明。

產品管理決策

　　產品是行銷決策的主要考量之一，也是一切定位策略或產品策略的出發點。舉例來說，製造高價錶的廠商（如勞力士Rolex）就會有符合其定位策略的整體行銷政策：產品範圍只集中在某幾種款式、價格相對昂貴、配銷通路的選擇相當嚴謹（只集中在幾個銷售據點）、傳播溝通策略只集中在少數有質感的媒體、大部分主攻上流社會的消費者區隔。對屬於服務業的航空公司而言，產品可視為飛行經驗（包括從預約機位到行李寄送到最後目的地，有些航空公司甚至將簽約結盟的飯店與旅館列入產品服務的範圍）。

　　我們必須要強調的一點是，產品所提供的功能不限於有形的物質（狹義的產品Generic Product）。舉例來說，汽車這項產品的狹義定義就是一種基本的交通工具。產品的意義通常多於其基本功能所提供的。就一部汽車而言，產品的意義還包括特定的品質標準、保固期、交貨條件、售後服務、品牌的口碑……等。把這些所有元素統合起來，就是一般行銷所稱的行話：「**廣義的產品**」（the augmented product）。

　　當一項產品到達了成熟的階段，「廣義的產品」將無法再提供區隔與差異化的機會。舉例來說，當今日的消費者想要購買一部昂貴的房車時，ABS煞車防鎖死裝置、安全氣囊、高級音響系統都早已被視為是標準配備，汽車製造商為了讓自己的競爭優勢明顯與競爭對手區隔出來，就會提供更多的附加價值給目標客戶。汽車製造商持續的開

發新功能，以做爲滿足新客戶對「潛在定義產品」（potential product）的需求。「潛在定義產品」的概念包括了更方便的功能與更卓越的售後服務。

服務是產品提供的主要元素

　　Bobst是一家位於瑞士的包裝機器製造商，公司的總裁指出：「雖然我們的產品是大型機器，但我們毫無疑問的是一家服務性公司。」他進一步指出，許多公司目前所從事的業務都是將「解決方案Solution」賣給客戶，幫客戶解決問題，而非僅是出售有形的產品。根據以上的敘述，產品一般都具備兩類最主要的元素：產品的功能特性（主要是與產品技術績效有關的元素）與產品的服務元素（使用者便利性與親和性、保固期、售後服務……等）。在許多產業中，成熟產品的技術特質對於每家公司的差異不大，真正讓顧客選擇A供應商而非B供應商的原因在於構成服務的要件，像是供應商的速度與效率如何？當客戶有問題時，供應商解決問題的熱誠是否足夠？供應商是否主動去滿足顧客的期待？

　　隨著科技與資訊的流通，各家廠商所生產的日常用品很難單純以產品的功能特性進行差異化，因此產品的服務元素逐成爲產品價值的主要來源。以德國的化學公司BASF爲例，客戶多年來購買這家公司的化學產品完全以價格爲考量。最近，BASF公司決定研究如何提供客戶更高的附加價值。於是BASF公司藉著詢問客戶的意見，解決客戶的問題，將所有意見納入考量，做爲以後設計化學產品的依據。BASF公司進一步發現客戶很難將裝置化學物品的桶子完全清洗乾淨，大部分的客戶並沒有正確的知識與設備去執行這樣的過程。藉由併購一家以清理化學物質爲專長的公司，BASF公司現在有能力提供全面性解決方案，像是幫助客戶清理化學桶、在客戶下訂單的24小時內將產品送達客戶手中。BASF公司最令客戶激賞的地方，在於它已

經不再是一個賣化學產品的公司，而是運用主動出擊方式、提供全面解決方案的公司。

　　許多公司也意識到服務元素與公司形象是息息相關的。每個產品或服務的提供都在塑造企業的形象。產品形象與許多因素相關，這些因素包括特定的動機、感情、其它影響客戶對於產品觀感的無形元素。香水、化妝品、流行服飾、其它高貴物品，尤其需要注重象徵意義的面向；而消費性產品與服務也逐漸注重整體的包裝形象及其所傳達的意識，像是汽車、銀行、航空公司、顧問公司，之前提到的BASF公司就是一個例子。

品牌資產（Brand Equity）：差異化的最終來源

　　品牌代表公司獨特的形象，同時也是產品的一部分。新加坡航空公司的行銷經理Franklin Chow指出：「產品可以被複製，但是形象是屬於公司、且獨一無二的。」在民航產業中，大部分的產品特性都是可以被競爭對手複製的。所有航空公司的機種都是一樣的（波音Boeing或空中巴士Airbus）。就這個產品元素而言，它並無法為公司提供差異化的機會。當產品有了創新的動作時（例如新的傾斜式座椅、提供新的機上娛樂方式、新的菜單），競爭對手立刻可以複製這些特性到自己的產品。可是新加坡航空公司永遠比其競爭對手早一步提供這些創新，藉由許多「第一」的產品創新與對服務細節的重視，加上嚴格的人員召募、教育訓練及再訓練、高於市場水準的薪資、員工的低流動性、產品傳遞的一致性、獨樹一格的制服，新加坡航空公司建立起自己獨一無二的品牌形象。

　　像新力Sony、迪士尼Disney、耐吉Nike這些具有強力品牌形象的公司喚起了下列的感覺：熟悉度、品質、自信、信任、安全感。因此，強力品牌形象鼓勵了再消費的發生，強勢的品牌資產也促使產品線繼續延伸（像是健怡可樂Diet Coke）、或是副牌的產生（像是豐田

Toyota的Lexus）。像雀巢Nestle公司採取的方法是公司品牌下擁有多
種產品品牌，以區隔不同的產品類別（Nescafe代表即溶咖啡、
Carnation代表嬰兒食品、Maggie代表微波食品、Perrier代表礦泉水、
Kit-kat代表巧克力餅乾、Friskies代表寵物食品）。

最後，品牌資產也代表了在市場上的實力。品牌資產不只是公司
主要財務資產的來源，它也幫助公司在市場上與貿易上有更多的議價
實力。

利用產品生命週期概念的優勢

就像所有的生命體一般，產品也有其生命週期，開始於出生（產
品進入市場開始），結束於死亡（產品退出市場）。對於行銷人員來
說，產品生命週期的概念在進行行銷規劃時非常有用，它可以幫助行
銷人員將稀少的資源做最有效率的應用。就最佳效率的觀點而言，根
據產品在不同的生命週期階段，行銷組合的每一種元素都應該小心地
運用不同方式管理。

導入階段（Introductory Stage）指的是新產品全面進入市場的階
段。在這個階段中，產品線僅有幾個產品模組，行銷成本在這個階段
是很重要的，溝通傳播的支出很高，因為必須確保所有潛在客戶都瞭
解這項新產品的存在與優點。另一方面，為了激發配銷通路系統販賣
一項沒有任何銷售記錄之產品的興趣，製造商提供配銷通路系統的邊
際獲利勢必要增加。為了吸引最終使用者購買這項產品，誘因的提供
也是必要的。

如果產品在「導入階段」存活下來，就邁入「**成長階段**」
（Growth Stage）的週期。在這個新階段，產品銷售量呈現快速的成
長，產品線也迅速擴張以滿足更多的需求，新的競爭者同時被高成長
的機會吸引而進入市場，但相對的產品價格也開始滑落。配銷通路系
統由特定的經銷商擴大到大眾市場，傳播溝通策略的重點在於將自己

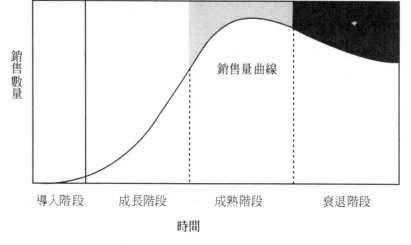

銷售數量

銷售量曲線

導入階段　　　成長階段　　　成熟階段　　　衰退階段

時間

圖2.2　產品生命週期

的產品與競爭對手的產品差異化，並且為自己的產品建立品牌形象。在此一階段，大部分公司已經開始回收當初投資所耗費的成本，並為增加市場佔有率與更強的獲利率而努力。

當成長率開始穩定時，產品就進入了**成熟階段**（Maturity Stage）。就銷售的角度而言，市場已經達到飽和的狀態，產品的模型隨處可得，市場上越來越難找到新客戶，這個階段也是產品生命週期中最長的一個階段。產品價格持續在滑落，傳播溝通的策略重點在於更積極的促銷與品牌意識的強化，目的是要同時鞏固配銷通路系統與客戶。在此一階段，因為過度的競爭與產品的邊際獲利降低，邊緣化的廠商會決定撤出這個市場，而剩餘的競爭者會展現密集的力量以維持配銷通路系統與整體市場的佔有率，有些競爭者甚至會嘗試重新區隔市場，以刺激市場的活力，並重新擬定產品的行銷規劃。

產品需求的下降代表了**衰退階段**（Decline Stage）的開始。稀少的需求與衰退的獲利使更多競爭者決定退出市場，產品價格被砍得更嚴重，產品也不再做任何廣告。無法獲利的配銷通路商將漸漸撤出，存活下來的競爭者也許會將產品價格提高一些，因為在這個階段已經

沒有競爭可言了。

產品稽核

產品生命週期的概念強烈地說明了所有產品的銷售量與獲利最終都會衰退，因此產品稽核成為一個非常重要且實用的管理評估工具。公司藉由產品稽核一一檢視每個產品是否該繼續發展、改善、修改、刪除。產品稽核時該考量的主要因素如下：

1. 銷售趨勢（Sales Trends）：產品銷售量是否正呈現持續性的下降？當出現這種情形時，代表產品已經出現了成熟階段或衰退階段的徵兆。
2. 獲利貢獻（Profit Contribution）：產品是否能產生預期的收入與獲利？
3. 產品效能（Product Effectiveness）：產品功能是否仍發揮預期的功能？客戶是否有其它更好的替代方案？
4. 替代性產品（Substitute Products）：市場上是否有競爭對手提供新的替代性產品，使得客戶已經轉移注意力到競爭對手的產品？
5. 公司的優先順序（Corporate Priorities）：管理階層是否有將時間、金錢、技術、人力資源，分配到此一產品？

定價決策

定價決策是行銷決策中最重要也最複雜的決策之一。定價直接影響的是產品類別的獲利能力與公司最終的財務指標。價格也可被視為是主要的溝通工具。如果客戶認為產品的價格過高，它們對於產品的

形象可能會產生扭曲，而且會傾向選擇較具競爭力的替代產品，這種
情況可能會導致公司銷售量與獲利的損失。另一方面，如果產品的價
格過低，銷售量雖然會成長，但是獲利率與品牌資產都會受到波及，
因為客戶會把價格較低的產品認定為較次級的產品。

當要決定定價策略時，對於市場環境的全面評估是必須的，這可
以從以下幾個方面著手：（詳見第一單元「行銷決策的分析」）

1.公司運作的脈絡。
2.公司的成本結構。
3.公司為產品所設定的獲利目標。
4.客戶所認知的產品價值來源。
5.配銷通路系統的誘因。
6.競爭對手替代產品的價格。

脈絡

定價在現代經濟扮演了很重要的角色，同時我們也可以發現政府
會立法規範某些產品的定價，尤其是一些民生必需品，像是米、汽
油、香菸、酒、藥品、保險。藉由控制定價決策，政府的目的包括規
範市場競爭的模式（像是中國的電信市場費率）、創造稅收（像是澳
洲的汽油售價）、減低潛在的削價競爭（像是韓國的保險費率）、抑止
政府本身的赤字（像是義大利的健康醫療費率）。

其它的脈絡議題也需要被仔細的考慮。舉例來說，根據產品所處
的各個生命週期階段，廠商可以決定不同的定價策略。當一個新產品
剛開始推出上市時，公司可選擇高價策略（去脂策略Skimming
Strategy）或低價策略（滲透策略Penetration Strategy）。當新產品的
定價較高時，公司的目標在於快速回收因研發與製造產品所產生的成
本，此外還期盼保有一定程度的獲利，使公司可以將獲利繼續投資在
生產、研發、行銷活動上，以抵抗競爭對手的威脅。當產品進入新的

成長階段時，將面臨更多的競爭對手，如果競爭對手開始進行削價競爭，高價格的產品提供了一個價格下降的空間。

去脂策略（Skimming Strategy）通常適用於消費者數量充足、市場具有高度需求、且高價位能代表卓越形象的產品。當新產品的定價較低時（滲透策略Penetrating Strategy），公司選擇的是短時間內激發消費者的需求，且讓潛在競爭對手覺得切入此一產品市場無利可圖，這種策略通常適用於當生產與配銷通路系統都已累積許多產品經驗、且市場對於產品價格敏感度很高的情境。

成本與定價

DNA集團的總裁Daniel A. Nimer曾經說過：「定價的目的不僅在於回收成本，更重要的是展現在顧客心中『產品』的價值。」[2]因此，最常用的定價方法就是將產品各個不同的成本項目（包括研發、生產、配銷通路的成本）與毛利加在一起，以確保製造商的獲利來源；這種「成本加成Cost-plus」的定價策略對於快速流通消費性商品（FMCG，Fast Moving Consumer Goods）是很常見的，廠商將毛利與成本相加，所得到的數字即是最終的零售價格。「成本加成Cost-plus」定價策略最主要的風險在於未將客戶對於價格的認知考慮進去。另一種在日本很流行的定價方法是先理解消費者願意付出多少金額購買一項產品，以及消費者所期盼獲得的利益，接著依照目標客戶心中所設定的價格去發展這項產品，這種定價策略又稱為「顧客價值定價Customer Value Pricing」策略。

其它連結成本與定價的相關概念也很常使用，這些概念包括獲利極大化（Profit Maximization）、損益兩平（Breakeven）、目標獲利定價（Target-return Pricing）。獲利極大化是將產品價格設定在當邊際收益等於邊際成本的數字。損益兩平的概念能幫助經理人決定一種產品要達到多少銷售量，才能使全部成本等於全部收益，藉此達成損益兩平的狀態。目標獲利定價則是根據預設的獲利目標、銷售量、固定

成本、變動成本,來設定產品的價格。此外,經濟規模、經濟範圍、學習曲線、攸關成本……等概念,都常用於瞭解經濟因素如何影響價格決策。[3]

公司策略與定價

價格第一個反應的是公司的財務目標及其所想要達到的獲利程度。為了達成所設定的財務目標,大部分公司都有相關的規則與政策。這些財務目標可以是長期的(像是形象、數量、市場佔有率),也可是短期的(像是競爭結果、生存能力、、銷售量的快速極大化)。除了財務目標以外,公司也希望建立起自己的企業與品牌形象。價格通常反映了公司向消費者傳達產品品質的一個因素,藉由產品價格高低的設定,公司可以明確定位其產品在市場上是屬於高質感精緻商品的區隔,或是屬於質感較為普通的商品區隔。公司也希望藉由價格建立起自己所擔負的社會責任形象,讓消費者可以感覺受到公平的對待(像是Walmart威名百貨的 「Everyday Low Prices每天都是最低價」的口號)。

客戶與定價

以經濟學的角度而言,價格是供給和需求運作的結果。需求越高,價格也就越高,這是我們所熟知的原則。當客戶衡量是否該購買一項產品時,通常都會比較此一產品的購買成本與其所帶來的價值。客戶也會根據過去對這項產品或服務的使用經驗與認知,來判斷產品定價的合理性。實際上,客戶對於某項產品或服務心中會有一個價格範圍。如果產品或服務的定價低於客戶心中的價格下限,客戶會認為此一產品或服務的品質有問題;如果產品或服務的定價高於客戶心中的價格上限,客戶會認為此一產品或服務的價格過於昂貴。

客戶通常也會去比較不同產品或服務所產生的價格替代性。舉例來說,在策劃一段旅遊行程時,消費者對於交通工具就有火車、飛

機、自用轎車的選擇，這個選擇會依據每一種交通工具的價值與成本而定。客戶通常對於價格的波動非常敏感，可是對於一項產品的價值認知也會隨著時間而改變（像是行動電話）。消費者常會感覺到創新產品在生命週期導入階段的價格比較昂貴，但隨著產品邁入成熟階段，價格則會逐漸下降。一個新產品的創新性就表現在製造商所設定的短期高昂價格上。

　　需求彈性在定價政策上也扮演很重要的角色。這個觀念指的是顧客對於價格變動的反應與敏感度。有彈性的需求（Elastic Demand）指的是當價格產生某種程度的變化時，會影響產品的需求程度。相反地，無彈性的需求（Inelastic Demand）指的是不論價格上升或是下降，都不會顯著地影響產品的需求程度。事實上，只有少數行銷人員能非常準確地預估消費者對於價格變化的回應模式與程度。

　　定價策略實際上是非常複雜的。行銷人員可以控制各種價格替代方案與消費者所認知的價值。透過廣告、促銷活動、其它傳播溝通工具的幫助，行銷人員可以強調目標客戶最重視的產品價值取向（像是可靠性、使用方便性、便利性、產品設計……等），藉此影響消費者對於產品形象的認知。舉例來說，我們可以在自行車產業發現這些特性，具備前後輪避震系統之登山用自行車的價格，就比一般自行車的價格昂貴許多。客戶區隔可以幫助行銷人員針對不同的客戶群設定不同的價格水準。很明顯地，相對於針對一般客戶群所推出的產品（像是鐘錶產業的卡西歐Casio），專門針對上流社會階層所推出產品會帶給消費者比較「昂貴」的印象（像是鐘錶產業的勞力士Rolex）。

配銷通路與定價

　　為了確保客戶可以在正確的時間獲得正確的產品，給予配銷通路系統足夠的報酬（像是配銷商促銷活動與高額的邊際獲利率）與折扣是很重要的。為了要提供配銷商或零售商誘人的利益，行銷人員必須瞭解這些中間商的獲利模式，以及中間商與製造商的權益義務關係。

事實上，配銷通路系統的夥伴並不只是扮演商品實體配送的角色，它們也可以提供售後服務、向最終使用者提供建議、堆放存貨、負擔部分的銷售周轉資金……等，而這每一項功能都會耗費配銷通路夥伴的成本，所以製造商需要提供其它型式的補償給配銷通路夥伴。

競爭與定價

競爭性的定價策略雖然只有少數幾種，但卻難以管理。學理上，公司可以決定產品或服務的價格要等於、高於、或是低於競爭對手的價格；可以決定是要引領市場定價、或是跟隨市場的腳步定價；也可以決定依據客戶區隔的不同來定價、或是對所有客戶都採取單一定價策略。實際運作上，當競爭環境很激烈時，公司通常很難將產品或服務的價格訂在高於市場一般水準之上。若是產品或服務的定價較高，可能會吸引潛在的競爭對手切入這個市場。同樣地，當公司降低產品或服務的價格時，可能會引發競爭對手將其產品或服務的價格降得更低，這就會形成一場「價格大戰」。產品或服務在市場上不同的競爭程度（像是獨佔、寡佔、聯合壟斷、競爭激烈的環境）會直接影響定價策略，同時也增加價格管理的複雜性。

大部分的公司都避免與競爭對手在價格上競爭。舉例來說，GE Plastics公司就選擇以新客戶的利益為出發點，重新定義產品的價值定位或是重新區隔市場。然而，實際的市場情況時常迫使廠商不得不降價應戰。為了能更準確的預估競爭對手的反應，行銷人員必須評估下列幾項因素：

1. 經濟因素（Economic）：像是競爭對手的產能與備用生產力。
2. 市場因素（Market）：像是產品生命週期的成熟階段。
3. 財務因素（Financial Factors）：像是可承受競爭損失的能力。
4. 競爭對手的企業目標（Competitors' Corporate Objectives）：像是市場佔有率極大化、為股東創造價值、長期導向或是短期導向……等。

配銷決策

讓消費者無論在何時或何地都能順利取得所欲購買的產品或服務，這一連串的所有活動都與配銷有關。對於行銷人員而言，配銷決策相當重要，因為它的影響是長期性的。產品或服務的價格可以很輕易的在一個禮拜內調降20％，但是將零售商的數目削減20％會有長期的不良影響。

配銷通路系統

配銷通路系統的長短是依據製造商與最終使用者之間有多少中間商媒介而定。舉例來說：

1. 亞馬遜網路書店Amazon.com透過網際網路直接將產品賣給消費者。
2. 雀巢Nestle公司透過一連串的批發商與零售商將產品賣給消費者，但同時也透過大型量販店系統直接將產品賣給消費者。
3. BMW透過連鎖性的汽車中盤商網路將汽車賣給消費者。

如何製造商決定透過直接的方式銷售產品（像是透過網際網路的方式），配銷通路循環較短，而且可能沒有任何中間商的介入；相反地，較長的配銷通路循環就有許多中間商介入。舉例來說，製造商若要將商品出口到國外，可能會需要下列配銷通路商的協助：進口商、批發商、零售商。進口商負責處理所有有關進口法令與海關的行政事務；批發商接著將商品配送到零售商網路，但是通常並未與商品最終使用者接觸；零售商負責展示商品，並與商品的最終使用者進行接

觸。

配銷通路夥伴的角色

配銷通路夥伴扮演了以下的功能：

1. 商品實體配送（Physical Distribution）：商品必須從製造商的工廠運送到倉庫，再從倉庫運送到零售商的店面。這項任務同時涉及了物流管理與存貨管理。
2. 銷售活動（Selling Activities）：這些活動包括尋找新客戶、安排各銷售據點的商品展示、銷售、提供最終使用者諮詢服務、確保商品售後服務。
3. 市場訊息回饋（Market Feedback）：為了保持競爭優勢，製造商需要客戶經常性的意見回饋與來自市場上的最新消息。消費者對於產品的滿意度與競爭對手的回應，是廠商發展下一個行銷計劃不可或缺的要件。
4. 服務（Service）：技術性產品一般都需要產品安裝支援與售後服務，而許多消費性產品也有提供售後服務。

權衡各種配銷通路策略的得失

在決定使用何種配銷通路策略時，行銷人員需要瞭解各種策略的優勢與劣勢，像是直接銷售與間接配銷方式的對比；獨家性、選擇性、密集性配銷方式的對比。

直接銷售與間接配銷方式的對比

行銷人員可能採取直接銷售的方式，以獲得客戶立即的反應回饋，回收較高的邊際獲利，並且對於整體行銷計劃有全盤的掌握。然

而，如果有其餘廠商可以就配銷通路的功能扮演更好的角色、且成本更低，則行銷人員也可以採用間接配銷的方式。

獨家性、選擇性、密集性配銷方式的對比

這項策略的決定取決於公司的整體策略與產品的本質。舉例來說，獨家性配銷協議在企業間（B to B）的活動較為常見，且上游廠商對於市場發展通常有相當鉅額的投資。美國一家生產重型機械設備（像是挖土機）的公司Caterpillar，即是奉行獨家性配銷策略的例子。也正因為獨家性的配銷協議，製造商會希望得到配銷商強力的支援。

以選擇性配銷協議來說，有一定數量（超過一家）的零售商同時販賣相同的產品。採用此種方式之製造商的目的在於增加最終使用者的購買便利性。選擇性配銷方式在某些公司較為常見，像是勞力士Rolex、新力Sony、通用汽車General Motors、IBM電腦。

如果製造商希望其產品能讓越多人接觸到時，就會採用密集性的配銷方式。舉例來說，柯達Kodak、雀巢Nestle、寶鹼P&G都是採用密集式配銷零售的例子。這些快速流通消費性商品（FMCG，Fast Moving Consumer Goods）製造商的目的，就在於將零售商的架位空間利益極大化，以獲得最大的市場佔有率。

選擇配銷通路

在選擇正確的配銷通路時，行銷人員必須檢視與衡量各種影響配銷通路決策的因素，這些因素包括環境的力量、公司的目標、市場的特性、消費者行為、產品生命週期、經濟的力量。

環境的力量

在某些特定的國家，法令是影響配銷模式的主要力量之一。舉例來說，保險商品只能透過政府核准的特定保險公司銷售。同樣地，在

法國，藥品的配銷能透過藥劑師來執行。

公司的目標

行銷人員必須根據公司的整體策略，決定配銷通路的各個成員必須完成哪些特定的任務。舉例來說，行銷人員必須釐清公司是低成本產品的製造商？還是提供高質感產品的製造商？以手錶製造產業為例，如果像Cartier這樣的品牌被定位在高質感商品的市場區隔，則其銷售據點就需要有一流的銷售服務人員來配合，而且也必須提供完美的售後服務。所以Cartier選擇在高級的珠寶店販售其商品、而不選擇在一般的零售店面販售，這種作法就與Cartier的整體策略和產品定位有關。最後，零售店面所在的位置也必須與Cartier所希望創造出來的企業形象、鎖定的目標客戶群相互符合。

市場特性

舉例來說，印尼是一個由2億人口與許多小島所組成的國家，不可能由一家製造商去服務距離10,000公里遠的客戶。因此，一家硬體設備配銷商的老闆Eugene Lim決定為製造商維持一些存貨。其公司的業務活動包括：提供經銷商與最終使用者技術性的支援、處理應收帳款與吸收偶爾發生的壞帳、銷售人員拜訪產品的最終使用者、與國內政府官員維持重要的人脈關係、替製造商進行廣告活動、執行大型促銷活動。總之，Eugene Lim為其供貨商做了許多事。毫無疑問地，根據此一市場的特性，若是以上這些活動都由製造商自己本身來運作，恐怕無法展現應有的效率。

客戶購買行為

為了讓客戶享受到最好的服務，行銷人員必須掌握有關客戶是誰、購買哪些產品、何時購買、在何地購買……等特定訊息。舉例來說，歐洲大部分的老年人仍然習慣在自家附近的小型零售商購買商

品，因為這些零售商會提供一些個人化的服務。另一方面，歐洲的年輕人通常比較喜歡到大型購物中心，以體驗較有趣的購物經驗。因此，配銷通路策略首先必須釐清客戶區隔，藉此掌握每種客戶區隔的需求及其所重視的價值取向（像是較低廉的價格、送貨的速度、個人化的服務……等）。

產品生命週期

新產品的使用方式通常都必須向消費者解釋清楚。當第一部個人電腦剛在市場上推出時，這種產品只透過特定的專賣店銷售；當產品進入快速成長階段時，配銷通路必須擴展到大型的零售商；最後，當產品邁入成熟階段時，戴爾電腦Dell就成為第一家透過直銷方式將電腦賣給消費者的公司之一。

經濟力量

配銷通路夥伴所執行的每一項任務都是需要耗費成本的。因此，行銷人員必須評估每一個配銷通路夥伴的存在必要性。行銷人員必須瞭解配銷通路夥伴的獲利模式，以及如何幫助配銷通路夥伴提升績效。任何可以讓配銷通路夥伴比競爭對手更有效率的方法，就是提供行銷人員一個發展持續性競爭優勢的機會。因此，行銷人員必須注意配銷通路夥伴的所有限制（像是技術性支援、付款時間、存貨周轉率、銷售量較差的商品……等）。

管理與控制配銷通路的爭端

製造商與配銷通路的成員常有「又愛又恨」的關係。在食品、玩具、消費性電子產品的產業當中，議價權力已經由大型製造商轉移到大型零售商。經濟考量有時會造成製造商與配銷通路夥伴之間的爭端，雙方會互相指責對方不夠盡力去刺激買氣。它們也會對於如何分

配利益有不同的意見，製造商會傾向採取密集性的配銷方式來擴展市場，使得產品銷售量極大化，並在現有的配銷通路系統內創造更多的競爭。同樣地，配銷通路商會藉著降價的方式刺激買氣，但卻有破壞製造商品牌資產的風險。

因此，在製造商與配銷通路系統之間，應該營造出一股合作與信任的氣氛，以避免潛在衝突的發生。[4]

除了在傳統上所應具備的經濟與法律關係之外，為了確保彼此的合作關係是長期且平和的，私人關係的建立也有其必要性。其它的行銷組合決策可能可以很快地改變（像是降價或刪減廣告預算），但是與配銷通路系統之間的協議是較為長期的，除非是非常特殊的原因，否則無法在一夕之間就更改。舉例來說，與一家配銷通路商終止合作時，至少在短期內銷售量會減少。由於配銷通路系統必須配合產品生命週期而調整，行銷人員的主要挑戰是設計一套堅強的配銷通路系統，使這套系統既可以在現在運作，可是也維持一定的系統彈性，以因應未來市場的需求而隨時調整。

傳播溝通決策

傳播溝通不只是廣告而已，它還包含許多不同的傳統工具（像是促銷、宣傳、贊助、公共關係、展示……等）與現代工具（像是直接銷售與網際網路）。太多行銷人員忘記其公司常透過許多間接方式與內部及外部環境溝通。舉例來說，一本便於使用者閱讀的手冊、員工的服務態度、訪客的免費停車位、便利的產品包裝方式、合理的價格、正面的口耳相傳、強力的品牌形象，這些都是企業傳播溝通的重要元素。

傳播溝通不僅針對產品的最終使用者，也希望影響力能擴及到許

多目標團體，像是現有與潛在的員工、競爭對手、供應商、配銷通路系統、股東。舉例來說，因應各國市場最近的通訊產業私有化，許多政府爲了成功地吸引更多新投資者，紛紛在電視上打廣告。

傳播溝通策略的主要元素

成功的傳播溝通策略一般會遵循「5M」方法：

1. 使命（Mission）：傳播溝通的目標爲何？
2. 訊息（Message）：傳播溝通的訊息爲何？
3. 媒體（Media）：傳播溝通所運用的媒媒介爲何？
4. 資金（Money）：傳播溝通所需耗費的資金爲何？
5. 衡量（Measurement）：傳播溝通成果的衡量方法爲何？

使命

傳播溝通計劃的目的不僅在於幫助銷售活動（短期或長期），它也傳遞有價值的資訊與訊息給予特定的目標客戶。傳統上，傳播溝通策略的主要目標爲下列之一：

告知
1. 向市場宣告有關新產品或服務的資訊。
2. 解釋產品的運作方式。
3. 建議產品的新用法。
4. 建立企業的形象。

說服
1. 建立消費者對於此一品牌的偏好。
2. 鼓勵消費者轉而使用此一產品。

3.改變消費者對於此一產品的認知。

提醒

1.何時可以購買。

2.何處可以購買。

3.維持消費者心中最先想到的認知度。

舉例來說，銀行可能會使用直接郵寄的方式，向其既有顧客「告知」一些新型財務商品；電池製造商可能想要「說服」新客戶，其電池的耐用期間比較長久；旅行社可能想要「提醒」既有與潛在的客戶，安排假期行程的時間又到了。

良好的傳播溝通策略著重在「效應層級Hierarchy of Effects」元素的眾多觀點之一。此一概念說明了客戶在購買產品或服務之前，會經過以下六個準備階段：

1.認知（Awareness）：（潛在）客戶必須先認知到產品的存在。

2.瞭解（Knowledge）：客戶必須瞭解產品的特性。

3.喜歡（Liking）：客戶必須發展出對產品的喜愛態度。

4.偏好（Preference）：客戶必須偏好此一產品甚於其它所有替代品。

5.堅信（Conviction）：客戶必須堅信此一產品可以符合其需求與期待。

6.購買（Purchase）：客戶終於購買此一產品。如果客戶感到滿意，希望還會有下一次的購買行為。

此一概念有個較為簡化的版本，即是AIDA模型：認知（Awareness）、興趣（Interest）、渴望（Desire）、行動（Action）。

訊息

　　在決定該傳遞何種訊息與如何傳遞之前，行銷人員必須決定何種客戶區隔是其訊息的傳遞目標。很明顯地，如果目標客戶群的範圍包含青少年與老年人，訊息就必須透過不同的語言表達方式來傳遞，行銷人員也必須清楚的勾勒出傳播溝通活動的目的為何。以某一個廣告所傳遞的訊息為例：「有六百萬的男人正為掉髮問題而煩惱，其中10％到15％相信Sigma可以在一年內解決他們持續性掉髮的問題。」在這個例子當中，目標客戶很明確的被定義出來，訊息的目的也很清楚的被定義與量化，而時間的限制成為此一活動的衡量指標。

　　訊息可以分為下列各種不同的類別：提供說明的資訊（What Information）、說服性的言論（Persuasive Argument）、相關事項（Associations）、提醒事項（Reminder）。在傳遞訊息時，以下各項特性必須保持巧妙的平衡：個人證言、幽默感、感性、比較性、幻境、生活片段。

1. 個人證言（Testimonial）：運用高知名度的人物或權威人士來為這項產品代言（像是名模特兒辛蒂克勞馥Cindy Crawford與賽車好手舒馬赫Michael Schumacher為亞米茄Omega錶代言）。這個高知名度人物可以吸引潛在消費者注意的目光，但是研究顯示人們通常只記得代言明星，卻不記得產品。

2. 幽默感（Humor）：良好的幽默感可以使溝通非常有效，不良的幽默感卻會搞砸一切。

3. 感性（Sensuality）：研究顯示此一特性通常不怎麼有效。

4. 比較性（Comparison）：此一特性的風險在於競爭對手也可能指出我們產品的弱點來報復。

5. 幻境（Fantasy）：暗示使用此一產品將幫助消費者達到理想的境界（像是化妝品）。

6. 生活片段「Slice-of-Life」：使用過去的流行歌曲或影像來定位此一產品（像是Levi 501系列牛仔褲）。

媒體

我們應該使用何種媒介才能最有效的傳播溝通訊息？這個問題的答案與公司本身的目標有很大的關係。第一個需要考慮的面向是時間架構：公司所期盼的是立即的回應？還是長期的結果？如果行銷人員希望建立的是消費者對產品或公司的長期認知度，廣告與公共關係活動通常是最有效的媒介。相反地，如果行銷人員期盼短期的銷售成果，折價券與促銷活動就是比較有效的工具。第二個需要考慮的面向是所欲傳播溝通之特定資訊的數量。的確，公司贊助活動或是公共關係活動（像是Accenture安盛諮詢顧問公司贊助Formula One一級方程式賽車活動）並無法傳遞許多資訊，反而比較傾向是一種長期的傳播溝通工具；這兩種媒介的使用是為了強化品牌的認知度，但卻無法刺激立即的買氣。另一方面，海報與個人銷售活動是最能傳遞資訊的工具，而且能在短期內創造出較多的購買行為。大部分公司均使用上述各種不同媒介工具的組合，以增強每一項溝通技巧的全球性效能。

不同促銷工具的優點和缺點

1. 廣告（Advertising）：廣告主要的優勢在於同時接觸到許多消費者，它提供了在選擇媒體型式的高度彈性（像是廣告看板、雜誌、報紙、廣播、電視）；另一方面，它所接觸到的客戶不完全是潛在購買者，而且消費者已經被過多的一般廣告資訊所環繞。

2. 人員銷售（Personal Selling）：這是一種極度有效卻又耗費成本的工具，因為銷售人員可以直接影響購買決策者。它準確的提供了與目標客戶雙向溝通的機會，而且是促銷技術性產品最

有效的工具。關於此種方式的缺點包括：人員銷售隱含了高人力成本；挨家挨戶的銷售方式會破壞企業的形象。

3. 促銷（Sales Promotion）：不論是在經銷商或是消費者層級，促銷活動是一種刺激需求、改變購買行為的有效工具。它的主要缺點在於只有短期的影響力，而且過度使用將會影響品牌的形象。

4. 直效行銷（Direct Marketing）：此一類型的傳播溝通方式是成長最快速的媒介，而且是一種相對便宜的促銷工具。潛在客戶的姓名、住址、購買行為……等資料都存放於行銷資料庫中。行銷人員可以完整控制購買與貨品運送的過程。在負面因素方面，有些消費者會覺得有高度的風險，因為產品在購買之前是完全看不到的。有些直效行銷的技巧已被過度使用（像是垃圾郵件），因此消費者對於此種媒介的印象並不好。然而，新型直效行銷的方式（像是電子商務）對於消費者與製造商都提供了新的交易機會與便利性。

5. 贊助（Sponsoring）：這項工具可被整合為品牌管理的一部分，其效果強烈到許多傳統保守的公司都承認這是行銷組合不可或缺的一部分。贊助活動對於建立企業形象與品牌認知非常有效，但是這並不會帶來短期的購買效果，且其對於銷售量的影響難以衡量。

推力與拉力策略

　　行銷人員通常倚賴推力和拉力的綜合效果來促銷其產品。「推力策略Push Strategy」大部分是透過銷售人員與經銷商促銷的方式進行，它包括所有將商品引導至各個經銷商通路的活動，同時也提供許多不同的誘因給配銷通路系統的夥伴（配銷商、零售商、銷售人員）。相反地，「拉力策略Pull Strategy」主要是透過廣告與消費者促銷的方式進行，它包括所有直接針對最終消費者的行銷活動，消費者

會反過來要求配銷通路系統提供這些產品，促成中間商向製造商訂購此一產品。

資金

「我們究竟該花多少錢？」一直是行銷人員難以回答的問題。如果公司耗用太少的經費，對於銷售量的刺激效果不會很大；但如果耗用太多經費，有些金額也許會被浪費掉。許多公司利用下列方法之一來決定該支出多少傳播溝通方面的經費：「大約的估計值」、「我們可以負擔的金額」、「去年耗用的金額」、「我們競爭對手所耗用的金額」、「預期銷售金額的固定比例」、「達成行銷目標所需的金額」。

1. 大約的估計值（The Inspired Guess）：這個方法當然是最不適合估計傳播溝通預算的方法，因為它並沒有任何策略性的考量。這種方式完全是自由心證，應該盡量避免。

2. 我們可以負擔的金額（What Can Be Afforded）：這是非常生產導向的思考方式。經過計算所有的生產成本與訂定獲利水準之後，其餘的金額完全分配到傳播溝通的經費中。這種方式也無法令人滿意，因為它忽略了行銷也是公司的一種策略性工具。

3. 去年耗用的金額（What Was Spent Last Year）：許多公司運用歷史資料去執行每一年的傳播溝通預算。很不幸地，這也沒有任何策略性的考量，應列入考慮的項目應該包括產品目前所處的生命週期、競爭對手的行銷經費支出多寡……等。

4. 我們競爭對手所耗用的金額（Matching What Competitors Are Spending）：這種方法以競爭對手做為一個標竿。許多公司與廣告代理商追蹤競爭對手在行銷活動的支出，比較競爭對手與自己在電視、廣播、平面廣告、廣告看板的花費。有些公司甚至認為某一特定廠商在某一產品類別的市場佔有率多寡，與此

一特定廠商行銷活動花費佔所有廠商在此一產品類別行銷活動花費的比例有正向關係。因此，爲了潛在的增加市場佔有率，公司必須將廣告預算定在高於競爭對手的水準，藉此期望透過較多的曝光機會，取得目標消費者對自己產品的認同。然而，這種方法不應單獨使用，因爲競爭對手也許有不同的行銷目的要達成，而且競爭對手所擁有的資源類型與多寡可能也與其它公司不盡相同，不能完全拿來做比較。

5. 預期銷售金額的固定比例（A Fixed Percentage of Expected Sales）：這是很多公司實際採用的方法之一。然而，這種方法有個主要的缺點；如果銷售量下降，廣告方面的經費也就會跟著減少，反過來會再影響到銷售量，形成一種惡性循環。

6. 達成行銷目標所需的金額（What Is Needed to Achieve The Marketing Objectives）：這種方法是最有邏輯性的方法，因爲它將以下的因素都列入考慮：[5]

   ・產品生命週期（Product Life Cycle）：一種新產品當然需要許多的傳播溝通資源，才能創造消費者的認知意識，並引導消費者試用該產品。
   ・公司的策略目標（Strategic Objective of The Firm）：爲了擴充市場，公司通常要耗費更多的心力在競爭以外的地方。
   ・競爭的強度（Competitive Intensity）：市場競爭的程度越激烈，公司就必須花更多的經費與心力，讓目標客戶可以意識到公司產品的存在。

衡量

有很多方式可以測試傳播溝通前、溝通中、溝通後的活動有效性。廣告代理商與市場研究機構（像是蓋洛普Gallup公司或是尼爾森

A.C.Nielsen行銷研究顧問公司）都針對此一目的發展了許多工具。

然而，衡量傳播溝通活動的有效性大部分還是依靠公司的策略目標而定。如果一家公司要衡量客戶對產品或是其公司的認知程度，活動的有效性就可透過事前測試（Pre-test）與事後測試（Post-test）的工具來衡量。這些衡量的方法包括下列幾種：認知測試（Recognition Test）、無輔助測試（Unaided Test）、輔助測試（Aided Test）。認知測試使用真正的廣告給受試者辨識，看其是否能記得此一廣告的內容。在無輔助測試或是自發式測試（Spontaneous Test）的進行過程中，受試者必須指認最近所看過的廣告，而且不會得到任何線索來幫助其恢復記憶。在輔助測試或是立即記憶測試（Prompted Recall Test）的進行過程中，受試者必須指認最近所看過的廣告，但是會得到一些產品與公司的名稱來幫助其恢復記憶。這些測試的根本前提在於客戶會比較傾向購買還記得廣告內容的產品，而不是其對於廣告內容毫無記憶的產品。

如果要執行傳播溝通活動的事前測試，行銷人員可以採用一些消費者小組討論會（Consumer Focus Group）的方式。小組討論會通常是由產品的潛在消費者或是實際購買者所組成。這些測試所根據的假設是：客戶比廣告代理商或是製造商更清楚何種因素會影響自己的購買行為。

在傳播溝通活動進行時與結束後，行銷人員也可以使用小組討論會的方式去判別廣告X是否優於廣告Y或廣告Z。如果傳播溝通活動的目的在於確保消費者快速的購買行為，銷售量的變化也可以隨時被監控。然而，這通常是一項難以完成的任務，因為競爭對手也會隨時有廣告出現，或是進行其產品的促銷活動。政府的法令與經濟情況也可能有變化，所以行銷人員很難精準地去區分可能影響消費者行為的各種不同因素，亦即無法判定消費者行為是否完全受到自身廣告的影響，還是受到其它因素的影響。然而，透過複雜的電腦模型與豐富的產業經驗，廣告從業人員還是可以大略地預估傳播溝通活動，對於銷

售量與市場佔有率的影響效果。

結論

行銷組合是行銷人員用來執行行銷計劃、並且與客戶接觸的戰術性工具。主要的行銷組合工具有「5P」：定位（Positioning）、產品（Product）、價格（Price）、通路（Place）、促銷（Promotion）。每一種行銷工具都需要有效的管理，以發揮其最大效益。尤有甚者，行銷人員要記得這些決策的執行，對消費者與競爭對手的行為都會有直接的影響。因此，行銷人員平時就要對消費者與競爭對手的行為進行定期的稽核與觀察，藉以預測自己行銷計劃的有效性，以便在邁入下一個行銷計劃時有更好的開始。

學習重點

藉由以下個案的分析與討論，同學們可以得到以下的學習重點：

1. 行銷組合的管理。
2. 產品的定位與重新定位。
3. 產品與服務的管理。
4. 品牌管理。
5. 定價管理。
6. 配銷通路系統管理。
7. 傳播溝通管理。
8. 行銷計劃的組成。

註釋

[1] 引述自1986年McGraw-Hill公司出版的*Positioning the Battle for Your Mind*一書第5版第2頁，Al Ries與Jack Trout合撰。

[2] 引述自1983年9月於Boston波士頓舉行的HIDA Management Seminar

[3] 細節請參閱1997年紐約Free Press公司出版的*Power Pricing: How Managing Pricing Transforms the Bottom Line*一書，Robert J. Dolan與Hermann Simon合撰。

[4] 引述自1996年11-12月號*Harvard Business Review*哈佛企管評論，標題為「The Power of Trust in Manufacturer-Retailer Relationship」，Nirmalya Kumar撰。

[5] 細節請參閱1984年芝加哥Cairn Books公司出版的*Strategic Advertising Campaigns*一書，Donald E. Schultz、Dennis Martin與William P. Brown合撰。

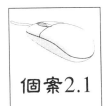

個案2.1

Konica公司

Konica公司是日本排名第二的攝影底片製造商。1987年10月底，攝影底片部門的經理Toshiyaki Iida與同事們經過一連串的會議之後，終於回到位在東京的辦公室。Iida先生與同事們已經針對最近日本（非專業用）攝影底片市場的情勢，討論過競爭對手的相關資訊。根據資料顯示，到1986年爲止，Fuji富士攝影底片公司（日本國內最大的攝影底片製造商）在日本攝影底片零售市場的佔有率一直維持在67.5％。同時，Eastman Kodak柯達伊士曼公司也逐漸對日本市場展開攻勢，其市場佔有率由10.1％增加到11.2％；但是，同一期間Konica公司的市場佔有率卻下降了1％，從22％降爲21％。在會議結束之後，會議主席Matsumura先生（攝影底片部門的總經理）對於Eastman Kodak公司近期在市場上的優異表現有些無法釋懷，因此他指派Iida先生針對日本攝影底片產業的市場區隔進行研究。

Konica公司的背景資料

Konishiroku攝影公司（Konica公司的前身）創建於1873年，創始人Rokuemon Sugiura在東京以銷售攝影與印刷用品起家。在1903年時，Konica是日本第一家銷售攝影印刷用紙與大量生產相機的廠商，公司自此也穩定地建立其光學、鹵化銀、精密儀器等技術的先進地位，並且開發了數種知名的相機。1934年，Konica成了日本第一家推出X光底片的廠商，也是第一家研發16釐米紅外線電影底片與彩色底片的日本製造商。

1987年，Konica公司是世界第三大（日本第二大）的感光材料製造商，排名僅落居Eastman Kodak與Fuji之後。對於許多世代的日本

人來說，Konica公司最為一般大眾所熟知的產品，是其以Sakura（櫻花）與Konica（柯尼卡）為品牌名稱的商品。公司所製造與銷售的全部底片都是以Sakura為商標；而公司所製造與配銷的全部相機都是以Konica為品牌名稱。1987年7月，公司正式將原本的名稱Konishiroku攝影公司改為Konica公司；同時，將所有的產品線都整合在Konica這個品牌名稱之下。根據當時公司總裁Ide先生的說法，這項改變是為了反映公司在資訊影像產業持續進行多角化經營的決心，與公司日漸高漲的國際知名度。

在1987年4月2日截止的會計年度中，Konishiroku攝影公司（之後即改為Konica公司）及其附屬子公司的年度銷售總金額為298,893百萬日圓，淨利為5,128百萬日圓（詳見【附錄1】）。在1987年初，Konishiroku攝影公司及其附屬子公司的海外員工人數約為13,000名，日本國內員工人數約為4,900名。

最近幾年來，Konica公司的主要政策是藉由在海外（北美洲與歐洲）設立直接銷售的辦事處，以擴張公司的國際行銷能力；而國際行銷的配套政策是將生產製造基地直接設置在產品所銷售的市場當地，或是設置在產品所銷售的市場附近。一家製造U-Bix彩色影印機的子公司在1987年10月開始營運，而生產攝影相紙的廠房也才剛開始動工。同時，公司也計畫在美國馬里蘭州建造一個生產彩色影印機與電腦印表機耗材的工廠。

Konica公司的產品線

在1987年初，Konica的主要產品線包括：攝影底片（佔總銷售金額26.9％）、攝影相紙（17.5％）、攝影相關產業的設備（14.2％）、商用機器設備（27.6％）、相機與光學產品（9.5％）、電磁器材（4.3％）。

Konica公司攝影底片部門的經理Iida先生決定針對日本攝影底片

產業的市場趨勢進行研究。此時，在他的辦公桌上已有成堆的資料與
報告等著他閱讀。

105

全世界業餘用攝影底片產業概況

　　業餘攝影市場可以分為三大主要營運項目：攝影底片販售、攝影
底片沖洗、相機及其附屬設備。

　　一般預期全世界的攝影底片販售產業在1987年仍能穩定成長。
1986年，全世界有超過430億的影像藉由相機捕捉下來，其中超過85
％的影像是藉由一般的彩色底片（負片）顯像。全世界有三家主要廠
商支配了攝影底片的市場。Eastman Kodak世界最大的攝影底片製造
商，全世界的市場佔有率約為65％。跟在Eastman Kodak之後的第二
大廠商是Fuji攝影底片公司，市場佔有率為18％。排名第三位的是
Konica，市場佔有率為12％。第四大廠商是來自德國的Agfa-
Gevaert，市場佔有率低於10％。以上每一家公司都有其區域性的優
勢，Eastman Kodak與Fuji幾乎各自壟斷了其本國的市場，而Konica公
司則以Konica或是其它的品牌名稱，在印度、沙烏地阿拉伯、斯堪地
那維亞半島（北歐國家）佔有明顯的優勢。

日本業餘用攝影底片販售產業概況

　　1986年，日本有超過70億的影像藉由相機捕捉下來，是全世界業
餘用攝影底片的第三大市場，僅落居美國與西歐國家之後（詳見【附
錄2】與【附錄3】）。就零售市場來說，預估1986年日本業餘攝影產
業的總產值為8,140億日圓，其中攝影底片販售產業佔了將近20％的
總產值（詳見【附錄4】）。

　　一般而言，攝影市場的客戶群可以區分為兩種類型：專業客戶與
業餘客戶。以客戶數量為基礎來比較，業餘客戶約佔日本攝影底片販

售市場總客戶的82％。以拍攝的底片張數來說，1986年日本業餘攝影市場成長了3.6％。1986年，日本國民平均每人拍攝底片張數為60.5張（美國為61.5張），這個數據在過去10年間已成長了兩倍。在日本販售給業餘客戶的所有攝影底片中，彩色底片佔了76％，其中一般的彩色底片（負片）佔73％，而彩色幻燈片底片只佔3％。Konica公司攝影底片部門的經理Iida先生預估，日本消費者平均每個月花費在攝影相關材料的金額是12,257日圓（此數據是1976年的兩倍），其中相機及其附屬設備6,210日圓、攝影底片1,146日圓、攝影底片沖洗4,901日圓。

日本攝影底片沖洗產業概況

就零售市場來說，攝影底片沖洗產業的產值約佔日本業餘攝影產業總產值的一半。1986年，日本攝影底片沖洗產業的總產值預估為280億日圓（詳見【附錄5】）。攝影底片沖洗即是利用化學藥品使底片在相紙上顯像的過程。攝影底片在拍攝完畢之後，一般會交由相片沖洗店處理。雖然大部分的攝影底片由男性在週末拍攝，但拍攝完畢後的底片多在星期一由女性交給相片沖洗店處理。

攝影底片沖洗產業可以分為兩大區隔：「零售層」（retail level）與「沖洗層」（finishing level）（詳見【附錄6】）。「沖洗層」指的是實際負責攝影底片沖洗作業的大盤商或大型暗房。「零售層」指的是相片沖洗店的連鎖網路，這些相片沖洗店是客戶與大型暗房的中介。

1987年，相機販賣店所售出的攝影底片佔業餘攝影者所有購買底片的58％。同時，相機販賣店接受委託的底片沖洗業務，佔彩色攝影底片沖洗市場銷售總金額的61％。然而，由於遍佈各處的便利商店也開始提供相同的攝影底片沖洗服務，相機販賣店接受委託的底片沖洗業務漸漸因競爭而受到侵蝕。

相片沖洗店的連鎖網路與攝影底片沖洗產業是由214,000個銷售

通路據點所構成，包括31,000家相機販賣店、36,000家藥粧店、17,000家超級市場與便利商店（詳見【附錄7】）。許多相片沖洗店與攝影底片製造商以加盟的方式合作。Fuji攝影底片公司有四個加盟的連鎖網路，共有12,500家加盟店；而Konica與Kodak Eastman各有9,200與4,400家加盟店。加盟店可能只為某一家，但也可能同時為多家攝影底片製造商銷售底片與提供底片沖洗業務。

　　攝影底片沖洗業務的價格競爭非常激烈，沖洗底片的平均價格與相片加洗的平均價格在過去五年來大幅地降低（詳見【附錄8】）。同時，相機販賣店也開始自行增設小型暗房，並以相片沖洗業大盤商（大型暗房）相同的價格，甚至是更低的價格搶佔市場。價格競爭導致許多日本的相片沖洗業大盤商非常擔心其營運前景。1985年，大型暗房的家數首次出現減少的情形，Konica公司攝影底片部門的經理Iida先生預估，1989年末小型暗房在業餘攝影底片沖洗市場的佔有率將達到25％。

日本相機產業概況

　　從1960年代末期開始，全世界的相機產業很明顯地由日本製造商所主導，比方說是Canon、Nikon、Minolta、Asahi Pentax……等公司。1986年，日本相機製造商有70％的產品是外銷到其它國家。然而，從1981年開始，日本製相機的出口數量與出口金額都緩緩地降低。就出口金額來說，從1980年的4,900億日圓減少到1986年的4,700億日圓。就日本國內的市場來說，這個需求減緩的趨勢也是一樣。日本相機市場已經趨於飽和，每戶家庭擁有相機的比率達到87％（法國65％、德國77％）。從1981年到1986年，雖然日本國內相機銷售總金額從1,050億日圓降到1,040億日圓，但是各型相機的銷售金額變化趨勢卻各不相同（詳見【附錄9】）。舉例來說，從1981年到1986年，35釐米SLR型相機的銷售金額從440億日圓降到250億日圓，可是在同一

段期間，35釐米LS型相機的銷售金額卻從460億日圓上升到720億日圓。

　　為了刺激市場的買氣，日本相機製造商開始針對不同的客戶群（青少年、女性、半專業攝影玩家……等）推出不同的新產品。1986年，在日本所販售的全部相機有31.5％是由女性消費者所購買（詳見【附錄10】）。而且越來越多女性所購買的相機類型從口袋型相機轉變為較昂貴的「角架型」相機。同時，年齡在25歲到34歲之間的女性比起年齡在16歲到24歲之間的男性，購買更多的攝影底片（詳見【附錄11】）。

　　Canon公司的董事曾經向Konica公司攝影底片部門的經理Iida先生解釋過這個趨勢：

　　　　新一代的相機越來越容易使用。站在我們的觀點來看，所有日本製造商都已經成功地開發相機的一些新功能，比方說是自動曝光、內建小馬達的自動捲片系統、快速充電的自動閃光、多種模式的遠近變換鏡頭。這些新功能使得相機的操作非常簡便。此外，藉由利用新近發展的光電科技來開發新產品，可以使得市場重現生機，並且增加市場佔有率（詳見【附錄12】）。

　　Fuji攝影底片公司與Konica公司在日本的35釐米相機市場上相互競爭。Fuji有9％的市場佔有率，而Konica只有5.5％。Konica一直主動地開發新產品，僅僅在1986年一年，Konica就推出三種不同版本的Konica MT-11相機。Konica MT-11相機是一種配備全自動馬達的相機，鏡頭的規格是35釐米f/2.8。Konica預計在1987年推出四種新款式的相機，包括Konica Jump/Manbow型（一種防水且針對女性客戶群所設計的35釐米相機）。此外，Konica也在研發一種不需底片的攝影機Konica Still Video Camera KC-400，預計在1987年底上市。

相機產業近期發展趨勢

　　有些Konica公司的董事認爲，傳統的相機市場將因攝影機（也稱爲camcorder）的銷售金額增加，而受到嚴重的威脅。攝影底片部門經理Iida先生也認爲攝影機銷售量的增加，正是相機市場萎縮的原因之一，而攝影機最終將成爲人們在特殊節慶與家庭活動中留下影像記憶的最佳工具，尤其是攝影機的價格已開始滑落，且越來越多家庭打算購買攝影機。在1983年與1986年之間，日本國內的攝影機銷售量從數千台到1986年底成長至超過一百萬台。同時，日本國內的錄放影機（VCR）銷售量從1980年的964,000台成長到1987年初的六百三十萬台。預估1987年日本家庭擁有錄放影機的比率爲53％，也就是每一百戶家庭擁有60.3台錄放影機。

　　消費性電子產品的製造商（像是Sony新力、Toshiba東芝、Matsushita松下）已經運用它們在影像設備的專業能力，開始研發不需底片的相機（也稱爲數位相機或電子相機）。這項新科技可以在一片可重複使用的磁碟片上儲存50個影像。若是使用轉接器，數位相機可以立即在電視上顯示所拍攝的影像。數位方式儲存的影像也可以藉由特別的機器列印出紙質的相片，當然這樣的一台機器成本比起一般的電腦印表機昂貴許多。此外，電子數位方式儲存影像列印出來的畫質不如傳統彩色相片的畫質。

　　爲了要與消費性電子產品製造商競爭，雖然傳統相機的製造商（包括Konica）也是製造數位相機的先驅，但目前爲止，數位相機對於傳統相機市場的影響仍有限。由於數位相機價格的急遽下降，Konica現在計畫在1988年初推出數位相機，零售價將低於十萬日圓。Iida先生認爲現在數位相機的售價（不含電視轉接器與印表機的價格），對於大多數的日本消費者來說仍舊太昂貴（大約是二十五萬日圓）。市場上功能最強大的系統售價在一百萬日圓與一千萬日圓之

間。因此，數位相機系統的主要客戶群限於專業使用者，比方說是廣告代理商或新聞媒體。數位相機在1986年的銷售量仍低於二萬台。然而，產業分析師預估數位相機的需求量在1995年將達到三百八十萬台。

Iida先生發現相機產業近期的另一個重要趨勢是，韓國製造商的產品開始進入日本市場。雖然韓國製相機在日本相機市場的佔有率極小（低於5％），但這些相機主要攻擊著力點在於較低階的市場客戶群，而這些客戶群正是大部分Konica相機所定位的階層。

日本可拋棄式相機產業概況

在過去二年內，可拋棄式相機的研發在攝影產業中是一大創舉。日本市場在1986年首次推出可拋棄式相機，這項產品的概念源自於Fuji富士攝影底片公司，當時Fuji公司發現一種常見的情況，也就是有時候當人們想要拍照時，卻沒有把相機帶在身邊。可拋棄式相機事實上就是一種攝影底片與鏡頭、快門的組合，而這種相機就是將一般的彩色攝影底片（負片）、鏡頭、快門，一起包裝成精巧的35釐米攝影底片組合。當可拋棄式相機拍攝完畢後，這個攝影底片組合就會被送到相片沖洗服務櫃臺去處理。攝影底片製造商（Fuji、Kodak、Konica）都相信，這項新產品能夠產生更多的影像攝取機會，同時使得攝影變成一種很方便的休閒活動。Fuji公司是這種新型可拋棄式相機在日本市場的領導者。1987年7月，Fuji攝影底片公司推出一種新款、且具有鏡頭與閃光功能的可拋棄式相機，這種相機更大大地增加了影像攝取的機會。Konica公司在9月份推出第一款可拋棄式相機，並計畫在三個月後（12月時）推出另一款具有閃光功能的可拋棄式相機。

可拋棄式相機市場在過去二年的成長速度非常驚人，可拋棄式相機在1986年的銷售量已超過二百萬台，Konica公司攝影底片部門的經

理Iida先生預估,1987年底的可拋棄式相機銷售量將達到六百萬台,他也預測在1990年時的銷售量將衝到三千萬台,也將佔日本35釐米彩色攝影底片總銷售量的8%到9%之間。可拋棄式相機1987年在日本的銷售量,還佔不到日本業餘用攝影底片總銷售量的5%,而Fuji公司在可拋棄式相機市場擁有70%的佔有率。

日本攝影底片產業的競爭對手

日本攝影底片市場主要由三家公司壟斷:Fuji富士攝影底片公司的佔有率為67.5%、Konica公司的佔有率為21%、Kodak柯達公司的佔有率為11.2%。其它品牌的市場佔有率總和只不過是0.3%。德國廠牌Agfa-Gevaert早在1976年就已撤出日本業餘用彩色攝影底片市場。

Fuji Photo Film富士攝影底片公司

Fuji公司創立於1934年,是世界上第二大的攝影底片製造商,公司一直努力想要追上Eastman Kodak柯達伊士曼公司在世界市場的地位。Fuji公司對於不向銀行借貸與穩健經營的風格,一向感到非常自豪。在1986會計年度,公司的淨銷售金額為六千四百四十億日圓,淨利為五百四十億日圓(詳見【附錄19】)。Fuji公司共有11,100名員工,其多角化經營的產品項目包括各種不同的礦物鹽產品,像是相機、磁帶、8釐米攝影機……等。消費性攝影產品(包括業餘用與專業用的攝影底片、攝影相紙、相機、電子影像處理設備、其它相關產品)的銷售金額佔公司總銷售金額的49.4%。1996年日本國內市場的銷售金額佔公司總銷售金額的66%。

Kodak Japan Ltd日本柯達公司

Eastman Kodak柯達伊士曼公司是世界上最大的攝影公司,總部位在美國紐約州的羅徹斯特Rochester,公司在1986年的總銷售金額

為一百一十五億美元，其中57％的收益來自於業餘用、專業用、商務用影像處理設備與耗材，公司在1986年共有124,400名員工遍佈於全世界。這家美國公司打入日本市場已有將近一百年的歷史。1920年代初期，Eastman Kodak公司與一家日本當地的貿易商——Nagase Sangyo公司簽訂獨家經銷商合約，Nagase Sangyo公司自此成為Eastman Kodak公司產品在日本市場的唯一進口商與配銷通路商。Kodak公司在1983年經過一次主要的人事重整之後，Colby Chandler被指派擔任公司的董事長，公司從此也決定要儘速增加其商品在日本市場的滲透度。

直到1983年，日本市場仍算是Eastman Kodak公司在亞洲、非洲、澳洲營運區域（公司董事將這一大塊地理區域稱為「3A」）的一小部分。1984年，Eastman Kodak公司決定在東京籌設分支機構（Kodak Japan Ltd日本柯達公司），這間新公司將以50-50的對等方式與Nagase Sangyo公司合資設立。Kodak Japan Ltd的主要目標是將公司的商品在日本市場推到第二名的地位。根據產業分析師的估計，由於日圓兌換美元的匯率最近升值約30％，Kodak的產品與其日本競爭對手的產品相比較，將會佔有很大的價格優勢。

Konica公司攝影底片部門的經理Iida先生相信，Kodak Japan Ltd為了回應外界對於其歧視日本市場的批評，正針對日本業餘用攝影市場開發新產品。Kodak Japan Ltd同時也開始漸漸擴充其相片沖洗暗房的規模，與加盟連鎖系統的商店數。Fuji攝影底片公司於1987年在日本與四百家相片沖洗暗房有結盟的關係（Konica公司只與二百家相片沖洗暗房有結盟的關係），這些相片沖洗暗房專門幫為數眾多的零售據點提供服務。對於Fuji公司的長處，一位攝影產業的行家有如此的描述：「不論你去到任何地方，即使是日本最偏遠的鄉村，你都可以看到Fuji攝影底片綠色的商標。」相反地，Kodak Japan Ltd在日本目前只與28家相片沖洗暗房結盟。但是就長期來看，Konica公司的董事們相信，快速擴增加盟的相片沖洗暗房數量是Kodak Japan Ltd想要在

日本市場成功的關鍵要素。爲了達成公司商品在日本市場取得第二名的目標，Eastman Kodak公司在1987年與Imagika公司合資設立了Kodak Imagika K.K.公司。Imagika公司負責處理Kodak攝影底片已有多年的歷史。Eastman Kodak公司握有Kodak Imagika K.K.公司51％的股權，一般認爲Eastman Kodak公司會利用這家合資設立的新公司，做爲擴增相片沖洗暗房連鎖系統的基礎。

　　Iida先生也知道Eastman Kodak公司在日本的另一個目標是發展其基礎研究能力。Eastman Kodak公司除了在Rochester羅徹斯特總部有研發中心以外，在英國與法國也分設二個研發中心。公司最近才在Yokohama橫濱興建了一棟四層樓高、四千平方公尺的研發中心，這個研發中心可以容納250名研究人員。

　　在過去三年內，Kodak Japan Ltd也改善了其行銷組合。直到不久前，Kodak Japan Ltd在日本所販售的攝影底片還是採用美國的包裝方式，包裝上只印有英文，而沒有日文說明。1984年，公司決定在產品上採用新的包裝方式，在包裝上印有日文的使用說明與日本的年號；公司同時在東京人潮最多的二個地段——Ginza車站與Shinjuku車站附近設立了二座廣告霓虹燈。Kodak Japan Ltd將重點擺在東京市中心主要百貨公司的銷售推廣活動上，也開始積極地在電視上播放廣告。從1984年以來，爲了在日本一般大眾間打響知名度，公司也主動地贊助各種地方性活動與全國性體育活動，像是相撲與柔道巡迴賽。

　　Kodak Japan Ltd採用與眾不同的管理風格，1984年到1986年之間，公司在日本市場攝影底片、影印機、化學藥品、其它Kodak產品的總銷售金額成長了二倍以上。在Kodak Japan Ltd還未公開1986會計年度的銷售數字以前，公司的高階主管就已經在1987年初設定好下一年度的目標：從1985年到1988年要讓公司的年度總銷售金額成長四倍、在1989年以前讓公司在日本市場的年度銷售金額達到十億美元。

Konica公司新型彩色攝影底片產品線

Konishiroku攝影公司以紅色與橘色包裝、「Sakura櫻花」為品牌名稱，販售業餘用彩色攝影底片的歷史已超過五十年。然而，為了配合管理階層最近決定以Konica的品牌名稱統合所有產品線，每一種以Sakura為品牌名稱的產品，都必須以Konica這個新品牌名稱重新設計與包裝。Fuji、Konica、Kodak在市場上所供應的各種彩色攝影底片並沒有什麼差異。這三家競爭對手供應約二十種不同的彩色攝影底片（負片），其中包含各種不同的大小（從35釐米到135釐米）與不同的感光度（從ISO25到ISO1600）。

35釐米彩色攝影底片（負片）的銷售量佔日本所有攝影底片銷售量的94％。感光度ISO100的攝影底片是最受市場歡迎的底片，約佔日本所有攝影底片銷售量的90％（詳見【附錄13】）。1987年7月，Konishiroku攝影公司開始行銷新系列的Konica彩色攝影底片，其中包括全新的感光度ISO3200攝影底片，這種攝影底片的市場區隔由Konica所獨佔（詳見【附錄14】）。

1987年1月，Konishiroku攝影公司針對青少年推出新款的彩色攝影底片，這種新攝影底片採用Snoopy卡通的圖案來包裝（詳見【附錄15】），一卷24張攝影底片的零售價格為510日圓。Snoopy彩色攝影底片在日本市場的銷售成績非常的亮麗，使得公司攝影底片總銷售量增加了13％。然而，因為公司在產品上使用Snoopy的圖案，必需額外支付卡通圖案的授權費用，所以Konishiroku攝影公司從這個產品線所得到的獲利平平。

雖然攝影底片的零售價格由製造商所設定（日本法律允許價格在一千日圓以下的商品有統一固定的零售價）（詳見【附錄16】），但是一些零售商會提供折扣（至多15％的折扣）。攝影底片製造商之間的競爭非常激烈，它們透過零售商提供促銷量販包裝（二捲或三捲攝影

底片以上成一包裝）。量販包裝的攝影底片通常會有一些促銷的贈品，像是小相框、筆、面紙……等。

日本攝影底片消費者的行為模式

　　Konica公司攝影底片部門的經理Iida先生相信，因為日本人對於休閒的需求越來越高，且最近日圓兌換美元的匯率在升值，旅遊活動已是影像拍攝最常見的主題。1986年所有販售的彩色攝影底片有48％是用在旅遊活動中，其中國內旅遊佔35％、國外旅遊佔13％。家庭聚會是影像拍攝第二常見的主題，其次是特殊活動（19％）與商務活動（16％）。影像拍攝的原因隨著年齡與性別而有所差異（詳見【附錄17】）。根據Iida先生所進行的研究結果顯示，在購買攝影底片與相機的女性之中，有51.2％是初為人母或祖母，她們想要為自己第一個年齡在0歲到4歲之間的孩兒或孫兒留下一些影像記錄。

　　季節變動有時會影響影像的拍攝（詳見【附錄18】）。同時，室內影像拍攝的次數也在增加中。室內影像拍攝的次數在1972年只佔日本所有彩色影像拍攝次數的19％，但是1986年的室內影像拍攝次數已經佔日本所有彩色影像拍攝次數的38％。家庭聚會的拍攝次數佔所有室內影像拍攝次數的36％。

　　詳細閱讀過所有在他面前的資料以後，Iida先生覺得重新切割傳統攝影底片產業的市場區隔，可能會有意想不到的豐碩收穫。他知道神奇的切割規則並不存在，但是他認為藉由他所蒐集的所有資訊與一點想像力，市場的新區隔將會提供Konica公司許多新的商機。同時，在他將新市場區隔以書面的方式呈現出來以後，他也必須決定該採取什麼樣的行動方案切入這個新市場區隔。

附錄1　Konishiroku攝影公司(Konica公司)部分財務資料

收入 （金額單位： 百萬日圓）	銷售金額	營運利潤	所有毛 利總和	淨利	每股盈餘	每股 股利	每股股 東權益
1984年4月	258,077	11,654	16,593	10,282	¥41.1	¥9.0	¥462.4
1985年4月	272,906	13,145	18,688	9,828	36.0	9.5	500.4
1986年4月	313,612	16,988	15,909	7,102	23.0	10.0	499.4
1987年4月	298,893	11,729	11,566	5,128	16.1	10.0	509.1

財務資料（金額單位：百萬日圓）	1987年4月
總資產	449,953
固定資產	163,045
流動資產	277,472
流動負債	212,818
營運資金	64,654
銀行借款	98,532
股本	25,599
資本公積	66,268
股東權益	150,287
股東權益比率（％）	33.4
利息與股利淨值	-

銷售金額產品線分佈	(1986年10月，％)
感光材料、相機、影印機、其它設備	64
商用機器設備	27
光學產品	9

股價	最高價	最低價
1983年	¥676	¥560
1984年	780	529
1985年	755	601
1986年	811	580

續附錄1　Konishiroku攝影公司（Konica公司）部分
　　　　　財務資料

出口比率	44%
廠房設備投資（百萬日圓）	16,100
研發費用支出（百萬日圓）	16,900
員工人數	4,938
員工平均年齡	35

資料來源：Konica公司資料，1987年。

附錄2　全世界業餘用攝影底片販售張數
　　　　（單位：十億張）

	1987年 （預估值）	1986年	1985年	1984年	1983年
美國					
傳統底片	17.7	15.9	15.1	14.3	13.6
快沖底片	0.9	0.8	1.0	1.0	1.2
合計	18.6	16.7	16.1	15.3	14.8
歐洲					
傳統底片	9.0	8.6	8.2	7.9	7.6
快沖底片	0.4	0.4	0.4	0.4	0.5
合計	9.4	9.0	8.6	8.3	8.1
日本					
傳統底片	7.4	7.0	6.8	6.5	6.1
快沖底片	0.2	0.2	0.2	0.2	0.1
合計	7.6	7.2	7.0	6.7	6.2
其它國家					
傳統底片	9.0	8.7	8.2	7.8	7.5
快沖底片	0.3	0.3	0.4	0.4	0.5
合計	9.3	9.0	8.6	8.2	8.0
全世界					
傳統底片	43.1	40.2	38.3	36.5	34.8
快沖底片	1.8	1.7	2.0	2.0	2.4
合計	44.9	41.9	40.3	38.5	37.2

資料來源：Konica公司資料，1987年。

附錄3　日本業餘用傳統攝影底片販售張數
　　　　（單位：十億張）

| 年份 | 總計 | 彩色底片 | | | 黑白底片 |
		合計	一般負片	幻燈片底片	
1987*	7.394	6.827 （92.3％）	87.4％	4.9％	0.567 （7.6％）
1986	7.030	6.399 （91.0％）	86.2％	4.8％	0.631 （9.0％）
1985	6.784	6.093 （89.8％）	85.2％	4.6％	0.691 （10.2％）
1984	6.531	5.784 （88.6％）	84.1％	4.5％	0.747 （11.4％）
1983	6.118	5.434 （88.8％）	84.1％	4.7％	0.684 （11.2％）
1982	5.444	4.937 （87.5％）	83.1％	4.4％	0.707 （12.5％）
1981	5.267	4.561 （86.6％）	82.2％	4.4％	0.706 （13.4％）

*估計值。

資料來源：Konica公司資料，1987年。

附錄4　日本業餘攝影產業總產值分佈
　　　（金額單位：一億日圓）

	1987年（預估值）	1986年	1985年	1984年	1983年
攝影底片沖洗					
彩色底片	4,045	3,812	3,642	3,490	3,323
黑白底片	187	201	223	237	250
攝影底片販售					
彩色底片	1,544	1,442	1,390	1,350	1,216
黑白底片	62	69	77	84	79
相機與鏡頭	2,036	1,949	1,844	1,721	1,823
附屬用品	663	675	679	676	665
總計	8,537	8,148	7,855	7,558	7,356

資料來源：Konica公司資料，1987年。

附錄5　全世界攝影底片沖洗產業總產值分佈
　　　（金額單位：一億美元）

	1983年	1984年	1985年	1986年
美國				
業餘客戶	32.95	35.50	38.10	41.40
專業客戶	21.80	23.40	25.10	28.70
總計	54.75	58.90	63.20	70.10
日本				
業餘客戶	14.90	15.55	17.60	24.30
專業客戶	2.25	2.40	2.75	3.80
總計	17.15	17.95	20.35	28.10
歐洲				
總計	34.50	35.60	44.00	59.50
其它國家				
總計	24.25	25.05	26.05	28.45
全世界				
總計	130.65	137.50	153.60	186.15

資料來源：Konica公司資料，1987年。

附錄6　日本攝影底片沖洗產業銷售金額分佈
　　　　（金額單位：十億日圓）

	1986年	1985年	1984年	1983年
零售層				
總計	401.3	386.5	372.7	357.3
黑白底片	20.1	22.3	23.7	25.0
沖洗層				
總計	259.2	261.0	258.5	247.0
相紙顯像	210.2	210.0	208.3	199.5
底片處理	49.0	51.0	50.2	47.5

資料來源：Konica公司資料，1987年。

附錄7　日本攝影底片沖洗產業各種通路銷售金額分佈

銷售通路型式	1986年	1985年	1984年	1983年	銷售通路據點數目（1986年）
相機販賣店	61％	62％	62％	64％	31,000
超級市場與百貨公司	17％	16％	17％	17％	9,000
便利商店	4％	3％	2％	2％	13,000
消費合作社	2％	2％	3％	3％	10,500
藥粧店	5％	5％	5％	5％	36,000
車站售票亭	1％	1％	1％	1％	5,500
其它銷售通路	10％	11％	10％	8％	85,000
總計	100％	100％	100％	100％	190,000

資料來源：Konica公司資料，1987年。

附錄8　日本攝影底片沖洗產業平均價格表
（金額單位：日圓）

銷售通路型式	1987年 （預估值）	1986年	1985年	1984年	1983年
彩色底片					
底片沖洗 　（含24張E-Size相片）	1,123.4	1,155.8	1,165.2	1,188.6	1,209.0
一般相片加洗	34.3	36.1	36.7	37.6	38.7
E-Size相片加洗	29.1	30.7	31.3	32.4	33.5
黑白底片					
底片沖洗	330.0	325.0	315.0	304.0	301.0
一般相片加洗	36.0	35.0	34.8	34.4	33.0

附註：E-Size相片（82.5釐米×117釐米）的數量佔日本所有一般沖洗
相片數量的76％。

資料來源：Konica公司資料，1987年。

附錄9　日本相機市場各型相機的銷售金額
　　　　（金額單位：百萬日圓）

相機型式	1986年	1985年	1984年	1983年	1982年
國內35釐米SLR型相機*	25,143	23,752	20,863	28,885	34,887
35釐米LS型相機**	72,190	68,045	65,880	55,776	48,549
35釐米進口相機	910	410	735	400	452
卡匣式相機	579	1,549	1,948	3,171	5,239
口袋型進口相機	846	844	961	872	830
折疊型進口相機	1,202	486	514	659	935
60釐米進口相機	897	2	3	3	3
其它國內相機	579	1,310	1,932	2,035	1,667
其它進口相機	330.0	2,387	2,236	2,873	5,808
總計：（銷售金額）	104,362	98,785	95,072	94,674	98,370
（銷售數量）	5,878,712	5,087,527	4,699,748	4,642,052	4,947,514

*SLR：Single-lens reflex 單眼反射式相機。

**LS：Lens shutter 鏡頭快門相機。

資料來源：Konica公司資料，1987年。

附錄10　日本國內相機客戶群的性別與年齡分佈(%)

相機種類	35釐米SLR*		35釐米LS**		口袋型相機		總和	
年度	1986	1985	1986	1985	1986	1985	1986	1985
性別分佈								
男性	94.1	94.5	64.7	67.3	37.7	41.5	68.5	70.1
女性	5.9	5.5	35.3	32.7	62.3	58.5	31.5	29.9
年齡分佈								
19歲以下	6	10	13	12	40	40	13	12
20-29歲	23	25	26	26	23	22	26	25
30-39歲	28	25	21	21	17	18	21	22
40-49歲	16	17	14	14	8	7	15	14
49歲以上	26	23	26	27	12	13	25	27

*SLR：Single-lens reflex單眼反射式相機。

**LS：Lens shutter鏡頭快門相機。

資料來源：Konica公司資料，1987年。

附錄11　日本國內攝影底片客戶群的性別與年齡分佈

性別	年齡分佈	每年使用的攝影底片捲數
男性	15歲以下（含）	2.9
	16-24歲	3.1
	25-34歲	4.4
	35-44歲	3.6
	45-54歲	3.5
	55歲以上	3.5
女性	15歲以下（含）	1.2
	16-24歲	2.2
	25-34歲	3.2
	35-44歲	2.8
	45-54歲	2.7
	55歲以上	2.6

資料來源：Konica公司資料，1987年。

附錄12　日本35釐米SLR型相機市場的各家廠牌
　　　　佔有率分佈(1975～1986年)

1975年		1980年		1985年		1986年	
1.Nikon	26%	1.Canon	24%	1.Canon	41%	1.Minolta	25%
2.Asahi	22%	2..Nikon	22%	2..Nikon	25%	2.Canon	24%
3.Canon	18%	3.Asahi	21%	3.Asahi	13%	3.Nikon	16%
4.Minolta	14%	4.Minolta	8%	4. Minolta	4%	4.Asahi	10%
5.其它廠牌	20%	5.其它廠牌	25%	5.其它廠牌	17%	5.其它廠牌	25%

附註：其它廠牌包括Olympus：9.5%、Fuji：9%、Konica：5.5%、
　　　Kyocera、Ricoh、Kowa。

資料來源：Nikkei Business日經商業雜誌，1987年。

附錄13　日本彩色攝影底片（負片）銷售量的底片大小、感光度、每卷張數分佈

日本彩色攝影底片（負片）銷售量的大小分佈

彩色攝影底片（負片）銷售量的大小分佈	
彩色攝影底片（負片）35釐米	92.4%
彩色攝影底片（負片）Rolls	4.5%
彩色攝影底片（負片）110	2.9%
彩色攝影底片（負片）120	0.2%

日本彩色攝影底片（負片）銷售量的底片大小與感光度分佈

彩色攝影底片（負片）銷售量的底片大小與感光度分佈	35釐米	110
ISO25	0.1%	-
ISO100	84.8%	94.4%
ISO160		-
ISO200	3.7%	3.0%
ISO400	9.1%	2.6%
ISO1000	0.1%	-
ISO1600	2.2%	-
ISO3200	0.1%	

日本彩色攝影底片（負片）銷售量的底片大小與每卷張數分佈

彩色攝影底片（負片）銷售量的底片大小與每卷張數分佈	35釐米	110
每卷12張	19.0%	16.0%
每卷24張	60.5%	84.0%
每卷36張	20.5%	-

附註：Fuji、Kodak、Konica的攝影底片銷售量分佈沒有顯著的差異。

資料來源：攝影底片產業資料，1987年。

附錄14 Konishiroku攝影公司業餘用彩色攝影底片產品線

彩色攝影底片	ISO	底片大小與每卷張數	產品特性
Konica GX100	100	135釐米：12張、24張、36張 120釐米：12張 110釐米：12張、24張	最受歡迎的產品，超級精細的畫質，最適合拍攝風景照
Konica GX100 'Snoopy'	100	135釐米：24張	與Konica GX100的產品特性相同，但目標客戶是青少年群體
Konica GX200 專業用	200	135釐米：12張、24張、36張 120釐米：12張	特別精細的畫質，最適合拍攝人像
Konica GX400	400	135釐米：12張、24張、36張 120釐米：12張 110釐米：24張	最適合拍攝高速移動的事物
Konica GX3200	3200	135釐米：24張、36張 120釐米：12張	世界上第一種感光度ISO3200的攝影底片，最適合拍攝移動中的事物或是在微弱光線中拍攝

資料來源：Konica公司資料，1987年。

附錄15 Konishiroku攝影公司業餘用彩色攝影底片
　　　　Konica GX100的包裝盒

資料來源：Konica公司資料，1987年。

附錄16　1987年日本彩色攝影底片的零售價格比較

1987年日本彩色攝影底片的零售價格比較*

	每卷12張	每卷24張	每卷36張
Konica ISO100	￥400	￥510	￥700
Fuji Super HRII ISO100	￥400	￥510	￥700
Kodak ISO100	￥400	￥510	￥700
Fuji Super HR100 ISO400	￥456	￥575	-

*1987年在東京某一家百貨公司的零售價格。

資料來源：攝影底片產業資料，1987年。

附錄17　彩色攝影底片之影像拍攝主題的性別與年齡
　　　　分佈

彩色攝影底片之影像拍攝主題的性別與年齡分佈

男性（％）

拍攝主題	20歲以下	20-30歲	30-40歲	40-50歲	50-60歲	60歲以上
玩樂	30	44	59	38	12	17
駕駛	45	84	71	63	50	31
野餐	20	27	38	38	24	23
露營	14	13	9	10	1	1
運動	3	5	12	8	1	1
海邊	35	52	50	35	15	9
動物園	21	38	57	38	21	23
展覽	22	29	28	29	28	21
國內旅遊	23	44	55	55	65	67
國外旅遊	3	9	9	10	10	7
興趣	7	13	14	13	17	18

女性（％）

拍攝主題	20歲以下	20-30歲	30-40歲	40-50歲	50-60歲	60歲以上
玩樂	61	53	61	25	17	12
駕駛	59	79	64	52	41	27
野餐	32	36	50	35	25	20
露營	11	5	14	8	2	1
運動	6	7	17	6	1	-
海邊	42	43	49	22	8	9
動物園	41	50	57	33	30	22
展覽	31	27	30	32	26	23
國內旅遊	54	40	53	50	65	60
國外旅遊	5	17	5	4	7	6
興趣	7	10	8	4	3	5

資料來源：攝影底片產業資料，1987年。

附錄18　感光度ISO100彩色攝影底片之影像拍攝主題
　　　　的季節分佈

感光度ISO100彩色攝影底片之影像拍攝主題的季節分佈*

(1980年至1986年)

年份／主題	冬季（％）	春季（％）	夏季（％）	秋季（％）
1980年				
國內旅遊	30	43	52	41
國外旅遊	3	4	7	5
家庭聚會	30	24	16	19
特殊活動	20	17	10	22
商務活動	17	12	15	13
	100	100	100	100
1983年				
國內旅遊	30	44	48	33
國外旅遊	8	4	7	5
家庭聚會	24	19	17	15
特殊活動	20	19	13	29
商務活動	18	14	15	18
	100	100	100	100
1986年				
國內旅遊	26	38	48	40
國外旅遊	8	6	12	7
家庭聚會	31	18	17	14
特殊活動	18	22	10	25
商務活動	17	16	13	14
	100	100	100	100

*冬季：十二月至二月；春季：三月至五月；夏季：六月至八月；秋
　　季：九月至十一月。

資料來源：攝影底片產業資料，1987年。

附錄19　Fuji攝影底片公司部分財務資料

收入	銷售金額	營運利潤	所有毛利總和	淨利	每股盈餘	每股股利	每股股東權益
1984/10	566,396	92,325	95,774	45,057	¥122.0	¥11.5	¥875
1985/10	646,212	114,288	122,566	54,652	147.9	13.5	1,010
1986/10	644,957	102,172	113,907	54,836	147.8	13.5	1,149
1987/10*	700,000	105,000	128,000	56,000	150.0	-	-

Fuji攝影底片公司部分財務資料　　（金額單位：百萬日圓）

財務資料（金額單位：百萬日圓）	1986年10月
總資產	686,542
固定資產	224,447
流動資產	462,095
流動負債	165,087
營運資金	297,008
銀行借款	0
股本	20,437
資本公積	39,054
股東權益	426,677
股東權益比率（％）	62.1
利息與股利淨值	14,496

銷售金額產品線分佈	(1986年10月，%)
相機、攝影底片	46
企業用／商用產品	41
電磁產品	12

股價	最高價	最低價
1982年	¥2,130	¥60
1983年	2,490	1,480
1984年	2,330	1,440
1985年	2,210	1,550
1986年	3,930	1,720

續附錄19　Fuji攝影底片公司部分財務資料

Fuji攝影底片公司部分財務資料

出口比率（1986年）	34%
廠房設備投資（百萬日圓）	42,400
研發費用支出（百萬日圓）	42,700
員工人數	10,950
員工平均年齡	39

＊估計值

資料來源：Fuji公司資料，1987年。

個案2.2 麒麟（Kirin）酒品公司

1987年10月底，Kirin酒品公司的總裁Hideo Motoyama與啤酒部門的高階主管在東京進行一項會議。由於競爭對手—Asahi朝日酒品公司最近一連串的動作，Motoyama先生覺得有必要重新評估市場的情勢。Motoyama先生在這項會議開場道：

> Asahi酒品公司在今年春天新推出的超級生啤酒「Super Dry」已在市場上打響名號，預估每年的成長率是3％。現在你們都已看到我昨天傳送給你們的相關數據資料，1987年啤酒市場的成長率是7.5％，預估1988年的市場成長率將達到8％。同時，在我們慶祝Kirin品牌創立一百週年的時候，我們的市場佔有率卻從60％降到57％。這到底是怎麼一回事？我們必須嚴肅地看待這個問題，並且針對Asahi酒品公司的挑戰做出適當的回應。

歷史背景

Kirin酒品公司是日本最大，也是全世界第四大的釀酒製造商（詳見【附錄1】）。1986年的銷售金額是12,100億日圓，純益是3,104,700萬日圓（詳見【附錄2】）。Kirin酒品公司的歷史可以追溯自1870年，當時一位美國的創業者W. Copeland在東京南方40公里的Yokohama創立了Spring Valley酒品公司。1885年，Spring Valley酒品公司與兩位日本商業大亨Eiichi Shibusawa和Yanosuke Iwasaki所支持的Japan酒品公司合併。由於Iwasaki先生個人的關係，合併後的酒品公司與強大的Mitsubishi三菱集團維持著緊密的結合，這層關係直到

1987年仍十分密切。Mitsubishi、Mitsui、Sumitomo是日本三大工業集團（也稱為keiretsu）。京都大學教授Yoshikazu Miyazaki將「keiretsu」一詞定義為「工業組織與金融機構緊密結合的複合體」。一般而言，隸屬於keiretsu的公司都有管道可以得到集團內部龐大的財務支援。

Japan酒品公司利用德國的釀酒技術，以Kirin為啤酒的品牌名稱，在啤酒市場上供應的德國風味的啤酒。Japan酒品公司的一位經理人Herr Baehr，借用中國傳說中的吉祥動物—麒麟，設計出「Kirin」的商標。1907年，Kirin酒品公司接續創建者的經營理念，接手Japan酒品公司的營運，建立了一套沿用八十餘年的管理制度，也就是強調「品質第一」與「聲音管理」。

1954年，Kirin酒品公司達成一項重要的成就，從Sapporo三寶樂酒品公司手中奪下釀酒製造業的領導地位。之後，Kirin、Sapporo、Asahi一直持續著激烈的競爭關係，各自約佔三分之一的市場佔有率（詳見【附錄3】）。

從1950年代初期開始，在一般消費大眾的眼中，「Kirin」就是啤酒的代名詞。1966年，Kirin的市場佔有率已達到50％。1979年，Kirin酒品公司更攻佔全日本啤酒市場63％的市場佔有率。此時，日本政府公平交易委員會依據日本反獨占事業法，要求Kirin酒品公司拆開成兩家公司，以防止Kirin酒品公司成為啤酒市場上獨占的廠商。雖然如此，但最後Kirin酒品公司仍舊沒有改組，還是完整的一家公司。

Kirin酒品公司在1971年開始進行多角化經營，它的第一個結盟行動是與加拿大的J.E. Seagrams & Sons公司合作，從海外進口含酒精的飲料，包括J.E. Seagrams & Sons公司的主要品牌—Chivas Regal。五年後，Kirin酒品公司與澳洲的BBA公司合資在澳洲創立了K.B.B. Malting公司（現已改稱為澳洲Kirin酒品公司）。同時，Kirin酒品公司也與日本國內民生必需品知名品牌—Koiwai，合作銷售Koiwai生產的

食品。

1977年，Kirin酒品公司跨入美國市場，在美國設立KW公司，專門生產與銷售可口可樂的產品。1983年，Kirin酒品公司創立美國Kirin酒品公司，其主要目的是要運用加拿大Molson公司所釀造的啤酒，進一步擴大Kirin酒品公司在美國的曝光率。同時，Kirin酒品公司也加強與歐洲國家的關係，在德國的Dusseldorf杜塞爾道夫設立辦公室，與歐洲最大的釀酒製造商Heineken結盟。

最近，Kirin酒品公司與兩家在生物科技領域非常活躍的美國公司—Amgen和Plant Genetics結盟。此外，Kirin酒品公司也與一些捷克的公司進行資訊與科技的交流。雖然Kirin酒品公司多角化經營的觸角已延伸至果汁、汽水、威士忌、食品、生物科技，但是啤酒的重要地位仍無可挑戰。1987年，Kirin酒品公司總銷售金額的93％還是來自於啤酒的銷售。

日本的啤酒產業概況

日本的啤酒產業從1853年開始萌芽，當時一位醫生從一本荷蘭人撰寫的書中發現一個處方。根據這個處方，醫生在自己位在東京的家中，實驗性地釀造一些啤酒。雖然一般的說法認定，1872年的Shozaburo Shibuya是第一個以釀造與銷售啤酒為業的人，但直到近代的中日戰爭時（1937—1941年），才有許多人喜歡上啤酒的風味，尤其是日本的軍人。

在第二次世界大戰爆發時，日本的啤酒產業由兩家公司主導：Dai Nippon酒品公司（保有三分之二的市場佔有率）與Kirin酒品公司。1945年，獲勝的同盟國命令日本的大財團（zaibatsu）解散重組。因此，Dai Nippon酒品公司轉變為Asahi與Sapporo兩家酒品公司，市場佔有率仍舊是領導市場的38.6％與36.1％，比起Kirin酒品公司的25.3％還要高。然而，在之後的三十年內，Kirin酒品公司已逐漸

將情勢逆轉。

1987年，啤酒已是最流行與最受歡迎的酒精類飲料，佔日本所有酒精類飲料消費量的67％；日本米酒佔17.7％；燒酒（一種白酒）佔7％；威士忌與白蘭地佔4％。在1965年與1987年之間，每年平均每位日本國民的啤酒消費量從20.2公升變為兩倍多的43.8公升；而同一時間，每年平均每位日本國民的酒精類飲料消費量從36.3公升成長為65.3公升。日本是全世界第四大的啤酒市場，每年的總消費量約為五千億公升。然而，根據各國啤酒消費量與人口的資料相對比較，以每位國民的啤酒消費量為基準，日本排在第二十八位。日本每位國民的啤酒消費量約為美國國民的一半，而且比德國、捷克、丹麥、紐西蘭等國國民啤酒消費量的三分之一還少。

生產

日本政府藉由牌照制度嚴格管制啤酒的生產，這使得市場上很難有新廠商加入競爭。根據日本的法律，啤酒被界定為發酵麥芽、啤酒花、水等主要原料所獲得的酒精類釀造飲料。如果米、穀物、澱粉、糖精等次要原料所佔重量不到麥芽重量的一半，也可以在釀酒的過程中加入。每一家釀酒製造商都從歐洲、北美洲、澳洲進口原料，但大部分的釀酒製造商都自行生產酵母。酵母是使糖發酵的基本材料。Kirin酒品公司的製造經理認為各家競爭廠商的釀酒程序都很類似，但是釀酒的經濟規模確有很大的不同。

啤酒的生產與銷售受到季節性變動很大的影響，六月至八月間佔了36％的銷售量。根據Kirin酒品公司啤酒部門副總經理Kenji Yamamoto的說法：「生產方面的投資為的是搶佔市場佔有率。今天，每一個百分點的市場佔有率就代表五十億日圓的邊際利潤。」

1987年，全日本有35家啤酒釀造工廠，其中14家屬於Kirin酒品公司，10家屬於Sapporo酒品公司，6家屬於Asahi酒品公司，3家屬於

Suntory酒品公司。Kirin酒品公司大部分的釀酒工廠位在大城市的周邊，以確保產品的新鮮度，而產品新鮮度正是許多日本消費者所重視的賣點。Yamamoto先生強調：「對啤酒的愛好者來說，啤酒越新鮮越好。」他認為Kirin酒品公司綿密的啤酒釀造工廠網路，也為公司帶來許多運籌成本的優勢。每一個啤酒釀造工廠的平均產能是二億五千萬公升。在1987年每建造一間新釀造工廠的投資成本是五百億日圓（包含土地取得成本）；但是在東京附近的地價更為昂貴，每建造一間新釀造工廠的投資成本需要八百億至九百億日圓。

市場區隔

日本啤酒市場可以區分為兩大主要區隔：「淡啤酒」與「生啤酒」。日本定義的淡啤酒與國際一般定義的淡啤酒略有不同。根據國際標準，淡啤酒是一種釀造過程較長的啤酒。然而，日本消費者將淡啤酒視為一種經過高溫殺菌的啤酒，而將生啤酒（也稱為nama）視為一種經過微生物嚴格控制，但未經殺菌的啤酒。1974年，生啤酒只佔當年度全部啤酒銷售量的9％（淡啤酒佔91％）；但在1980年，生啤酒的銷售量已成長至20％。現在，日本啤酒市場已經幾乎被高溫殺菌的啤酒（淡啤酒）與未經殺菌的啤酒（生啤酒）所均分。Kirin酒品公司在淡啤酒部分有90％的市場佔有率，它所生產的淡啤酒是日本最暢銷的啤酒。Kirin酒品公司過去四十年來在市場上的主導地位，幾乎都是靠著這項單一產品所得來的。生啤酒的市場則由四家主要的釀酒製造商所瓜分（詳見【附錄4】）。

外國進口啤酒約佔日本整個啤酒市場的3％。所有日本主要的釀酒製造商都與國外廠商合作，在日本釀造與配銷外國品牌的啤酒。Budweiser百威啤酒（來自美國）在日本由Suntory酒品公司負責釀造與配銷，它是日本最暢銷的外國品牌，1987年的銷售量是三百一十萬箱（每箱裝633毫升的啤酒20瓶）。Heineken海尼根啤酒（來自荷蘭）

與Kirin酒品公司有類似的結盟行動，它是第二暢銷的外國品牌，1987年一月到九月的銷售量是一百萬箱。同一段時間，Asahi酒品公司幫Coors啤酒（來自美國）與Lowenbrau啤酒（來自德國）釀造和配銷各自約七十萬箱與二十三萬箱的啤酒。主要來自美國、德國、法國、丹麥的進口啤酒銷售量成長迅速，在1984年與1987年之間成長兩倍，達到二千二百四十萬公升。

消費者

日本的成年（二十歲以上）總人口以每年平均1.2％的成長率增加，四十歲以上的男性人口（此一群體被日本的釀酒製造商視為啤酒的「重度使用者」）更是成長迅速，以每年平均1.4％的成長率增加。重度使用者被定義為每週飲用啤酒超過八瓶663毫升等值容量的消費者，而這正是Asahi酒品公司所推出超級生啤酒Super Dry的目標客戶群。重度使用者佔所有啤酒飲用人數的15％，而且其飲用量占全日本啤酒消費量的50％。「中度使用者」是指每週飲用啤酒少於八瓶，但多於三瓶663毫升等值容量的消費者。中度使用者佔所有啤酒飲用人數的15％。「輕度使用者」是指每週飲用啤酒少於三瓶663毫升等值容量的消費者。輕度使用者佔所有啤酒飲用人數的70％。中度使用者與輕度使用者的飲用量各佔全日本啤酒消費量的25％。全日本所有成年人口只有不到10％從未飲用啤酒。

在1980年代，越來越多日本女性開始飲用啤酒。女性通常比男性更關注自己身體健康與體重的狀態，為了配合女性群體的需求，也為了增加啤酒在日間的消費量，Kirin酒品公司在1980年推出Kirin超淡啤酒，在1985年推出Kirin桶裝啤酒。Kirin超淡啤酒的酒精含量只有3.5％，比一般淡啤酒的4.5％還要低。同時，Kirin超淡啤酒別出心裁的包裝方式與其它Kirin產品有明顯地區隔。1987年，Kirin超淡啤酒只佔Kirin酒品公司所有啤酒銷售量的0.3％，而淡啤酒占全公司總收

益的83％。

在家庭內飲用的啤酒佔全日本啤酒消費量的70％，只有30％的消費量是在餐廳或酒吧內被飲用。日本人對啤酒並未賦予特定的階級意識，從路邊攤到最高級的餐廳，都可以見到日本人熱情乾杯的畫面。然而，日本人的消費型態與許多西方國家人民的消費型態仍有些許的不同。在日本，啤酒多半在晚上六點以後、晚餐之前、沐浴完畢後、或是運動之後飲用。一位Kirin酒品公司啤酒部門的高階主管有以下的說明：

> 工作下班之後和同事、朋友一起去喝酒與上班必須準時都是日本企業文化的一部分。許多日本人認為在上班時間內喝酒會有罪惡感。因為我們日本人身體內酵素的不同，我們在小酌一番後，臉上容易泛出紅暈。如果某一位員工在白天喝酒，周圍的同事立即會發現，而這是相當尷尬的情境。

日本消費者將啤酒視為一種清淡、隨興的飲料，而葡萄酒則是一種清淡卻較正式的飲料。Kirin酒品公司的市場研究顯示：因為啤酒的釀造過程沒有加入任何人工添加物，一般人認為啤酒是一種健康、天然的飲料。燒酒（一種蒸餾酒）也被認為是隨興的飲料，但它的酒精濃度比較烈，所以漸漸地褪去流行。雖然燒酒的消費量在過去五年有所增加，但產業趨勢專家認為這只是一時的狂熱，有些專家甚至預估Asahi酒品公司超級生啤酒Super Dry的暢銷也只是一時的現象。

行銷

近幾年來，主要釀酒製造商的行銷費用支出幾乎是以前的兩倍，從1984年的六百五十億日圓上升到1987年的一千一百七十億日圓（一般來說，80％的行銷費用支出用在每年的一月到五月），當然有部分原因是因為Asahi酒品公司推出超級生啤酒Super Dry的連鎖反應

（詳見【附錄5】）。Asahi酒品公司行銷部門總經理Y. Matsui說道：「在日本這樣競爭激烈的市場環境中，廣告是不可或缺的，宣傳花招、噱頭已是司空見慣。」Matsui先生所指涉的是發生在1984年與1986年之間的「包裝戰爭」，當時的日本釀酒製造商提供許多促銷的贈品以吸引消費者的目光，像是Suntory啤酒送的企鵝飾品，或是Kirin啤酒送的太空梭飾品。在1987年時，Matsui先生感覺到消費者已厭倦了這樣的促銷手法。

定價

雖然啤酒的零售價可以自由地訂定，但是日本國稅局建議日本的釀酒製造商為酒精類飲料訂定適當的價格。啤酒是稅率最高的酒精類飲料，其稅率是46.9％（威士忌與白蘭地的稅率是36.3％、日本米酒與燒酒的稅率是17-20％）。也就是說，當一位消費者付出三百日圓購買一瓶633毫升的啤酒時，其中有140.7日圓的稅收貢獻給國家了。Kirin酒品公司的高階主管估計：啤酒的零售價每調高一日圓，公司的收益即可增加四十億日圓。

配銷通路

釀酒製造商透過一群大盤批發商將啤酒售予最終的消費者。這些大盤批發商將商品轉售予許多中小盤批發商，而中小盤批發商再將商品送到為數眾多的零售通路。批發商與零售商的經營都需取得政府的營業許可執照，而政府對於新營業許可執照的核准採取嚴格管制。在大東京都會區的配銷通路商多與四家主要的釀酒製造商有合作關係，但在關西地區（日本西部）的配銷通路商多只與特定一家的釀酒製造商合作。中小盤批發商的數量越來越少，但是與批發商維繫良好的人際關係是釀酒製造商成功的不二法門。1987年，全日本有超過一千八

百家批發商配銷啤酒或其它酒精類飲料。Kirin酒品公司與八百家批發商有合作關係，其中70％的批發商只配銷Kirin酒品公司的產品。

零售商經營酒品專賣店，將啤酒售予最終消費者，也售予鄰近的酒吧與餐廳。一般來說，零售商會根據品牌的風行程度，獨自決定要販賣哪一種品牌的啤酒。每一家主要的釀酒製造商都有為數可觀的業務人員，以確保公司的產品能有效地在各商店中陳列。

配銷通路對市場新進入者來說是一個主要的障礙。一位丹麥釀酒製造商的高階主管說道：

> 在一個有超過一百萬家酒吧或餐廳、數十萬家商店的國家裡，經營配消通路是極其困難的。與當地商家的結盟合作是成功的先決條件。透過大盤批發商、中盤批發商、甚至區域性批發商，一步一步地建立我們自己的配銷通路總共要花費大約十年的時間。

競爭態勢

從1945年以來，日本的啤酒市場逐漸演變為由四家公司寡占，它們總和的市場佔有率超過全日本銷售量的99％。兩家較小的釀酒製造商Hokkaido Asahi與Orion，則分別在北方島嶼北海道與日本最南端的島嶼沖繩經營區域性的啤酒市場。這些小啤酒釀造商總和的市場佔有率低於全日本銷售量的1％。

三寶樂（Sapporo）酒品公司

前身是Dai Nippon酒品公司的Sapporo酒品公司成立於1949年9月，曾經是啤酒市場的領導品牌，但是已漸漸失去領導地位。在1987年時，Sapporo酒品公司是日本第二大的釀酒製造商，保有20％的市場佔有率。Sapporo酒品公司在「生啤酒」市場這塊區隔掌控有40％

的市場佔有率（詳見【附錄4】）。雖然Sapporo酒品公司多角化經營的觸角已跨入果汁、汽水、葡萄酒、進口酒（比方說是J＆B威士忌），但是啤酒仍佔公司總銷售量的94％（詳見【附錄6】）。

山多利（Suntory）酒品公司

Suntory酒品公司在1899年由Shinjiro Torii所創立，他是現任總裁的父親。Suntory酒品公司在日本是威士忌的主要製造商，也是蘇格蘭威士忌、波本酒（一種美國威士忌）、法國白蘭地、葡萄酒、餐後酒、啤酒的重要進口商。Suntory酒品公司在威士忌市場的主宰地位就像是Kirin酒品公司在啤酒市場的領導地位一般。Suntory酒品公司在1986年的總銷貨金額是625,843百萬日圓，掌控日本威士忌市場63％的佔有率。Kirin-Seagram公司（日本第三大的威士忌製造商）在威士忌市場只有7.6％的佔有率；Nikka威士忌公司（日本第二大的威士忌製造商）在威士忌市場有21％的佔有率。

Suntory酒品公司由Keizo Saji所領導，他以積極的管理風格著稱。在1960年時，因為Suntory酒品公司在威士忌市場上已達到幾乎獨佔的地位，Saji先生將注意力轉移到啤酒市場。此時，大部分在日本銷售的啤酒都是德國風味的淡啤酒。Saji先生懷疑德國風味的啤酒能否完全適合日本人的口味，於是他開始尋找替代方案。在仔細的研究之後，他的結論是在微生物嚴格控制下所釀造的啤酒（與丹麥風味近似的啤酒）具有較「乾淨且溫和」的口味，而這種口味與日本食物搭配最為合適。

Suntory酒品公司進入啤酒產業較慢，在1963年推出第一種啤酒。四年後，它開始只生產未經殺菌處理的瓶裝與罐裝生啤酒。最近，Suntory酒品公司的啤酒市場佔有率與Asahi酒品公司已開始拉近。公司已經在生啤酒市場與「全麥啤酒」市場建立起一定的地位（詳見【附錄4】）。除了釀造自己品牌的啤酒之外，Suntory酒品公司也與美國的Anheuser-Busch公司和著名的丹麥釀酒製造商Carlsberg達

成合作的協議，取得它們的授權並幫一些外國品牌的啤酒代工製造與行銷。此外，從1984年以來，Suntory酒品公司透過中國江蘇Suntory食品公司在中國釀造啤酒，這是中國第一家專門生產啤酒的合資企業。

Suntory酒品公司預估在1987年搶佔日本啤酒市場9.6％的佔有率。在1986會計年度，啤酒佔Suntory酒品公司總銷售金額的27％（因為Suntory酒品公司並非公開上市的公司，詳細的財務資料並未公開）。

朝日（Asahi）酒品公司

Asahi酒品公司現在是日本第三大的釀酒製造商，它在Dai Nippon酒品公司解散後，於1949年重新成立。Kirin酒品公司與Mitsubishi三菱集團關係密切，而Asahi酒品公司則與Sumitomo集團關係密切。從1970年代初期以來，Asahi酒品公司的董事會都會依慣例從Sumitomo集團裡面，指派人員擔任Asahi酒品公司的總裁。日本的財務分析師指出：Sumitomo銀行是Asahi酒品公司的重要財務支撐；同樣地，Kirin酒品公司是靠著Mitsubishi集團的財務支援。

過去幾年來，Asahi酒品公司已漸漸落居Kirin、Sapporo、Suntory之後，在1985年只保有10％的市場佔有率。雖然在1976年與1986年之間的銷貨金額有顯著的成長，但是淨利卻從1976年的二十一億三千萬日圓降到1986年的十五億一千萬日圓。預估1987年的獲利狀況會有所改善（詳見【附錄7】）。一位Asahi酒品公司的高階主管說道：

> 1970年代，我們公司陷入惡性循環中。產品口味的變質導致Asahi酒品公司的銷售量下降，存貨因此變高，最後影響到公司的收益。同時，因為消費者對於我們產品的形象並沒有很高的評價，無論我們的業務人員再怎麼努力，零售商還是沒有極力促銷我們的產品。業務人員批評製造人員沒有

生產出好的產品，而製造人員則批評業務人員沒有努力賣出他們認為已經足以在市場上競爭的好產品。

因為Asahi酒品公司的績效不佳，員工的士氣也很低落。在1981年與1985年之間，員工人數從3,120名降到2,740名，雖然員工人數的降低主要是因為遇缺不補。因為市場佔有率與公司經營績效的資料會定期在日本的媒體公布，First Boston公司在東京的副總裁Masahiro Maeda認為：Asahi酒品公司銷貨金額的下降也影響了公司的招募計畫。日本的優秀畢業生都喜歡加入有良好記錄的公司。

為了增加市場佔有率，Asahi酒品公司的管理階層決定減少對啤酒的依賴，轉向擴張果汁、汽水、食物、藥品的銷售量。果汁與汽水佔公司1987年總銷貨金額的20％。

1982年，基於Sumitomo銀行的建議，Asahi酒品公司的董事會指派Tsutomu Murai為公司的新總裁。Murai先生原先是銀行的執行副總裁，他的重大成就是在1973年石油危機導致日本汽車工業面臨巨大危機時，使得Toyo Kogyo公司度過難關。在1987年時，Toyo Kogyo公司（現在改稱為Mazda馬自達汽車公司）是日本第四大的汽車製造商。

在加入Asahi酒品公司之後，Murai先生很快就發現公司已經變得太保守了。而且，在他引導Mazda公司度過難關時，從未出現的危機感也慢慢浮現。一份McKinsey麥肯錫顧問公司東京辦公室在1980年的報告有以下結論：Asahi酒品公司所處的市場地位相當弱勢，而且其為改善地位所做的努力並未受到消費大眾的認同。這份報告也指出公司除了無法與客戶有效地溝通外，並強調Asahi產品的品質需要得到更多的重視。McKinsey顧問公司建議Asahi酒品公司發展一套新的企業識別系統，並且引導公司更為市場導向。Murai先生的計畫是藉由整個公司組織架構的重新調整，來提高Asahi酒品公司的競爭力。

1984年，Murai先生指派一些經理人組成兩個專案小組，分別負責發展企業識別系統（CI）與全面品質管制計畫（TQC）。企業識別

系統小組建議改變Asahi的標誌，以顯示公司已朝新方向邁進，也就是走向消費大眾。傳統的旭日初昇標誌已經跟Asahi酒品公司共同走過了一世紀，雖然許多員工與忠實顧客對於這個標誌非常認同，但已被多數人認為是落伍的象徵。

過去幾年來，極少市場研究是針對消費者需求的變化進行調查，更少新產品是因應消費者的需求而推出上市，反而多是因市場競爭因素而推出。Murai先生立刻主導一項行銷調查，以瞭解消費者面對啤酒的態度。1984年，Asahi酒品公司從東京與大阪收集到5,000份成年男性與女性對於Asahi新啤酒與其它競爭產品的問卷資料。資料研究人員發現消費者對於啤酒的「本質」與「強烈辛辣程度」非常重視，而「解渴程度」、「令人回味的感覺」、「減少甜度」、「飲後不產生酒氣」也是很重要的因素。額外的研究證實消費者將「軟木塞瓶口」和「香醇程度」與「富裕」一詞連結在一起；而將「清澈透明度」與「強烈辛辣程度」連結在一起。

行銷資料同時顯示：消費者的偏好已經從Kirin淡啤酒較苦較厚重的口感，轉移到比較強烈辛辣的生啤酒口感。根據這項研究的結果，Asahi酒品公司的行銷部門建議改變其生啤酒的口感，但生產工程人員立即反對這項提議。然而，Murai先生認為：新的Asahi生啤酒可以當作是傳統生啤酒與較強烈辛辣的「Dry」生啤酒之間的中介產品。在1986年初，新推出的Asahi生啤酒起步相當順利。然而，Asahi酒品公司在整個啤酒市場的佔有率卻節節下滑，負責Asahi產品銷售的零售商數量也開始減少。

新總裁

1986年，當時Tsutomu Murai是69歲，他要求Sumitomo銀行指派Hirotaro Higuchi繼任為Asahi酒品公司的新總裁。Higuchi先生出生於1930年，從京都大學經濟學系畢業之後，就在1949年加入Sumitomo

銀行。他在銀行服務了三十七年,而且是最快晉升至國際事務副總裁的高階主管。

1986年春天,Higuchi先生接掌Asahi酒品公司的總裁職位,而Murai先生則轉任公司的主席。Higuchi先生想繼續遵循Murai先生的目標,將Asahi酒品公司轉化為一家真正客戶導向的公司。他的最終目標是恢復Asahi酒品公司以前所擁有的市場佔有率,與Sapporo和Kirin並駕齊驅。

Higuchi先生觀察到:過去三十年來,公司的企業文化已演變成人人將每年市場佔有率的喪失歸咎於公司內的其他人。他打算進行一連串的企業識別系統再造活動,以改善Asahi酒品公司內部與外部的形象。公司內的每位員工都收到一本記載著「十誠」的手冊,上面列出員工日常的行為規範。公司規定員工每天早上都必須大聲地朗誦這些規範,以使得員工能瞭解Asahi酒品公司的新方向。公司新的經營理念依序是品質第一、顧客導向、互相尊重、勞資和諧、交易互惠、社會責任。

為了改變Asahi酒品公司的形象,Higuchi先生決定以新的包裝方式來包裝公司所有的產品。為因應這項計畫,所有帶有傳統旭日初昇舊標誌的產品都從零售商的貨架上以較高的成本回收。Higuchi先生的目的是要傳遞給合作伙伴、消費大眾、競爭對手一個明確的訊息,也就是Asahi已經徹底的改造了!同時,他推動「品質第一」的政策,並指示採購部門只選購最好的原料,即使成本因而提高也在所不惜。最後,他決定增加公司的廣告與促銷經費支出到可能的最大限度,即使會有耗掉所有淨利的風險。

為超級生啤酒「Super Dry」的上市做準備

1986年秋天,Higuchi先生第一次與Asahi酒品公司的十二位高階主管討論到「Dry」生啤酒的概念,但無人真正支持這個想法。他回

想到當時一位負責生產製造主管的回應：「我們不可能生產『Dry』生啤酒，我覺得這是很可笑的主意。」一位行銷主管對於「Dry」這個字的重大意義有以下解釋：

> 「Dry」一詞指涉新的、決定性的、進取性的事物。我們發現一個「Wet」的人是非常強烈地依附於家庭、公司、朋友；但是「Dry」類型的人就比較具有獨立的特質。（譯注：Dry與Wet的原義是乾與濕，正好呈現相反的意念。）

Higuchi先生知道公司常被批評推出太多新產品，而且被批評當某項新產品的銷售量無法符合管理階層的預期時，就立刻放棄這項新產品。因此，他認為應當要延後推出新款「Dry」生啤酒的時程，等到新的Asahi生啤酒在市場上建立穩固的地位之後再推出。一位Asahi酒品公司年輕的高階主管Eiji Kobayashi與其他在研發、行銷、生產製造部門的年輕經理人有不同的意見。這些年輕的經理人對於「Dry」生啤酒的概念相當能接受，而且希望這項產品能儘速上市。公司的生產工程人員認為釀造「Dry」生啤酒並不需要生產技術很大的突破。一位行銷人員提供以下的觀點：

> 我覺得「Dry」生啤酒的概念是可行的，但是我無法告訴你我們該期望它的銷售量應該是多少。

自從Higuchi先生接下改造Asahi酒品公司的重擔以來，他覺得不應該壓抑年輕經理人一些新鮮的想法。他說道：「畢竟Asahi酒品公司已經沒什麼好損失的了。」

超級生啤酒「Super Dry」的推出

在1987年初，研發部門已計畫研發一種「Dry」生啤酒。同時，行銷部門也進行一些市場測試，以獲得消費大眾對產品反應的資料。一份鉅細靡遺的行銷計畫就此展開，第一年所設定的銷售目標是八十

萬箱。Asahi的超級生啤酒「Super Dry」正式在1987年3月17日上市。

　　住在Shinagawa的一名54歲零售商，也是日本十三萬家酒品專賣店的店主Junichi Nakamura，懷疑Asahi的超級生啤酒「Super Dry」長期下來會有多成功。Nakamura先生每年看著大約四十種新款啤酒在它的貨架上只陳列幾個月就從此消失無蹤。他懷疑消費大眾是否能真正分辨出Asahi超級生啤酒「Super Dry」與其它一般啤酒的差異。他說道：

　　　　對於不是行家的人來說，日本啤酒喝起來的感覺都差不多。日本的啤酒並沒有提供許多像歐洲人喜歡享用的不同口味。在酒吧或餐廳，一些顧客會指定特定品牌的啤酒，許多人特別想嘗試Asahi的超級生啤酒「Super Dry」，但是大多數的顧客並不會指定特定品牌的啤酒，而服務生就端給顧客酒吧或餐廳內供應的主要品牌啤酒。當顧客到我店裡來的時候，情形也是一樣的。行家會指定需要Kirin、Asahi、Sapporo、或Suntory的產品，或是會選擇生啤酒還是淡啤酒，因為他們可以分辨出各種啤酒不同的口感。但是行家畢竟只是少數人，多數人會選擇Kirin的啤酒只因為它是多年來的領導品牌。對於超級生啤酒「Super Dry」，我不確定這只是另一次的短暫流行風潮，還是一次重大的變革。

　　超級生啤酒「Super Dry」的目標客戶群是重度飲用者，它在釀造時加入較少的糖，所以喝起來感覺的甜度比較低，酒精含量比一般生啤酒的酒精含量4.5％還要高0.5％。超級生啤酒「Super Dry」的酒質定位在比傳統的生啤酒更強烈辛辣，但是卻比較不那麼厚重（詳見【附錄8】）。Asahi酒品公司從捷克與德國選購最好的啤酒花，從美國、加拿大、澳洲選購最佳的麥芽，來製造超級生啤酒「Super Dry」。公司的生產工程人員也讓產品從一開始釀造到出貨的時間縮

短了20％，變成平均只需20天，而其它釀酒製造商的生產循環時間是23至25天。超級生啤酒「Super Dry」的銀色標籤、Asahi酒品公司的新標誌、現代化的文案都強化了一個真正不同風味產品的形象（詳見【附錄9】）。

Asahi酒品公司1987年的行銷預算是三百八十一億日圓，比前一年度增加33％，其中有四十二億日圓是花在單單為超級生啤酒「Super Dry」進行的促銷活動（詳見【附錄5】）。Kirin酒品公司啤酒部門的企畫經理Shigeo Sakurai說道：

> 為了一炮打響超級生啤酒「Super Dry」的名號，Asahi酒品公司在五大主要日報刊登三個星期的全版廣告，這一套廣告包含「即將推出」的預告、「今天上市」的聲明、「你嘗過了嗎？」的後續廣告。在另一重要媒體—電視上的廣告量是一般新產品廣告頻率的兩倍。

Asahi酒品公司也在全日本散發一百萬份的產品免費樣本。除了原有的五百名業務人員以外（Kirin酒品公司的業務人員是五百二十名），公司也整編了一千名的游擊業務小組，在零售店層級促銷並販賣超級生啤酒「Super Dry」。這些小組同時從顧客端收集口味偏好與消費程度等質化的行銷資料。1987年10月，日本啤酒市場成長7％，而Asahi酒品公司的收益增加了34％，大部分都是超級生啤酒「Super Dry」的貢獻。

Kirin酒品公司的回應

Asahi酒品公司令人印象深刻的表現，造成Kirin酒品公司內部組織的小地震，許多小組被指派去應付這項艱鉅的挑戰。1987年10月底，公司的總裁Hideo Motoyama與啤酒部門的高階主管召開一項特別會議，討論所有的可行方案，並研究1988年啤酒季節的策略。

可行方案

降價

　　一位行銷經理Izumi Nakane建議針對Kirin酒品公司的主力產品—500毫升的罐裝啤酒降價十日圓，而這將是二十六年來第一次的降價行動。他相信這個動作會幫助Kirin酒品公司重新奪回市場佔有率，同時可以減輕Asahi酒品公司推出新的「Dry」生啤酒在市場上所造成的影響。降價所造成的損失可以由最近日圓升值所導致的原料成本降低來彌補。Nakane先生也指出：Kirin酒品公司一向被視為是啤酒產業中的價格訂定者，他認為消費者會對降價行動非常歡迎。最近，許多日本公司都被抨擊，由於它們沒有因為原料進口成本的降低而把效應轉嫁給消費者。消費大眾得到的好處是500毫升罐裝啤酒的零售價從二百八十日圓降為二百七十日圓。

　　就Nakane先生的觀點，降價行動中受傷害最大的是Suntory酒品公司。500毫升罐裝啤酒的銷貨金額只佔Kirin酒品公司總收益的6％，但Suntory酒品公司的同型產品卻佔其啤酒總銷貨金額的12％，而Asahi酒品公司的同型產品佔其啤酒總銷貨金額的9％。他補充說明：

> 　　換句話說，我們針對影響我們自己銷售量與競爭力最少的產品進行降價。以競爭力來看，我們銷售的500毫升罐裝啤酒數量不多，降價對於Kirin酒品公司的影響最小。如果Sapporo與Asahi酒品公司選擇跟進降價，它們會各自損失約三億日圓。

推出Kirin的「Dry」生啤酒

　　行銷部門高階主管Jinichiro Kuroda則傾向推出Kirin自己的「Dry」生啤酒。他相信Kirin酒品公司的配銷通路能力與財務資源足以支援

一項龐大的廣告活動。幾個月前，公司的研發部門已經開發出與Asahi超級生啤酒「Super Dry」類似風味的新產品。如果需要的話，生產線可以在一個月內就啓動量產。

Kuroda先生的提議引發了公司內部熱烈冗長的討論。其中一位高階主管Yoshio Suzuki傾向「等等看」的做法，有的高階主管覺得應該先評估Sapporo與Suntory酒品公司的反應，另一位高階主管認爲公司應立即推出自己的「Dry」生啤酒。也是行銷部門的Shuji Ogawa則有不同的看法：

> 如果我們跟著競爭對手推出一項類似的產品，就等於我們已經承認「Dry」生啤酒這塊區隔的正當性，但這卻是我們之前一直想要打壓的一塊區隔。

強化Kirin的淡啤酒

淡啤酒的品牌經理Matsumi Kohara則建議：

> 「Dry」生啤酒可能只是一時的流行熱潮，我們應當更努力傳達Kirin淡啤酒優秀的一面。為什麼我們不強調淡啤酒口感的美好？為什麼我們不讓「淡啤酒」字眼顯現在產品的瓶身？淡啤酒（LAGER）現在只是我們產品的一個附標（詳見附錄10），今天我們在產品瓶身能一眼看出的就是「KIRIN」一字而已。

推出其它產品

在耐心地聽完同事們的意見之後，研發部門的Hideo Matsuda博士突然插進話題。他有以下的建議：

> 我們都很關心Asahi超級生啤酒「Super Dry」所造成的影響，而這確實是我所記得Asahi酒品公司推出最成功的產品。但是我們也有許多好產品預備投入市場，而這些產品可

以藉由強力的廣告活動分別推出或是同時上市。

Hideo Matsuda博士對於其中兩項產品有以下的描述：

Kirin精釀全麥啤酒：這是一款酒精含量4.5％的全新生啤酒，100％由精選的麥芽與芳香的啤酒花所釀製而成。這項產品可以強化我們在生啤酒市場區隔的知名度，同時可以做為有效抗衡Asahi超級生啤酒「Super Dry」的基礎。

Kirin精釀Pilsner啤酒：這是另一款我們可以快速推出的產品。這是一種傳統的Pilsner啤酒，口感厚實且溫和，是由精選麥芽與特級啤酒花所釀製而成。我們研發團隊認為它厚實平滑的口感可以帶給消費者很大的提神效果。此外，它的酒精含量5％與Asahi超級生啤酒「Super Dry」的酒精含量很類似。

Matsuda博士相信這兩項產品可以在幾週內就上市。每推出一項新產品的平均成本是九億日圓。

在聽過各種不同的提案之後，Kirin酒品公司的總裁Motoyama先生停頓一下，環視會議桌四周的高階主管，他問道：

如果Suntory與Sapporo酒品公司也決定推出「Dry」生啤酒，不知道我們的市場地位會受到什麼影響？此外，如果我們決定也推出一款「Dry」生啤酒，這足以讓我們的市場佔有率回到60％的水準嗎？

附錄1　1987年全世界的啤酒產業

排名	公司 （國家）	銷售量 （千萬公升）	本國市場 佔有率	出口 比率	啤酒銷售 金額(億日圓)	淨利 (億日圓)
1	Anheuser Bush （美國）	901	41.9％	1.5％	13,045	890
2	Miller 美樂 （美國）	472	21.0％	2.8％	4,381	-
3	Heineken 海尼根 （荷蘭）	430	51.0％	85.0％	4,755	205
4	Kirin 麒麟 （日本）	303	56.4％	0.4％	13,567	354
5	Bond （澳洲）	299	45.0％	73.0％	13,370	565
6	Stroh （美國）	258	11.7％	0.5％	-	-
7	Brahma （巴西）	215	49.0％	0.2％	1,085	54
8	Elders （澳洲）	210	45.0％	62.0％	31,676	1,414
9	Coors （美國）	192	8.4％	2.0％	2,156	69
10	BSN （法國）	188	48.1％	44.7％	1,343	-

資料來源：Kirin酒品公司，1987年。

附錄2　Kirin麒麟酒品公司財務資料

收入 (百萬日圓)	銷貨 金額	營運 利潤	現有 利潤	淨利	每股 純益	每股 股利	每股股東 權益
1985年1月	1,151,762	60,682	66,576	25,106	28.5	7.5	267.8
1986年1月	1,210,857	65,534	73,324	31,047	35.0	7.5	295.8
1987年1月	1,221,847	72,127	79,301	33,340	37.1	9.5	328.2
1988年12月 (預估)	1,270,000	71,000	81,000	34,500	38.2	7.5	-

營運邊際利潤 5.9%
本益比　　　69.5

財務資料（百萬日圓）	1987年7月
總資產	835,504
固定資產	314,768
流動資產	520,735
流動負債	379,251
營運資金	141,484
銀行借款	9,663
股本	51,929
資本公積	20,756
股東權益	307,730
股東權益比率（%）	36.8
利息與股利淨值	6,194

1987年1月銷售量分佈（%）	
啤酒	93
果汁與汽水	6
其它	1
出口比率	0

廠房設備投資（百萬日圓）
1987年　　　　　　　　　23,900

研發費用支出（百萬日圓）
1987年　　　　　　　　　13,400

員工人數　　　　　　　　7,656
員工平均年齡　　　　　　39

資料來源：Kirin酒品公司

附錄3　日本啤酒產業市場佔有率比較表（1949年至1987年）

醸酒製造商

年份	Asahi (%)	Kirin (%)	Sapporo (%)	Suntory (%)	Takara (%)
1949	36.1	25.3	38.6	-	-
1950	33.5	29.5	37.0	-	-
1951	34.5	29.5	36.0	-	-
1952	32.5	33.0	34.5	-	-
1953	33.3	33.2	33.5	-	-
1954	31.5	37.1	31.4	-	-
1955	31.7	36.9	31.4	-	-
1956	31.1	41.7	27.2	-	-
1957	30.7	42.1	26.2	-	1.0
1958	30.9	39.9	27.5	-	1.7
1959	29.3	42.4	26.5	-	1.8
1960	27.2	44.7	26.0	-	2.1
1961	28.0	41.6	27.8	-	2.6
1962	26.4	45.0	26.4	-	2.2
1963	24.3	46.5	26.3	0.9	2.0
1964	25.5	46.2	25.2	1.2	1.9
1965	23.2	47.7	25.3	1.9	1.9
1966	22.2	50.8	23.8	1.7	1.5
1967	22.0	49.4	25.0	3.2	0.4
1968	20.2	51.2	24.4	4.2	-
1969	19.0	53.3	23.2	4.5	-
1970	17.3	55.4	23.0	4.3	-
1971	14.9	58.9	22.0	4.2	-
1972	14.1	60.1	21.3	4.5	-
1973	13.6	61.4	20.3	4.7	-
1974	13.1	62.6	19.5	4.8	-
1975	13.5	60.8	20.2	5.5	-
1976	11.8	63.8	18.4	6.0	-
1977	12.1	61.9	19.5	6.5	-
1978	11.6	62.1	19.6	6.7	-
1979	11.1	62.9	19.2	6.8	-
1980	11.0	62.2	19.7	7.1	-
1981	10.3	62.6	20.1	7.0	-
1982	10.0	62.3	19.9	7.8	-
1983	10.1	61.3	20.0	8.6	-
1984	9.9	61.7	19.5	8.9	-
1985	9.6	61.4	19.8	9.2	-
1986	10.4	59.6	20.4	9.4	-
1987	12.9	57.0	20.5	9.6	-

資料來源：1949年至1981年資料由日本啤酒協會估計，1982年至1987年資料由作者估計

附錄4　1987年日本啤酒市場的釀酒製造商與產品種類區隔（千萬公升）

釀酒製造商	區隔							
	淡啤酒	生啤酒	全麥啤酒	超淡啤酒	「Dry」生啤酒	外國品牌	其它	總計
Kirin	250.3	48.0	1.7	1.0	-	0.7 Heineken	0.3	302
Sapporo	17.0	91.2	2.2	0.3	-	0.3 Miller	-	111
Asahi	6.0	43.2	0.1	-	17.0	0.5 Coors	0.2	67
Suntory	-	40.8	10.3	0.1	-	2.0 Budweiser	-	53
總計	273.3	223.2	14.3	1.5	17.0	3.2	0.5	533

附註：啤酒佔公司總銷貨金額的百分比，Kirin 93％、Asahi 79％、Sapporo 94％、Suntory 28％。

資料來源：作者估計

附錄5　1983年至1987年日本主要釀酒製造商行銷費用支出比較表（十億日圓）

	廣告費用	促銷費用	總和行銷費用	佔啤酒銷售金額的%
Kirin				
1983	10.5	16.0	26.5	2.5
1984	11.4	18.1	29.5	2.7
1985	15.9	21.7	37.6	3.2
1986	13.9	21.4	35.3	2.9
1987*	15.9	28.1	44.0	3.5
Asahi				
1983	6.8	6.8	13.6	6.3
1984	7.9	7.5	15.4	7.1
1985	8.9	10.0	18.9	8.0
1986	7.9	10.9	18.8	7.9
1987*	11.7	13.8	25.5	9.8
Sapporo				
1983	7.5	4.0	11.5	3.2
1984	8.6	4.9	13.5	3.7
1985	11.0	5.5	16.5	4.3
1986	12.1	6.0	18.1	4.5
1987*	13.3	7.8	21.1	4.8
Suntory				
1983	25.7	36.6	62.3	7.0*
1984	27.9	39.6	67.5	7.9
1985	26.7	39.8	66.5	8.7
1986	22.8	39.6	62.4	8.1
1987*	22.9	46.6	69.5	9.2

*估計值

資料來源：Dentsu公司，1987年

續附錄5　1987年各種媒體廣告費用支出比較表(%)

產品線	媒體						
	報紙	雜誌	電視節目	電視廣告	廣播節目	廣播廣告	媒體總和
Kirin啤酒							
出口	100	-	-	-	-	-	<1
罐裝啤酒	26.8	15.3	7.2	49.9	5.3	<1	14.6
典藏啤酒	94.4	5.6	-	-	-	-	2.6
淡啤酒	64.4	6.0	6.1	21.4	<1	<1	59.1
超淡啤酒	56.7	43.3	-	-	-	-	<1
全麥啤酒	36.4	2.5	<1	61.0	-	-	15.1
Heineken	8.8	38.5	7.8	42.0	2.8	-	7.3
							100
Asahi啤酒							
Black生啤酒	36.7	63.3	-	-	-	-	2.0
生啤酒	86.8	13.2	-	-	-	-	9.8
全麥啤酒	45.5	<1	4.5	42.3	-	7.4	7.1
超級生啤酒「Super Dry」	58.4	3.5	3.5	29.0	1.1	4.3	58.1
Big Boy	100	-	-	-	-	-	<1
Coors	17.3	6.4	1.9	70.8	1.5	2.0	19.1
Lowenbrau	<1	17.3	7.4	67.5	7.4	<1	3.4
							100

附註：這些數字不含廣告代理商的創意費用，也不含社團公益活動（如運動競賽、演唱會等）的贊助費用。

資料來源：Dentsu公司，1987年

附錄6　Sapporo三寶樂酒品公司財務資料

收入 (百萬日圓)	銷貨 金額	營運 利潤	現有 利潤	淨利	每股 純益	每股 股利	每股股東 權益
1985年12月	402,552	12,178	10,691	4,505	15.9	5.0	178.2
1986年12月	436,046	15,057	12,399	4,725	15.6	6.5	252.3
1987年12月(預估)	467,046	14,514	13,050	5,250	15.8	6.5	326.4
1988年12月(預估)	510,000	10,000	13,500	5,400	16.2	5.0	-
1989年12月(預估)	550,000	11,000	14,000	5,600	7.6	2.5	-

營運邊際利潤	3.1%	1987年7月銷售量分佈（%）	
本益比	118.9	啤酒	94
財務資料（百萬日圓）	1987年7月	果汁與汽水	3
總資產	365,830	其它	3
固定資產	164,502	出口比率	0
流動資產	201,327		
流動負債	164,931		
營運資金	36,396	廠房設備投資（百萬日圓）	
銀行借款	7,997	1987年（估計值）60,000	
股本	39,955		
資本公積	28,274		
股東權益	108,557	研發費用支出（百萬日圓）	
股東權益比率（%）	29.7	1987年(估計值	2,700
利息與股利淨值	(-)300	員工人數	3,791

資料來源：日本企業年鑑，1987年

附錄7 Asahi朝日酒品公司財務資料

收入 (百萬日圓)	銷貨 金額	營運 利潤	現有 利潤	淨利	每股 純益	每股 股利	每股股東 權益
1985年12月	236,383	4,398	3,270	1,364	6.1	5.0	147.0
1986年12月	259,357	2,646	5,321	1,510	6.8	5.0	148.7
1987年12月(預估)	345,112	3,507	9,388	2,509	9.3	5.0	295.3
1988年12月(預估)	530,000	9,000	12,000	4,000	14.3	7-8	-
1989年12月(預估)	670,000	15,000	14,000	4,500	16.5	5-6	-

營運邊際利潤	1.0%	1987年7月銷售量分佈（％）	
本益比	168.3	啤酒	79
財務資料（百萬日圓）1987年7月		果汁與汽水	20
總資產	266,235	其它	1
固定資產	91,208	出口比率	0
流動資產	175,027		
流動負債	162,681	廠房設備投資（百萬日圓）	
營運資金	12,346	1987年（估計值）	62,000
銀行借款	30,618		
股本	34,315	研發費用支出（百萬日圓）	
資本公積	26,969	1987年（估計值）	1,500
股東權益	79,851		
股東權益比率（％）	30.0	員工人數	2,944
利息與股利淨值	7,820	員工平均年齡	41

資料來源：日本企業年鑑，1987年

附錄8　啤酒產品定位圖

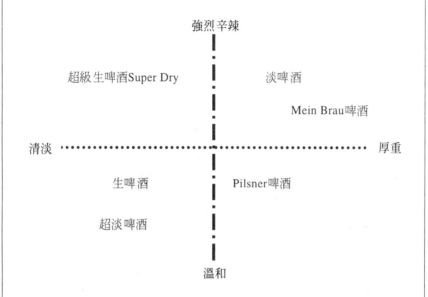

資料來源：Kirin酒品公司，1987年。

附錄9　Asahi超級生啤酒「Super Dry」的標籤

資料來源：Kirin酒品公司資料。

附錄10　Kirin淡啤酒的標籤

資料來源：Kirin酒品公司資料。

課堂研討資料

日本消費者對「Dry」生啤酒的意見調查

問卷設計地區：東京　樣本：504人（皆是啤酒飲用者）

問題1　您最喜歡的啤酒種類？

根據性別區分的回應

	男性	女性	總計
淡啤酒	15.8%	6.0%	12.1%
生啤酒	20.9%	20.2%	20.6%
「Dry」生啤酒	55.6%	65.6%	59.3%
全麥啤酒	4.9%	4.9%	4.9%
超淡啤酒	1.3%	2.2%	1.6%

根據年齡層區分的回應

	20-29	30-39	40-49	50-
淡啤酒	6.2%	9.2%	17.0%	27.3%
生啤酒	21.2%	20.9%	20.6%	18.2%
「Dry」生啤酒	61.6%	63.8%	54.6%	50.0%
全麥啤酒	7.5%	3.7%	4.3%	2.3%
超淡啤酒	2.7%	1.2%	0.7%	2.3%

問題2　為什麼您會飲用「Dry」生啤酒？

我在電視上看過「Dry」生啤酒的廣告	64.0%
我閱讀過關於「Dry」生啤酒的文章	37.7%
我在商店中看到「Dry」生啤酒	14.3%
我閱讀過一些比較性的研究	36.2%
家裡剛好有「Dry」生啤酒	34.2%
在我周圍的人喝「Dry」生啤酒	36.2%

課堂研討資料

問題3　為什麼您會飲用……？

	Asahi Super Dry	Kirin Dry	Sapporo Dry	Suntory Dry
我在電視上看過「Dry」生啤酒的廣告	63.4%	62.8%	72.0%	76.2%
我閱讀過關於「Dry」生啤酒的文章	38.8%	35.9%	38.0%	33.3%
我在商店中看到「Dry」生啤酒	14.6%	12.8%	12.0%	28.6%
我閱讀過一些比較性的研究	34.8%	37.2%	38.0%	42.9%
家裡剛好有「Dry」生啤酒	35.1%	30.8%	32.0%	38.4%
我周圍的朋友飲用「Dry」生啤酒	34.8%	37.2%	38.0%	42.9%

問題4　您認為何種原因會讓飲用啤酒的態度改變？

口味偏好的改變	12.7%
新產品的推出	68.8%
消費大眾的互相比較	18.5%
報紙與雜誌的報導	30.2%
生活型態的改變	16.0%

問題5　您第一次飲用「Dry」生啤酒的感覺如何？

它的口感不同	28.0%
它的酒質很好	30.8%
它的口感很強烈辛辣	38.1%
它的口感很溫和	35.6%
它的酒精含量比較高	20.3%
它的口感與其它啤酒相同	17.8%
它是一種流行的趨勢	15.1%
它的標籤漂亮，而且名字取得好	15.3%
其它	2.9%

課堂研討資料

問題6　您認為什麼樣的啤酒具有良好的「酒質」？

口感強烈辛辣的啤酒	22.9％
口感比較厚實的啤酒	52.2％
口感比較苦的啤酒	30.4％
口感比較甜的啤酒	18.8％
讓喉嚨感覺舒服的啤酒	19.0％
酒香四溢的啤酒	17.0％
口感強烈的啤酒	14.4％
真正的啤酒	57.5％
其它	2.4％

問題7　您認為哪一種類的啤酒最能與「酒質」良好的概念連結在一起？

淡啤酒	14.0％
生啤酒	17.8％
「Dry」生啤酒	28.5％
全麥啤酒	20.6％
超淡啤酒	0.2％
黑啤酒	11.7％
其它	1.6％

問題8　您認為什麼樣的啤酒是「強烈辛辣」的啤酒？

讓喉嚨感覺舒服的啤酒	60.1％
具有純真口感的啤酒	38.5％
苦味能快速散去的啤酒	51.6％
不帶苦味的啤酒	20.0％
高度發酵的啤酒	24.3％
口感強烈的啤酒	14.6％

課堂研討資料

問題9　您認為哪一種類的啤酒最能與「強烈辛辣」的概念連結在一起？

淡啤酒	5.5％
生啤酒	21.9％
「Dry」生啤酒	55.1％
全麥啤酒	4.7％
超淡啤酒	3.8％
黑啤酒	0.2％
其它	1.6％

問題10　您認為您對「Dry」生啤酒的消費量將來會增加還是減少？

會增加	23.2％
維持穩定	48.7％
會減少	25.2％

問題11　為什麼您對「Dry」生啤酒的消費量將來會減少？

它的口感不是我喜歡的口感	44.6％
我不覺得「Dry」生啤酒的口感與其它啤酒有何不同	8.0％
我不飲用「Dry」生啤酒，因為這只是一時的流行趨勢	4.5％
我周圍的朋友不飲用「Dry」生啤酒	8.9％
它的口感不好	28.6％
我漸漸對「Dry」生啤酒的口感覺得厭煩	28.6％
說不出有什麼特別的原因，就是這樣	25.0％
其它原因	10.7％

課堂研討資料

問題12 為什麼您對「Dry」生啤酒的消費量將來會增加？

我喜歡它的口感	52.2%
我周圍的朋友飲用「Dry」生啤酒	17.6%
飲用「Dry」生啤酒是流行的趨勢	21.3%
我也會嘗試其它種類的啤酒	19.1%
它的口感不錯	63.2%
家裡剛好有「Dry」生啤酒	25.7%
我對其它啤酒的口感覺得厭煩	5.1%
其它原因	8.1%

資料來源：Kirin酒品公司資料。

個案2.3　英國Daewoo大宇汽車公司（A）

　　Pat Farrell剛從Rover路華汽車公司跳槽到Daewoo汽車公司，他之前在Rover汽車公司擔任過英國與歐陸的行銷協理。在加入Daewoo公司後不久，公司董事長問他如何能儘速提高市場佔有率至1％？

　　他與營運協理Les Woodcock都認為這是一項艱鉅的挑戰。Pat根據在Rover公司的經驗，他認為在合理促銷預算與經銷商網路支援的情況下，Daewoo公司可以在第一年賣出約七千輛汽車。但要達到這個目標，公司必須先克服汽車性能與可靠性的問題，尤其是Nexia與Espero兩款汽車。這兩款汽車被視為是舊款的Vauxhall Astras與Cavaliers在經過外型改裝後，以較原型車便宜的價格在市場上推出。

　　因此，他們決定與管理團隊的其他成員Peter Ellis、Ray Battersby、David Gerrans，還有新簽訂的廣告代理商Gary Duckworth一起會面，討論如何在1995年2月底之前在英國市場搶佔一席之地。1994年8月的某一個週五傍晚，他們帶著複雜的心情，驅車前往位在Berkshire的度假中心，進行一整個週末的腦力激盪。Les Woodcock的看法是很樂觀的：

> 　　這可能是我職場生涯中最大的挑戰之一，從來沒有一家新的汽車公司在剛進入一個市場時，就打算在三年內搶下1％的市場佔有率。但這既然是公司整體的目標，我們可以放手大膽地嘗試各種可能，以達成這項目標。

Daewoo集團：從韓國到全世界

　　Daewoo集團是韓國的工業巨擘（也稱為chaebol）。1993年的財星Fortune雜誌將其列為全世界第三十三大的公司，總營業金額超過

三百三十億美元。1994年，Daewoo集團在韓國有31家公司，全世界有超過450個分支機構與辦事處。它的營運範圍相當廣泛，包括貿易、營建（含國內與海外）、造船、汽車（含載客用車輛、商用車輛、汽車零組件）、重機設備、機械工具、通訊設備、消費性電子產品、家用電器、紡織、金融服務等。

Daewoo集團的全球化策略乃是基於擴大投資組合的理念與董事長Kim Woo Chung的願景。1990年，Daewoo集團開始推動全球管理計畫－「願景2000」，這項計畫的主要內容是在世界各地積極擴張Daewoo在電子產品與載客用車輛的版圖，以構建集團的核心領域。這個策略的目的是藉由全球化的購買議價能力與本土化的生產能力，來確保Daewoo集團在全世界的市場地位。其它的韓國大財團也是藉由類似的策略成長壯大，比方說Hyundai現代集團、LG金星集團、Samsung三星集團。

「願景2000」計畫中規劃每一年生產超過二百萬輛的汽車，其中有一半以上必須在韓國以外的地方製造。Daewoo集團在五個國家與當地的廠商合資進行汽車生產計畫，包括烏茲別克、伊朗、菲律賓等國家。1993年，Daewoo集團在全世界售出超過三十萬輛的汽車。集團的目標是在二十世紀末成為世界上第十大的汽車製造商。這項野心勃勃的目標意味著Daewoo必須在廣大的歐洲市場上獲得成功。集團計畫在西歐七個國家同步推出Nexia與Espero兩種車款，並且在幾個月後於另外七個國家上市。它的目標是在進入歐洲市場的第一年就賣出十萬輛汽車，於1988年底在每一個它所跨入的國家奪得新車市場1％的佔有率。Daewoo集團在歐洲的攻擊行動並不是中央集權式的，在每個國家的Daewoo公司都掌握自己促銷活動與配銷通路計畫。集團也推動廣泛的產品研發計畫，以改良車款的設計。1993年，Daewoo集團購併歐洲最大的汽車設計公司－英國的IAD。IAD公司的四百名員工已經日以繼夜地在為1997年要推出的新車款進行研發。

英國汽車市場

　　過去三年來，英國的汽車產量增加了15％，大部分的增加來自於Rover公司與日本的製造商Honda本田、Nissan日產、Toyota豐田。最近的經濟不景氣使得英國的汽車市場受到影響，新車登記的輛數無法再達到1989年的高峰。Ford福特、Vauxhall、Rover共同掌控超過50％的市場佔有率（詳見【附錄1】），這主要是因為這些公司推出的車款位在中小型車與中大型車的市場區隔裡（詳見【附錄2A】與【附錄2B】）。

　　Nexia與Espero這兩種車款主攻的就是主流的市場區隔：中小型車與中大型車的市場。實際上市場內可以開拓的空間比想像中的還要小，因為英國有22％的車輛使用柴油引擎，而這兩種車款只能搭配汽油引擎。因為韓國的低製造成本（與日本、歐洲、美國相較之下），Nexia與Espero在價格上相當具競爭力。然而，Daewoo集團也體認到：整批採購的銷售量佔這些主流市場區隔整體銷售量的很大一部分，中小型車市場區隔的40％與中大型車市場區隔的80％。中大型車市場區隔內，主要量產汽車製造商的競爭更是白熱化，像是Ford與Vauxhall之間互相爭奪一般租車公司、汽車設備租賃公司、其它大量採購單位等客源。

　　整批採購（定義為一批銷售超過25輛汽車予採購單位）與企業採購的數量遠遠超過個人購車者的銷售數量，在1984年佔整個市場銷售量的22％，到1994年前五個月已經成長到48％。整批採購的訂單特別是Daewoo汽車公司策略發展的重點，因為大部分英國的汽車整批採購單位有一些「只買英國車」或是「只買歐洲車」的政策，將不在英國境內製造的車款排除在外。因此，亞洲車款在整批採購的銷售量中只佔0.5％。

個人購車者

　　1994年5月，Pat Farrell開始針對中型車輛的個人購車者進行市場研究，這項研究發現個人購車者對於價格相當敏感，有超過一半家用車（不論是新車或二手車）的取得成本低於6,000英鎊。在中小型車與中大型車的購買行為中，英國的平均購車者是35歲至54歲的男性，家庭平均年收入是25,000至30,000英鎊。然而，來自「新興國家」之車款（亞洲與東歐國家的新品牌）的購車者年齡較長，家庭平均年收入也較低，約是15,000英鎊。個人購車者的購車金額主要來自家庭個人存款，超過60％的車輛是由存款所換取的。

　　研究資料顯示，當個人購車者在尋覓所欲購得的新車時，有三組特別的期望：「理性的需求」，比如說可靠度與燃料節省程度；「情感的需要」，比如說煞車防鎖死系統與電動窗；「身份的價值」，就是與品牌相關的身份地位表徵。

　　同時，Daewoo汽車公司的研究資料也強調，來自「新興國家」之車款（東南亞的製造商，比方說Hyundai與Proton）的購車者認為：價格與物超所值的感覺是他們決定購買一輛車的最主要考慮因素。車輛的機械性能越來越被視為是一種商品，而功能性（如車輛內部空間與載物空間的大小）、外型、價格也越來越重要。顧客的需求會隨著產品的區隔而有所不同，但是顧客先前對於某些汽車製造商的經驗是決定其未來購買行為的最重要指標。新車購買者傾向於購買原先使用的車款，或是購買等級更高一層的車款。他們大部分會向當地的經銷商詢問，而且會進行多次的詢問，並且做一完整的比較。他們所詢問的經銷商地理位置通常是購車者在駕駛途中有意無意間所瞄到的。

　　在整個購車行動中通常有許多的不信任與不愉快。就如Pat Farrell所說：「大部分購車者不喜歡購車繁瑣的程序，而且感覺業務

員很急於讓買賣成交，但是售後服務卻又很差。」顧客並不暸解經銷商將車價灌水多少。最近，製造商與經銷商想藉由簡化購車程序與提高顧客服務來解決問題。Ford汽車提供30天的無條件保證；Vauxhall、Citroen、Nissan汽車對某些特定車款提供為期一年的免費保險；Renault汽車已經對某些特定車款提供為期二年的免費服務。還在Rover汽車公司時，Pat Farrell參與了許多促使經銷商更以顧客導向的活動，其中一種常用的方法是提供接近2％利潤的額外退佣，給達到顧客關懷與服務基準的經銷商。身在Daewoo汽車公司，他認為建立公司形象的潛在價值必須從顧客價值與服務做起。他想要主動積極地推出廣告與公關造勢活動，以建立Daewoo的品牌知名度，並將Daewoo定位為汽車市場上最關懷與最重視顧客的品牌。通常這樣一項媒體造勢活動必須在十月份的Birmingham年度汽車展啟動，而且與潛在經銷商的會晤也在年度汽車展中開始。

經銷商

為了幫二月份推出的新車款建立經銷商網路，英國Daewoo汽車公司的管理團隊已經知道必須儘速展開行動。全英國共有7,300個車廠經銷商通路在5,500個零售據點營業，大約有25％的經銷商買賣多種廠牌的汽車。許多汽車廠牌的經銷權都交予同時買賣多種廠牌汽車的大型經銷商組織（詳見【附錄3】）。汽車經銷商主要的業務內容就是出售新車與二手車、提供售後服務（比方說維修與零件販賣）。汽車經銷商可分為兩類：車廠經銷商（由汽車製造商授權擔任販賣新車的任務）與獨立經銷商（買賣二手車）。根據產業資料，車廠經銷商平均收益的40％來自於新車的販售，30％來自於二手車的買賣，其餘的30％來自於維修與服務；而所得的利潤則分別是10％、40％、50％。

新車直接由製造商或進口商供應給經銷商（單層配銷），或者是

間接的經由一個製造商指派的「主要經銷商」當做是區域性的批發商，再轉供應給一般經銷商（雙層配銷）。雙層配銷的體系已逐漸消失，目前只有Ford與Rover還在採用。在歐盟國家內，汽車仍是製造商可以任意決定授權或是暫停供應給經銷商的少數產品之一。汽車製造商對經銷商及其場地的要求標準越來越高，經銷商每一個新據點的籌建成本高達一百萬至二百萬英鎊。因此，許多小型經銷商被迫退出市場，或是被大型經銷商組織所購併。

大型經銷商組織的經營項目越來越多樣化，而不只是經營汽車零售與服務，常見的服務項目包括汽車租賃與加油站等。在核心的汽車零售與服務業務中，銷售新車是獲利率最低的項目，而汽車售後服務是利潤的主要來源。最近幾年來，新車經銷商的邊際獲利率已經從車輛標價的15％至20％，降到5％至12％，一般來說是10％。額外的紅利發放與退佣雖然還是很頻繁，但這些經常只是製造商戰術性的促銷手段，以引誘經銷商將心思放在製造商想要快速降低的存貨項目上。每賣出一輛車的紅利大約是五百至二千英鎊，這使得經銷商與其顧客談判的空間變大一些。經銷商從新車獲取的其它利潤還包括製造商的服務退佣、車輛運費、附屬配件的銷售、汽車貸款與保險的佣金。車輛運費是購車者感到特別不滿的費用，一般約為四百至五百英鎊。實際上的運送前檢查與運送成本還不到這個金額的一半。有些汽車製造商已經開始將運費內含在汽車的報價裡面，但是經銷商還是可以得到它們應得的運費。

Daewoo汽車公司的管理團隊知道：個人購車者對於某一特定經銷商的忠誠度不高，新車購買者通常會在其住家半徑25公里範圍內來尋找中意的車款。英國都會區半徑25公里的範圍內可能包含了300家車廠經銷商與獨立經銷商，它們之間的競爭相當激烈，甚至屬於同一大型經銷商組織的不同營業據點也會相互競爭。

服務

另一個需要討論的議題是Daewoo汽車公司應該對車主提供何種服務。1994年，全英國有一萬八千家的獨立汽車保養場。大部分的獨立汽車保養場都只有一個營業據點，其中一半以上也零售二手車。幾乎所有的獨立汽車保養場都提供服務、維修、汽車零件販賣等業務。汽車保養場的專業技工被消費者認為是年長、誠實、且具有豐富經驗。相反地，經銷商的服務被認定是昂貴的，有時還被認為技術較差，但消費者認為在汽車保固期間內的經銷商服務還是不可或缺的。因為經銷商服務的形象不佳，Pat Farrell與Les Woodcock懷疑是否應該單單依靠經銷商服務，來處理汽車保固期間以外的問題。由於Daewoo是汽車市場的新加入者，Les Woodcock特別擔心：要建立一個熟悉Nexia與Espero兩種車款的專業技工獨立網路可能太慢，因而無法達到公司成長的需求。管理團隊其中的一個想法是建立一個完全自營、而且只針對Daewoo出廠汽車提供服務的服務中心網路。Les Woodcock強烈贊同這個方法，但是他不確定這樣做會有多大的市場，也不確定要花費多少成本。另一個想法是與一個已設立、而且可以提供充分服務的汽車服務組織簽約合作。

競爭

Daewoo汽車公司所面對的環境是與超過30家提供40種以上小型或中型車款的製造商競爭，其中7家在英國有製造廠房，而且大部分在西歐國家都有生產工廠。在中小型車與中大型車的市場區隔裡，前十大廠牌就已經掌控85％以上的市場佔有率，只有6家公司的市場佔有率增加。

來自亞洲的新興廠牌

管理團隊認為獲取市場佔有率最佳的機會是從新興廠牌手中奪過來。在1990年代，來自東南亞的汽車公司開始積極地搶入競爭激烈的歐洲市場，有些製造商也已經跨入英國市場。

Hyundai現代汽車公司是韓國汽車製造商的領先者。Hyundai在1993年製造超過一百萬輛車，它打算在四年內使產量加倍，目標是成為世界十大汽車製造商之一。1994年，Hyundai預計在英國售出一萬輛新車，全歐洲約九萬五千輛。它的新車款「Accent」是一種休閒家用車，售價範圍從六千至九千英鎊，推出時間正好與Daewoo汽車公司打算推出Nexia與Espero兩種車款的時間撞期。Hyundai正在韓國新建三個車廠，所有工程資源也增為原先的兩倍。

Kia起亞汽車公司是第二家進入英國市場的韓國製造商，它在1991年以Mazda設計的車款為基礎，與Ford和Mazda在英國合作。Kia推出的是名為「Pride」的小型車（價格區間是5,699至7,099英鎊），Ford則在1994年8月推出名為「Mentor」的較大型休閒車款。「Pride」車款每年在英國的銷售量約為3,500輛。

來自馬來西亞的Proton汽車公司藉由簡單的訴求－我們的車比較便宜－創造出一個令人滿意的利基。雖然Daewoo汽車公司可以大幅降低主要車款的價格（韓國的人工成本是日本的一半），但是無法提出像Proton一般的價格定位。

廣告

雖然新車款的推出是一項重大事件，但廣告成本的預算仍須小心控制。汽車是一種需要強勢廣告的商品（詳見【附錄4】）。1993年，35家汽車製造商在50件汽車造勢活動中共花費四億七百萬英鎊，其中

80％的金額大概是平均分攤在電視與報紙廣告上，其餘20％的金額多花在雜誌與信件廣告上。從1994年初至8月底，平均每位消費者看過150個以上的汽車廣告。每年媒體廣告的支出以10％的成長率增加。汽車製造商之間對於品牌廣告支出與銷售層面廣告（針對特定車款）支出的分配比例有很大的不同。英國的汽車製造商比較著重品牌廣告，而新興品牌則將有限的廣告預算著重在銷售層面的廣告。一般而言，汽車製造商有15％的廣告預算會分配在經銷商支援與合作廣告上。

Berkshire的度假中心裡

在英國Daewoo汽車公司的管理團隊在檢閱市場資料時，Pat Farrell很注意積極性銷售的目標顧客群與短期發展策略。Daewoo汽車的主要定位是「幫顧客接手處理所有購車與售後服務的麻煩事」，因此將Daewoo定位在顧客服務與價值的領導者是一件很自然的事，但是達成這個定位所需的有效戰略與戰術卻仍渾沌不明。Pat Farrell特別擔心他在短時間內所簽下的經銷商可能無法達到適當的服務品質標準。他思索著是否有任何方法可以擬定一個勝利策略，同時是一個能在計畫上市時間1995年2月底及時執行的策略。管理團隊已經準備好面對整個週末的腦力激盪。

附錄1 汽車製造商的新車市場佔有率及其配銷通路結構

汽車製造商的新車市場佔有率及其配銷通路結構(1992年至1994年)

製造商	1992年		1993年		1994年		經銷商
	登記輛數	%	登記輛數	%	登記輛數	%	數量
Audi奧迪	18,093	1.11	19,725	1.11	12,890	1.35	220
BMW寶馬	40,672	2.55	40,921	2.30	21,761	2.28	157
Citroen雪鐵龍	64,415	4.04	80,826	4.54	42,038	4.40	245
Daihatsu大發	5,178	0.32	6,375	0.36	2,378	0.25	105
Fiat飛雅特	31,006	1.95	42,841	2.41	27,848	2.91	250
Ford福特	353,339	22.17	381,671	21.46	211,365	22.11	1,066
Honda本田	26,786	1.68	30,902	1.74	16,522	1.73	172
Hyundai現代	9,337	0.58	9,189	0.52	5,902	0.62	185
Isuzu	4,391	0.27	4,187	0.24	1,168	0.12	132
Jaguar積架	5,607	0.35	6,224	0.35	3,409	0.36	94
Kia起亞	3,619	0.23	4,445	0.25	1,690	0.18	155
Lada	11,907	0.75	10,071	0.57	4,143	0.43	187
Mazda馬自達	19,057	1.20	17,482	0.98	8,203	0.86	155
賓士Benz	22,425	1.41	21,186	1.19	14,937	1.56	135
Mitsubishi三菱	11,077	0.70	10,726	0.60	4,287	0.45	116
Nissan日產	74,188	4.66	89,209	5.02	43,644	4.57	267
Peugeot標緻	124,019	7.78	142,714	8.02	75,148	7.86	402
Proton	14,957	0.94	14,196	0.80	7,133	0.75	235
Renault雷諾	73,165	4.59	93,200	5.24	55,980	5.86	270
勞斯萊斯	382	0.02	362	0.02	225	0.02	37
Rover路華	215,257	13.50	238,003	13.4	122,483	12.81	700
Saab紳寶	9,874	0.62	9,156	0.51	4,819	0.50	105
Seat	8,198	0.51	8,658	0.49	6,126	0.64	170
Skoda	9,365	0.59	8,620	0.48	6,067	0.63	230
Subaru速霸陸	4,561	0.29	4,217	0.24	4,560	0.48	145
Suzuki鈴木	8,384	0.53	10,140	0.57	4,910	0.51	143
Toyota豐田	42,213	2.65	50,835	2.86	25,463	2.66	268
Vauxhall	266,072	16.70	303,926	17.09	162,291	16.98	534
福斯	65,150	4.09	64,299	3.62	37,467	3.92	320
Volvo富豪	43,141	2.71	43,740	2.46	20,933	2.19	220
總計	1,630,000	100	1,777,027	100	954,815	100	

資料來源:英國汽車產業—世界汽車統計資料,1994年SMMT汽車製
造商與交易商協會,Daewoo汽車公司。

附錄2A 英國汽車市場區隔概況

| 市場區隔 | 描述 | 市場佔有率 | | | 代表性 |
		1992年	1993年	1994年	車款
迷你車 Mini	<1,000 cc 長度<10呎	0.9	1.1	1.0	RoverMini
小型車 Small	<1,400 cc 雙門 長度<12.5呎	25	25.3	26	Nissan Micra Peugeot 106
中小型車 Lower medium	1,300~2,000 cc 雙門 長度<14呎	37	36.2	33.6	Volkswagen Golf Toyota Corolla Ford Escort
中大型車 Upper medium	1,200~2,800 cc 四門 長度<14呎9吋	23.7	23.7	26.5	Ford Mondeo Vauxhall Cavalier
高級車 Executive	2,000~3,500 cc 豪華內裝 長度<16呎	8.1	7.7	6.3	Volvo 800 Series Jaguar XJ6
頂級車 Luxury Sedan	>3,500 cc 比高級車更豪 華的內裝	0.6	0.6	0.6	Rolls Royce Mazda MX5 Toyota Celica
跑車 Specialist Sports		1.6	1.3	1.5	Land Rover Discovery
雙功能車 Dual purpose vehicles	四輪傳動 具越野性能	2.5	3.3	3.7	Renault Espace Toyota Previa
多人座車 Multi-person Vehicles	二輪/四輪傳動 載客量可達八 人	0.5	0.7	0.8	

資料來源：Daewoo汽車公司。

附錄2B　中小型車與中大型車各種車款的市場佔有率 (1993年)

中小型車市場區隔	%	中大型車市場區隔	%
Ford Escort/Orion	23.62	Ford Mondeo/Sierra	23.35
Vauxhall Astra	17.74	Vauxhall Cavalier	22.22
Rover 200 Series	11.67	Peugeot 405	11.14
Volkswagen Golf	5.93	Nissan Primera	4.81
Citroen ZX	5.50	Toyota Carina E/Carina	4.63
Rover 400 Series	5.48	BMW Series 3	4.39
Peugeot 306/309	5.04	Volvo 440	4.16
Renault 19	4.29	Citroen Xantia	3.48
Nissan Sunny	3.37	Rover 600 Series	3.09
Toyota Corolla	3.13	Audi 80	3.02
Honda Civic	2.64	Rover Montego	1.76
Proton NPI/Aeroback/Saloon	2.26	Mercedes C Class/Series 201	1.74
Fiat Tipo	1.57	Volkswagen Passat	1.49
Skoda Favorit	1.42	Renault Savannah/21	1.42
Mazda 323	1.04	Mazda 626	1.34
Lada Samara	0.98	Honda Accord	1.34
Rover Maestro	0.72	Volvo 460	1.05
Hyundai X2/Accent	0.69	Fiat Tempra	0.87
Seat Ibiza	0.60	Citroen BX	0.87
Honda Concerto	0.57	Seat Toledo	0.77
Lada Riva	0.57	Hyundai Lantra	0.71
Volkswagen Vento	0.47	Saab 900	0.50
Mitsubishi Colt	0.28	Volvo 240	0.44
Mitsubishi Lancer	0.13	Subaru Legacy	0.42
Subaru Impreza	0.13	Mitsubishi Galant	0.41
Alfa Romeo 33	0.08	Mazda Xedos 6	0.25
Daihatsu Applause	0.06	Alfa Romeo 155	0.14
		Proton Persona	0.11
		Lancia Dedra	0.07

資料來源：Daewoo汽車公司

附錄2C　　個人購車者選購的主要因素

中小型車市場區隔	%	中大型車市場區隔	%	新興廠牌車款區隔	%
先前良好的經驗	2	先前良好的經驗	34	價格	42
外觀漂亮	28	外觀漂亮	26	物超所值	26
品質與可靠度	21	品質與可靠度	22	款式相同	24
價格	16	豪華的配備	17	外觀漂亮	13

資料來源：Daewoo汽車公司。

附錄2D　競爭車款的價格區間：（1994年8月）

汽車製造商	款式	價格下限（英鎊）	價格上限（英鎊）
Citroen	Xantia	12,310	13,240
	ZX	10,155	12,010
Ford	Escort	10,015	12,440
	Mondeo	12,535	15,320
Hyundai	Accent	8,422	10,322
	Lantra	12,535	15,320
Kia	Mentor	9,360	10,260
	Pride	5,699	7,099
Nissan	Almera	9,750	11,450
	Primera	11,420	13,250
	Sunny	8,244	11,330
Peugeot	306	10,235	11,410
Proton	MPI	9,365	9,405
	Persona	8,910	11,865
Renault	Laguna	11,769	14,440
Seat	Cordoba	9,220	10,422
	Toledo	11,320	12,420
Toyota	Carina E	11,778	13,178
Vauxhall	Cavalier	11,400	13,525
	Astra	9,945	12,345
Volkswagen	Golf	10,419	10,890

資料來源：Daewoo汽車公司

附錄3　英國的大型汽車經銷商組織

經銷商	據點數量	員工人數	1993年售出新車數量	營業範圍
Lex Service	122	6,500	63,000	30種廠牌，包括Hyundai、Ford、Vauxhall、Rover
Inchcape	72	無資料	24,000	Toyota(佔75%)、Chrysler Jeep克萊斯勒、Ferrari法拉利
Evans Halshaw	58	1,900	20,600	22種廠牌，包括Ford、Vauxhall、Rover、Honda、Mercedes、Nissan
Appleyard	79	2,750	20,000	28種廠牌，包括Audi、Vauxhall、Volkswagen、Rover
Hartwell	59	3,327	30,000	25種廠牌，包括Ford
Pendragon	42	1,364	無資料	29種廠牌，特別是頂級廠牌，如BMW、Jaguar、Land Rover、Mercedes
Lookers	49	2,200	無資料	16種廠牌，包括Audi、Vauxhall、Rover、Renault
Reg Vardy	28	1,450	10,313	13種廠牌，包括Ford、BMW、Alfa Romeo、Fiat、Vauxhall、Volkswagen
Cowie	40	3,676	無資料	12種廠牌，包括Ford、Vauxhall、Rover、Toyota、Peugeot
Sanderson	35	1,800	無資料	11種廠牌，包括Ford、Volkswagen、Citroen、Toyota、Audi、Mazda
Henlys	33	1,445	16,600	17種廠牌，包括Rover、Vauxhall、Volkswagen、BMW
AFG	74	2,120	15,000	Nissan
A Clark	33	1,578	14,168	10種廠牌，包括Ford、Vauxhall

資料來源：產業訊息

附錄4　主要汽車製造商的品牌與廣告費用支出

汽車製造商	至1993年6月底一整年的廣告支出（百萬英鎊）
Ford	55.2
Vauxhall	16.7
Rover	38.2
Peugeot	11.2
Nissan	32.3
Mazda	10.4
Honda	34.8
Proton	7.9
Hyundai	21.3

資料來源：Daewoo汽車公司。

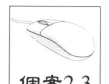

個案2.3　英國Daewoo大宇汽車公司（B）

　　1997年6月10日，一個星期二的早晨，Pat Farrell與行銷團隊成員終於決定了在9月同時推出三種新車款的活動細節。新推出的車款是家用車，而且是用來取代Nexia與Espero的車款。1997年的廣告預算遭到大量的刪減，電視廣告似乎是不可行的，但是Pat Farrell所面對的還不僅是少量廣告預算如何有效運用的問題。從1996年以來，因為公司擴張零售通路與服務中心的網路，員工人數成長為原先的二倍。對於曾獲得產業與消費者雜誌好評的公司業務人員來說，縮減廣告預算的作法與車輛銷售壓力的增加正是直接的矛盾。Daewoo汽車公司在英國初次出擊所獲得的亮眼成績，已造成市場與集團總部更高的期望。Pat Farrell必須決定如何在1995年的成功基礎上再次出擊。

1995年的新車上市活動

Daewoo提供的產品與服務

　　Daewoo汽車公司的研究顯示：個人車主對於購車的經驗並不滿意。主動積極的業務員、隱藏的成本、不良的售後服務、著重在汽車性能與描繪美好駕駛體驗的廣告都無法打動大部分購車大眾的心。研究顯示超過三分之一的購車者主要將汽車視為一項代步工具，而且比較關注汽車每天的運作情形，而不是汽車性能與特殊設計。

　　Daewoo決定將賣車的行為轉化成銷售一項服務，而不單只是銷售一件產品。Pat Farrell回憶道：

　　　　我們決定將車價固定，完全不需討價還價。我們把重點
　　放在提供最佳的顧客服務，也就是說我們必須完全掌握與顧

客溝通的過程。

Daewoo所推出的Nexia與Espero兩種車款是十年前Vauxhall汽車公司舊車款的改良版。Nexia是根據舊款的Astra改裝，而Espero則根據舊型的Cavalier改裝。Nexia的價格區間是從8,295至12,195英鎊，而Espero的價格區間則是從10,695至12,195英鎊。Daewoo所推出的汽車價格比起相關市場區隔的平均車價還要低大約10％，但在每一塊市場區隔中都還沒被定位為最低價的汽車製造商。汽車的標價包含了運送至車主府上的運費、第一年的燃料稅、車輛牌照費、加滿整個油箱的汽油費用、三年／60,000英里的保證、汽車協會三年的會費（含歐洲區）、前三年的免費服務（含人工與零件）、30天內的退貨／換車保證。

建立品牌知名度

Daewoo在1994年10月開始一項耗資一千萬英鎊的電視、廣播、平面媒體廣告造勢活動，活動的主要目標是建立品牌知名度與可信度，並傳達公司以顧客為尊的理念。此項名為「您從未耳聞的最大汽車製造商」的造勢活動，想要藉著Daewoo是全世界最大工業集團之一的聲譽，來灌輸英國購車者對於Daewoo品牌的信心。為了在產品上市前很快地建立品牌知名度，Daewoo汽車公司的電視廣告頻率是業界一般標準的二倍。在1994年聖誕節時，Daewoo的品牌知名度已衝到50％。具高度創意的廣告傳達了四項訊息：「與Daewoo交易最直接明快」、「免去繁瑣的購車程序」、「物超所值的售後服務」、「以客戶為尊的服務」（詳見【附錄1】）。

配銷通路

Daewoo決定建立一個直接行銷與服務的架構，這將使Daewoo能完全掌控銷售過程與售後服務。1995年4月1日，四間汽車展示場啟用時，Pat Farrell說道：

我們不確定四間展示場是否可以滿足立即性的銷售目標，而車輛的品質與可靠度仍舊是未知數。

在接下來的12個月，Daewoo繼續大手筆的設立18個銷售據點、100個小型的二手車服務站，總共花費一億五千萬英鎊。為了在全國各地提供服務顧客所需的營業據點，公司與汽車零件零售商兼服務連鎖店Halfords結盟合作。在Halfords的136家連鎖店中，每家店Daewoo派駐兩位員工，並擺放三輛展示車。Daewoo與Halfords合作經營免除繁瑣程序的服務項目，公司可以派人到顧客指定地點去取得需要服務的車輛，也可以由公司負責將服務完畢的車輛送達顧客指定的交車地點；若顧客在車輛接受服務時缺乏代步工具，公司還可以提供免費的暫用車。

在剛開始的前12個月，公司估計有400,000人次參觀過汽車展示場，約佔每年二百萬新車購買者的20％。Daewoo將其汽車展示場設計成符合全家參觀的型式，除非顧客有所要求，否則展示場內的員工不得隨意接近顧客。展示場內員工的紅利是根據顧客對其服務的滿意程度來計算，而不是根據銷貨金額的多寡來計算。每間汽車展示場都有標語歡迎顧客入內參觀，並提供需要改進的建議。資淺的汽車展示場服務員通常沒有汽車產業的相關經驗，而是因為適當的人格特質而被雇用。免費的小點心、、互動式的多媒體介紹都能提升顧客的滿足感。

市場的反應

從1975年以來，也是最早有歷史記錄的年份，Daewoo達成了最成功的一次汽車品牌推出行動，在頭一個月就售出1,500輛汽車，第一年的銷售量是18,000輛（0.92％的市場佔有率）。九個月前，Daewoo在英國還是沒沒無名，只有4％的購車者曾經聽過公司的名字。1995年4月，公司的市場佔有率突破1％，超出許多在英國經營

長久的廠牌（詳見【附錄2】）。而且，這樣傑出的表現持續了一整年。雖然Daewoo的表現受到許多媒體的關注，但是由於車款本身性能的限制，專業媒體的反應卻不佳。

　　*Autocar*雜誌（1996年1月號）將Daewoo的Nexia與Espero兩種車款評為同一等級產品區隔中最差的汽車。

　　*Top Gear*雜誌（1996年3月號）將Daewoo的Espero車款列為其所評估12種家用車款的最後一名。

　　*Observer*雜誌（1995年4月號）：Daewoo汽車公司革命性的汽車銷售方法就像是一陣橫掃汽車銷售業的強風。

競爭者的反應

　　Daewoo汽車公司跨入英國市場的行動並沒有造成主要汽車製造商的驚慌。在英國設有大型汽車製造廠的Ford、Vauxhall、Rover，對於一家目標訂在市場佔有率1％的新進入者一點都不在意，但在經銷商的層級卻完全不是那麼一回事。Daewoo公布一份潛在消費者對於購車交易過程不滿意程度的調查報告，廣告中將汽車銷售業務員描繪成嗜血的鯊魚一般，並且描述每一筆交易背後總有一些不為人知的成本被業務員吞噬。Daewoo因而在某次汽車展中被排除在外，經銷商網路也與報紙接觸，並要求報紙抽掉Daewoo的所有廣告。整體來看，這些效應是可以被忽略的。這些經銷商與汽車製造商發覺很難有立場去回應Daewoo主動積極的市場切入策略，因為傳統的製造商／經銷商網路結構擠壓了配銷通路供應鏈中所有的獲利空間。只有Renault汽車公司300個營業據點之中的20個，跟進提出與Daewoo一般的銷售條件。

上市活動後的績效

　　Daewoo汽車公司強勢的表現一直持續到1995年。到12月底時，品牌知名度已達到90％，且研究顯示Daewoo在「最為顧客設想的汽車公司」中排名第三位，只落居在Vauxhall與Nissan之後。Daewoo對於品牌定位的投資一直持續到1996年，與顧客溝通的策略著重在提供更多有關車款外觀、價格、規格的詳細資料，並且再次強調Daewoo所提供的服務。

　　1996年2月，Daewoo基於汽車安全性的考量，被迫召回已經出售的8,000輛Nexia，因為引擎室電線的短路有可能造成火燒車的風險。即使是此次危機事件，Daewoo汽車公司1996年5月份的總銷售量仍舊超越Hyundai、Suzuki、Saab、Mitsubishi。持續的研究顯示Daewoo被認定為「最物超所值」的汽車廠牌，而且在「最關懷顧客」的汽車廠牌項目中，僅次於Vauxhall。雖然在1995年9月與1996年3月有兩次價格調漲的行動，但是銷售表現沒有受到絲毫影響。Daewoo主要的目標客戶群雖是個人購車者，可是公司也試著與整批採購或企業採購的客戶接觸，其中主要是租車公司。

　　1996年9月，Daewoo汽車公司為了達到年度獲利目標，刪減一些廣告預算。公司希望財務狀況在三年內能夠損益兩平，而這就意味著公司以後必須在沒有像前18個月那樣的強勢廣告支援下，繼續保持銷售量。主要的行銷活動改成藉由戰術性的銷售誘因，來刺激並達成銷售量的短期目標。儘管支援變少了，直到1996年的銷售表現依舊搶眼。

1997年：充滿挑戰的一年

　　英國Daewoo汽車公司的行銷團隊在1997年面臨日漸增高的壓力。1996年的銷售量下滑了19％，因為一般消費大眾對於無法提供

像其它車款性能與外觀的Daewoo越來越不感到興趣。有關Daewoo品牌的各項指標都降到1995年夏天以來的最低點,而公司內部的銷售目標卻比1996年同期提高了77%。要將這些銷售目標轉嫁到零售據點是相當困難的,因為零售據點的績效衡量指標不是銷售量的多寡,而是顧客服務的滿意程度。Pat Farrell已經發現Daewoo汽車公司早期策略—「顧客導向、需求拉動策略」—的潛在矛盾,因為這項策略與其它高固定成本、具多餘產能的汽車製造商所採行之「供給推動策略」完全不同。要將顧客參觀零售據點的次數轉換為實際的銷售量還是有點難度,因為零售據點的銷售服務員被訓練成用一種不與顧客主動接觸的態度來面對顧客。零售據點輕鬆的職場文化也使得建立直效行銷資料庫的努力大打折扣。通常送到英國Daewoo汽車公司總部的顧客問卷都不太完整,要不然就是由Daewoo的員工自行填答,而非顧客意見的真實反應。

此外,二手車殘值的議題也越來越值得重視。1995年,Daewoo汽車公司剛起步的銷售網路並沒有許多二手車的儲存空間。因為售予租車公司的車輛一般在六個月內就會回流到汽車製造商的手上,Daewoo發現它所持有的二手車數量遠比其零售通路結構所能促銷的數量還多。公司決定繼續持有這些二手車,而不將它們轉給其它與Daewoo競爭的經銷商通路。這一個暫時性的策略延續到1996年,所導致的結果是沒有足夠數量的二手車流入二手車市場,因而二手車市場的參與者無法正確評估Daewoo車款的殘值。到1997年初,這一項問題被雜誌媒體公布出來。根據Motor Trader雜誌(汽車交易雜誌)的說法,顧客打算購買其它廠牌的車款時,若想以原先使用的Daewoo車款來交換一些價格優惠,全英國有80%的新車與二手車經銷商都不願意接受,因為這些經銷商對於Daewoo車款的殘值有所疑慮。同時,英國二手車殘值評估最具參考價值的兩本「聖經」之一—Glass's Guide—也將Daewoo車款的殘值削減了10%。現在價值11,000英鎊的Nexia,在使用兩年後或是行駛30,000英哩後,價值預估剩不

到4,450英鎊。Pat Farrell認為這樣的效應將會對新車銷售量造成負面的影響，因此他在策略上略作改變，將Daewoo的二手車開始轉給其它與Daewoo競爭的經銷商通路。

雖然市場的狀況不佳，其它亞洲汽車製造商的市場佔有率還是提升了，尤其是Hyundai汽車公司。Hyundai在全英國有超過150個汽車展示場，而且因為Daewoo先前已建立「韓國製」汽車的知名度，因此Hyundai也跟著沾光不少。其它的汽車製造商也開始想法子跳過傳統的汽車經銷業務員層級。1997年，Daihatsu大發汽車公司宣佈推出「虛擬汽車展示場」，汽車銷售團隊的成員會將一部全新、有牌照、有保險的車輛負責送到潛在顧客的府上，提供試車的服務。

新車上市活動

Pat Farrell與其團隊的成員都希望Lanos、Nubira、Leganza等新車款的推出，能解決現有車款性能與價格所造成的爭議（詳見【附錄3】）。新車款的購買者與Nexia、Espero的擁有者一般，都可以得到相同的服務與保固保證。市場調查顯示，新車款受到歡迎的程度比起舊車款要好，但是有關引擎設計（沿襲舊車款的設計）與內裝簡陋等細節仍是新車款應注意的地方。Pat Farrell很渴望在汽車市場上獲得成功，並且將Daewoo的品牌形象做進一步的推升。即將到來的新車款上市活動非常關鍵，他需要各方提供意見參考。

附錄1　Daewoo的新車廣告

Daewoo汽車公司廣告樣本

資料來源：Daewoo汽車公司廣告。

續附錄1　Daewoo的新車廣告

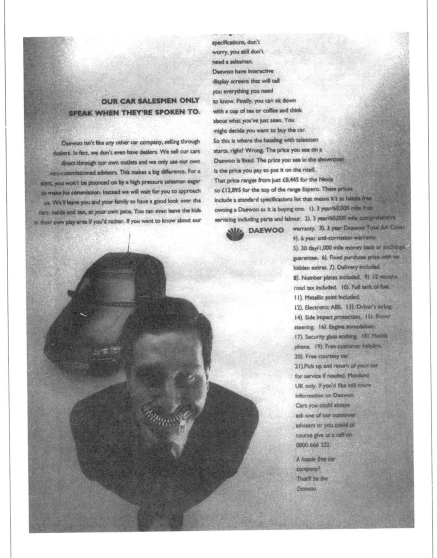

資料來源：Daewoo汽車公司廣告。

續附錄1　Daewoo的新車廣告

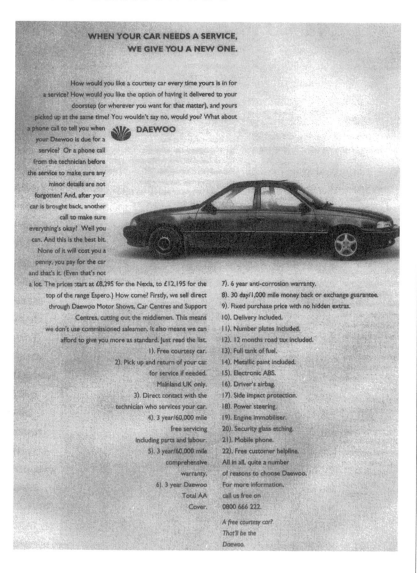

資料來源：Daewoo汽車公司廣告。

續附錄1　Daewoo的新車廣告

**EVERY NEW DAEWOO COMES
WITH A RATHER ATTRACTIVE EXTRA.**

Tempted? So you should be because all our models come with three years free servicing. No small print, no disclaimers, just free servicing including all labour and parts. (Apart from the tyres that is, they come with their own guarantee.) Unlike other car manufacturers this offer isn't for a limited period, nor is it an extra, hidden in the hiked up cost of the car. Our offer is the same right across the Daewoo range and is included in the fixed price you see on the cars in the showroom. Those prices range from £8,445 to £12,895 for the 3, 4 and 5 door Nexia and the Espero saloon. As if this isn't enough of an offer, we'll even telephone and arrange your car's service, then collect it from your doorstep leaving you with a courtesy car until yours is returned, if you wish. But what happens in between servicing? That's covered too. Every new Daewoo comes with a three year comprehensive warranty, three years Daewoo Total AA Cover and a six year anti-corrosion warranty. In fact, the only thing you do pay for is insurance and petrol. Take a look at the list and see for yourself. 1). 3 year/60,000 mile free servicing including parts and labour. 2). 3 year/60,000 mile comprehensive warranty. 3). 3 year Total AA Cover. 4). 6 year anti-corrosion warranty.

5). 30 day/1,000 mile money back or exchange guarantee. 6). Free courtesy car. 7). Pick up and return of your car for service if needed. Mainland UK only. 8). Fixed purchase price with no hidden extras. 9). Delivery included. 10). Number plates included. 11). 12 months road tax included. 12). Full tank of fuel. 13). Metallic paint included. 14). Electronic ABS. 15). Driver's airbag. 16). Side impact protection. 17). Power steering. 18). Engine immobiliser. 19). Security glass etching. 20). Mobile phone. 21). Free customer helpline. If you were glad to hear all this we'd be glad to tell you more, so please call us on 0800 666 222.

A car where the extras aren't extra? That'll be the Daewoo.

DAEWOO

資料來源：Daewoo汽車公司廣告。

附錄2 英國各種廠牌的新車登記數量與百分比
（1994年至1997年）

	1994 數量	%	1995 數量	%	1996 數量	%	1997前半年 數量	%
Ford	418,657	22.2	410,722	21.4	396,988	19.7	195,793	18.9
Vauxhall	310,617	16.4	294,131	15.3	283,989	14.1	143,437	13.9
Rover	245,250	13.0	240,007	12.5	221,658	11.0	100,317	9.7
Peugeot	146,551	7.8	143,321	7.5	153,242	7.6	80,123	7.7
Renault	112,663	6.0	120,485	6.3	132,374	6.6	77,169	7.5
Volkswagen	74,548	3.9	81,656	4.3	114,084	5.7	59,711	5.8
Fiat	58,703	3.1	70,828	3.7	85,948	4.3	42,768	4.1
Citroen	84,522	4.5	80,241	4.2	76,485	3.8	41,016	4.0
Nissan	91,955	4.9	91,972	4.8	93,408	4.6	36,443	3.5
Toyota	51,939	2.	54,384	2.8	58,491	2.9	34,402	3.3
BMW	45,574	2.4	55,034	2.9	56,840	2.8	30,426	2.9
Honda	38,187	2.0	45,772	2.4	50,075	2.5	25,978	2.5
Mercedes	29,186	1.5	32,694	1.7	35,813	1.8	20,795	2.0
Volvo	41,599	2.2	39,654	2.1	33,737	1.7	20,285	2.0
Audi	22,978	1.2	25,55	1.3	30,327	1.5	18,078	1.7
Mazda	16,741	0.9	16,291	0.8	24,273	1.2	14,957	1.4
Hyundai	12,247	0.6	13,984	0.7	18,959	0.9	11,668	1.1
Mitsubishi	9,227	0.5	10,823	0.6	16,383	0.8	10,845	1.0
SAAB	9,339	0.5	11,534	0.6	14,886	0.7	9,280	0.9
Daewoo	0	0	13,169	0.7	21,438	1.1	9,200	0.9
SEAT	12,921	0.7	11,049	0.6	13,530	0.7	7,884	0.8
Chrysler Jeep					11,624	0.6	7,870	0.8
Skoda					13,017	0.7	7,459	0.7
Suzuki	10,380	0.5	13,817	0.7	14,195	0.7	6,199	0.6
Jaguar	6,659	0.4	8,727	0.5	8,401	0.4	4,855	0.5

續附錄2　英國各種廠牌的新車登記數量與百分比

	1994 數量	%	1995 數量	%	1996 數量	%	1997前半年 數量	%
Proton	12,452	0.7	9,800	0.5	9,555	0.5	4,683	0.5
Subaru	4,995	0.3	4,616	0.2	5,753	0.3	3,579	0.3
Daihatsu	4,869	0.3	3,378	0.2	3,536	0.2	3,161	0.3
KIA	3,939	0.2	4,004	0.2	4,919	0.2	2,619	0.2
Lada	9,398	0.5	8,259	0.4	4,762	0.2	1,595	0.1
Isuzu	2,165	0.1	1,938	0.1	2,419	0.1	1,350	0.1
Lexus					2,012	0.1	1,132	0.1
Total	1888251	100	1917809	100	2013121	100	1035077	100

資料來源：英國汽車產業—世界汽車統計資料，1997年SMMT汽車製造商與經銷商協會，Daewoo汽車公司。

附錄3　Daewoo新車款價目表

車款名稱	概述	價格區間	競爭車款
Lanos	三門、四門、五門 1,300 cc、1,600 cc	8,795~10,695英鎊	Ford Escort Peugeot 306
Nubira	四門 加長型	10,495~12,995英鎊 12,995~13,995英鎊	Vauxhall Vectra Ford Escort
Leganza	四門 2,000 cc	13,795~14,995英鎊	Ford Mondeo Toyota Carina Hyundai Sonata Volkswagen Passat

資料來源：Daewoo汽車公司。

個案2.4　Interdrinks（IDC）飲料公司

1998年2月的一個午後，Interdrinks飲料公司（IDC）的董事長Helmut Fehring與國內部銷售經理Antoine Jeanneau舉行一項會議，討論IDC公司銷售人員的業務績效。在會議中，這兩位高階主管對於公司銷售人員的生產力是否完全發揮有不同的看法。Helmut Fehring認為，以現有31名銷售人員所產生的收益來看，其生產力並沒有充分發揮。另一方面，Antoine Jeanneau卻認為，這些銷售人員已經將潛能發揮到最大的極限，甚至是業界最佳的銷售團隊。

Helmut Fehring最近剛結束為期一年的高階經理人密集教育訓練課程，回到家族企業的飲料裝瓶公司工作，他對於Antoine Jeanneau的說法無法認同。他認為IDC公司銷售人員沒有衝出足夠的銷售金額，而且現在的管理政策與作業實務必須負一部份的責任。他也認為產業環境最近的變動，使得公司必須重新檢討現行的行銷策略，包括產品線與配銷通路策略。他覺得藉由適當激勵的銷售團隊幫助，一項可行的政策正是這家小公司在競爭激烈產業環境中的生存之道。

但是，就如同與國內部銷售經理的會議所顯示，他對於IDC公司行銷與銷售問題的顧慮，並沒有被其餘的高階主管認同。然而，他已決定要促動一些變革，他深信這些變革，正是將公司業績下滑趨勢扭轉所要做的。

公司背景

IDC公司於1933年由Helmut Fehring的父親Paul Fehring，在瑞士的Zug市成立。起初，公司擷取鄰近度假勝地Berg的泉水，利用泉水製造成瓶裝礦泉水。這種泉水被認為有治病的功效，但是從來沒有被

裝瓶出售到其它城市。

1934年，IDC公司快速地成長，產品增加了礦泉水添加果汁濃縮液的加味飲料。公司所推出的Berg檸檬、柳橙、葡萄柚飲料是瑞士加味飲料市場的先驅產品。1954年，IDC公司開始從一家專門透過買賣合約在全世界行銷品牌的知名英國公司購買濃縮液，並生產這家國際性品牌的碳酸軟性飲料「Schweppes」。1962年，公司與國際知名的濃縮液販賣商Pepsico International百事可樂國際公司達成協議，正式將Pepsi-Cola百事可樂加入產品線中。在此之前，Coca-Cola可口可樂是瑞士可樂市場唯一的選擇。IDC公司在瑞士中部的德語區，同時行銷自有的Berg品牌與國際性的品牌（詳見【附錄1】的IDC營運區域地圖與有關瑞士的背景資料）。

1988年，當Helmut Fehring的父親退休時，30歲的他接手了IDC公司的經營。他在瑞士某間大學取得商學士學位，畢業後在公司擔任過許多不同的職務。1997年，他暫時離開公司，去參加為期一年的高階經理人密集教育訓練課程。之後他提到：「我們的利潤已經消失殆盡，我們必須找出有效經營公司的新方法，所以我決定從上層開始改造，也就是從我自己開始。」在他離開公司的那一年，公司由董事會的成員負責經營（詳見【附錄2】所描繪的1998年初公司管理架構部分組織圖）。

IDC公司在1997年生產並銷售5,550萬瓶的軟性飲料與礦泉水，總體積是3,200萬公升。公司現代化的廠房與生產設備在二班制的情況下，每年可以生產8,300萬瓶的飲料。公司在1995年的生產量只有發揮到產能限制的50％，但從那時開始，公司的產能利用率一直在提升（【附錄3】與【附錄4】列出IDC公司最近的財務報表）。Helmut Fehring認為公司獲利狀況困窘的主要原因是「產業環境的激烈競爭導致邊際獲利率受到侵蝕」。

IDC公司的行銷活動

根據IDC公司行銷經理Muller的說法，公司的產品依據行銷的目的可以區分為四個不同的種類：Schweppes品牌的產品、Pepsi-Cola百事可樂、加味軟性飲料、礦泉水。後二項的產品種類可以再細分為IDC公司自有品牌Berg的產品，與其它幫零售連鎖店代工生產的私有品牌（詳見【附錄5】所描述的產品線）。

1997年，IDC公司以瑞士法郎為計價單位的銷售量中，有50％以上是由具有品牌的產品所構成，這些具有品牌的產品透過瑞士中部為數約400家的小型或大型批發商通路來配銷。具有品牌的銷售量中，約有一半是配銷到超級市場，另外一半則配銷到飯店、餐廳、酒吧（通常透過HORECA的零售通路配送）。

幫兩家大型食品連鎖店—Coop 與Denner（瑞士全境共約有2,200家店面）—代工生產的私有品牌則是直接配送到連鎖店的倉庫，或是經由許多批發商再配送到個別的零售通路。私有品牌的瓶身標籤印製很醒目的零售連鎖店名稱，而負責裝瓶的IDC公司名稱在瓶身上出現的字體較小。IDC公司在1997年開始為私有品牌代工生產飲料（【附錄6】與【附錄7】說明IDC公司各種產品線和配銷通路的銷售金額與銷售數量比較）。

最近幾年來，IDC公司前五十大批發商的銷售量佔公司具有品牌產品總銷售量的三分之二。IDC公司在瑞士的德語區與650家批發商、4,000家超級市場、18,000家HORECA的零售通路合作。瑞士全境共有825家批發商、8,000家超級市場、27,000家HORECA的零售通路（連鎖店通路不算在內）。高階管理階層認為，批發商通路對於配銷活動是不可或缺的。Helmut Fehring說道：「我們還能有什麼其它方法經營22,000家銷售通路？」

產品價格與邊際獲利率隨著產品品牌與包裝容量的大小而有所不

同。國際性品牌的產品價格較高，因此其產品每單位的邊際利潤貢獻比起其它產品要大。另一方面，代工生產的私有品牌產品價格較低，因此獲利能力也較差。專門為HORECA零售通路所生產的小型單瓶裝產品，通常較大瓶裝產品的獲利能力要好（【附錄8】說明IDC公司各種產品線在各配銷通路的平均批發價格；【附錄9】說明IDC公司各種產品線與瓶裝型式的變動製造成本）。

最近幾年，IDC公司在具有品牌產品的廣告與促銷活動上，所投入的經費將近佔銷售金額的14％。以國際性品牌的廣告與促銷經費來說，IDC公司與國際性的廠商共同分攤該廠牌的全部支出，Schweppes公司分擔50％，Pepsi-Cola百事可樂公司分擔30％。然而，以IDC公司的自有品牌Berg來說，公司必須自行負擔全部的廣告與促銷費用（【附錄10】說明1996年與1997年各項具有品牌產品的廣告與促銷費用支出）。

IDC公司廣告的主題隨著品牌的不同而有所差異。Schweppes的產品被定位為「老練精明」的人在「私密」的場合所享用的飲料。Pepsi-Cola百事可樂的廣告由Pepsico International百事可樂國際公司所主導，採用一種與Coca-Cola可口可樂（可樂飲料市場的領導品牌）相同的定位。在水果加味飲料市場方面，廣告訴求的主要目標是兒童的母親，廣告中強調的是以礦泉水為基礎的軟性飲料與其「有益健康」的優點。行銷經理Muller認為，在IDC公司各種不同的產品之中，Schweppes是最受消費者歡迎的品牌。他說道：「Schweppes具有與其它飲料不同的口味，而且其市場定位獨一無二。至於我們所生產的其它品牌，都是『我也有』類型的產品，這些產品並沒有獨特的賣點。」

IDC公司Berg品牌產品的批發價與零售價，都是根據瑞士飲料裝瓶業一般的定價規則來訂定，公司並沒有意願打價格戰。以國際性品牌來說，產品的價格都是依據國際性濃縮液公司的建議來訂定。IDC公司對其所有的產品都會公佈一份建議交易與零售價格表。然而，公

司對於末端零售商的售價沒有干涉的權力。

IDC公司對經銷商定期促銷活動的型式是批發價格的折扣，針對消費者的促銷活動則是提供限時的價格折扣。一般來說，公司會吸收所有消費者促銷活動的成本，補貼經銷商或零售商損失的邊際利潤。

IDC公司的銷售人員是公司與批發商或零售商通路的主要溝通管道，31名銷售人員的任務是直接銷貨給批發商，與拜訪獨立零售商店和HORECA通路的零售商，以在零售店層級推銷IDC公司具有品牌的產品。

Helmut Fehring自己也負責代工生產之私有品牌客戶的銷售量，處理所有與年度供貨合約有關的談判。銷售人員不需要拜訪IDC公司負責代工生產的兩家私有品牌客戶一兩家連鎖店的通路。Helmut Fehring指出：

> 我們的行銷活動經過多年的演進，才進展的今日的局面，但是對於我們公司的定位與產業的分析卻付之闕如。產業的環境一直在改變，像我們這樣的區域性小型飲料裝瓶公司之間，競爭越來越白熱化，獲利空間也越來越小。產業內（特別是我們的配銷通路與競爭對手）最近的發展趨勢迫使我們必須好好省思我們的策略，找出我們在產業環境中的生存之道。

瑞士軟性飲料與礦泉水產業概況

瑞士全境在1997年預估共消費五億九千萬公升的瓶裝軟性飲料，以平均批發價格計算，價值約四億七千五百萬瑞士法郎。就礦泉水而言，預估共消費五億八千萬公升，以平均批發價格計算，價值約三億五千萬瑞士法郎（【附錄11】說明自1992年至1997年的軟性飲料與礦泉水產業銷售趨勢）。

　　軟性飲料與礦泉水的飲用行為多發生在家中或是HORECA的銷售通路內，飲用行為估計有超過80％的頻率發生在家中。這個比例在最近幾年沒有很明顯的變化。

　　瑞士的軟性飲料與礦泉水市場共有63家飲料裝瓶公司參與。一些飲料裝瓶公司在主要城市的周邊設立許多飲料裝瓶工廠，它們藉由全國性的知名品牌來攻佔瑞士全境的市場。其它的飲料裝瓶公司只設立一家或二家的飲料裝瓶工廠，產品流通的範圍受限在某些區域，昂貴的運輸成本使得區域性的飲料裝瓶公司無法將產品擴張到距離較遠的市場。

　　瑞士國內四大軟性飲料裝瓶公司在瑞士軟性飲料市場的佔有率，從1992年的46％提升到1997年的55％。在礦泉水市場方面，寡佔的情勢更是明顯。四大礦泉水裝瓶公司在瑞士礦泉水市場的佔有率，從1992年的60％提升到1997年的71％。大部分的飲料裝瓶公司同時生產軟性飲料與礦泉水（【附錄12】說明主要飲料裝瓶公司的市場佔有率）。

　　瑞士軟性飲料與礦泉水裝瓶產業有很明顯的產能過剩問題，估計約三分之一的現有產能是多餘的。產業觀察家對於消費成長率的預測過度樂觀，導致工廠擴張太快，造成多餘的產能。這個狀況使得飲料裝瓶公司之間的價格與廣告費用支出競爭更是激烈。

　　區域性品牌競爭的主要戰場是價格；另一方面，全國性或國際性品牌競爭的不只是價格，還包括強勢的廣告。國際性濃縮液供應商對於其代工飲料裝瓶公司的財務支援，與全國性飲料裝瓶公司較為雄厚的財力，是這些品牌廣告費用支出較高的原因。

　　據估計，在銷售通路內飲用的軟性飲料接近60％是全國性或國際性品牌的產品；而在銷售通路內飲用的礦泉水幾乎100％是全國性或國際性品牌的產品。另一方面，在家中飲用的軟性飲料只有30％是全國性或國際性品牌的產品；而在家中飲用的礦泉水也只有63％是全國性或國際性品牌的產品。

　　私有品牌的成長是瑞士飲料裝瓶產業主要的進展。主要的食品連鎖店都自行推出軟性飲料與礦泉水產品，並以自己的店鋪名稱做為品牌名稱。私有品牌的產品是由食品連鎖店自營的飲料裝瓶工廠生產，或是與獨立的飲料裝瓶公司約定代工生產，這個約定通常是食品連鎖店與獨立飲料裝瓶公司之間的口頭協議。飲料裝瓶產業的多餘產能使得食品連鎖店的談判姿態較高，也免於簽下白紙黑字的合約。私有品牌的產品在飲料市場上造成一些價格壓力（【附錄13】列出一些具代表意義之國際性、區域性、私有品牌的零售價格比較表）。

　　國際性、全國性、代工生產的私有品牌在瑞士軟性飲料與礦泉水市場所佔的比率越來越高。在1997年，軟性飲料的四大品牌─Sinalco、Rivella、Coca-Cola可口可樂、Aproz─佔了瑞士所有軟性飲料市場銷售金額的64％。其中Sinalco與Coca-Cola可口可樂是國際性的品牌；Rivella是全國性的品牌；Aproz則是全瑞士最大食品連鎖店Migros所推出的私有品牌。同樣地，四個全國性的礦泉水品牌─Aproz、Valser、Henniez、Passugger─佔了瑞士所有礦泉水市場銷售金額的71％。

軟性飲料與礦泉水的配銷通路

　　瑞士軟性飲料與礦泉水的零售配銷行為是透過小型獨立的雜貨店與連鎖零售店通路來執行。小型雜貨店的服務對象通常是左鄰右舍的住戶，它儲存了附近鄰居日常生活所需的大部分食品。產業分析師估計軟性飲料與礦泉水約佔小型雜貨店銷售量的3％至8％，這些飲料的邊際獲利率約在20％與50％之間。小型雜貨店通常會儲存較受歡迎的飲料，存貨的數量一般是一星期的銷售量，這些存貨是由同一地域內的一家或多家飲料批發商所供應。

　　最近幾年來，由於大型食品連鎖店的成長，小型雜貨店的數量與重要性日益下降。在1987年與1997年之間，獨立食品零售通路的數

量從20,000家降到約剩8,000家。同時,連鎖店對於食品零售市場的影響力越來越大。瑞士三大連鎖店系統約佔瑞士所有食品銷售量的78%,所有不含酒精類飲料銷售量的54%(詳見【附錄14】)。

礦泉水與軟性飲料分別佔食品連鎖店銷售量的1%與2%。具有品牌之商品的邊際獲利率在25%與50%之間;因為私有品牌之商品的售價較低,其邊際獲利率約在20%與40%之間。食品連鎖店通常在零售通路據點與連鎖店倉庫分別持有三天銷貨量的存貨。

瑞士最具規模的食品連鎖店Migros(共有581家零售通路據點)大部分只販賣自家私有品牌Aproz的礦泉水與軟性飲料,只有少部分其它品牌的飲料會在Migros的零售據點販售。然而,其它的零售連鎖店(比方說Coop與Denner)多會同時販售具有品牌的商品與自家私有品牌的商品。飲料裝瓶工廠會直接配送貨品到這些零售連鎖店,或者是每個零售通路據點的地區性飲料批發商會轉手將貨品配送給這些連鎖店。Migros與其它食品連鎖店不同,它擁有並經營自己的飲料裝瓶工廠與配銷通路系統。

在1997年,瑞士全境有幾乎27,000家HORECA的零售通路據點。產業分析師依據每個零售通路據點的員工人數多寡,將通路據點劃分為不同的區隔。小型據點(員工人數少於5人)佔所有HORECA零售通路據點數量的74%,佔所有HORECA礦泉水與軟性飲料銷售金額的44%。在這些小型零售據點,不含酒精類飲料的銷售金額約佔總銷售金額的20%到40%;在較大型的零售據點,不含酒精類飲料的銷售金額約佔總銷售金額的10%到20%。一般的HORECA零售據點是由一家或兩家的區域性飲料批發商負責供貨,這些區域性的飲料批發商每週或每二週會補貨一次。一般HORECA零售據點所販售之商品的邊際獲利率,從礦泉水或軟性飲料的75%到食物的50%。

許多瑞士的釀酒製造商也開始跨足餐廳的經營。透過釀酒製造商經營的餐廳這條管道所銷售出去的軟性飲料與礦泉水,其銷售量約佔HORECA零售通路軟性飲料與礦泉水總銷售量的10%。

從飲料裝瓶工廠到最終消費者的這條配銷供應鏈中,批發商(也稱為配銷商)是一個重要的連結。批發商儲存各種酒精類與不含酒精類的飲料,並將這些飲料運送到其客戶端,也就是位在同一地域的零售商與HORECA通路據點。如果訂貨的數量達到一定規模時,許多配銷商也提供送貨到府(door-to-door)的服務,直接將貨品運送到最終消費者的家中。在每一個特定地域的市場中,批發商會盡量避免削價競爭的情形發生,同時會尊重其它批發商所維持的客戶群,不太會有搶客戶的情況。少數的批發商會雇請自己的銷售人員。

一般來說,批發商所持有的貨品涵蓋完整的產品線,也包括相互競爭品牌的商品。批發商正常的存貨數量約是20天到30天的銷售量,這些存貨大部分靠著飲料裝瓶公司所提供的信用額度來周轉。礦泉水與軟性飲料的銷售量約佔批發商總銷售量的40%到50%,這些銷售的平均邊際獲利率大約是30%。

瑞士的飲料配銷產業的發展變得越來越集中在大型批發商,因為小型家庭式的批發商逐漸敵不過大型批發商的攻勢。大型批發商的購併行動與小型批發商的合併行動加速了產業的集中程度。在1965年與1997年之間,瑞士的飲料批發商數量從1,100家降到約剩800家。產業集中化的結果是每個主要地域市場的配銷結構都由一家到兩家的大型批發商所控制。1997年,10%的飲料批發商佔了將近80%的飲料配銷營業額。

飲料配銷產業近期的另一個重要發展是,釀酒製造商開始藉由購併打入飲料配銷系統。預估1997年飲料配銷產業的營業額,約有40%是透過釀酒製造商所擁有的配銷通路來完成,在1992年只有10%是透過釀酒製造商的配銷通路來完成。

IDC公司的競爭對手

IDC公司在瑞士中部行銷其產品,它的四大競爭對手是Coca-

Cola Company瑞士可口可樂公司、Feldschlosschen、Eptingen、Henniez。瑞士可口可樂公司只生產軟性飲料；Feldschlosschen公司生產軟性飲料、礦泉水、啤酒；Eptingen公司同時生產軟性飲料與礦泉水；Henniez公司在IDC公司的營運地域範圍內只生產礦泉水。瑞士可口可樂公司、Feldschlosschen、Henniez都是全國性的飲料裝瓶公司；而Eptingen與IDC公司都是區域性的飲料裝瓶公司。

瑞士可口可樂公司是國際性公司在海外100％擁有的分支機構，它生產母公司三大主要品牌的產品：Sprite雪碧（柑橘口味）、Fanta芬達（柳橙口味）、Coca-Cola可口可樂。釀酒製造商Feldschlosschen所擁有的Unifontes飲料裝瓶公司則生產Elmer（柑橘口味）、Orangina（柳橙口味）、Queen's（苦檸檬口味）。Eptingen飲料裝瓶公司以Eptingen為品牌名稱銷售礦泉水，以Pepita（水果口味）為品牌名稱銷售軟性飲料。Henniez飲料裝瓶公司以Henniez為品牌ｆW稱銷售礦泉水。

IDC公司的管理階層並不清楚它競爭對手的營業額與市場佔有率大小（【附錄15】說明行銷經理的「猜測值」）。行銷經理Muller認為瑞士可口可樂公司與Feldschlosschen是IDC公司最強悍的競爭對手。

飲料裝瓶公司的定價與邊際獲利率在最近幾年受到嚴重的壓縮。因為各種不同的數量折扣方案與年末依據總交易金額所計算的退佣，邊際獲利率受到間接的擠壓。然而，與IDC公司競爭對手有關的確實折扣和退佣金額並沒有詳細的資料公開。

IDC公司的管理階層也無法取得競爭對手在媒體廣告費用支出的詳細數據。行銷經理Muller估計，瑞士可口可樂公司在Coca-Cola可口可樂所投入的廣告經費，大約是IDC公司在Pepsi-Cola百事可樂所投入廣告經費的兩倍。瑞士可口可樂公司運用各種不同的媒體讓產品亮相，包括電影、電視、電子告示板。Henniez公司也被認為投入了大筆的廣告經費。然而，其它二家競爭對手的廣告卻很少在市面上出現。瑞士可口可樂公司似乎很少進行經銷商與最終消費者的價格促銷

活動；但是其它三家公司所提供的促銷活動與IDC公司所提供的很類似。

　　除了Henniez公司以外，其它三家的競爭對手都在瑞士中部雇用銷售人員。據估計，依靠自有直接配銷通路系統的瑞士可口可樂公司，在瑞士中部雇用了55名流動式的銷售人員。IDC公司的國內部銷售經理Antoine Jeanneau估計，在IDC公司產品所流通的地域範圍內，Unifontes這個品牌有20名到30名的銷售人員，Eptingen公司有20名銷售人員。雖然Henniez公司在這個區域並沒有任何的銷售人員，但是它的三個銷售經理會定期的拜訪地方上的批發商。根據Antoine Jeanneau的看法，其它公司銷售人員的活動與IDC公司銷售人員的活動很類似。

　　雖然Antoine Jeanneau並不清楚競爭對手銷售人員的管理機制，但他相信這些銷售人員領取的薪資是固定的。他認為瑞士可口可樂公司的薪資水準比IDC公司的水準還要低，但Unifontes與Eptingen公司的薪資水準卻比IDC公司的水準還要高。此外，他相信瑞士可口可樂公司有績效獎金的制度，但是沒有詳細的資料可以證明。

IDC公司的銷售團隊

　　IDC公司的銷售團隊由31名銷售人員、3名分區銷售經理、1名國內部銷售經理所組成。透過這樣的銷售團隊，公司將具有品牌的產品販售給將近400家的批發商，這些批發商再將商品配銷到9,000家的HORECA零售通路據點與3,000家雜貨店。1997年的銷售團隊費用支出為540萬瑞士法郎（詳見【附錄16】的銷售團隊費用支出細目）。

銷售團隊的背景資料

　　IDC公司銷售團隊的平均年齡是43歲，實際的年齡區間在25歲到65歲之間。除了少數的例外情形，銷售人員在加入IDC公司之前至少

有過一份全職的工作與一些銷售的經驗（【附錄17】是各區域銷售團隊的年齡與服務年資分佈表）。國內部銷售經理Antoine Jeanneau認為，銷售團隊的員工流動率「以各種標準來看都算是很低」。

銷售團隊的組織

IDC公司依據產品的銷售地域，將銷售團隊區分為東區、中區、西區。國內部銷售經理之下，有東區、中區、西區銷售經理共三位；每一位分區銷售經理之下，有9位至11位的銷售人員。每位銷售人員所負責的銷售區域不與別位銷售人員的區域重疊，銷售區域的大小也各不相同，最小的區域大約是半徑20公里的方圓，最大的區域大約是半徑100公里的方圓。

銷售團隊的活動

根據IDC公司正式公告的工作執掌說明書，銷售人員各自在被分配到的銷售區域內負責「產生可獲利的銷售」。銷售人員必須時常拜訪批發商與零售商，通常每二週或三週會拜訪每家主要客戶一次，每天大約與八家零售商和一家至二家的批發商保持電話聯繫。對於零售業的交易來說，緊密的人際關係是很重要的。銷售人員可以藉由價格促銷活動、免費贈品與試用品、冷藏設備的部分貸款等方式，來影響客戶的忠誠度。

銷售人員也可以藉由與小型獨立雜貨店和HORECA零售通路據點的聯繫，來檢查存貨與訂單的狀況，確保IDC的商品與促銷品以醒目的方式陳列。當每個零售據點向銷售人員下訂單時，這些訂單會被轉到相對應的通路批發商，再由通路批發商供貨給零售據點。然而，零售據點通常比較喜歡自行以電話或郵件的方式，直接向其批發商下訂單。根據IDC公司分區銷售經理們的說法，銷售人員在所有與零售據點聯繫的次數中，客戶一般只有約5％的次數會下訂單。

雖然銷售人員與分區銷售經理經常拜訪批發商，但是批發商也比

較喜歡直接以電話的方式,向銷售部門的職員下訂單。舉例來說,在一個正常的夏日,每天約有50筆到60筆的訂單是以這種方式確定的。這種批發商主動下訂單的方式在業界是一種普遍的作法,也正反映出批發商喜歡控制自己的存貨水準,並且在多家飲料裝瓶商之間保持平衡的現象。

銷售團隊的薪資結構

　　IDC公司的銷售人員與分區銷售經理所領取的薪資是固定的,但是公司也會補貼一些必要的交通費用與公關費用。每年調薪是公司的既定政策,調升的幅度至少會跟隨瑞士零售物價指數的上漲率。每個年度業務績效被評為特優的銷售人員會得到額外的調薪(【附錄18】說明銷售人員的績效評估量表)。與業務績效有關的調薪必須由分區銷售經理提出,並得到國內部銷售經理Antoine Jeanneau的核准,這個調薪的幅度大約是基本薪資的3%到10%之間。

　　1997年銷售人員的月薪範圍,從最資深的8,400瑞士法郎到最資淺的6,400瑞士法郎。同年,有七名銷售人員因為業務績效表現特優,得到額外的調薪,調薪幅度在7%與10%之間;其餘18名銷售人員的調薪幅度在3%與6%之間。

　　就高階管理階層的觀點來看,銷售人員對於IDC公司的薪資結構一般感到滿意。但是Antoine Jeanneau相信薪資結構還有改進的空間,他解釋道:

　　　　就我個人的看法,我喜歡與銷售業績相連結的獎金制度,但是我相信這種方式很難管理。因為各批發商之間沒有很明確的銷售區域區隔,我們無法取得每個銷售人員業務績效的精確資料。同時,因為我們的銷售記錄只顯示與批發商的交易明細,我們無法判斷每個銷售人員在零售據點層級的業務績效。

216

銷售團隊的管理機制

能自由安排日常工作行程的管理機制讓銷售人員感到非常自在。銷售人員自己準備每週的聯繫行程,並事先向分區銷售經理提報每週工作計畫。同時,在實際的拜訪行程結束後,銷售人員會向分區銷售經理提出每週的拜訪例行報告、銷售訂單、銷售費用支出報告。分區銷售經理有部分的時間會與銷售人員一同拜訪客戶。國內部銷售經理Antoine Jeanneau認為,IDC公司的管理機制是以良好的薪資結構與人際間的信任為根基。

銷售團隊的規劃、控制、績效評估

IDC公司的銷售規劃程序非常簡單。行銷經理與國內部銷售經理每年會一起預測下一年度每種產品的銷售瓶數。這些預測值是根據過去的趨勢所得到的,而分區銷售經理也會在規劃階段提出意見。預測的總銷售瓶數會轉換成下一年度各分區與各銷售區域的銷售目標。根據各銷售區域過去的業績與管理階層對於各銷售人員的能力評估,管理階層會訂出各銷售區域的銷售目標。每位銷售人員的年度銷售目標通常以總銷售瓶數表示,而不再區分不同品牌與不同瓶裝容量的銷售瓶數。

銷售目標的達成是衡量一位銷售人員績效表現與決定年度調薪幅度的重要因素之一。年度績效評估所考量的因素還包括:銷售人員與批發商之間的關係、銷售人員的產業知識、銷售人員的銷售技巧。分區銷售目標的達成可以為分區銷售經理贏得額外的獎賞,最近一次的獎賞是兩張飛往歐洲任一城市的機票。

國內部銷售經理與行銷經理的評論

國內部銷售經理Antoine Jeanneau與行銷經理Muller都認為,IDC

公司銷售人員的表現在業界內是相當優異的。Antoine Jeanneau 評論道：

> 在飲料裝瓶產業中，價格與廣告活動是成功的關鍵因素，有了這些外在條件的配合，銷售人員才可能發揮戰力。我們公司銷售人員的優點是凡事以公司的利益為先，他們每週平均的加班時間是9小時。當然，銷售人員也還有需要改進的地方。比方說，他們比較傾向於向客戶推銷容易銷售的產品，而不是對公司來說獲利率較高的產品。我相信這種情況在將來也會獲得改善。

與Antoine Jeanneau的看法相同，Muller也認為IDC公司的銷售人員是業界最好的銷售團隊之一。他說道：

> 我們的銷售人員都經過良好的訓練，並在產業中有豐富的經驗。我認為他們還有兩點需要改進的地方：一是以更系統化的方法去開發新客戶；另一是提高每位銷售人員與客戶的電話聯繫次數。

董事長Helmut Fehring的擔心

在回到IDC公司之後，Helmut Fehring立即找出一些公司必須馬上面對的管理議題，其中包括產業中的趨勢變動、IDC公司的行銷策略、銷售人員的生產力……等。關於產業中的趨勢變動，他評論道：

> 我們的問題來自於各方面。以釀酒製造商為例，它們手頭上有許多閒置的資金不知如何處理，於是就購併了飲料裝瓶公司與配銷通路體系，進行多角化的經營。它們可以推出新產品、以強勢的廣告對新產品進行包裝、以雄厚的財力支撐投入初期的鉅額損失。我們已經看到Sibra公司（隸屬於

Feldschlosschen 的子公司）最近推出一種異國風味的加味飲料「CAP」。我聽說Sibra公司想要搶佔飲料市場的佔有率，必要時不惜以五年的時間來轉虧為盈。

Helmut Fehring也同樣關切與批發商和連鎖店通路的關係進展。他說道：

> 另一方面，批發商的規模越來越大，也越來越貪婪。它們似乎認為可以從我們這邊得到更高的邊際獲利率。同時，每一家食品零售連鎖店都想要變成像瑞士最大的食品連鎖店Migros一般，因為Migros的作法就是薄利多銷。

Helmut Fehring相信，產業趨勢的變化會迫使IDC公司以全新的觀點來看待自己的行銷策略。他提到：

> 目前為止，我們的銷售人員並沒有接到任何有關哪一種產品需要強力推銷、哪一個配銷通路需要加強的指示。整體的策略性方向已經迷失了，因為我們從來就沒有策略性的方向。但是，現在開始我要看到兩個面向的長期行銷策略：產品面向與通路面向。基本上，我們有三種產品線、二種配銷通路。三種產品線包括：代工生產的私有品牌、國際性的品牌、自有品牌Berg的產品。配銷通路則包括：食品零售連鎖店、HORECA通路據點與小型雜貨店。就產品—通路策略來看，我認為IDC公司需要有更寬廣的策略性視野。

Helmut Fehring也看到IDC公司各種不同產品與配銷通路中，銷售人員所扮演的角色也各不相同。他提到：

> Pepsi百事可樂與Schweppes品牌的產品很容易推銷。就以上兩類產品來看，廣告活動是主要的戰場。然而，其它產品的銷售主要依靠的是銷售人員的推銷活動，否則我們只能

以價格為基礎與其它對手競爭。就通路來看，因為食品連鎖店對於我們銷售金額與獲利率的整體影響很大，我們總公司必須分別照顧好每一家食品連鎖店的需求。HORECA通路據點與小型雜貨店則是我們銷售人員可以著力的方向。或許我們應該將國際性品牌的產品全部集中在一種配銷通路，而將自有品牌Berg的產品集中在另一種配銷通路。無論我們採行哪一種產品─通路策略，與過去銷售力量分散的情況相比，這都會是一種進步。

在檢視IDC公司可採行的策略性方案時，Helmut Fehring不想預先就排除任何的選擇。他說：

我認為我們應該以開放的胸襟，為公司考量各種可能的方向，其中包括產品策略與通路策略的專精化。比方說，完全退出國際性品牌與自有品牌Berg商品的生產，只為食品零售連鎖店代工生產私有品牌的商品，我們可以仔細思考這種策略的可行性。當然，這只是其中的一種選擇；其它的許多選擇還包括繼續沿用原有的產品與通路策略。

在尋找一個可行的策略時，Helmut Fehring想要找出一個可以提升銷售活動整體生產力的方法。他說：

我很懷疑我們每位銷售人員平均的生產力比起其它競爭對手還要低。以我們銷售人員所產生的費用支出來看，這些銷售人員所創造的業績實在是太少了，我深信他們應該而且可以做的更好。

Helmut Fehring相信，造成低生產力的原因之一是銷售人員缺乏適當的激勵。他解釋道：

從高階經理人訓練課程結束後，我回公司不久，就發現

我們銷售人員的激勵是個嚴重的問題。基本上,我從他們身上看不到任何的活力。另一方面,國內部銷售經理告訴我,他說我們的銷售人員是以一種「傳教」的方式進行推銷,它們並不直接售出商品,而是透過輔導批發商來完成交易。坦白說,我現在開始瞭解為什麼我們銷售人員的行為舉止與工作型態都像個傳教士。他們都是很平和、冷靜、隨和的人。我希望未來整個薪資結構系統能有巨幅的轉變,現行的薪資結構系統根本無法對績效良好的員工予以獎賞,也無法對績效不良的員工施以懲罰。

Helmut Fehring知道,要設計一個與工作績效密切相關的薪資結構系統是很困難的。他說:

我們所面對的首要問題是如何評估每個人的工作績效。我手下的經理們一直都認為,針對批發商的銷售金額(公司內部所記錄的金額)無法正確反映出每位銷售人員在其所分配銷售區域的銷售金額。有些批發商的營業範圍擴及到我們兩個銷售區域,甚至兩個以上的銷售區域,特別是位在大城市(像是Zurich蘇伊士)的批發商。我充分理解這個問題,但是我想我們可以找出一個理想的解決方法。我所想到的解決方法是根據批發商的營運區域範圍,來重新構建我們的銷售區域範圍。但是,以現實的觀點來看,我想銷售人員必定會強力反對任何銷售區域範圍的調整與薪資結構系統的變動。

結論

因為Helmut Fehring與Antoine Jeanneau在二月初的會議並沒有結論,這二位高階主管同意在一週後,針對銷售人員生產力與管理措施

優先順序的議題，再次召開會議。行銷經理Muller也將會加入下次的會議。

　　就在Helmut Fehring思考要將什麼特定主題放在下次會議的議程時，他提到他的長期目標與為了達成目標他所願意付出的代價。他說：

　　　我們所處的產業環境不允許任何績效不佳的情形。如果我們要生存下去的話，就必須行動，而且是快速地行動。所以我要求我們的銷售人員要有更高的生產力，也就是現有銷售團隊必須增加50％以上的業績。要達成這項目標，我們這種績效導向公司所要的員工要能適應各種隨時變動的要求。我可以等待二年，甚至是三年。我已經準備好面對各種挑戰！在變革的過程中，我預估全公司最多會有30％的人力折損，但這就像是人生一般，不經一番寒澈骨，那得梅花撲鼻香。

附錄1　瑞士與IDC公司營運區域地圖

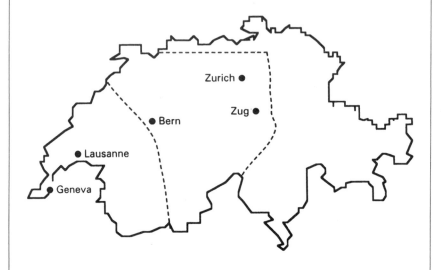

*IDC公司在瑞士中部的營運區域以虛線表示。

瑞士	
總人口數	710萬人
語言	75％德語
	21％法語
	4％義大利語或其它語言
年齡分佈	0-19歲 23％
	20-64歲 62％
	65歲以上 15％
每人國內生產毛額GDP	35,445美元

資料來源：1998年瑞士年度統計資料，1998年世界競爭力年鑑。

附錄2　IDC公司管理架構部分組織圖

IDC公司管理架構部分組織圖

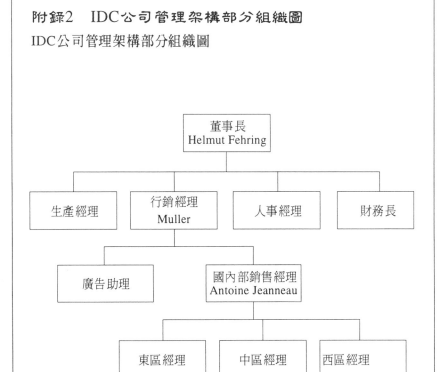

資料來源：IDC公司資料。

附錄3 IDC公司損益表（單位：一千瑞士法郎）

	1993年	1994年	1995年	1996年	1997年
淨銷售額*	35,744	32,918	33,192	35,918	38,688
減：總製造成本	19,544	16,306	17,784	19,502	22,190
毛利（瓶裝飲料）	16,200	16,612	15,408	16,416	16,498
加：交易活動淨利**	998	966	3,636	5,400	4,200
總毛利	17,198	17,578	19,044	21,816	20,698
其它支出（瓶裝飲料）					
薪資／員工福利	5,910	6,392	6,900	7,368	8,218
銷售費用	4,270	4,308	4,806	5,414	5,414
廣告與促銷費用	4,040	4,358	4,304	4,020	4,760
其它一般費用	4,128	3,002	3,210	4,216	3,714
總費用支出	18,348	18,060	19,220	21,018	22,106
雜項收入	1,300	1,648	1,268	1,200	1,410
投資損益	-	(4,890)	-	-	-
淨利	150	(3,724)	1,092	1,998	2

*已減去折扣與年末退佣。

**IDC公司也經營與瓶裝飲料無關的食品添加物交易活動。

資料來源：IDC公司資料。

附錄4　IDC公司資產負債表（單位：一千瑞士法郎）

	1993年	1994年	1995年	1996年	1997年
資產					
流動資產	8,236	7,482	8,234	9,204	9,734
固定資產	28,936	26,478	24,556	23,836	26,360
雜項	14,084	11,798	11,508	9,260	8,390
（證券、應收帳款）					
總資產	51,256	45,758	44,298	42,300	44,484
負債與股東權益					
流動負債	8,258	9,566	9,678	7,814	11,754
長期負債	29,540	25,976	23,312	21,180	19,422
股東權益	13,458	10,216	11,308	13,306	13,308
負債與股東權益	51,256	45,758	44,298	42,300	44,484

資料來源：IDC公司資料。

附錄5　IDC公司的產品線

產品	口味	瓶裝種類（公升）
軟性飲料		
Schweppes品牌	Tonic Water奎寧水	0.18
	柳橙	0.18
	檸檬	0.18
	Ginger Ale薑汁啤酒	0.18
	蘇打水	0.18
Pepsi-Cola百事可樂	可樂	0.3 & 1.0
Berg品牌	柑橘	0.3 & 1.0
	柳橙	0.3 & 1.0
	葡萄柚	0.3 & 1.0
	Himbo	0.3 & 1.0
	Simbo	0.3 & 1.0
代工生產的私有品牌	（與Berg品牌相同）	1.0
礦泉水		
Berg品牌	-	0.3 & 1.0
代工生產的私有品牌	-	1.0

資料來源：IDC公司資料。

附錄6　1997年IDC公司各種產品線和配銷通路的銷售金額比較（單位：一千瑞士法郎）

	超級市場	HORECA通路	連鎖店	總計
軟性飲料				
Schweppes品牌	4,632	7,488	2,178	14,298
Pepsi-Cola百事可樂	2,754	2,408	654	5,816
Berg品牌	9,410	1,298	-	10,708
代工生產私有品牌	-	-	4,778	4,778
礦泉水				
Berg品牌	804	468	-	1,272
代工生產私有品牌	-	-	1,816	1,816
總計	17,600	11,662	9,426	38,688

資料來源：IDC公司資料。

附錄7　1997年IDC公司各種產品線和配銷通路的銷
售數量比較（單位：一千瓶）

	超級市場	HORECA通路	連鎖店	總計
軟性飲料				
Schweppes品牌	7,721	11,013	3,632	22,366
Pepsi-Cola百事可樂	4,008*	2,315	629	6,952
Berg品牌	9,047	2,027	-	11,074
代工生產私有品牌	-	-	6,288	6,288
礦泉水				
Berg品牌	2,012	1,116	-	3,128
代工生產私有品牌	-	-	5,673	5,673
總計	22,788	16,471	16,222	55,481

*0.3公升瓶裝與1.0公升瓶裝的比例為5：3。

資料來源：IDC公司資料。

附錄8　1997年IDC公司各種產品線在各配銷通路的平均批發價格（單位：瑞士法郎）

	瓶裝容量（公升）	超級市場	HORECA通路	連鎖店
軟性飲料				
Schweppes品牌	0.18	0.60	0.68	0.60
Pepsi-Cola百事可樂	0.30	0.50	1.04	-
	1.00	1.04	-	1.04
Berg品牌	0.30	-	0.64	-
	1.00	1.04	-	-
代工生產私有品牌	1.00	-	-	0.70
礦泉水				
Berg品牌	0.30	-	0.42	-
	1.00	0.40	-	-
代工生產私有品牌	1.00	-	-	0.32

資料來源：IDC公司資料。

附錄9　1997年IDC公司各種產品線與瓶裝型式的變動製造成本*（單位：瑞士法郎）

產品／瓶裝容量	0.18公升	0.3公升	1.0公升
軟性飲料			
Schweppes品牌	0.22	-	-
Pepsi-Cola百事可樂	-	0.12	0.36
Berg品牌	-	0.12	0.32
代工生產私有品牌	-	-	0.44
礦泉水			
Berg品牌	-	0.04	0.06
代工生產私有品牌	-	-	0.10

*包含糖、原料、包裝（不可回收的瓶罐、瓶蓋、標籤）成本。

資料來源：IDC公司資料。

附錄10　1996年與1997年IDC公司各項具有品牌產品的廣告與促銷費用支出（單位：一千瑞士法郎）

	1996年		1997年	
	廣告費用	促銷費用	廣告費用	促銷費用
Schweppes品牌	414	320	244	280
Pepsi-Cola百事可樂	500	400	528	520
Berg品牌軟性飲料	1,290	876	1,760	1,144
Berg品牌礦泉水	-	220	-	284
總計	2,204	1,816	2,532	2,228

資料來源：IDC公司資料。

附錄11　　瑞士軟性飲料與礦泉水市場消費量
　　　　　（單位：百萬公升）

年份	軟性飲料	礦泉水
1992	535	495
1993	560	510
1994	545	515
1995	585	560
1996	580	570
1997	590	580

資料來源：IDC公司資料。

附錄12　1997年主要飲料裝瓶公司在國內市場的佔有率

軟性飲料裝瓶公司*	預估市場佔有率%
Feldschlosschen	21
The Coca-Cola Company 瑞士可口可樂公司	21
Refresca	12
Rivella	12
Aproz (Migros)	10
Henniez	6
IDC	3
其它	15
總計	100

礦泉水裝瓶公司	預估市場佔有率%
Henniez	30
Aproz (Migros)	15
Valser	16
Feldschlosschen	10
其它（包含IDC）	29
總計	100

*國際性、全國性、區域性品牌。

資料來源：產業協會資料。

附錄13　具代表意義之國際性、區域性、私有品牌的
　　　　零售價格比較（單位：瑞士法郎）

	包裝容量 （公升）	超級市場	HORECA 通路	連鎖店
軟性飲料				
Schweppes品牌	0.18	1.3	3.90	0.96
Queens品牌	0.18	1.10	3.90	0.80
Pepsi-Cola百事可樂	0.3	1.10	6.00	-
	1.0	2.30	-	1.70
Coca-Cola可口可樂	0.3	1.50	6.00	-
	1.0	2.70	-	2.10
Berg品牌	0.3	-	3.70	-
	1.0	2.30	-	-
代工生產私有品牌 Coop/Denner	1.0	-	-	1.20
礦泉水				
Passugger品牌	0.3	-	2.40	-
	1.0	1.80	-	-
Henniez品牌	0.3	-	2.40	-
	1.0	1.40	-	-
Berg品牌	0.3	-	2.40	-
	1.0	0.90	-	-
代工生產私有品牌 Coop/Denner	1.0	-	-	0.80

資料來源：IDC公司資料。

附錄14　食品連鎖店佔食品與不含酒精類飲料總銷售量的百分比（％）

食品連鎖店	食品	不含酒精類飲料*
Migros	48	24
Coop	24	24
Denner	6	6
總計	78	54

* 包括各種類別。

資料來源：IDC公司資料。

附錄15　預估IDC公司的競爭對手在IDC公司營運區域內的銷售量

競爭對手	瓶數 （百萬）	瑞士法郎 （百萬）
The Coca-Cola Company 瑞士可口可樂公司	200	200
Feldschlosschen	80	70
Eptingen	60	48
Henniez	100	70

資料來源：IDC公司行銷經理的估計值。

附錄16　銷售團隊費用支出細目
（單位：一千瑞士法郎）

細目分類	1995年	%	1997年	%
員工差旅費	2,208	46	2,604	48
交通費	1,302	27	1,398	26
誤餐費	768	16	872	16
公關費用	528	11	540	10
總計	4,806	100	5,414	100

資料來源：IDC公司資料。

附錄17　各區域銷售團隊的年齡與服務年資分佈表

年齡	20-30歲	30-40歲	40-50歲	50-60歲	60歲以上	總計
西區	4	1	3	2	1	11
中區	-	3	5	2	1	11
東區	1	3	2	2	1	9
總計	5	7	10	6	3	31

服務年資	1年	2年	3年	4年	5年	6-10年	11-15年	15年以上	總計
西區	1	6	-	-	-	1	2	1	11
中區	1	1	-	3	-	4	1	1	11
東區	2	-	1	1	1	1	2	1	9
總計	4	7	1	4	1	6	5	3	3

資料來源：IDC公司資料。

附錄18　銷售人員的績效評估量表

受評鑑者姓名：
績效評估日期：　　　　　　　評鑑者姓名：

評量準則	非常好	好 / 令人滿意	令人不滿意
訂單數量			
銷售瓶數			
與批發商的關係			
銷售知識與技巧			
電話聯繫規劃			
促銷活動			
客戶觀感			
銷售費用支出			
整體印象（如管理技能、車輛調派）			
總分*			
評論：			

*公司根據此一績效評估量表評分，分數範圍從10分（非常好）到1
　分（令人不滿意）。每一項評量準則所得到的分數加總即是總分。

資料來源：IDC公司資料。

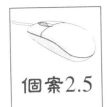

個案2.5 | Salomon公司：Monocoque雪橇製造商

是的！太棒了！我非常喜歡這個試產的樣品。你們的表現真的值得讚賞！但是，我們的計畫大概只進行到一半，還有很多挑戰等著我們去克服。我認為你們可能還需要投入四年的光陰，我們才會在滑雪坡道上見到Salomon公司雪橇與滑雪靴的身影。然而，現在已是討論行動方案的時候，我將會在新產品開發委員會下個月的會議中提出行動方案。所以，我希望你們能在會議的前幾天讓我知道你們的計畫。

現年62歲的Georges Salomon是Salomon S.A.公司的總裁。在他上一次與研發團隊的例行會議中，他對於研發團隊所提出的試產樣品感到異常地興奮，那一天是1987年11月15日，他很高興能看到研發團隊的工作成果。這個策略性的研究專案在1984年7月開始進行，主要目的是設計Salomon公司的雪橇，做為公司產品組合的一環。

就在Georges Salomon於會議中做結論時，專案團隊成員的心情是很複雜的。他們對於工作成果受到總裁如此正面的肯定感到很高興，但是他們知道還有許多尚待完成的事項，因此倍感壓力沉重。到目前為止，Salomon公司第一個雪橇的研發工作就像是一次令人興奮的探險一般，創造力的發揮完全沒有限制，充滿冒險性的解決方案都可以提出，各種支援也都很充分。然而，過去所做的都還只是容易的部分，現在已到了該讓「夢想」實現的時刻，專案團隊必須辛勤工作以完成研發的任務，並準備將產品推出上市。真正的挑戰才將要來臨。

當專案團隊的成員離開會議室的時候，每個人都重新思索整個研發階段所面對的一些關鍵事件，並且想到這個專案對於公司與整體雪橇市場的重要性。

Salomon S.A公司

Salomon是一家成長快速的公司，它的總部設在法國Rhone-Alpes
區域的Annecy。以銷售金額來看，它目前是多季運動器材的世界領
導品牌（詳見【附錄1】）。公司一直以維持頂尖品牌為目標，在各個
產品區隔的市場中，也一直改善其佔有率的排名：雪橇／滑雪靴固定
帶的市場佔有率是46％，排名第一；越野雪橇／滑雪靴固定帶的市場
佔有率是30％，排名第一；山區滑雪靴的市場佔有率排名第二，只比
Nordica公司少了幾個百分點。Salomon公司其它的附屬產品包括衣
服、背包、帽子等（「Club-Line」系列產品），以上這些產品構成了
公司多季運動用品的產品組合。此外，Salomon公司也完全掌控
Taylor-Made公司，這家公司專門生產高爾夫球用品（球桿與其它附
件）。

Salomon公司的銷售業績遍佈全球：30％來自於北美洲、22％來
自於日本、40％來自於歐洲、8％來自於其餘的世界各地。公司在全
世界12個國家設有分支機構，包括日本。日本是Salomon公司銷售業
績最多的國家。

Salomon公司在多季運動用品與高爾夫球用品的市場都面臨激烈
的競爭。在激烈競爭中脫穎而出的成功要素是建立產品在市場上的評
價與聲譽。因此，公司投資了許多經費在這些特定的活動上（每年約
五千萬法郎）。

Salomon公司的管理哲學遵循下列三個基本原則：

1.與員工建構合作伙伴的關係。
2.與供應商和配銷通路充分合作。
3.為顧客提供創新的產品。

成功只可能來自於表現稱職的員工與這些員工對於公司未來前景
的歸屬感，基於這項假設，Salomon公司與員工建構合作伙伴的關

係。因此，教育訓練被視爲是公司經營績效的一個主要動因，所投注的金額超過薪資總額的5％。此外，由於公司經營良好，根據每年的盈餘水準，員工可以分得紅利與配股。根據1986-1987年的年度報告（Salomon公司的年度報告起自當年4月1日至翌年3月31日），Salomon公司所有的股權有3％是在員工的手裡。

為了使產品的配銷能得到有效與高品質的支援，Salomon公司認爲與供應商和配銷通路的充分合作是必須的。公司依靠許多外包廠商代工製造產品，這些產品包括60％以上的滑雪靴與雪橇／滑雪靴固定帶、所有「Club-Line」的系列產品。同時，一個遍佈全世界的零售通路也爲公司對最終消費者提供必要的服務（意見諮詢、產品試用、產品調整……等）。Salomon公司對於外包廠商與零售商會持續提供相關的資訊與教育訓練，以確保它們所貢獻的品質。最近，Salomon公司採取一項更先進的作法，引進了「Salomon公司授權經銷商」的概念，這個體系內的零售商權利與義務都有明文規定。

第三項原則也很重要：持續的創新與先進科技的投資都是爲了符合運動人口的需求，以更精良的方式提供更多元化的產品與服務。Salomon公司投入總銷售金額的4％在研發活動上，每年在全世界各地有大約100項專利註冊。從公司草創階段開始，創新一直是Salomon公司的中心思想。

公司建立的前四十年

1974年，Francois Salomon與妻子Jeanne創設一家專營金屬加工業務的小公司。一開始，公司生產鋸木用的刀片與雪橇用的鋼片，而Francois Salomon擁有這項生產技術的專利。在那時候，運動用品零售店會將鋼片附在木製的雪橇上。

之後，Salomon夫婦的兒子Georges Salomon決定放棄在學校的教職，加入這個家族企業工作。不久，他發明了一部可以改善雪橇用鋼

片加工程序的機器。但是，過沒幾年，Salomon家族就發現雪橇製造商已經將這個程序整合到整個製程中，公司必須另外尋找未來的生機。

在1950年代初期，一位來自巴黎的發明家向Georges Salomon建議一種新款的雪橇／滑雪靴固定帶，其它的製造商對這種固定帶完全不感興趣，但Georges Salomon卻立即看出這種固定帶的市場潛力，並馬上決定買下這項技術的使用權。當市場發展快速的時候，這項創新的設備正好符合市場的需求，訂單很快的湧入公司，銷售金額大幅度的成長，特別是在北美洲的市場。由於在第二次世界大戰以後，滑雪運動已演變為一種國際性的新興休閒活動，因此公司剛好搭上了這班順風車。1962年，Georges Salomon發現公司的成長繫於全世界的市場，從那時起，Salomon S.A.公司的企業發展就基於兩大主軸：新產品與國際性的曝光率。

Georges Salomon並沒有被一時的喜悅沖昏頭，他一直系統化地尋找改進雪橇防護設施的方法，使滑雪者發生意外的機率降到最低。在1967年，他推出第一個不需使用纜線綑綁的雪橇／滑雪靴固定帶，這是一項突破性的創舉，這項創舉劇烈地改變滑雪運動的安全性與舒適性，同時也使雪橇／滑雪靴固定帶產業的版圖發生大幅的重組。這一項成就之所以能夠達成，完全是因為Georges Salomon意志堅定地強調產品的創新，他將大部分的時間都放在他所喜愛的產品創新活動上，而不是放在管理工作上。

到1972年，Salomon公司已經在國外市場打響名號，超越Tyrolia公司與Marker公司，成為雪橇／滑雪靴固定帶的全球領導者，之後Salomon公司一直維持著領先的地位。

在1970年代初期，Salomon公司開始思考在雪橇／滑雪靴固定帶之後，應該推出的新產品。有許多選擇曾經列入考慮，包括滑雪靴與雪橇。1974年，公司決定開始研發滑雪靴。關於滑雪靴，Georges Salomon有一個明確的目標：Salomon公司所生產的滑雪靴不僅要比

其它廠牌的更好，還要能提供很顯明易見的改進。1979年，Salomon公司推出一款真正創新的滑雪靴設計－「由腳後跟穿入的滑雪靴」，這種設計解決了滑雪者對於一般滑雪靴感到的最大困擾：缺乏舒適性。這種「革命性」的滑雪靴概念當然受到大眾的認可。然而，儘管這項設計看似成功，但所有有關的各方面（滑雪競速選手、新聞界、滑雪教練……等）都反應冷淡，他們認為這種滑雪靴穿在腳上並不夠緊，因此給了它一個不名譽的法文綽號「la pantoufle」（譯注：拖鞋）。即使這種滑雪靴的銷售量還不錯，但成長性不像預期的那麼快。Salomon公司逐漸改變這種滑雪靴的設計，只保留原先設計一部分的概念。藉由設計的改變，這種滑雪靴贏回一個穩定的市場佔有率。到1987年，Salomon公司僅以些微的差距落居領導品牌義大利的Nordica公司之後。

就在同一期間，從1978年開始，Salomon公司跨入越野雪橇市場。同樣地，公司的目標在提供一種明顯優於對手的產品。當Salomon公司在1980年推出一種獨特的組合產品「越野滑雪靴與雪橇／滑雪靴固定帶組合」時，公司的名稱登上了報紙的頭條新聞。這種組合產品是一種極優越的概念，這個概念很快地在市場上風行，使得Salomon公司在1987年取得驚人的30％市場佔有率，成為市場的領導者。

同時，Salomon公司高階主管對於公司只側重冬季運動用品的情況，感到非常的擔憂，他們想出一些可以使這種情況獲得平衡的營運項目。其中一個選擇是風浪板用品，但這個選擇很快就被否決了，因為風浪板運動沒有令人驚豔的前景，而且風浪板用品產業所提供的產能早已過剩。最後，公司決定介入高爾夫球用品，因為高爾夫球用品的產值大約是冬季運動用品產值的二倍，也就是大約120億法郎。1984年，Salomon公司購買一家美國公司Taylor-Made所有的股權，這家公司專門製造與銷售高級的高爾夫球球桿。Salomon公司之所以會選擇Taylor-Made公司做為購併的目標，是因為兩家公司的經營哲學

很類似，都是藉由創新來提供最高品質的產品與服務。

　　過去幾年來，Salomon公司積極地進行產品多角化的行動，這反映出公司在每個市場區隔野心勃勃的目標，而這正是Salomon公司企業文化的根源，也是公司總裁Georges Salomon的強烈個人特質。

管理機制、組織架構、企業文化

　　在1980年代中期，Salomon公司變成一個小型的跨國公司，它在12個國家設有分支機構，營運總部設在Annecy的郊區。整個公司充滿了國際感，公司的經理來自世界各地（包括加拿大、挪威、美國）。就像荷蘭的Philips公司一般，Salomon公司採用的是矩陣式的組織架構，公司組織以產品（雪橇／滑雪靴固定帶、鞋子、越野裝備……等）及其相對應的市場（以各國為一銷售組織單位）兩大主軸架構起來。公司從一家製造雪橇用鋼片的小工廠逐漸變成一家具有各種產品線的運動用品公司。

　　對Salomon S.A.公司來說，人才的招募是一項特別重要的工作。公司對於員工的要求非常多，因此對於員工錄用與否的決定非常的嚴謹。因為Salomon公司充滿活力與富有變化的形象，使得公司對於求職者非常具有吸引力，它能吸引最資深的經理人從頂尖的公司跳槽過來。公司草創初期，只從最好的學校雇用工程師與技術員。Salomon公司大部分的員工都具備兩項特質：在其工作的領域中具有高超的技能、至少是某種運動的專家。的確，他們之中有許多人還曾是滑雪競賽的金牌得主。因此，Salomon公司是由積極主動、高工作技能、具備尖端技術的團隊所經營，這個團隊「深愛」自己的產品。

　　Georges Salomon的個人特質對於公司的企業文化有很大的影響。即使他沒有受過任何技術方面的教育，但他花費許多時間尋找新科技可以為產品提昇價值的方法。他自己也研發了一些產品，這使得他在研發團隊中受到一定程度的尊重。他是堅持「只推出頂級產品」

這項目標的主要負責人。他在所有決策過程中，心思縝密的態度是公司產品發展成功的要素。他的謹慎大部分來自於他對公司每個專案成果的關心。每一個主要專案的負責人都知道要有萬全的準備，以回應Georges Salomon所有的關切。此外，Georges Salomon也是一位登山與攀岩好手，而登山與攀岩好手都知道一個道理－「欲速則不達」。

George Salomon的日常行為帶給公司內員工一些訊息，他從不掩飾他所關注的焦點在哪裡。即使因為公司的優異表現（包括設計、創新、出口……等各方面）使他在巴黎領取了難以計數的獎項，他還是盡量避免在眾人面前曝光。他並不在乎這些成就，他比較喜歡在公司的各辦公室間走動、討論新產品與新構想、有時甚至畫一些設計草圖。當他必須與銀行主管或是政府高階官員會晤時，他會堅持邀請這些人到公司來用餐。

Georges Salomon的個人生活風格反映出他對工作的熱情與對公司的奉獻。他的穿著打扮總是隨和、非正式的風格，他偏好登山型的服裝。長久以來，他所駕駛的車子是一部老舊的Renault 5雷諾五號，這已是公司內部茶餘飯後的話題之一。他所居住的木屋位在一個可以俯瞰Annecy的山坡上，雖然空間寬敞卻不奢華。

Georges Salomon在公司策略擬定與執行層面扮演核心的角色，特別是有關市場切入的決策。他是一個要求很高的人，一心要確保每項產品都能造成外界不同的觀感，而且堅持產品的發展策略與上市策略都必須在最佳狀態。他經常提醒專案團隊的成員，如果他對於專案的成功有絲毫的懷疑，不論任何時刻，他都會「快刀斬亂麻」。的確，他真的說到做到，他確實取消一些距離正式推出上市只剩幾週的專案。

跨入雪橇市場的決策

到1984年，Georges Salomon認定跨入雪橇市場的時機已到來。

就他的觀點來看，Salomon公司是世界上最大的冬季運動用品公司，因此不應該再忽略掉對滑雪者最基本的裝備。

雪橇對於Salomon公司有許多吸引人的特性。首先，它是最醒目的裝備。就現實的觀點來看，以一張滑雪者在滑雪坡道上滑降的相片為例，最容易讓人看清楚的部分就是雪橇，滑雪靴與雪橇／滑雪靴固定帶通常都無法讓人在相片中分辨出來。因此，以溝通的角度來說，雪橇提供品牌名稱更好的支援。其次，雪橇具有最高的價值，因為在滑雪者所購買的設備中，它是最昂貴的項目，因此它的市場營業額較大（大約是雪橇／滑雪靴固定帶市場營業額的二倍）。最後，雪橇是滑雪者最常討論到的裝備，它是滑雪運動愛好者的焦點所在，而滑雪靴與雪橇／滑雪靴固定帶不太會得到相同的重視。所以，雪橇對於品牌知名度必將大有貢獻。就如同Georges Salomon向公司員工的解釋：「銷售金額比我們Salomon公司還小很多的雪橇公司，從社會大眾所得到的品牌認同比我們還要高，這也是為什麼雪橇研發工作的挑戰對我們公司如此重要的原因。」

Salomon公司的高階主管認為，根據公司過去的記錄與現在的狀況，公司已具備足夠的能力可以成功地跨入雪橇市場，公司已有充分的經驗可以開展新的營業項目。比方說，Salomon公司具備下列的能力：

1. 創新過程的專家：公司對於滑雪運動愛好者的需求與慾望、對不同種類材料的反應與外在行為表現都握有完整的資料庫，且公司具備最先進的設計工具。
2. 生產自動化的專業能力：這使得公司生產的產品能達到更高的品質要求，同時維持具競爭力的生產成本。
3. 財務健全的經營體質：這使得公司能負擔鉅額的研發費用支出，且能滿足量產階段所需的必要性財務投資。
4. 強勢的品牌形象與配銷通路：這使得公司能快速地推銷新雪橇，同時維持經濟規模。

　　1984年一項針對Salomon公司品牌形象的調查報告顯示，市場上極度期盼Salomon公司能跨入雪橇市場。事實上，有一部分比例的受訪者甚至以為Salomon公司早就有雪橇產品在市面上販售。這項令人振奮的訊息更加激勵Salomon公司跨入雪橇市場的決心，即使是面對不可預知的風險。

　　Salomon公司的高階主管都知道，跨入雪橇市場並非毫無風險。畢竟，公司所製造的雪橇／滑雪靴固定帶必須依附在其它製造商所生產的雪橇上。即使雪橇／滑雪靴固定帶與雪橇是在零售店的層級進行組裝，但是有些Salomon公司的高階主管仍擔心其它的大型雪橇製造商會採取報復行動，與其它雪橇／滑雪靴固定帶製造商進行結盟，比方說是「雪橇X搭配雪橇／滑雪靴固定帶Y的效能最佳」。而且，跨入雪橇市場的行動將會導致Salomon公司雪橇／滑雪靴固定帶市場受到一些衝擊，其它的雪橇製造商可能會跨入雪橇／滑雪靴固定帶與滑雪靴的市場。最後，品牌的議題也將浮上檯面。Salomon公司計畫以自有的品牌名稱生產銷售全部三種產品（雪橇、滑雪靴、雪橇／滑雪靴固定帶），這將是產業中第一家採行這種策略的公司。很明顯地，這個策略隱含一些風險，如果某位顧客對於其中一項產品有些負面的經驗，同一品牌的其它產品也會受到影響。

　　然而，以上這些問題並沒有阻礙Salomon公司走向多角化經營的腳步。在1985年，Salomon公司的高階主管為雪橇市場訂下了一些充滿野心的目標：

1.在5年或6年之內，成為中階至高階產品的世界領導品牌。

2.以穩健的速度，達到與滑雪靴和雪橇／滑雪靴固定帶相同的淨獲利率（大約是銷售金額的9％）。

為了完成這些艱難的目標，公司設定了以下的策略性原則：

1.根據市場調查與技術研究，進行一些明顯易見的創新動作，提

供滑雪運動愛好者具有「附加價值」的裝備。

2. 爲了提供最佳化的品質服務，著重與配銷通路商的合作伙伴關係。

3. 藉由1992年Albertville冬季奧運會的曝光機會，積極拓展品牌知名度，提升市場影響力。

1987年的雪橇市場

1987年全世界約有五千五百萬的滑雪運動人口，大部分分佈在西歐國家（約有三千萬人）、北美洲（約有九百萬人）、日本（最大的單一國家市場，超過一千二百萬人），一些比較次要的市場在東歐國家（特別是南斯拉夫、波蘭、捷克、蘇聯）與澳洲。滑雪運動人口佔總人口的比例隨著各國的情形而有顯著的不同，而且與當地是否有適合的滑雪場地有密切關係。瑞士的比例最高（30.4％），其後是奧地利（27.7％）、瑞典（23.8％）、德國、義大利、法國（約在10％與12％之間）。雖然美國的滑雪運動人口有五百四十萬之多，但是所佔的總人口比例只有2.2％，而日本的比例則是9.9％。

滑雪運動受到一些重要趨勢的影響。首先，滑雪運動對於許多消費大眾來說，花費越來越負擔的起，而且場地的方便性也越來越高，但是參與冬季運動項目的相對時間卻越來越少。第二，滑雪運動愛好者不再像以前那般的「狂熱」，特別是其它休閒活動（高爾夫球、遊艇、國外旅遊……等）所帶來的競爭壓力越來越大時。第三，滑雪運動逐漸演變成各種多樣化的競賽活動（滑雪跳遠、滑雪競速……等），許多新型的裝備也應運而生（如滑雪板）。最後一個因素是流行趨勢，滑雪裝備與服裝的顏色變得更亮麗、更戲劇化，其造型與風格也極富變化。

市場

　　國際雪橇市場已經很成熟，預估每年的銷售量瓶頸約是六百五十萬套（詳見【附錄4】），較詳細的數量會隨著經濟景氣循環與每年的降雪量而有些微的變動。全世界的雪橇市場規模估計是四十五億法郎，而滑雪靴的市場規模是三十五億法郎，雪橇／滑雪靴固定帶的市場規模是二十億法郎。單一國家市場的規模大小依序是日本、美國、德國、法國、奧地利、瑞士、義大利、加拿大、瑞典、挪威、芬蘭、英國（詳見【附錄5】）。有些地區的市場似乎還在成長（北美洲），但有些地區的市場已經飽和（日本、西歐國家），甚至有些地區的市場已經呈現短期至中期的衰退現象（瑞典、挪威、芬蘭）。

　　雪橇市場的價格結構有些特別。大多數產品的市場中，銷貨數量的分佈與產品價格區間會呈現金字塔的形狀，最高價位產品區隔的銷貨數量最少，最低價位產品區隔的銷貨數量最多。然而，雪橇市場的價格結構卻是不同的型式，高價位產品的銷貨數量比起中價位產品的銷貨數量還多（詳見【附錄6】）。

　　傳統的市場區隔方式分為雪橇租用區隔（佔總銷售量的10％）、青少年區隔（佔總銷售量的20％）、成人區隔（佔總銷售量的70％）。在成人區隔中又可分為三種使用者：休閒型（佔成人使用者的55％）、運動型（佔成人使用者的20％）、競技型（佔成人使用者的25％）。休閒型的滑雪者將滑雪運動視為一種消遣的活動，不以追求「記錄」為目的。運動型的滑雪者在滑雪坡道上較為「積極主動」，但也不以競爭為目的。競技型滑雪者則會參與各種型態的滑雪競賽。運動型與競技型的滑雪者有時也稱為「中級」與「高級」滑雪者，這兩個類別的滑雪者代表了二百萬套的雪橇消費量。

競爭對手

　　雪橇市場的競爭對手比起滑雪靴市場或是雪橇／滑雪靴固定帶還

要多出一大截，全世界約有80種不同的廠牌（21個日本廠牌、15個美國廠牌、12個奧地利廠牌、6個法國廠牌、20個以上的廠牌隸屬於其它國家）在雪橇市場上競爭。除了某些大廠商之外，像是全世界的領導品牌Rossignol（法國）也掌控了Dynastar（法國）品牌，大部分的公司都擁有自己的品牌。平均來看，每個國家所出現的雪橇廠牌數目大約是雪橇／滑雪靴固定帶廠牌數目的二倍。

此外，雪橇市場上也有一些私有的品牌，估計約佔全世界雪橇銷售量的一半，而這些私有品牌的銷售量在各國雪橇消售量所佔的比例卻各不相同。

全世界雪橇市場的主要廠牌包括：Rossignol（法國）、Atomic（奧地利）、Elan（南斯拉夫）、Head（美國）、Dynastar（法國）、Blizzard（奧地利），以上這些廠牌每年的銷售量都超過五十萬套（詳見【附錄7】）。除了Yamaha勉強達到每年二十萬套的銷售量之外，大部分日本廠牌的相對規模都比較小（一百套至十五萬套之間）。西方國家廠牌的雪橇遍佈全歐洲，但是日本廠牌的雪橇在日本以外的地方幾乎看不到。

雪橇市場上各個競爭廠牌所採用的策略各不相同。在區隔雪橇市場上的參與廠牌時，某些策略性面向是很關鍵的因素。第一個面向是產品的整體定位。有些廠牌（像是Rossignol與Atomic）提供所有層級的雪橇，從初學者練習用的雪橇到競賽選手競技用的雪橇無所不包；其它廠牌則專注在某些特定的市場利基（Volkl、Fischer、K2專注於高級市場；Head與Elan專注於初級至中級市場）。是否參與雪橇競賽的贊助也會影響到公司的市場定位。主攻頂級市場的品牌（Rossignol、Volkl、K2）會提供雪橇競速選手贊助，以提昇產品的知名度；而主攻初級市場利基的公司則不會將重點放在競賽活動的宣傳上。另一個重要的策略性面向是市場所涵蓋的區域。全世界80家雪橇製造商中，大部分都只是本土性的市場進入者，只在自己的國家行銷產品。對日本廠牌來說，這種情況特別地明顯。少數那些「走向國際

化」的公司當中，各公司其市場所涵蓋的區域也各不相同。雪橇市場上領導品牌（Rossignol、Atomic、Elan、Head、Dynastar）所涵蓋的區域包括了所有主要國家的市場；其它品牌（像是Blizzard）的國外銷售量雖然可能很高，但是產品並沒有遍及所有主要國家的市場。

雪橇的製造

雪橇的存在至少有五千年的歷史。在二十世紀初，英國旅人將雪橇帶到瑞士時，雪橇只被視為一種「運動器材」。一開始的雪橇非常的簡單，只是由一般的木料所製成。為了製造更堅固耐用的雪橇，最早的創新方式之一是使用黏膠接合的木料，如此可以製造更長與更具彈性的雪橇。之後為了避免雪橇底部的損壞與增加雪橇的抓地力，金屬材料開始應用在雪橇的製造上。在第二次世界大戰後，雪橇增加了塑膠的底部，以提升其滑行的能力。1950年，Head公司引進了三明治結構的金屬雪橇，這項創舉徹底改變了有關雪橇的科技。之後金屬材料又被不同的塑膠與複合材料所取代，而複合材料主宰了1980年代的雪橇市場。

此時，雪橇的製造有許多不同的設計方式，最常見的雪橇結構是三明治結構與扭力盒結構（詳見【附錄8】）。三明治結構的雪橇基本上是由各種不同材料層層排列所組成，越剛硬與抗力越大的材料堆疊在雪橇的最上層與最下層。這項技術增加了雪橇的抗震力與震動吸收力，也是最受到廣泛使用的技術（75％的雪橇使用此技術）。以扭力盒結構的雪橇來說，抗震力是由位在雪橇核心的方盒所提供，這使得雪橇在雪地上的抓地力更強。三明治結構與扭力盒結構的雪橇約佔所有雪橇數量的90％。當然有些雪橇採用其它的結構方式，比方說是ω結構，但是採用這些結構的雪橇為數不多。

生產循環

雪橇的生產必須在冬季來臨前一整年的11月就開始著手進行。舉

例來說，1985年11月與1986年3月之間零售商所售出的雪橇，就是在1984年11月與1985年11月之間所製造的。在生產階段之前必須有外型、材料、藝術性的研發工作，而研發階段的期間長短是根據產品與研發工作的重要性而定。重大的雪橇創新工作需費時四年，但雪橇外觀的變化只需費時幾個月，而且最近幾年來雪橇的外觀每年都有變化（顏色與藝術性）。

　　初步的生產計畫通常在銷售季節前一年的夏天完成，但此一生產計畫有三個修正的時間點。第一個時間點是每年二月下旬在德國慕尼黑Munich舉行的ISPO運動產品商展時，此時配銷通路商開始預下訂單；第二個修正的時間點是在每年五月，此時的已知訂單數量比較明確；第三個時間點是在每年九月與十月間，此時的訂單與訂貨數量已經確定，實際生產的數量與產品組合仍可以微調，以滿足市場的需求。

　　長期以來，雪橇的製造已變成一個複雜的程序。在1980年代，雪橇的製造必須組裝許多不同種類的材料（鋼鐵、纖維、合成樹脂、塑膠片……等），這些材料的成本約佔零售價格的13％。每一種材料都必須精挑細選，因為任何細微的環節都有可能會影響到雪橇的性能。生產線的工人一般會將所需的不同材料（雪橇邊緣、底部、各個材料堆疊層、合成樹脂、上層平面……等）依組合的順序堆放在一個模具中，然後此一堆好材料的模具會被放置在沖壓設備的機台平面上。因為材料與機器設備的關係，製造過程中會產生高熱與異味，所以廠房的工作環境頗為艱辛。製造成本約佔零售價格的19.5％。

配銷通路

　　雪橇經由批發商與零售商的經銷網路銷售出去，而這些批發商與零售商是由製造商所組織起來的。小型品牌傾向於依靠區域性的獨立配銷通路商（每個國家配置一個）；而大型製造商通常在幾個主要國家自己擁有銷售組織。批發功能的成本估計約佔零售價格的17.5％。

零售行為通常發生在獨立的銷售據點或是配銷通路連鎖店。在滑雪度假勝地附近有很多的獨立零售據點，這些零售店通常也同時提供雪橇租賃的服務。在大鄉鎮與城市中，大型的運動用品零售連鎖店（如德國的Intersport與法國的Decathlon）佔了雪橇市場大部分的營業額。非銷售特定用品的連鎖店（超級市場）在雪橇市場的介入程度不深，大部分都是銷售價格較低的商品。平均來看，零售據點的邊際獲利率約是最終售價的50％（包含營利事業所得稅）。

每個國家的零售店大約會提供五種到十種不同品牌的雪橇（日本的零售店一般提供二十五種不同的品牌），每種品牌大約有四種到五種款式。消費者在選購雪橇的過程中，多會評估各種不同雪橇的特性差異，比方說是材質、結構、外型……等，此外還有許多更表面的考慮因素，因此消費者的可選擇性非常繁多。消費者通常會聽從銷售人員的推薦來選擇雪橇，而銷售人員會根據消費者的滑雪型態、滑雪能力、採購預算、雪橇的物理特性來推薦適合的雪橇（詳見【附錄9】）。

銷售過程中需要具備專業知識解釋能力的銷售人員，因此教育訓練的提供是必要的。雖然大型品牌針對經銷網路內的店家提供許多專業知識的訓練，但是與這些店家的溝通並不是十分順暢，過份強調專業術語的使用導致整個溝通過程無法發揮效用。同時，一些惡意中傷的謠言與迷思也常在溝通過程中出現。

與消費者的溝通非常的重要，這個溝通的過程是透過專業雜誌的廣告與銷售據點的宣傳製品（型錄、小傳單）來達成。此外，雜誌也會針對新上市的產品刊登評鑑的文章，這種資訊傳遞的管道大部分是針對高價位產品的市場。

Monocoque雪橇專案

Monocoque雪橇專案的起源可以追溯自1984年初，當時公司總裁

Georges Salomon踏入了雪橇／滑雪靴固定帶部門協理Roger Pascal的辦公室，他說道：「Pascal，你給我製造出一款雪橇！」

　　從1969年開始就一直在Salomon公司工作的Roger Pascal，那時是46歲。他曾經是一名工程師，也是一個滑雪運動的專家，在學生時代曾擔任滑雪教練。在擔任滑雪靴研發部門經理之前，他的職場生涯從工程部門的工程師開始，一路做到部門經理。

起步

　　Geroges Salomon與Roger Pascal都體認到：若沒有對雪橇市場與產業有深入的知識，跨入雪橇事業的經營是沒有意義的。他們也都同意：即使Salomon公司的現有產品與雪橇市場的相關性很高，但公司目前所獲得有關消費者需求、研發與生產技術、行銷流程……等資訊，都不足以使Salomon公司的產品在雪橇市場上與眾不同。

　　雪橇研發專案在1984年7月正式啓動，並由Jean-Luc Diard負責專案的行銷企劃部分，那時他才從法國頂尖的管理學院ESC Paris畢業不久。Jean-Luc Diard是一個滑雪運動的好手，曾經贏得全法國學生年度滑雪競賽的金牌。他在受雇於Salomon公司後，被派往公司的奧地利分支機構，主要工作是研究雪橇市場與產業。他將注意力集中在國際性的產品比較，到全世界各地走訪雪橇製造專家唔談，研究當時最好的產品究竟爲何。他所蒐集的資訊大大地鼓舞了Salomon公司，因爲他們發現目前的雪橇研發生產技術還有許多改進的空間。

　　同時，爲了探知滑雪運動愛好者對於雪橇的滿意程度，一連串的市場調查也開始進行。第一份調查報告令人十分訝異，因爲雖然Salomon公司從先前的市場調查得知，滑雪運動愛好者對於滑雪靴感到不甚滿意，但現在的調查報告卻顯示多數消費者對於雪橇感到滿意。這些結果改變了Georges Salomon原先的想法，他原先堅信如果要在雪橇市場上與眾不同，新雪橇勢必要有革命性的改進。爲了要使專案團隊有個特定的目標，Georges Salomon與Roger Pascal都認爲新

雪橇的售價應該要比市場一般價格高出15％。

專案團隊

1985年夏天，Georges Salomon強力邀請二位研發製造專家Maurice Legrand與Yves Gagneux加入雪橇研發團隊。Maurice Legrand是Rossignol公司工程研發部門的前任主管，他在專案團隊中負責產品方面的技術指導。Yves Gagneux是Dynamic公司製造部門的前任主管，他在專案團隊中負責製程方面的技術指導。

專案團隊的成員（包括Roger Pascal、Jean-Luc Diard、Maurice Legrand、Yves Gagneux）就像是特勤小組的成員一般，也就是說，一群技藝超群的自願者全心奉獻於其「秘密任務」上。為了盡可能守住商業機密，這個專案團隊並不在公司的正式組織編制內。即使是對於公司內部的員工，專案團隊的工作內容也必須保守秘密，因為公司不希望其它的競爭對手知道這項訊息。同時，就像是真正的特勤小組一般，專案團隊的成員形成一個緊密的命運共同體，每個人都知道其餘成員在做些什麼事。的確，專案團隊所有成員的能力都是無與倫比的：每個人在其專業領域的表現都很傑出，也都是滑雪運動的高手。此外，他們之間的互動非常頻繁，以致於他們每個人所負責的領域界線也變得有些模糊。因此，負責行銷部分的Jean-Luc Diard也會對技術性的問題提出見解，而負責產品設計方面的Maurice Legrand也會提出行銷的創意。

專案管理

雪橇研發團隊的活動看起來充滿了活力，這都歸功於環繞在專案使命周圍的熱情與好勝心。然而，這個專案並不是一個「臭鼬」專案（臭鼬專案的預算極少，且無具體成果）。相反地，Yves Gagneux解釋道：「Maurice Legrand與我都帶來了原先Salomon公司所欠缺的技術面知識，但是公司也提供我們一套優越的專案管理方法。如果沒有這

套方法，我們專業知識所能發揮的空間將大打折扣。很明顯地，這正是Salomon公司的長處！」

整個專案的管理確實運用到許多新穎的技術。在一開始，Georges Salomon就已經定下目標：在五年或六年之內，推出一款較現有產品具備更多明顯優點的雪橇。專案團隊將這項目標轉化為鉅細靡遺的行動計畫，確認專案過程各階段的重要時間點與所需資源，並利用「為製造而設計」與「品質機能展開」的方法來輔助計畫的進行。從專案啓動直到1990年代中期，專案團隊每年會提出營運企劃書，說明各項年度收入與支出。

專案團隊會定期向公司董事會報告主要的投資與費用支出決策，同時也向新產品委員會報告專案執行進度與相關議題。然而，比這些正式報告更重要的是專案團隊成員與Georges Salomon的會議。有關於Georges Salomon的作風，一位專案成員評論道：「我們通常無法在Georges Salomon的辦公桌後面找到他，他比較有可能出現在產品研發實驗室裡，穿著寬鬆的毛衣與滑雪靴到處走，做著他最喜歡的事，想著如何擊垮競爭對手的方法。」為了要能回答Georges Salomon無可避免的刁鑽問題，專案團隊必須時時處在備戰狀態。「穩健邁進」可說是這個專案的座右銘。

概念的發展

在1985年7月與1987年1月之間，Roger Pascal要求專案團隊系統化地研究雪橇研發製造技術的所有面向，包括雪橇的尺寸、底部、邊緣、尖端、沖壓技術、打磨技術、上蠟技術……等，這段期間內專案團隊成員的加班時間暴增。每一個成員都必須針對其所研究的面向，提出二個至三個的改進構想。專案的幾個領導人會定期開會檢討這些構想，並試著將這些構想整合成一些可行的概念。事實上，專案團隊在1985年第二季成功地製造出第一個石膏模型。

經由許多系統化的實驗，雪橇的外觀逐漸成形。因為雪橇底部的

設計經過長期的演進，而且滑雪者已經習慣現有的雪橇底部，因此現有雪橇底部的設計已是最佳化的結果，專案團隊早就體認到雪橇底部的形狀無法大幅修改。然而，雪橇左右兩側的壁板與表面仍有一些替代方案可以考慮。專案團隊成員開始質疑為何雪橇左右兩側的壁板是垂直型的？垂直型壁板的設計是最好的嗎？其它型式的設計有可能更好嗎？專案團隊成員以非常有創意的方法探討各種可能的選擇，包括向外傾斜的壁板與向內傾斜的壁板。經過仔細的實驗後發現，最好的設計方式其實是一種漸進型的設計。這種設計在滑雪靴以下的部分使用幾乎垂直的壁板，以提供雪橇最需要的最佳抓地力；雪橇左右兩側的壁板則向內傾斜，用來確保滑雪時雪橇以最佳角度切入雪堆中。這些顯而易見的外觀改變正符合Georges Salomon之前的明確要求（詳見【附錄10】）。

這個原始構想很自然地就引發另一個重大的發現：雪橇左右兩側的壁板與表面應該一體成型，這種設計能承受滑雪時大部分的壓力。就一般的雪橇來看，特別是三明治結構的雪橇，滑雪者的動作必須從雪橇的鋼鐵側邊，經由一連串的堆疊層來傳送。這種傳送的方法比較間接，也比較不精確。Monocoque雪橇的結構（以一體成型的方式連接雪橇左右兩側的壁板與表面）能提供滑雪者更好的操控性能。

專案團隊擁有當時產業中最好的電腦輔助設計CAD系統（ComputerVision與SUN Microsystems），任何構想都可以在研發工程實驗室很快地轉化為圖面資料。產品原型的模型可以直接透過電腦輔助設計CAD系統來製作，這使得專案團隊能夠製造出許多測試用的模型。第一個正式的產品原型在1986年中期完成，這個產品原型分別在實驗室與雪地上經過測試工程師與滑雪專家的試驗，那些外聘而來的滑雪專家當時還簽訂了保密協定。那時的專案團隊共有35名成員。

許多改進製造程序的構想也曾被提過。在組裝雪橇時，大部分雪橇製造商會把組裝材料弄得濕黏骯髒，但專案團隊成員發現一種更令人滿意的新方法來組裝雪橇。負責製程技術方面的Yves Gagneux發明

了「乾燥製程」，這種製程使用事先加入樹脂的乾燥纖維，因此不僅組裝過程更簡易，而且另一個優點是不會像「濕黏製程」出現令人作嘔的強烈異味。由於工廠現場環境的改善，產品的品質也將大幅提昇。

到1987年11月為止，研發工程的研究產生了許多成果。專案團隊對於雪橇市場已有深入的瞭解，知道最大競爭對手的優缺點，也清楚自身產品許多可能改進的方向，同時還對此一與眾不同之新雪橇的市場特定區隔進行深入調查。經過多次測試的產品原型已經準備在雪橇市場上展現應有的潛力。

決策

當然，還有許多議題需要釐清。專案從1984年就開始進行，目前看來算是成功的。專案團隊歷盡千辛萬苦，終於研發出獨一無二的新雪橇。雪橇研發最後階段所需的詳細後續工程，將會是更大的挑戰。為了專案的持續進行，Salomon公司的新產品委員會編列了後續工程、測試工作、新廠房建造的預算。由於生產技術的需求，製造過程中需要一些特別訂製的機器設備，這些特殊設備的預算總共約三億法郎。同時，專案團隊必須擴編至50人，公司的人事成本也將增加。

Salomon公司Monocoque雪橇研發專案即將結束，新產品也將進入一個已經成熟與略顯擁擠的雪橇市場。專案團隊的下一個挑戰就是準備一個明確的行動計畫。

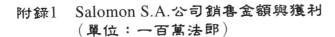

附錄1　Salomon S.A.公司銷售金額與獲利
　　　　（單位：一百萬法郎）

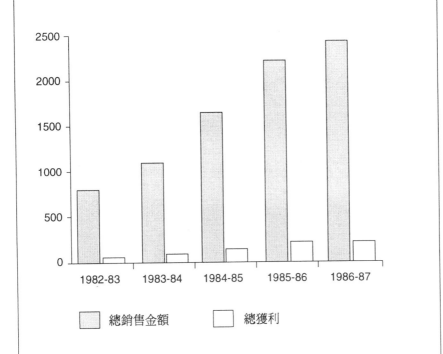

資料來源：Salomon S.A.公司資料。

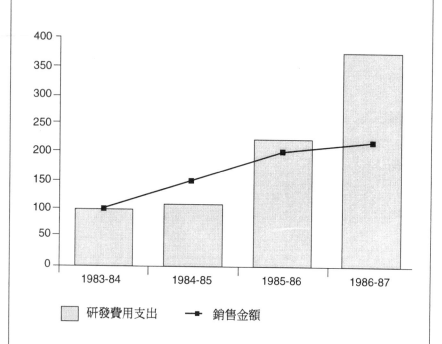

附錄2　Salomon S.A. 公司銷售金額與研發費用支出
　　　成長指數（設1983-1984年的指數爲100）

　研發費用支出　　■ 銷售金額

資料來源：Salomon S.A.公司資料。

附錄3　Salomon S.A.公司近五年的財務概況

損益表

（單位：一千法郎）

3月31日年度結算	1982/1983	1983/1984	1984/1985	1985/1986	1986/1987
淨銷貨金額	817,170	1,109,263	1,666,277	2,220,686	2,241,770
業外收益	8,656	22,182	19,462	25,200	21,307
總收益	825,826	1,131,445	1,685,739	2,245,886	2,443,077
銷貨材料成本	(271,272)	(351,540)	(578,712)	(772,247)	(869,233)
薪資費用支出	(165,757)	(209,256)	(250,565)	(303,253)	(346,977)
折舊費用支出	(33,870)	(49,553)	(66,354)	(108,338)	(128,585)
其它營業費用支出	(188,466)	(274,867)	(379,315)	(526,268)	(569,116)
營業利潤	166,461	246,229	410,793	535,780	529,166
利息費用支出	(36,965)	(38,385)	(47,368)	(84,361)	(90,959)
業外費用支出	(10,383)	(10,487)	(38,124)	(36,759)	(79,407)
稅前淨利	119,113	197,357	325,301	414,660	358,800
營利事業所得稅	(53,700)	(96,651)	(156,655)	(197,625)	(135,637)
稅後淨利	65,143	100,706	168,646	217,035	223,163

續附錄3　Salomon S.A.公司近五年的財務概況

資產負債表

（單位：一千法郎）

3月31日年度結算	1982/1983	1983/1984	1984/1985	1985/1986	1986/1987
現金與有價證券	169,037	263,258	363,854	830,126	656,544
應收帳款	174,527	185,191	279,927	350,293	414,537
存貨	158,951	260,536	381,093	562,221	601,505
其它流動資產	37,382	157,758	58,414	77,719	195,184
總流動資產	539,897	866,743	1,083,288	1,820,359	1,877,770
土地、廠房、設備	94,666	145,575	197,614	364,432	445,694
其它固定資產	5,993	5,493	47,100	13,645	12,134
總資產	640,556	1,017,811	1,328,002	2,198,436	2,325,598
應付貸款	108,893	300,230	302,329	646,597*	532,222*
應付帳款與應計費用支出	326,462	300,943	381,830	498,495	568,546
其它負債	13,055	4,231	49,144	55,634	42,067
股東權益	192,146	412,407	594,699	997,710	1,182,763
總負債與股東權益	640,556	1,017,811	1,328,002	2,198,436	2,325,598

*包括資金償付義務

資料來源：Salomon S.A.公司1987年財務年報

附錄4　Salomon S.A.公司在1980年代的雪橇銷售量
　　　（單位：一百萬套）

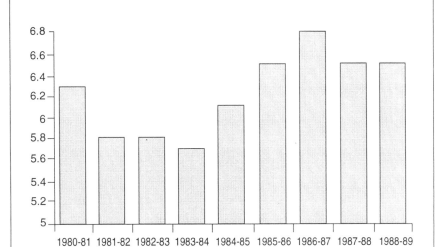

資料來源：Salomon S.A.公司資料。

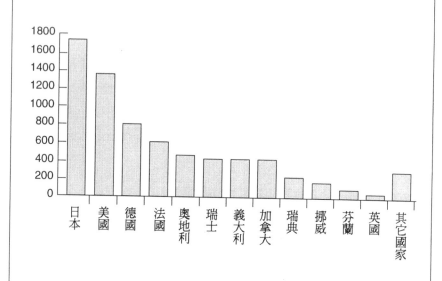

附錄5　1986-1987年度Salomon S.A.公司在各國家的
　　　銷售量比較（單位：一千套）

資料來源：Salomon S.A.公司資料。

附錄6　雪橇的市場價格結構

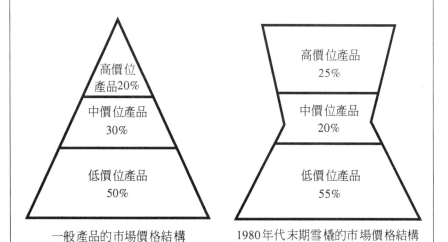

一般產品的市場價格結構　　1980年代末期雪橇的市場價格結構

Salomon S.A.公司冬季運動用品行銷部門以價格將市場切割成三塊區隔：低價位產品（最便宜的雪橇，價格大約低於1,000法郎）、中價位產品（價格約在1,000法郎與2,000法郎之間）、高價位產品（最昂貴的雪橇，價格約在2,000法郎與3,000法郎之間）。價格的上限大約是3,000法郎或800美元。

資料來源：Salomon S.A.公司資料。

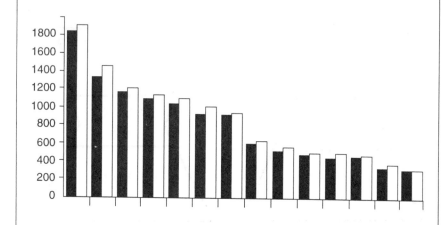

附錄7　各雪橇品牌銷售量比較圖（單位：一千套）

■ 1985/86
□ 1986/87

資料來源：Salomon S.A.公司資料。

附錄8　雪橇結構的類型

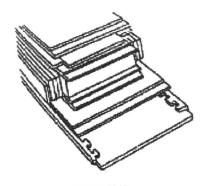

三明治結構

扭力盒結構

資料來源：Salomon S.A.公司資料。

附錄9　雪橇採購程序（單位：％）

下列表格是針對一些雪橇購買者的問卷調查結果：
你認為在購買雪橇時最好的選擇方式為何？

	總計	法國	德國	美國	日本
1.選擇聲譽良好的品牌	26	27	21	31	25
2.選擇曾經使用過的品牌	17	16	27	15	9
3.聽從其它人的建議	44	35	45	39	56
4.雪橇銷售人員的推薦	26	31	30	15	28
5.個人的決定，選擇看來順眼的	16	12	5	19	26
6.收集資訊，閱讀評鑑測試報告	20	14	23	23	18
7.根據滑雪教練的建議	8	12	8	4	7
8.購買之前先租一個雪橇測試	16	16	23	18	6
9.選擇與滑雪運動金牌好手相同的品牌	2	*	2	5	*
	1,444	350	373	361	360

* 可忽略。

資料來源：Salomon S.A.公司資料。

附錄10　雪橇的概念：漸進型的構想

四分之一後視圖　　　滑雪靴下方的中央部分　　　四分之一前視圖

Monocoque雪橇

核心部分

底部
邊緣

資料來源：Salomon S.A.公司資料。

個案2.6　香港深圳銀行（A）

　　1993年1月的一個下雨天，程堅坐在她位在香港海灣對面，新建辦公大樓35樓的辦公室內。她等著要與香港深圳銀行國際交易部門的高階主管們開會，討論要採用何種方法來激勵員工的工作士氣。

　　一份內部調查報告正放在她的辦公桌上，報告中提到30％的銀行員工並不清楚其工作目標。程堅覺得如果她能降低這個百分比，那麼銀行的獲利將非常可觀。在過去的兩個星期內，程堅拜訪許多遭逢類似情形的香港華人客戶與西方製造商。她的一些客戶採用全面品管計畫來解決問題；其它客戶則推行顧客滿意活動，藉此來提升員工的滿意度。程堅的內心被許多客戶的熱誠所衝擊。在一家她最近所拜訪的工廠中，她很訝異地看到牆上貼上許多具有創意的海報，這些海報都在強調顧客滿意與顧客的重要性。在與銀行內部的同事與外部的朋友們詳談之後，她發現銀行對於客戶服務的定義竟是如此模糊，每一位香港深圳銀行的員工與經理似乎對於最適狀態的客戶服務都有不同的見解。幾乎每位經理都在抱怨競爭情勢日益激烈的時候，程堅覺得改善員工的滿意程度將會幫助銀行找到新的競爭優勢。

香港深圳銀行

　　香港深圳銀行是一家主要的華人商業銀行，總部設在香港，在香港與亞洲其它國家共有162個分支機構。該銀行在1992年共有9,000名員工，獲利二億七千二百萬美元，營業額十九億美元。銀行的組織架構由五個部門所組成：

　　1.個人金融部門負責為富裕的香港居民與外國顧客管理投資組

合。

2.企業金融部門負責各公司行號的貸款事宜。

3.國際交易部門負責銀行內所有有關外匯、國際信用擔保、國外企業的交易事宜。

4.分支機構部門負責管理所有分支機構對一般大衆的存放款、信用交易事宜。

5.後勤支援部門負責銀行內部所有一般行政管理事宜。

程堅

現年42歲的程堅，自1973年從香港中文大學財務金融系畢業之後，就一直在金融業工作，曾經在銀行內各個部門歷練過，工作地點遍及香港、紐約、倫敦、新加坡。她在6年前加入香港深圳銀行，半年前她才從香港深圳銀行日本東京分行，轉調回總行擔任國際交易部門的總經理。

香港與深圳銀行的國際交易部門

國際交易部門下轄四個主要的對外事業處：

1.國際交易事業處。

2.國際客戶事業處。

3.信用狀事業處。

4.外國貨幣事業處。

國際交易事業處

國際交易事業處負責爲香港出口商提供融資的服務，同時也對香港公司行號的國際交易活動提供信用擔保。國際交易事業處協理張伯納負責評估財務風險、管理客戶檔案、核准信用狀的開立。這個單位

275

由許多辦公隔間所組成，每八個辦公隔間由一名經理與一位助理負責管理。每位經理都各自處理自身所分派到的客戶交易事項，確保並追蹤後續的交易行為，同時與信用狀事業處和外國貨幣事業處保持良好的互動關係。

國際交易事業處的客戶約有300位，大部分的客戶都是與國際貿易有關的中小企業，這些企業大部分的財務狀況都不甚健全。因為這些銀行業務隱含了許多財務風險，程堅對於國際交易事業處特別的關照。國際交易事業處的客戶非常的多元化，具有不同的國籍，來自不同的文化，有華人、英國人、美國人……等。銀行大部分以電話的方式與客戶聯絡，並追蹤後續交易行為。平均每位經理每天接到12通電話，每星期會接到同一客戶大約二通至三通的電話。

根據張伯納的說法，國際交易事業處對於良好客戶服務品質的定義是速度、對客戶的友善程度、提供服務的專業能力。客戶有時會造訪銀行，詢問相關資訊，並且期待問題能得到立即的答覆，不論是正面或反面的意見。客戶也期盼能得到一些額外的服務，比方說是獲得有用的小道消息。（舉例來說，在何處的倉庫堆放貨物成本最低？）此外，客戶還希望能有機會與其它的潛在合作伙伴接觸。

為了能快速地服務客戶，張伯納相信客戶服務的成功關鍵要素包括：

1. 與國際交易部門內各事業處和銀行後勤支援部門的溝通管道非常暢通。
2. 外國貨幣事業處內部的彈性。（客戶常常會要求銀行進行即時的交易，而不在固定的日期付款；客戶也常常在正常上班時間之外的時刻以電話聯繫。）
3. 可以提供客戶的帳戶即時資訊，與幫助銀行快速決定是否核准信用擔保的先進電腦設備。
4. 徹底瞭解客戶的道德文化觀與需求。

國際客戶事業處

國際客戶事業處主要負責處理國外個人客戶的特別信用擔保狀況，幫在「避稅天堂」（像是巴拿馬、開曼群島等地）登記的公司提供帳戶管理服務，同時也對於流動資產較低的銀行提供信用擔保服務。

國際客戶事業處的工作與外國貨幣事業處、信用狀事業處、租賃服務事業處、會計事業處的關係都很密切，該事業處的主管是王安妮協理。與國際交易事業處的情形很類似，因為員工人數不足與工作負荷過重，國際客戶事業處的員工常抱怨有太多的作業要處理，而且常會因此出錯。該事業處的員工主要以電話與客戶聯繫，很少去拜訪客戶。

國際客戶事業處的客戶多是大型的跨國公司，這些公司在國外的營業額一般都佔總營業額的50％以上，它們比國際交易事業處的客戶還要更難纏。國際客戶事業處總共約有50家客戶，它們都是要求很高的客戶，會隨時以電話向銀行詢問各種訊息。以王安妮的觀點來看，客戶服務的成功關鍵要素包括速度與資訊傳遞的精確性。

大型客戶的所有交易作業都需要小心的追蹤，它們希望的交易的條件要對它們有利（一般來說是較低的手續費），也期望銀行會盲目地接受它們的條件。這些客戶的忠誠度較低，因此王安妮的屬下並不認為這些客戶值得銀行繼續維持。所以，一般來看國際客戶事業處的員工流動率比起其它事業處還要高。

信用狀事業處

信用狀事業處負責簽發信用狀，並且為各種不論大小的公司提供專案融資的服務。信用狀事業處由二個小組所構成：「一般商務小組」與「特別業務小組」。一般商務小組負責為出口商開立信用狀；特別業務小組則負責處理有關國外製造商的信用狀。負責這兩個小組的主

管分別是葉英明與王查理,他們二人的辦公室剛好緊鄰,下轄16名部
屬。特別業務小組的組織架構與一般商務小組略有不同。對特別業務
小組來說,新客戶的檔案會擺置在辦公室入口前的櫃子內,特別業務
小組的員工在每天早上都會選取一份檔案(隨機選取一份或是挑選一
份看起來比較有趣的檔案)。王查理認為這個程序可以改用不同的方
式處理,藉此激勵員工的士氣,並增加一些工作彈性。

外國貨幣事業處

外國貨幣事業處有兩項主要的業務內容。第一、為銀行尋找外匯
套利的機會;第二、滿足客戶對外匯的需求。第一項業務內容由四位
年輕的經理所負責,每一位經理都專精一種特定的貨幣。處理此項業
務的關鍵要求是速度與使用有效率的電腦系統。第二項業務內容則由
六位交易員負責。這兩組人馬都只靠電話與客戶聯繫。因為匯率每分
每秒都在變動,速度是外國貨幣事業處最重要的成功關鍵要素。以程
堅的觀點來看,外國貨幣事業處的員工都必須獨立作業,因此團隊精
神有些欠缺。

下一步該何去何從?

程堅正管理著香港深圳銀行績效最好的部門,這個部門也是公司
內部公認最為客戶導向的部門。然而,程堅深信「好還要更好」的哲
學,她思索著要如何激勵其部屬的士氣,同時又能將國際交易部門轉
化為真正客戶導向的組織。她應該先從員工著手?還是先從客戶著
手?程堅特別擔心來自於員工的任何潛在負面反應,不管花費多少代
價,她都不希望聽到一些負面的評論,像是:「我們以前就曾針對品
質服務的議題進行改造,但還不是徒勞無功,現在搞這一次憑什麼會
成功?」、「老闆的另一個『鬼點子』又冒出來了!」之類的批評。
程堅知道她可以得到直屬頂頭上司—銀行執行副總裁李亨利的全力支

援，但是她自己的員工能得到什麼樣的支援？

　　一星期之前，程堅才參加過香港深圳銀行的董事會。銀行總裁陳肯尼在會中強調了未來三年的目標。他特別強調他想要讓香港深圳銀行成為銀行業中客戶服務的領導者。為了達成此項目標，陳肯尼賜予每個分支機構「尚方寶劍」，能夠先斬後奏、獨斷專行。陳肯尼所定下唯一的限制是：每個分支機構都必須先將重點擺在內部品質的提升上，也就是激勵並提升員工的士氣為第一優先。執行副總裁李亨利希望陳肯尼能在銀行內部設立一個品質委員會，藉以督導客戶服務品質的改善。這個品質委員會由教育訓練經理林彼得、教育訓練專員李查克、人事經理詹大衛、人事副理焦保羅、程堅等人組成。委員會必須決定下列幾項關鍵議題：

1. 要採行何種步驟來激勵銀行員工的士氣？
2. 銀行內的各部門要如何才能變得更為品質導向？
3. 委員會的任務應該在各個部門內執行？還是應該跨及到其它部門的員工？
4. 委員會的成員是否應該擴充並包含組織內的其他員工？
5. 品質專案應該在何時啟動？

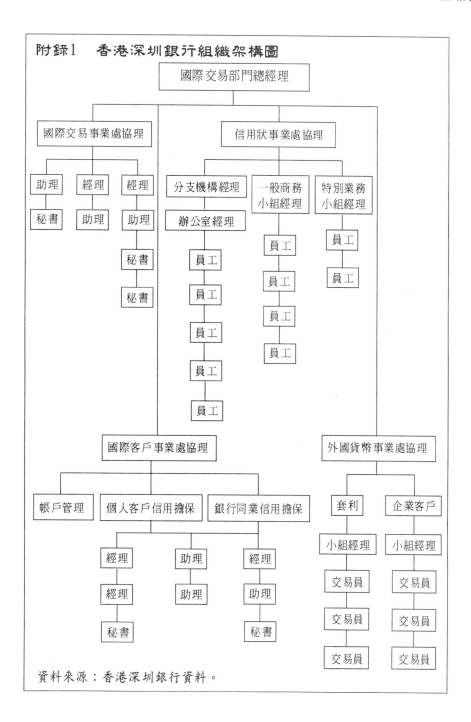

附錄1　香港深圳銀行組織架構圖

國際交易部門總經理

國際交易事業處協理　　　　　信用狀事業處協理

助理　　經理　　經理　　　分支機構經理　　一般商務　　特別業務
　　　　　　　　　　　　　　　　　　　　　小組經理　　小組經理

秘書　　助理　　助理　　　辦公室經理　　　員工　　　　員工

　　　　　　　　秘書　　　　員工　　　　　員工　　　　員工

　　　　　　　　秘書　　　　員工　　　　　員工

　　　　　　　　　　　　　　員工　　　　　員工

　　　　　　　　　　　　　　員工

　　　　　　　　　　　　　　員工

國際客戶事業處協理　　　　　　　　外國貨幣事業處協理

帳戶管理　　個人客戶信用擔保　　銀行同業信用擔保　　　套利　　　企業客戶

　　　　　　經理　　　助理　　　經理　　　　小組經理　　小組經理

　　　　　　經理　　　助理　　　助理　　　　交易員　　　交易員

　　　　　　秘書　　　　　　　　秘書　　　　交易員　　　交易員

　　　　　　　　　　　　　　　　　　　　　　交易員　　　交易員

資料來源：香港深圳銀行資料。

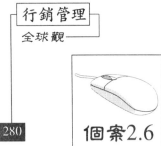

個案2.6

香港深圳銀行 （B）

　　在1993年1月由程堅開始推展品質委員會之後，香港深圳銀行決定以國際交易部門為範本，在全銀行推行品質活動。同時，品質委員會的成員每個月定期在下班後開會一次，討論所有與品質相關的議題、員工的激勵情況、客戶的服務……等。經過四個月內部辯論該如何進行品質活動以後，只有極少數的行動方案獲得採行，程堅覺得這是因為大家都缺乏品質控制管理的經驗。委員會於是決定請外部的管理顧問于查理來幫忙，提供該如何達成目標的建議。于查理服務於MSR管理顧問公司，這家公司的專長是提供客戶服務的諮詢，辦公室遍佈倫敦、巴黎、紐約、東京、新加坡、香港。1993年11月，于查理首次向香港深圳銀行品質委員會提出簡報，他建議品質活動應從檢視客戶的需求做起。為了縮減客戶期望與銀行實際提供服務之間的差距，他認為瞭解客戶的期望是最基本的工作。

　　在于查理的簡報之後，一陣熱烈的討論於是展開。他所建議的方法並不是程堅心中的腹案，程堅深信品質專案應從激勵員工的士氣開始著手。程堅立刻引述一份最近銀行內部的調查報告，這份報告提到員工之間低落的士氣。她說道：

> 國際交易部門內不同事業處的員工都太過獨立，團隊精神極度欠缺。這份報告的結論顯示：25％到30％的員工都不清楚其工作目標。如果我們能把這個百分比降到10％，這將會是很大的成就。員工之間受到高度激勵的士氣將會使工作的產出更好，也將增加客戶的滿意程度。

　　于查理反駁道：「受到激勵的員工當然會試著把工作做得更好，但是那些工作不見得是客戶所想要的。」程堅開始感到困惑不解。于

查理於是重複問著下列幾個相同的問題：

1. 你的客戶是誰？
2. 為什麼你的客戶要使用你們銀行的服務？
3. 你如何區隔你們銀行與競爭對手的不同？
4. 你們銀行有何特點？
5. 你真正認識你的客戶嗎？
6. 你們銀行的客戶每次踏入任何一家分行，不論是在香港還是澳門，他們都會得到品質一致的服務嗎？

對於程堅來說，這些問題的答案再明顯不過。「我們當然熟知我們的客戶！這些客戶當然得到他們所想要的服務！」于查理並不認為是如此，他想要聽聽一些真正的事實。程堅與于查理之間緊繃的僵局達到了頂點，但是于查理還是不放棄。他繼續引導程堅表達更多的想法，可是最後總會回到相同的結論─受到激勵的員工當然會把工作做得更好，但是他們是否能提供客戶真正需要的服務？首次的訪談就結束在這樣的僵局中。接下來的二個星期，于查理並沒有得到程堅任何的訊息。

因此，當程堅在幾個星期後打電話給于查理時，他感到相當地訝異。程堅在電話中說道：「我仔細思考過你先前提到的想法，我們就試試看吧！讓我們把客戶放在我們關注焦點的中心。」

對銀行員工的簡報

通過電話的一星期後，于查理回到香港深圳銀行，對所有國際交易部門的員工進行有關客戶服務的簡報。同時，程堅也抽調三十五萬美元的經費到一項名為「關懷客戶專案」的基金中，這一項專案的經費完全由香港深圳銀行國際交易部門來贊助。因為櫃臺員工所處理的客戶服務項目低於銀行所有服務項目的30％，程堅也邀請所有後端作

業內的員工參加于查理的簡報。後勤支援部門的員工也受邀參加。出乎程堅的意料之外，幾乎每一位在國際交易部門的員工都來參加這次簡報，每一位員工對於能收到程堅的邀請也感到很榮幸。其中一位員工告訴程堅，員工覺得他們不再只是被當作「附屬品」，而是客戶─銀行環節中的一個關鍵成員。然而，在于查理對員工的簡報之後，所收到的非正式回應卻是毀譽參半。許多員工對於將客戶放在銀行關注焦點的觀念感到半信半疑，他們想要知道這項專案可以帶來多少好處。過去三年來，其它已推行的品質專案都沒有成功。程堅所不想聽到的負面評論已經開始流傳了：「這又是老闆的另一個『鬼點子』！時間會證明一切的失敗……」

市場分析

于查理在與程堅和其他品質委員會成員達成共識之後，他準備了品質專案的第一步驟：銀行客戶的分析。他接著採用下列的步驟：

1. 研究並分析客戶對於銀行所提供服務（客戶所認知的品質）的期望。
2. 衡量客戶對於國際交易部門的滿意程度。
3. 衡量員工對於客戶服務的敏感程度。

第一項調查的目的在得知客戶需要何種服務的意見（並不特定在反映現在香港深圳銀行所提供的服務）。與客戶的深入訪談並沒有任何預設立場。于查理排定了15次為時約一個鐘頭的訪談，藉以從客戶端收集質化的資料。

第二項調查的目的在於根據一些具代表性的客戶樣本，衡量客戶對於國際交易部門的滿意程度。這項調查是藉由寄出問卷給每一位國際交易部門的客戶來執行，寄出的問卷中還附有一封程堅署名的信件，信件中說明此次問卷調查的目的。為了增加問卷的回收率，程堅

也準備了一封提醒的信函在兩個星期後寄出。

第三項調查的目的在衡量員工對於客戶服務的敏感程度，並且確認客戶服務品質的基本要素。與員工進行的訪談著重在員工對於下列事項的定義：

1. 你（妳）的工作執掌爲何？
2. 你（妳）對於品質的觀念爲何？
3. 你（妳）認爲客戶的區隔爲何？
4. 你（妳）認爲客戶的期望爲何？
5. 你（妳）認爲確保客戶服務品質的基本要素爲何？
6. 你（妳）認爲哪些已經達成的事項是爲了滿足現有的客戶？
7. 你（妳）認爲錯誤發生的原因爲何？修正錯誤並將工作做好，因而造成延遲的嚴重性爲何？

此次調查將會顯示銀行客戶目前所接受到的服務，與銀行客戶所期盼接受到的服務。因此，以上兩種服務的潛在差異將可以透過一些作法來拉近。

在此次調查開始進行之前，于查理建議以完全透明化的方式與員工溝通這個專案的目的。解釋專案各個不同步驟的海報貼在許多公佈欄上，專案的使命宣言也四處可見：「我們的目標是達到金融業最高的客戶服務水準」。同時，解釋專案各個不同步驟與執行進度的備忘錄也定期散發給員工。

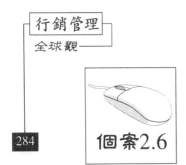

個案2.6　香港深圳銀行（C）

以下說明MSR管理顧問公司針對香港深圳銀行國際交易部門的調查結果。

國際交易部門的品質專案步驟

步驟1A

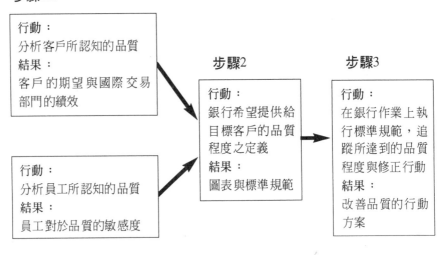

行動：
分析客戶所認知的品質
結果：
客戶的期望與國際交易
部門的績效

步驟2

行動：
銀行希望提供給
目標客戶的品質
程度之定義
結果：
圖表與標準規範

步驟3

行動：
在銀行作業上執
行標準規範，追
蹤所達到的品質
程度與修正行動
結果：
改善品質的行動
方案

行動：
分析員工所認知的品質
結果：
員工對於品質的敏感度

步驟1B

附錄1　步驟1a：客戶期望一覽表

調查報告顯示客戶可以區隔成四類，每一類都有不同的特質：

「談判專家」

華人商業鉅子一般都是「談判專家」。對談判專家來說，口頭的承諾就意味著強烈的道德責任。他們與全世界各地的企業界人士打交道。要得到「談判專家」的認可，銀行必須清楚地知道這些「談判專家」所處的行業與其特殊需求。這些客戶希望銀行經理人能定期拜訪其公司，甚至成為其公司「大家庭」的一份子。「談判專家」會親自處理大部分的交易，同時希望所有的作業活動都很順暢，沒有那種「倒數計時」的情況發生。他們對於技術性的細節不感興趣，喜歡將技術性的細節授權給其往來銀行（他們能完全信任的銀行）處理。「談判專家」期盼他們的往來銀行能做到下列幾件事：

* 信任客戶，而且是毫不保留地信任。

* 與客戶能無礙地溝通，而且充分瞭解其產業。

* 堅守誠信原則，而且能維持公平的交易。

* 保持穩定，而且是頻繁的接觸。

* 主動積極。

* 在客戶需要的時候，能立即出現。

* 保持彈性。

* 謹守本分。

* 清楚銀行分內應做的工作，而且不浪費客戶的時間。

「創業家」

「創業家」是很容易察覺到「商機」的一群人，他們可以針對一件事很快地決定應採取的立場，而且希望能控制企業任何的突發狀況，他們清楚每一塊錢港幣應該發揮的價值。因此，他們需要即時

更新的匯率、利率走勢資訊，並藉此決定應採用的策略。「創業家」不僅需要彈性，也需要對其服務的供應者有充分的信心。他們將其往來銀行視爲技術性的伙伴。簡而言之，「創業家」期盼他們的往來銀行能做到下列幾件事：

* 提供快速且可靠的即時資訊。
* 與客戶保持開放的關係。
* 具有冒險的性格。
* 很快地回應客戶的需求。
* 保持彈性。
* 提供優惠的價格與交易條件。

「專業經理人」

「專業經理人」深愛系統、預算、規劃。他們多半在製造商或是大型企業集團的分支機構工作。對他們來說，良好的組織與毫不麻煩的服務是最基本的要求。他們與其所能信賴的銀行往來。如果新增的服務能夠幫助「專業經理人」增加生產力，並提升公司的獲利能力，則「專業經理人」對於價格條件較不在意。「專業經理人」對於其所服務的公司感到非常的驕傲，因此他們需要能夠匹配其身份地位的合作伙伴。「專業經理人」期盼他們的往來銀行能做到下列幾件事：

* 最有效地利用資源。
* 提供快速、毫不麻煩的服務。
* 具備足夠的專業能力。
* 堅守誠信原則，而且具有充分的自信心。。
* 保持穩定，而且是頻繁的接觸。
* 具有充分的資訊來源。

* 提供快速簡便的交易服務。
* 提供客戶完整精確的資訊。

「財務專家」

「財務專家」通常在一些舉足輕重的公司工作，他們對於財務管理相當精通。以他們的觀點來說，金融商品的操作與運用是公司成功的關鍵因素。不論這些「財務專家」的往來銀行有無提供任何支援，他們都想要直接參與金融市場的運作。他們想要能快速地反應金融市場上的任何變化。「財務專家」在尋找的是敢做決策，而且能快速反應的合作伙伴。同時，他們需要充分的時間思考，並將所有概念與訊息組織起來。「財務專家」會尋求有關未來金融市場前景的專業意見，他們認為銀行提供了太多未經消化整理的消息，且這些消息太過於側重短期的效應。「財務專家」需要的是經過分析後的資訊，他們對於資訊科技與資料庫系統的最新發展也非常感興趣。「財務專家」期盼他們的往來銀行能做到下列幾件事：

* 提供具有附加價值的資訊。
* 提供即時的資訊。
* 對於國際企業有充分的認識。
* 具有冒險的性格。
* 提供優惠的價格與彈性的交易條件。
* 具有高度的機動性。
* 與客戶建立良好的個人關係。
* 採納科技創新的作法，並且推出先進的金融商品。

資料來源：香港深圳銀行資料。

附錄2A 步驟1a：國際交易部門的績效

外部客戶對於國際交易部門服務品質的評鑑

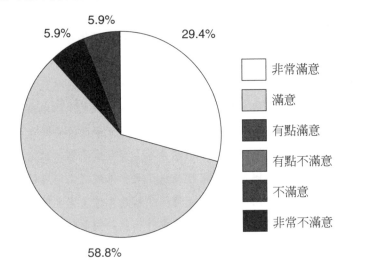

外部客戶對於國際交易部門的服務品質與其它競爭對手服務品質的比較

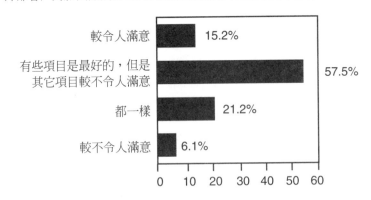

資料來源：香港深圳銀行資料

附錄2B　步驟1a：國際交易部門的績效

外部客戶對於國際交易部門服務品質各個面向的滿意程度

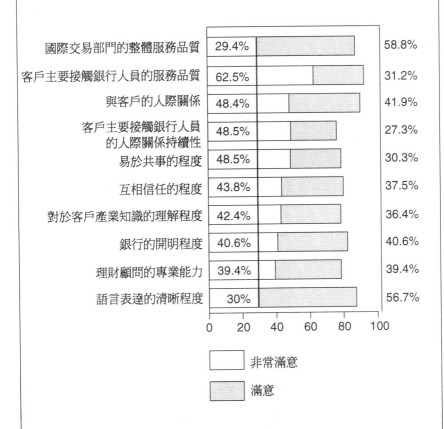

資料來源：香港深圳銀行資料

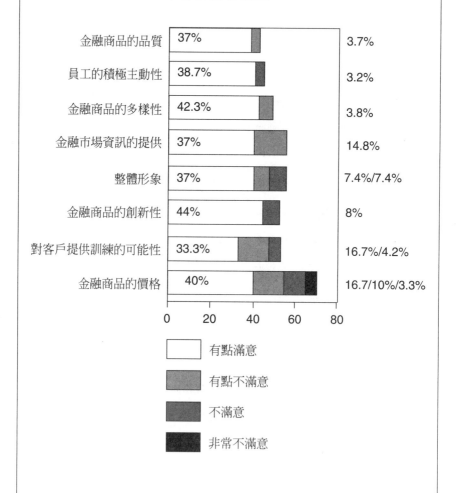

附錄2C　步驟1a：國際交易部門的績效

外部客戶對於國際交易部門服務品質的評鑑

	百分比
金融商品的品質	37% ... 3.7%
員工的積極主動性	38.7% ... 3.2%
金融商品的多樣性	42.3% ... 3.8%
金融市場資訊的提供	37% ... 14.8%
整體形象	37% ... 7.4%/7.4%
金融商品的創新性	44% ... 8%
對客戶提供訓練的可能性	33.3% ... 16.7%/4.2%
金融商品的價格	40% ... 16.7/10%/3.3%

0　20　40　60　80

□ 有點滿意
▨ 有點不滿意
▩ 不滿意
■ 非常不滿意

資料來源：香港深圳銀行資料

附錄2D 步驟1a:國際交易部門的績效

外部客戶對於香港深圳銀行服務品質的評鑑

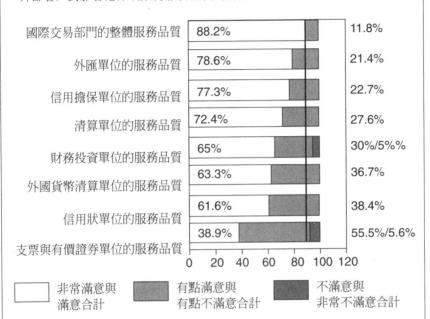

| | 非常滿意與滿意合計 | 有點滿意與有點不滿意合計 | 不滿意與非常不滿意合計 |

外部客戶不滿意時的反應

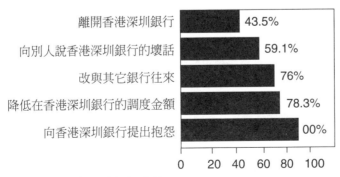

資料來源:香港深圳銀行資料

附錄3A 步驟1b：員工對於品質的敏感度

銀行內部質化研究與調查結果一覽表

1. 為了提高客戶的滿意程度，員工認為對客戶的服務品質是銀行內部程序的一部份。每位員工都應以滿足客戶的需求為第一要務。然而……

   * 員工混淆了「工作的品質」與「對客戶服務的品質」。
   * 員工認為「將工作做完」比「客戶的反應」更符合銀行的內部程序。
   * 員工認為自己瞭解客戶的需求，但事實上卻非如此。同時，員工對於僅僅滿足客戶所提出的需求就已感到相當滿意，而不會更深一層的為客戶著想。
   * 對於服務團隊的領導者來說，積極主動的性格是很重要的，但是大部分的員工都只停留在已經學會的業務範疇裡面。
   * 在櫃臺後端的員工常感覺受到孤立，因為他們沒有直接參與客戶服務的互動過程。

2. 員工將服務品質視為接受不同意見與團隊合作的象徵。

   * 員工認為服務團隊的領導者應該促進團隊的和諧，同時幫助團隊的每位成員培養專業能力，使得團隊能夠在組織框架內保持自律。
   * 員工對於其工作內容感到興趣，且時常受到激勵。
   * 每個事業處內都有很好的團隊精神，但是整個國際交易部門並沒有。
   * 每位員工都只顧好自己的工作，常將錯誤的發生原因推到別人身上。
   * 各個層級的員工都感受到銀行內小團體的存在（櫃臺員工、交易室員工、「皇親國戚」……等）。
   * 教育訓練計畫太過於籠統，與服務行為、態度、流程都不相關。
   * 現行的管理機制模糊且不熟練。

資料來源：香港深圳銀行資料

附錄3B　步驟1b：員工對於品質的敏感度

員工滿意程度調查：對於工作滿意與不滿意的理由

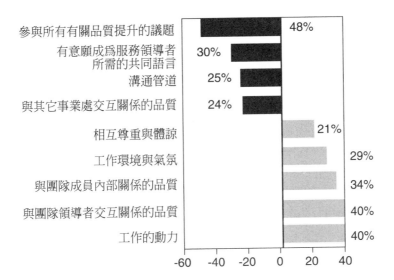

參與所有有關品質提升的議題　48%
有意願成為服務領導者
所需的共同語言　30%
溝通管道　25%
與其它事業處交互關係的品質　24%
相互尊重與體諒　21%
工作環境與氣氛　29%
與團隊成員內部關係的品質　34%
與團隊領導者交互關係的品質　40%
工作的動力　40%

-60　-40　-20　0　20　40

■ 非常不滿意

▨ 非常滿意

資料來源：香港深圳銀行資料

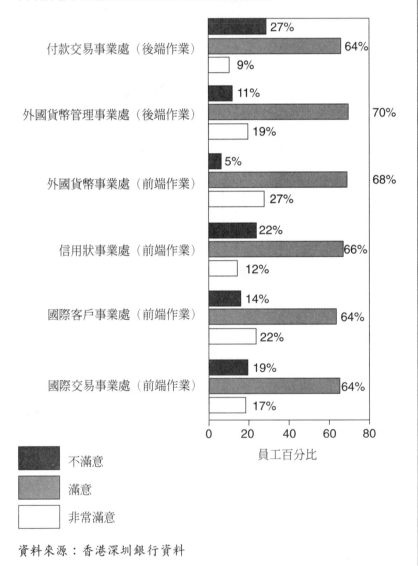

行銷管理
全球觀

294

附錄3C　步驟1b：員工對於品質的敏感度

不同部門員工對於國際交易部門服務品質的評鑑

付款交易事業處（後端作業）

　27%
　64%
　9%

外國貨幣管理事業處（後端作業）

　11%
　70%
　19%

外國貨幣事業處（前端作業）

　5%
　68%
　27%

信用狀事業處（前端作業）

　22%
　66%
　12%

國際客戶事業處（前端作業）

　14%
　64%
　22%

國際交易事業處（前端作業）

　19%
　64%
　17%

0　20　40　60　80
員工百分比

不滿意

滿意

非常滿意

資料來源：香港深圳銀行資料

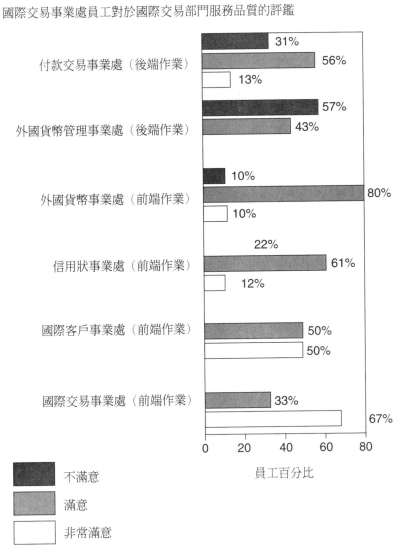

附錄3D　步驟1b：員工對於品質的敏感度

國際交易事業處員工對於國際交易部門服務品質的評鑑

付款交易事業處（後端作業）
- 31%
- 56%
- 13%

外國貨幣管理事業處（後端作業）
- 57%
- 43%

外國貨幣事業處（前端作業）
- 10%
- 80%
- 10%

信用狀事業處（前端作業）
- 22%
- 61%
- 12%

國際客戶事業處（前端作業）
- 50%
- 50%

國際交易事業處（前端作業）
- 33%
- 67%

員工百分比

■ 不滿意

■ 滿意

□ 非常滿意

資料來源：香港深圳銀行資料

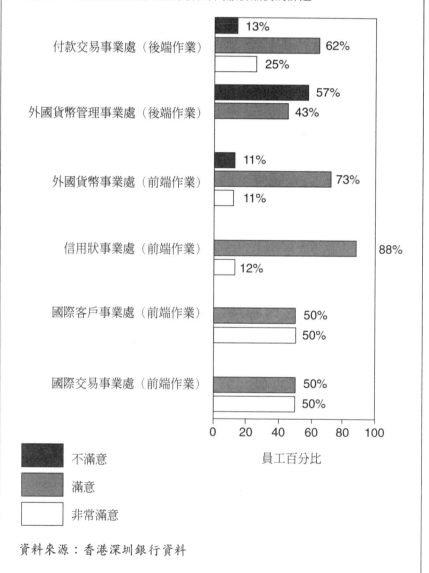

附錄3E 步驟1b：員工對於品質的敏感度

國際客戶事業處員工對於國際交易部門服務品質的評鑑

付款交易事業處（後端作業）
13%
62%
25%

外國貨幣管理事業處（後端作業）
57%
43%

外國貨幣事業處（前端作業）
11%
73%
11%

信用狀事業處（前端作業）
88%
12%

國際客戶事業處（前端作業）
50%
50%

國際交易事業處（前端作業）
50%
50%

0 20 40 60 80 100

員工百分比

■ 不滿意
▨ 滿意
□ 非常滿意

資料來源：香港深圳銀行資料

附錄3F　步驟1b：員工對於品質的敏感度

信用狀事業處員工對於國際交易部門服務品質的評鑑

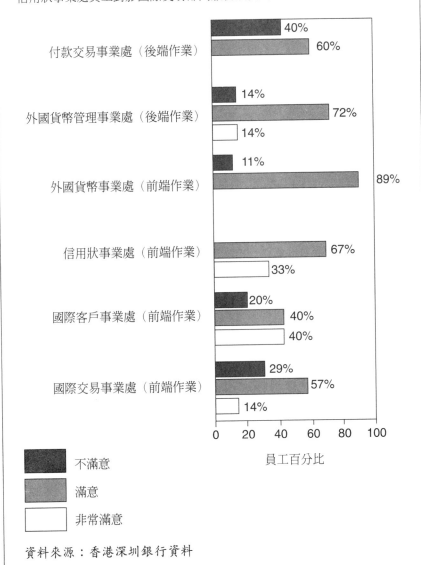

資料來源：香港深圳銀行資料

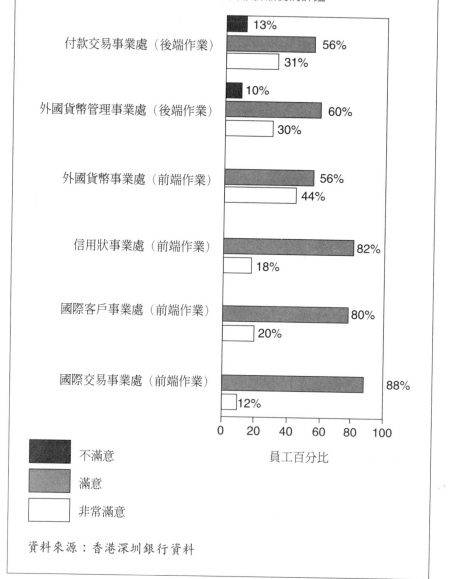

附錄3G　步驟1b：員工對於品質的敏感度

外國貨幣事業處員工對於國際交易部門服務品質的評鑑

付款交易事業處（後端作業）　13%　56%　31%

外國貨幣管理事業處（後端作業）　10%　60%　30%

外國貨幣事業處（前端作業）　56%　44%

信用狀事業處（前端作業）　82%　18%

國際客戶事業處（前端作業）　80%　20%

國際交易事業處（前端作業）　88%　12%

0　20　40　60　80　100

員工百分比

■ 不滿意

▨ 滿意

□ 非常滿意

資料來源：香港深圳銀行資料

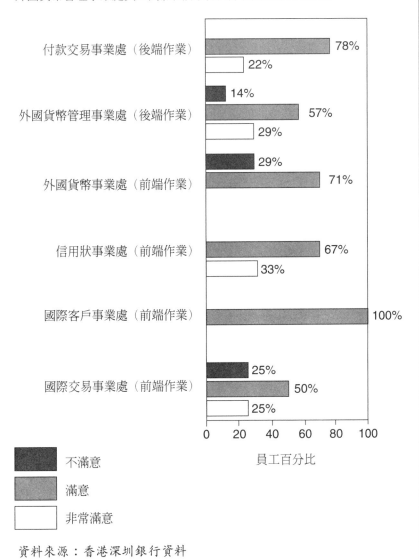

附錄3H　步驟1b：員工對於品質的敏感度

外國貨幣管理事業處員工對於國際交易部門服務品質的評鑑

付款交易事業處（後端作業）　78% / 22%

外國貨幣管理事業處（後端作業）　14% / 57% / 29%

外國貨幣事業處（前端作業）　29% / 71%

信用狀事業處（前端作業）　67% / 33%

國際客戶事業處（前端作業）　100%

國際交易事業處（前端作業）　25% / 50% / 25%

員工百分比

■ 不滿意
▨ 滿意
□ 非常滿意

資料來源：香港深圳銀行資料

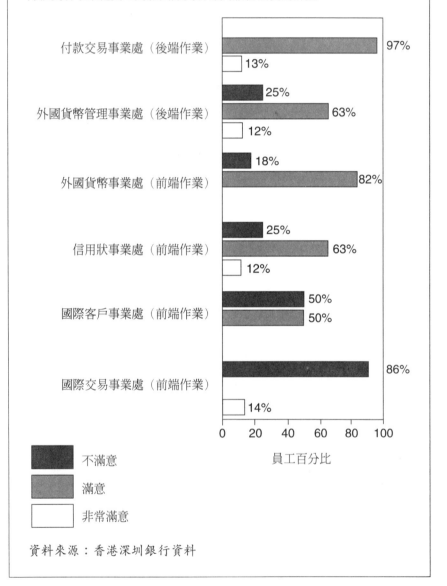

附錄3I　步驟1b：員工對於品質的敏感度

付款交易事業處員工對於國際交易部門服務品質的評鑑

付款交易事業處（後端作業）	97% 13%
外國貨幣管理事業處（後端作業）	25% 63% 12%
外國貨幣事業處（前端作業）	18% 82%
信用狀事業處（前端作業）	25% 63% 12%
國際客戶事業處（前端作業）	50% 50%
國際交易事業處（前端作業）	86% 14%

0　20　40　60　80　100

員工百分比

不滿意

滿意

非常滿意

資料來源：香港深圳銀行資料

個案2.6 香港深圳銀行（D）

　　1994年1月，程堅受邀對香港深圳銀行的高階決策階層報告國際交易部門的進展成果。她所簡報的內部與外部調查報告內容都造成聽眾一些不同的反應。程堅向高階決策階層解釋國際交易部門接下來要進行的工作如下：第一，向所有公司內部的員工傳達這項調查的結果；第二，組織一個專案小組對調查結果進行分析，並提供建議與行動方案執行時間表；第三，建立客戶服務的使命與工作宣言。聽到這裡，一位資深副總裁批評道：「喔！這實在是太過於技術性了！」另一位高階主管則評論道：「妳所在做的事情只是改變了員工的心智模式。五年後，我們銀行將會有優秀的員工，但客戶可能都已經不見了！」第三位資深董事認為僱請外部的管理顧問，來解決銀行內部的問題是一項錯誤的決定，他很直接了當的解釋道：「我們銀行內部具有所有的專業技能，根本就不需要找外面的人來解決我們的問題。」銀行的總裁陳肯尼在整場簡報中一直保持沈默，他聽著來自會議桌邊的不同見解，完全沒有任何的情緒起伏。最後，陳肯尼開口說道：「我想我們應該支持程堅的提案。其它各部門都曾為了相同的問題耗費許多時間、金錢、精力，但是這些部門都沒有像程堅這樣地仔細訂定專案執行優先順序與時程表。」

　　程堅還在思索著該如何訂定品質使命。這個品質使命必須非常獨特，而且還要能激勵員工士氣。根據于查理的說法，品質使命表達了銀行對客戶提供完美服務的意願。品質使命必須能定義銀行的策略，指引銀行營運的方向，還應該要幫助銀行區隔與其它競爭對手的不同。為了有一些範例參考，于查理提供程堅一些國際知名公司品質使命與品質宣言的例子（詳見【附錄1】）。然後，程堅與她的專案小組開始要面對挑戰，準備一個能反映對客戶承諾與銀行價值的品質使

命。1994年3月，在經過三次的工作研討會後，程堅與國際交易部門各事業處的主管根據客戶的期望，定義了服務策略，也就是國際交易部門的品質使命。程堅對於這項成果感到非常高興（詳見【附錄2】）。客戶對於國際交易部門的品質使命也都給予相當正面的評價。

接下來該把策略與品質使命轉化為作業標語了。國際交易部門內，有四組員工在進行品質作業標語的構思。這四個小組在四個星期內，每星期開會一次，從晚上六點進行到晚上八點。然而，在研討會進行二個星期後，其中兩組的進度非常緩慢，四個小組也無法達成共識。就程堅來看，她覺得問題出在員工對研討會的目的並不瞭解。其中一個小組的成員向程堅坦承，他不認為這是一個「真實」的程序，而只是一個「有趣的智力測驗」，但是程堅覺得銀行的策略必須透過品質使命與作業標語的建立來執行。她還覺得如果要改進服務品質，這些品質也需要被衡量，程堅解釋道：「這與一般製造業在衡量不良品個數的技術是完全相同的。」

自從程堅決定開始激勵員工士氣，已經過了一整年的時間。雖然小組成員開始失去信心，其他員工無法看到任何真實的成效，程堅仍然深信：客戶服務品質的改善將是銀行成功不可或缺的要素。

附錄1 國際知名公司品質使命與品質宣言的例子

British Telecom英國電信公司（英國）

* 我們以客戶為第一優先。
* 我們非常專業。
* 我們尊重每一個人。
* 我們是一個工作團隊。
* 我們致力於持續性的改善。

Kao花王株式會社（日本）

* 消費者的信任是花王最大的資產。
* 我們相信花王是獨樹一幟的，因為花王不強調利潤，也不強調競爭定位。花王的目標是藉由推出有效、創新、符合市場真正需要的產品，增進消費者的滿足感。
* 對消費者的承諾一直是花王企業決策的指引。

資料來源：香港深圳銀行資料。

附錄2　香港深圳銀行的品質使命

* 我們致力於成為客戶最喜愛的往來銀行與合作伙伴。
* 我們以客戶習慣的方式與客戶溝通。
* 我們歡迎所有新業務。
* 我們提供客戶直接的答案，或是建議令客戶滿意的解決方案。
* 我們與所有客戶分享我們在金融業的優越知識。
* 我們立即處理客戶的所要求的交易。
* 我們提供客戶具原創性與透明度的銀行交易。
* 我們與客戶維持長久互信、毫不麻煩的關係。

資料來源：香港深圳銀行資料。

個案2.6　香港深圳銀行（E）

MSR管理顧問公司的于查理建議程堅親自接管四個小組的工作，只找國際交易部門的各事業處主管合作定義品質標語。根據于查理的看法，身先士卒與潛移默化已是此一專案成功所必須的要素。

程堅決定依照于查理的建議，親自構思品質標語。在程堅帶頭想好一些品質標語後，她就回到幕後與于查理繼續管理四個研討小組的品質標語工作進度。六個月後，研討小組創造出下列的品質標語：

1.使客戶相信我們銀行處理其交易事項絕對萬無一失。

2.對客戶總是提供符合其個別需求的服務。

3.使客戶總是感到國際交易部門真正關心其業務，同時使客戶相信銀行必定保障其權益。

4.與客戶接觸的特定服務人員一定對客戶產業與其業務具備全盤瞭解的知識。

5.使客戶總是能以世界上的主要商業語言表達其需求。

在品質標語被定義完成以後，為了改善服務品質，達到品質標語所提到的境界，

必須衡量實際的品質水準。所需的決策是決定如何將這些標語落實於工作中，與決定採用何種程序來落實這些標語所描述的境界。研討小組決定以每個月一條標語的速度來推展專案：每位事業處主管都必須向其部屬解說品質標語的意義，並向其部屬徵求改善服務的意見，以達到標語所設定的品質境界。而後，程堅與各事業處主管每個月會面一次，討論要採用哪一位員工改善服務的意見。程堅認為向員工徵求改善服務意見的作法是極為成功的，第一項品質標語就得到120種不同的迴響。利用圖像說明的品質標語溝通活動與意見收集的

程序一起進行，同時受到採用的改善建議也會付諸實行。這些活動的目的是要向員工證明，管理階層真的會採納員工的建議，並且快速地付諸實行。

就第五項品質標語「使客戶總是能以世界上的主要商業語言表達其需求」來看，這很快就變成阻礙專案進行的一個證據，因為大部分員工欠缺使用其它外國語言的能力。因此，銀行馬上提供能增進語言能力的教育訓練課程給員工，這項應變措施受到許多客戶的注意與讚賞。

為了處理許多其它的議題，銀行建立一些跨事業處或是部門內的工作小組。就第四項品質標語「與客戶接觸的特定服務人員一定對客戶產業與其業務具備全盤瞭解的知識」來看，每當服務人員換人時，品質標語執行績效的追蹤就變得不良。因此，銀行特別建立挑選一組人，用以確保服務人員交接過程的順暢。

最後一階段的工作是建立每項品質標語達成程度的衡量指標，藉此觀察每項品質標語的進度。此外，專案小組也必須決定收集、傳送、運用資料的方法。為了執行這件工作，所有銀行內部現存的資料與統計數據都必須重新清查，以避免資料重複情形的情形發生。

就第一項品質標語「使客戶相信我們銀行處理其交易事項絕對萬無一失」來看，程堅認為這一項比其它品質標語易於定義達成程度的衡量指標與修正方式，她所選擇的第一個衡量指標是處理狀況不佳的交易數量百分比。專案小組一開始先將尚未解決的客戶抱怨個案列出來，之後每當客戶有所抱怨時，經理人員就必須撰寫簡短的報告。與處理狀況不佳之交易有關的抱怨次數會被納入特別的統計數據中，然後這些抱怨的情形會轉交外國貨幣事業處提出改進的行動對策。在品質標語建立後，根據所收到的客戶抱怨次數分析，這樣的一套機制使得專案小組知道大部分的客戶抱怨都與外國貨幣事業處有關。因此，為了能更簡便地攔截或修正錯誤的發生，外國貨幣事業處受命將所有的資料回歸中央系統管控，並且每個月必須向國際交易部門的高階主

管報告改進的情況。

　　程堅認為第二項品質標語「對客戶總是提供符合其個別需求的服務」較難達成。在反覆思考後，她決定藉由每個月進行的客戶滿意程度調查，來衡量這項品質標語的達成程度。

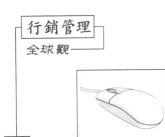

香港深圳銀行（F）

個案2.6

　　1994年9月，程堅對於她所達到的成果感到非常的驕傲。香港深圳銀行平均每位客戶的獲利大幅的增加，品質不佳的情況減少，員工的士氣也提升了。在開始執行品質服務專案兩年後，處理狀況不佳的交易數量減少了一半以上。客戶都會定期地向銀行員工道賀這項改善（更常傾聽、更加注意、更努力的解決客戶的問題）。國際交易部門員工的團隊精神大幅地提高，員工流動率也降低了。在編排了跨事業處的工作小組之後，不同事業處之間的合作情況顯著地改善。

　　幾個月後，程堅被晉升到銀行的總部內工作，銀行總裁陳肯尼打算將此一專案的成功經驗，推展到銀行集團內的其它部門。

　　然而，程堅開始有些擔心未來國際交易部門的情況。她的繼任者是否有興趣與動機，繼續維持客戶滿意程度在一定水準之上？她的繼任者是否與她一樣可以全心投入？對於她的成功，她是否太多愁善感了？

個案2.7 Computron公司

　　1994年1月，Computron公司東歐區銷售經理Thomas Zimmerman正在準備他的投標計畫，這個投標案的目的是要銷售一部1000X型的電腦給波蘭最大的化學藥品公司—Slavisky & Cie。他所面對的考驗是要決定該如何為這部電腦訂定適當的價格。如果他依照Computron公司標準的定價策略，將製造成本加上33.33％的利潤，再將運送安裝費用與進口關稅加進來，那麼這部電腦的投標價格將達到155,600美元。Thomas Zimmerman覺得這樣的投標價格可能太高，恐怕無法為Computron公司贏得這個合約。

　　Slavisky & Cie公司另外邀請了其它四家電腦製造商參與這個採購案的競標。Thomas Zimmerman從業界一個可靠的消息來源得知，其它四家投標的電腦製造商中，至少有一家打算將投標金額訂在109,000美元左右。針對這部電腦，Computron公司正常的投標價格155,600美元，比起競爭對手的投標價格高出了46,600美元，也就是43％。Thomas Zimmerman在與Slavisky & Cie公司採購副總裁談論過後，他覺得Computron公司贏得合約的唯一機會就是把投標價格壓低，而且此一壓低後的價格不得高於其它競爭對手最低投標價格20％以上。因為Slavisky & Cie公司是Computron公司最重要的波蘭客戶，所以Thomas Zimmerman特別關心這個投標案，也正努力思索該用何種定價策略參與競標。參與競標的截止日期是1994年2月1日，似乎已迫在眉睫。

Computron公司及其產品的背景

　　Computron公司是一家美國公司。1988年夏季，它在奧地利維也

納設立銷售辦公室，而Thomas Zimmerman則是銷售經理。Computron公司在西歐與東歐地區的主要產品都是1000X型電腦。

　　雖然Computron公司的1000X型電腦可以當作是一般用途的電腦，但它的設計主要是爲了解決一些特定的工程問題，且價格定位在中價位的區間。一般來說，1000X型電腦會用在化學藥品公司、公共電力公司、自來水公司、核子工程應用領域。在以上這些領域中，1000X型電腦通常用來解決化學程序控制問題，與設計和控制發電廠及核子反應爐。

　　在奧地利銷售辦公室成立的前六個月之中，它的銷售業績只有550,000美元。然而，1993年的銷售金額大幅成長，年度銷售金額達到2,500,000美元。同年，Computron公司的全世界總銷售金額大約是22,000,000美元。在東歐國家當中，波蘭是Computron公司最重要的市場之一。Computron公司1993年在波蘭市場的銷售金額是600,000美元，佔東歐地區總銷售金額的24％。匈牙利與捷克也是很重要的東歐市場，分別佔東歐地區1993年總銷售金額的22％與18％。東歐地區1993年總銷售金額其餘的36％散佈在其它各國的市場。

　　Computron公司銷售給歐洲客戶的電腦都是在奧地利製造與組裝完成，然後再運送到東歐國家安裝。因爲這些電腦都是在使用國家之外的地區製造，所以都必須負擔進口關稅。關稅的金額大小隨著各國的法令而有所不同，Computron公司1000X型電腦在波蘭的關稅稅率是進口標價的17.5％。

　　爲了要降低進口關稅，Computron公司正在波蘭Warsaw華沙附近建立一座工廠，這座工廠預定在1994年3月15日完工，將來要負責所有東歐市場的出貨。起初，這座工廠將會只負責組裝1000X型電腦，在波蘭組裝電腦可以使進口關稅的稅率從17.5％降到15％。最後，Computron公司打算利用這座工廠也製造電腦零組件。

　　新工廠占地一萬平方英呎，第一年需要員工20名至30名，預估工廠每年的製造費用大約是150,000美元。雖然在新廠完工之後，員工

的教育訓練與1000X型電腦試產機型在新廠的組裝與安裝，大約會佔據新廠二個月至三個月的產能，但是直到1994年1月，東歐地區銷售辦公室仍然沒有接到任何可以使新廠開工的組裝訂單。Thomas Zimmerman有點擔心新廠在二個月或三個月之後可能產生危機，因為除非Computron公司可以贏得Slavisky & Cie公司的投標案，否則新廠的產能將會閒置。

公司的定價策略

Computron公司一直投注心力在程序控制電腦產業區隔中，其目標在成為品質「最受肯定」的公司。公司對於能製造出業界公認最具全面性，且精確度、可靠度、彈性、操作便利性最佳的電腦，感到非常的驕傲。

Computron公司在銷售1000X型電腦時，並不打算以價格取勝。Computron公司1000X型電腦的售價通常比其它競爭對手同型產品的售價要高。雖然售價較高，但目前為止，Computron公司電腦的優越品質使得公司能在東歐與西歐地區成功地競爭。

Computron公司1000X型電腦在奧地利的一般價格明細如下：

在奧地利的製造成本　　　　（包括原料、人工⋯⋯等直接製造費用）
加上
毛利（製造成本的33.33%）　（包括淨利、研發費用、管銷費用）
運送與安裝費用
加上
進口關稅
─────────────
在東歐國家的價格

因為各國關稅稅率的不同與電腦零組件的不同（依據客戶所需的

特定用途,各部1000X型電腦的零組件也略有差異),根據上列方法
所計算的價格也會有些微的變動。以Slavisky & Cie公司現在所需的
的用途來說,Thomas Zimmerman大略計算1000X型電腦的「正常」
價格爲155,600美元(詳見【附錄1】說明的計算過程)。

Computron公司所外加的33.33%毛利率是由15%的稅前邊際淨利
率、10%的研發費用分攤率、8%的管銷費用分攤率所組成。爲了贏
得競標案而削減毛利率,將會明顯地違反公司董事會的既定政策。公
司董事會認爲削價競爭「不僅降低公司的獲利,而且對公司的品質形
象有負面影響」。因爲Computron公司在1993年的整體稅前淨利率只
有6%(1992年的整體稅前淨利率是17%),Thomas Zimmerman知道
公司總裁在此關鍵時刻非常不想壓低價格。因此,公司總裁不僅重申
他繼續維持33.33%毛利率的期盼,而且還想要進一步提高毛利率。

雖然Computron公司的政策是維持價格不變,但是Thomas
Zimmerman發現一些特別的例外情形——英國銷售辦公室爲了獲取重
要的訂單,而將毛利率降到約25%。此外,他也發現法國銷售辦公室
將某一訂單的毛利率降到只有20%。然而,Computron公司在東歐市
場從未偏離33.33%毛利率的定價政策。

客戶

Slavisky & Cie公司是波蘭最大的基本化學藥品與化學產品製造
商之一,在波蘭境內有許多化學工廠。到目前爲止,它已經購買了三
套數位電腦系統,全都是Computron公司的產品。這三套在1993年所
購買的電腦系統佔了Computron公司500,000美元的銷售金額。因此,
Slavisky & Cie公司是Computron公司在波蘭市場的最大客戶,而且佔
了Computron公司1993年波蘭市場總銷售金額的80%以上。

Thomas Zimmerman覺得過去Slavisky & Cie公司購買Computron
電腦系統的主要理由,是因爲Computron電腦系統在彈性、正確度、

整體品質所得到的良好聲譽。直到現在，Slavisky & Cie 公司管理階層對於Computron電腦系統的作業績效仍然非常滿意。

　　瞻望未來，Thomas Zimmerman 認為Slavisky & Cie 公司比起其它任何一家波蘭公司，更能代表Computron公司未來潛在業務的來源。他估計在未來一年至二年，Slavisky & Cie 公司將會需要另一批價值500,000美元的數位電腦設備。

　　Slavisky & Cie 公司現在所要採購電腦的用途是訓練新建化學工廠的員工，這項訓練計畫將持續四年到五年。在訓練計畫結束之後，這部電腦將會報廢，或是轉做其它用途。這部電腦所需的計算功能具有高度的專業性，因此不需要許多一般電腦的彈性。在對外招標公告的需求規格中，Slavisky & Cie 公司提到其選擇電腦系統的主要考量是可靠度與價格合理性，一般電腦的彈性與極度的正確性是比較次要的考量因素，因為此次採購的電腦系統只是做為訓練用，而非工作設計用。

競爭對手

　　在波蘭的中價位科技與工程用電腦市場中，大約有其它九家公司與Computron公司在競爭。四家主要公司在1993年的銷售金額佔了全產業總銷售金額的80％（【附錄2】說明各廠商的市場佔有率）。Thomas Zimmerman特別關注下列三家公司的競爭動向：

Ruhr Maschinenfabrik A.G.公司

　　Ruhr Maschinenfabrik A.G.公司是一家非常積極的奧地利公司，它最近試圖擴張在波蘭市場的佔有率，主要銷售一般用途的中等品質電腦，價格大約比Computron公司1000X型電腦的售價低了22.5％。這個22.5％的價格差異當中，有17.5％是因為Ruhr Maschinenfabrik A.G.公司的產品全部在波蘭境內製造，所以不需負擔進口關稅。到目

前為止，雖然Ruhr Maschinenfabrik A.G.公司只銷售一般用途的電腦，但是據可靠的同業消息來源指出，它現在已經在研發一款特殊用途的電腦，以贏得Slavisky & Cie公司的競標案，據說這款特殊用途電腦的售價大約是109,000美元。

Elektronische Datenverarbeitungsanlagen A.G.公司

Elektronische Datenverarbeitungsanlagen A.G.公司是一家德國公司，它最近剛研發一款一般用途的電腦，其品質與Computron公司1000X型電腦的品質不相上下。Thomas Zimmerman覺得這家公司對於Computron公司在產業中的定位是個長期的威脅者。Elektronische Datenverarbeitungsanlagen A.G.公司為了在產業中找到立足點，它以「幾近於成本」的價格銷售其第一部電腦。然而，從那以後，它旗下產品的售價就只比Computron公司的電腦售價少掉進口關稅而已。

Digitex公司

Digitex公司是一家波蘭當地的公司，它在波蘭設有可製造完整電腦產品線的生產設備與廠房，它的產品品質勉強可以與Computron公司1000X型電腦的品質相較。事實上，Digitex公司常常採用削價競爭的戰術，它旗下產品的售價有時甚至比Computron公司1000X型電腦的售價低了50％。雖然兩家廠商的產品價格差異如此巨大，但因為Computron公司1000X型電腦的功能優越性，所以Computron公司仍可以成功地與Digitex公司競爭。

Thomas Zimmerman並不會特別擔心其它的競爭者，因為他不認為其它競爭者的實力足以影響Computron公司在電腦產業的地位。

波蘭中價位電腦市場

Computron公司估計現在波蘭中價位電腦市場的年度營業金額大

約是2,000,000美元。Thomas Zimmerman認為未來幾年這個市場將會以每年25％的成長率擴張。就1994年來看，他手頭上已經確認的訂單價值約650,000美元（明細表如下）：

Slavisky & Cie公司

Warsaw華沙工廠	US$150,000
Pruszkow工廠	125,000
Gdansk格但斯克工廠	75,000
Central Power中央電力公司	220,000
Polish Autowork波蘭汽車公司	80,000
總計	US$650,000

這些已經確認的訂單直到春季末或是夏季初才必須動工。

競標案的截止期限

基於這許多消息與考量，Thomas Zimmerman正思索著該如何為Slavisky & Cie公司競標案決定適當的投標價格。參與Slavisky & Cie公司競標案的截止期限是1994年2月1日，這一天距離現在已經不到二個星期，他知道在未來幾天內一定要做出決定了。

附錄1　根據「正常」計算方法，Slavisky & Cie公司
　　　　所需1000X型電腦的預估價格

製造成本	$ 96,000
毛利（製造成本的33.33％）	32,000
奧地利的價格	128,000
進口關稅（奧地利標價的15％）	19,200
運送與安裝費用	8,400
一般的總價	$155,600

資料來源：Computron公司資料。

附錄2　1993年波蘭中價位科技與工程用電腦市場的
　　　各廠商市場佔有率

公司名稱	預估銷售金額	百分比
Computron公司	$600,000	30.0%
Ruhr Maschinenfabrik A.G.公司	400,000	20.0%
Elektronische Datenverarbeitungsanlagen A.G.公司	250,000	12.5%
Digitex	350,000	17.5%
其它六家公司（合併計算）	400,000	20.0%
總計	$2,000,000	100.0%

資料來源：Computron公司資料。

個案2.8　Pharma Swede瑞典藥品公司

　　瑞典藥品公司位在瑞典首都斯德哥爾摩。Bjorn Larsson是瑞典藥品公司的總裁特別助理，也是產品定價與政府關係部門的主管。他正在研究未來歐洲聯盟EU（European Union）修改法規後，Gastirup這種藥品在義大利預期會受到的影響。Gastirup是一種治療胃潰瘍的藥品。自從六年前Gastirup在義大利推出以來，這項創新的產品已經在胃腸潰瘍藥品類別達到非常可觀的市場成功。然而，市場上的成功是由此一藥品的低廉定價所換取的，而它的定價比歐洲其它同類藥品的一般價格便宜許多。政府健康保險局以補貼制度來幫助病患醫藥費用的支出，若是Gastirup的價格提高，將會不符合政府補貼制度的規定。Gastirup在義大利的政府議訂價格比起歐洲地區的平均價格低了46％。

　　由於將來歐洲各國之間的貿易障礙都會消除，所以Bjorn Larsson非常關切Gastirup可能受到的嚴重打擊，因為Gastirup可能會被一些商人以平行輸出的貿易方式，從義大利運送到其它定價較高的歐洲國家。此外，由於歐洲各國健康保險局之間的相互協調越來越頻繁，歐洲聯盟各國在未來幾年內的價格差異將會縮小。這些情勢的發展強化了在歐洲地區採行一致性定價政策的必要性。

　　Bjorn Larsson身為產品定價與政府關係部門的主管，他的職責正是向公司高級管理階層與義大利當地管理幹部建議應採取的行動，以減輕Gastirup潛在的年度虧損程度，這筆虧損的金額預估在二千萬到三千萬美元之間。在所有列入考慮的可行方案之中，最極端的方法是完全放棄廣大且正在成長的義大利市場，改將產品的銷售重點放在歐洲的其它地區。最近幾年，Gastirup在義大利市場的銷售金額成長到二千七百萬美元，佔Gastirup在歐洲總銷售金額的22％。另一個可行

方案是將Gastirup的價格調高到與其它較高價國家的價格一般程度，如此將會使得Gastirup從義大利政府的補貼制度中移除，而這項行動很有可能使Gastirup在義大利的銷售金額降低80％。還有一個可行方案是在歐洲司法法庭採取法律行動，控告義大利政府補貼制度的不當與其議訂價格所造成的自由貿易障礙。最後，公司也可能採取「等等看」的態度，延緩所有明確的行動，直到未來歐洲聯盟修改法規的影響程度較明朗化時，在針對此一問題做重要的決定。

公司背景資料

Pharma Swede瑞典藥品公司於1948年在瑞典首都斯德哥爾摩成立，它一直專注於醫藥本業的經營。公司雇用超過二千名員工，去年的總銷售金額是七億五千萬美元，獲利為五千萬美元。銷售金額由三種產品線所構成：荷爾蒙類產品（20％）、腸胃潰瘍類藥品（50％）、維他命類產品（30％）。Gastirup屬於腸胃潰瘍類藥品，且佔瑞典藥品公司大約一億二千萬美元的銷售金額（詳見【附錄1】的瑞典藥品公司銷售金額明細表）。

國際營運活動與組織

Pharma Swede瑞典藥品公司在西歐地區11個國家設有分支機構，其銷售金額佔公司總銷售金額的90％。其餘10％的銷售金額來自於設在美國、日本、澳洲的小型辦事處。

由於藥品的研發成本相當高，且品質控制的要求極為嚴格，所以瑞典藥品公司將研發活動與主要成分的生產活動全部集中到斯德哥爾摩總部。因為總部承擔了公司許多的功能，雖然瑞典市場的銷售金額只佔公司總銷售金額的15％，但是公司有60％的成本支出發生在瑞典。此外，由於各國醫療政策的問題，瑞典藥品公司有時必須將部分的生產製造功能下放到各國。因此，有許多瑞典藥品公司在各國分支

機構的生產製造活動，就是將其它化合物與瑞典總部所製造的主要成分合成最終產品，並包裝出貨。

瑞典藥品公司針對其在市面上販售的產品線，建構了產品管理型態的組織（詳見【附錄2】）。對於新開發的藥品，產品管理的功能要到臨床實驗第二階段才會啟動，因為此一階段才必須決定新藥品要在何處與應該如何上市（詳見【附錄3】說明新藥品開發的各個階段）。位在總部的產品管理人員除了必須決定新產品在哪幾個國家推出以外，也必須檢視不同的產品定位與各種定價方案可能造成的結果，還要決定產品的包裝方式與劑量。此外，產品管理人員也可以決定品牌與定價策略、藥品包裝盒內說明書的基本用藥資訊（包括藥品的用量、適用症狀、可能的副作用……等）。正如同一位產品經理所描述，位在斯德哥爾摩的行銷部門負責擬定新產品推出的基本策略，並預估新產品在全世界的潛在市場佔有率。然而，各國的分支機構可以決定在其市場是否採用行銷部門所研擬的策略。

舉例來說，治療胃潰瘍藥品的領導品牌是Tomidil，而瑞典藥品公司總部管理階層正是將旗下產品Gastirup定位為對抗Tomidil的藥品。Gastirup所強調的重點是提供優良的生活品質與每一錠可以持續24小時的藥效。義大利分支機構的管理階層為了使Gastirup能順利打入義大利市場，在徵得斯德哥爾摩總部的同意之後，將新藥品Gastirup的名稱改為Gastiros，並且推出適合當地的行銷活動，強調Gastiros比起Tomidil更具優點之處，攻擊Tomidil這種口服錠每天必須服用二次或三次。

根據不成文的規矩，瑞典藥品公司總部很少介入各國市場的運作，總部將其角色定位為提供各國分支機構技術與管理支援的輔助者，而由各國分支機構負責當地的盈虧狀態。

產品定價與政府關係

位在斯德哥爾摩總部的產品定價與政府關係部門是瑞典藥品公司

最近新成立的單位。當分支機構的管理階層與各國政府健康保險局議訂藥品價格及病患補貼制度時，總部的產品定價與政府關係部門必須負責準備會談基本要領，使得會議過程能順暢地進行。這個部門可以區分為二個單位：政府關係單位與產品定價單位。政府關係單位的人員負責追蹤正在發生的政治事件，並且針對某些社會議題擬定公司應採取的談判立場，比方說是藉由將生產製造活動轉移到使用產品的各國，以增加當地的就業機會。

Bjorn Larsson擔任主管之產品定價部門的角色是決定新產品的「最適當」價格。Bjorn Larsson認為一個最適當的價格並不一定是很高的價格，但卻是每個市場價格—數量關係的一個函數。一個最適當的價格也反映了所有替代方案的成本，這項成本包括選用競爭對手的產品、其它替代的治療方式（像是手術）、不施予治療對社會和政府所造成的直接與間接成本。以上這三種衡量標準能夠量化一個產品的成本效益性，也就是政府當局所說的「治療的金錢價值」。

在與政府健康保險局議訂產品價格時，使用成本效益性的資料已是醫藥產業最近的發展趨勢，而這些成本效益性的資料正好對應到政府公共衛生機構越來越高的成本敏感度。關於經濟性的實驗，一開始只在斯德哥爾摩進行藥物療效與社會經濟利益的衡量，但在與各國政府會談的過程中，這些經濟性的實驗一直在各國境內重複的進行。就Bjorn Larsson的觀點來看，最近對於「不施予治療所產生之成本」的量測結果正變成一個重要的因素。他認為當一個政府在決定是否應該以補貼的方式來購買藥品時，政府對於疾病所造成之直接與間接成本是否有全盤性的理解扮演著關鍵的角色。根據產業分析師的觀點來看，針對政府健康保險局的行銷活動在最近幾年變得非常重要，因為健康保險局對於藥品價格的審定非常的慎重（詳見【附錄4】對於產品定價與政府關係部門的描述）。

醫藥產業

全世界將近有一萬家公司在競逐醫藥產業一千八百億美元的市場。醫藥產業的銷售金額主要集中在北美洲、西歐地區、日本。這三大區域內的前一百大醫藥公司幾乎佔了整個產業所有銷售金額的80％，西歐地區估計約佔總銷售金額的25％。

根據藥品的販售方式與其治療的用途，產業會將醫藥產品分類。就販售方式來說，醫藥產品的銷售可以區分為二大類：醫師處方藥品、成藥（OTC）。醫師處方藥品佔全世界醫藥銷售金額的五分之四，其銷售金額成長率為每年10％，這種藥品必須有醫師的處方才可以販售。醫師處方藥品又可分為原廠牌藥品與原始專利期限到期後的仿製藥品。成藥（OTC）不需醫師處方即可購買使用，同樣也可分為原廠牌藥品與仿製藥品，像阿斯匹靈、感冒咳嗽糖漿、蟻酸類藥品都是成藥。Pharma Swede瑞典藥品公司的醫師處方藥品銷售金額佔總銷售金額90％以上。

醫師處方藥品也會依據治療用途加以分類，其中腸胃用藥是第二大分類，約佔醫藥產業總銷售金額的15％。在腸胃用藥分類中，還有許多較細的區隔，比方說是治療胃腸潰瘍的藥品（用來控制與治療消化道的潰瘍）、治療腹瀉的藥品、清通腸胃的藥品。治療胃腸潰瘍的醫師處方藥品去年在全世界的銷售金額為七十億美元，且每年的業績成長率為18％，比起醫師處方藥品的整體成長速度要快。

歐洲的趨勢

就如同世界的趨勢一般，有許多因素預期會對歐洲醫藥產業的未來產生影響，這些因素包括人口老化、研發與行銷成本的提高、專利期限到期後的仿製藥品競爭越來越激烈、政府預算的緊縮。

人口老化

　　歐洲地區人口數的停滯現象逐漸轉變爲人口老化的問題。預估年齡超過55歲的人口數會持續增多，從原本佔總人口數不到25％的比率，到2025年將會佔到總人口數的33％與40％之間。預估年齡低於30歲以下的人口數將會持續減少，從原本佔總人口數約40％的比率，降到剩下30％。「白髮歐洲」的現象對於藥品消費量預期將有二項持續性的效應。第一，針對幼童與年輕人的一般常用藥品銷售成長預期會趨緩；第二，藥品公司針對年齡漸增所導致相關疾病（像是癌症、高血壓、心臟血管疾病）的藥品銷售活動，預期將會使此類藥品需求成長。

研發與行銷成本的提高

　　研發費用包括確認每一新試劑的成本，與將新試劑引入市場所需進行的所有試驗成本。一般來說，每一萬種經過合成與試驗的試劑之中，只有一種試劑可以通過臨床實驗，出現在藥品市場上。從臨床前研究階段直到藥品在市場上推出，每一種藥劑的平均研發成本估計約二億美元。醫藥產業分析師估計研發費用平均約佔總銷售金額的15％，有些公司甚至會投入總銷售金額的20％在新藥品的研發工作上。針對較複雜疾病（像是癌症）的藥品研發工作、耗時甚久的臨床實驗與政府機關登記註冊程序，都是最近研發成本增加的原因。

　　因爲醫藥產業的競爭程度漸趨激烈，行銷成本也隨之增加。七年前，藥品公司平均花費總銷售金額的31％在行銷與管理活動上。現在，藥品公司平均花費總銷售金額的35％在行銷與管理活動上，而且這個比率還在上升中。針對推出新藥品的行銷活動，據說有些公司甚至史無前例地花費五千萬至六千萬美元。

專利期限到期後的仿製藥品競爭越來越激烈

　　仿製藥品完全仿製專利已到期的原廠牌藥品。「仿製」藥品正如同名稱所隱含的意義一般，其價格比起專利已到期之原廠牌藥品的價

格還要低了許多，通常都不是由原本的發明藥廠銷售。仿製藥品與專利已到期的原廠牌藥品之間，價格差距可能大到十倍。根據藥品治療用途的不同，專利期限到期後的仿製藥品約佔歐洲醫師處方藥品總銷售金額的5％到25％之間，預期將來仿製藥品的比率還會成長。舉例來說，專利期限到期後的仿製藥品在英國的銷售金額已經成長到大約是國家醫療總預算的15％，且在未來五年內，銷售金額預計達到預算的25％。為了要壓低成本，許多歐洲國家政府的醫藥主管單位都會加重對醫師所施加的壓力，希望醫師處方能使用專利期限到期後的仿製藥品，而不要使用昂貴許多的原廠牌藥品。

政府預算的緊縮

　　政府單位是影響歐洲醫藥產業最大的力量。政府健康保險局與民間保險公司總共支付約三分之二的醫療成本。舉例來說，在義大利有64％的醫師處方藥品費用是由政府醫療保健系統負擔。在德國、法國、英國，由政府醫療保健系統負擔醫師處方藥品費用的比率分別是57％、65％、75％。這些比率在過去二十年一直在增高。

　　歐洲國家的政府正好面對兩股相對的壓力：一方面要維持高品質的醫療服務；另一方面要試著減低醫療服務支出對於預算所造成的沈重負擔。根據醫藥產業分析師的說法，影響藥品價格的因素不僅越來越趨向政治面的議題，而且也含括經濟面的議題。

　　果不其然，歐洲國家政府的醫藥主管單位為了解決上述的兩難問題，非常鼓勵醫師使用專利期限到期後的仿製藥品，以降低日漸增加的健康保險成本。事實上，在政府醫藥主管單位介入與專利期限到期後的仿製藥品推出之前，享有盛名的原廠牌藥品即使失去專利的保護（像是Librium與Valium鎮靜劑），多年來仍能維持原有銷售金額的80％。但是近來的市場狀況有所改變，原本具有專利的原廠牌藥品在專利保護過期後，其銷售金額很有可能在二年內就降到原本的一半。

Gastirup

潰瘍及其治療方式

雖然醫學界尚無法有全盤的理解，但胃液（包括胃酸、胃蛋白酶、各種型式的黏液）會刺激胃壁與小腸的黏膜的事實，使得急性潰瘍這種疾病常常可以在周遭親友的身上發現。在一些嚴重的病例中（即一般所熟知的消化系統潰瘍），潰瘍對人體的傷害會延伸到器官外壁，導致慢性發炎與出血的症狀。生活壓力沈重的中年男子被認為是潰瘍疾病的高危險群。

潰瘍有四種不同的治療方式：蟻酸類藥品、H-2抑制劑、減緩消化劑、手術。蟻酸類藥品含有碳酸氫鈉（小蘇打）與碳酸鎂的成分，可以中和胃酸，並減輕人體的不適。一些比較常見且含有蟻酸的成藥（OTC）產品有Rennie與Andursil兩種。相反地，H-2抑制劑（像是Ranitidine）可以藉由抑制胃酸分泌細胞的活動，來減低胃酸的濃度。另一方面，減緩消化劑的功能是藉由減緩胃部變成空虛的時間，來減少胃酸的分泌，同時降低潰瘍所造成痛苦的頻率與嚴重程度。最後，手術只會在最嚴重的潰瘍病例中使用，這種病例的潰瘍嚴重程度已經造成胃穿孔，而且潰瘍已無法對藥物治療產生反應。

非手術型的潰瘍治療方法在全世界估計有八十億美元的市場，其中大部分的銷售業績會分佈在北美洲（30％）、歐洲（23％）、日本（5％），而H-2抑制劑與蟻酸OTC成藥分別佔市場總銷售金額的61％與12％。

滲透性口服藥藥量釋放治療機制OROS

八年前推出的Gastirup是Pharma Swede瑞典藥品公司第一種治療潰瘍類病症的藥品，它的主要成分是Ranitidine（H-2抑制劑的一

種）。在Ranitidine專利保護期限到期的那一年，它就變成一種廣受仿製的化合物。Ranitidine的專利擁有者與原始製造商Almont公司是一家美國公司。

Gastirup與其它H-2抑制劑（包括由Almont公司與其它公司所製造的Ranitidine藥錠）不同的地方，不在於藥品的主要成分，而在於一種稱爲「滲透性口服藥藥量釋放治療機制OROS」的藥量管理方法。就一般藥錠或是藥水來說，病患每天必須服用數次，才能發揮療效；但是病患若服用「滲透性口服藥藥量釋放治療機制OROS」的藥錠，則每日只需服用一次。OROS藥錠的薄膜經過精密雷射光束鑿出一個開口，這個特別設計之開口的作用是在長時間以一定的速度來釋放藥量。藉由調整薄膜組織的表面、厚度、藥量釋放開口的大小，藥量釋放的速度可以配合不同的治療需求而調整。此外，藥量釋放的時間也可以設定在吞下藥錠後的某些特定時間點。因此，藥量釋放的時間可以正好與藥錠到達上胃部或下胃部潰瘍區域的時間相同。（詳見【附錄5】對於OROS的簡要說明與圖解）

採用OROS治療機制的藥錠比起其它藥錠有許多的優點。首先，因爲藥量以穩定的速度釋放，所以此種藥錠可以防止一般藥錠或藥水常見的「藥效過強」與「藥效過弱」效應。而且，藥量釋放時間的特性也能防止肝臟與腎臟的負荷過重。此外，因爲置入OROS藥錠薄膜內的藥品必須不含任何雜質，所以這種藥錠的品質非常穩定，且保存期限也比較長。Pharma Swede瑞典藥品公司的管理階層認爲，病患若是選用OROS治療機制的藥錠，不僅可以減少看病的次數與投注在醫療的心力，還可以爲保險公司與政府節省醫藥成本。

因爲「滲透性口服藥藥量釋放治療機制OROS」本質上不是一種藥品，而是一種藥量管理的替代方法，所以這種機制必須與特定的藥品搭配販售。瑞典藥品公司販售三種運用OROS藥量釋放機制的藥品。Gastirup是公司唯一使用OROS治療機制的腸胃潰瘍類藥品，公司其它二種使用OROS治療機制的藥品屬於荷爾蒙類產品。瑞典藥

公司的管理階層認為，運用OROS藥量釋放機制是一種改善產品的新嘗試，這種改善產品的方法不需要改變藥品的分子結構（硬體），而是要改變藥品的「軟體」。而這種改變藥品「軟體」的方法不僅容易執行，而且能使病患覺得更舒適。

因為Ranitidine的製造程序非常複雜，而且不管是在瑞典還是在其它國家，這種原始專利期限到期後的仿製藥品到處都有許多供貨廠商，所以Gastirup的主要成分Ranitidine並不是由瑞典藥品公司自行生產。Gastirup的OROS藥錠則是由瑞典藥品公司在瑞典製造；產品最終包裝工作（含藥品使用說明書的放置）則在各個歐洲國家完成，包括義大利。

專利保護

滲透性口服藥藥量釋放治療機制OROS是由一家美國公司—Anza公司所發明的，這家專長於研究藥量釋放機制的公司也取得OROS機制的美國專利。Anza公司也在歐洲各國分別申請專利。專利所提供的保護有二方面：第一種是OROS這個藥量釋放機制本身；第二種是使用OROS治療機制的特定藥品。OROS這個藥量釋放機制本身在歐洲聯盟各國的專利將在明年到期。對於使用OROS治療機制來包裝Ranitidine的Gastirup來說，較重要的專利是第二種。第二種專利只授權Pharma Swede瑞典藥品公司在歐洲使用OROS治療機制，十年內這項專利在歐洲各地也將到期。

雖然瑞典藥品公司銷售一種以上的OROS藥錠，但Anza公司只提供OROS治療機制與Ranitidine結合應用的授權。過去幾年來，有許多公司嘗試研發類似的機制，但都沒有什麼成果。要設計一套藥量釋放機制，且沒有侵犯到Anza公司的專利，這需要極度專業的薄膜科技知識，而這種知識的專業程度只有少數幾家公司具備。

競爭情勢

　　一般來看，所有潰瘍的治療方式都在相互競爭。但是，Gastirup主要的競爭壓力來自於H-2抑制劑，特別是Ranitidine。自從Ranitidine專利保護到期，可以容許仿製藥品出現以後，有許多歐洲公司與美國公司都在製造Ranitidine。儘管競爭越來越激烈，但是Ranitidine的美國原廠製造商Almont公司，仍在全世界Ranitidine藥品市場保有一定的佔有率。

　　Almont公司二十年前在美國首次推出Tomidil的品牌。僅僅在兩年後，這項產品就已經在90個國家銷售，在各國的市場佔有率從42％到90％。Tomidil很快地被藥品市場接受，且被許多人認為是市場上最成功的新藥品，其受歡迎的主要原因是對於潰瘍治療的藥效良好，且沒有太多副作用。Tomidil大幅減低原本需要手術治療的病例，據估計減少的病例數量達到三分之二。Pharma Swede瑞典藥品公司將Tomidil成功的其它原因歸納為中央集權式的全球行銷規劃與協調、鉅額的行銷預算、在每個國家都將重點放在對意見領袖的促銷活動。雖然之前Almont公司在潰瘍類藥品市場並不以其藥品而聞名，公司也少有國際化的經驗，但是Tomidil的成功幫助Almont公司變為潰瘍類藥品市場的主要跨國公司。

　　就瑞典藥品公司管理階層的觀點來看，Tomidil的定價是採用一種「掠奪消費者剩餘」的策略。以每日的治療成本為基礎，一開始Tomidil的價格設定為市場上蟻酸類藥品平均價格的五倍。然而，經過一段時間以後，Tomidil的價格降為蟻酸類藥品價格的三倍。八年前，Tomidil的價格更進一步降為蟻酸類藥品價格的二倍。現在，以相同的劑量來比較，含有Ranitidine成分且與Tomidil競爭的藥錠，其平均價格大約比Tomidil的價格低20％。Tomidil在歐洲含有Ranitidine成分的藥品之中，其市場佔有率為43％。

　　瑞典藥品公司管理階層並不把蟻酸類藥品與減緩消化劑視為直接

的競爭對手，因為蟻酸類藥品只能提供病患暫時的抒解，而減緩消化劑又有潛在的嚴重副作用。

結果

Gastirup去年在歐洲的銷售金額達到一億二千萬美元，佔醫師處方／治療潰瘍藥品市場總銷售金額的7％（詳見【附錄6】說明幾種主要治療潰瘍藥品在歐洲各國藥品市場的銷售金額與佔有率）。

定價

Gastirup的定價策略與產品的定位有關，所以其價格比較昂貴。因為Gastirup可以提升病患的生活品質，而且每一劑量的藥效可以提供病患24小時的保護，所以與Tomidil和其它含有Ranitidine成分的藥錠相比，Gastirup被定位為更優異的替代藥品。病患如果選用其它競爭廠牌的藥錠，每天必須服用二次或三次；但若選用Gastirup的藥錠，每天只需要服用一次。對病患來說，隨時攜帶藥品在身邊實在是一件不方便的事，所以若是病患選用Gastirup藥錠，忘記服藥的風險就會降低。因為Gastirup藥錠這些獨特的優點，加上為數眾多的國際臨床試驗證實，Pharma Swede瑞典藥品公司的管理階層相信，使用Gastirup藥錠將會使治療的過程加速，並且降低手術的需求。Gastirup在歐洲的定價比起Tomidil的定價高出一段距離，比起專利期限到期後的仿製藥品價格高出更多（詳見【附錄7】說明Gastirup與Tomidil在歐洲各國的零售價格比較）。

歐洲聯盟會員國的醫藥定價制度

大部分歐洲聯盟會員國的藥品定價都必須經過一連串的議價程序，每一個會員國都有主管機關規範公共保險補貼制度的醫藥價格。站在政府的角度來看，醫藥產品的價格應該與其所能提供的效益相匹

配。雖然一般常用的定價基準包括藥效、藥品品質、安全性、病患的舒適性,但歐洲國家的政府越來越重視「成本效益性」,也就是價格與藥品治療優點的相關程度。在醫藥主管機關多樣化的衡量基準當中,藥品生產的本土化是一個重要的因素。因為每個國家的藥品定價政策各有不同,同一藥品在歐洲各地的價格也不可避免地有所差異。

對於新藥品來說,當藥品在國家醫藥主管機關登記註冊之後,與政府的議價程序就會展開。議價的程序可能持續數年,最後有三種可能的結果:無法達成價格協定、提供部分的價格補貼、提供全額的價格補貼。在無法達成價格協定的情況下,大部分的歐洲聯盟會員國都允許藥品公司自由地推出新藥品並設定價格,但是病患使用此種藥品的費用不包含在健康保險給付範圍內。在許多歐洲聯盟的會員國內,沒有接受任何政府價格補貼的藥品在市場上居於絕對的劣勢。接受部分與全額價格補貼的藥品比較容易出現在醫師處方上,因為病患不需負擔全部的藥品費用。原本即在市場上流通的藥品若要進行價格調整,也需要經過相同的議價程序。

一旦達成部分或全額價格補貼的協定,此一藥品即列入補貼制度(也稱為「正面表列清單」),醫師即可根據此一清單在處方上開藥。歐洲聯盟會員國中,有兩國採用不同的作法,荷蘭與德國使用的是「負面表列清單」,也就是只將未接受政府價格補貼制度的藥品列在清單上。醫藥專業人士一般都認為,列在價格補貼清單上的藥品比起沒有列在價格補貼清單上的藥品還要好(詳見【附錄8】說明歐洲聯盟會員國的藥品定價政策與價格補貼制度)。

Gastirup在義大利的定價過程

藥品定價在義大利是一件特別困難的工作,因為醫療成本就已經佔義大利國內生產毛額GDP的8%,也佔政府社會福利預算的三分之一。政府為了控制醫療成本,不得不採行嚴格的藥品價格管制與價格補貼制度。Pharma Swede瑞典藥品公司的管理階層認為,義大利藥

品市場是一種「成本加成」的環境。在「成本加成」的環境下，藥品的定價與藥品的生產成本有非常密切的關係，而藥品的治療價值則與藥品的定價較不相關。

八年前，瑞典藥品公司駐義大利辦事處第一次為Gastirup提出價格補貼的申請，當時所提報的零售價格為每盒33美元（內含十粒400毫克的藥錠）。以每日的治療成本來比較，Gastirup的價格是3.30美元，而Tomidil的價格是1.35美元。雖然Gastirup在義大利所提報的價格，比起Gastirup在歐洲聯盟會員國的平均零售價格還要低25％，但是義大利的醫藥主管機關仍拒絕將Gastirup列入藥品補貼制度的「正面表列清單」中。義大利的醫藥主管機關認為，Gastirup所能提供的醫療優點（包括每日只需服用一次的特性）並不足以使其價格超出Tomidil在義大利的價格甚多。Tomidil是義大利藥品補貼制度「正面表列清單」的一份子，Tomidil與其它含有Ranitidine成分的仿製藥品都是在義大利當地生產製造，而Gastirup則是在瑞典製造、義大利包裝。

儘管提出藥品價格補貼的申請遭到義大利醫藥主管機關的拒絕，瑞典藥品公司仍決定在沒有價格補貼的情況下，在義大利推出Gastirup藥錠。瑞典藥品公司管理階層希望能在歐洲最大的藥品市場之一，及早建立灘頭堡。因此，Gastirup在義大利推出時的零售價格是每盒37美元（內含十粒400毫克的藥錠），而藥品名稱也改為Gastiros。這樣的零售價格轉換為每日治療成本是3.70美元，比起Gastirup在歐洲聯盟會員國的平均每日治療成本還要低16％，但卻幾乎是Tomidil在義大利每日治療成本的三倍之多。

義大利藥品市場對於Gastiros的反應，比起瑞典藥品公司管理階層當初的期望還要好。在一連串針對醫護人員與病患所進行的密集促銷活動之後，Gastiros每個月的銷售金額達到五十萬美元，市場佔有率為2％。同時，義大利的醫藥主管機關收到越來越多來自於醫師與病患的請求，他們希望Gastiros能夠列入藥品補貼制度的「正面表列

清單」。瑞典藥品公司的管理階層相信，這些請求會對義大利的醫藥主管機關施加逐漸變重的壓力。

　　當Gastiros在義大利推出九個月之後，瑞典藥品公司駐義大利辦事處打算與醫藥主管機關進行第二回合的議價程序，公司再次為Gastiros提出價格補貼的申請，此次所提報的零售價格為每盒31美元（內含十粒400毫克的藥錠）。這樣的零售價格轉換為每日治療成本是3.10美元，比起Gastirup在歐洲聯盟會員國的平均每日治療成本還要低30％。此一價格再次被義大利的醫藥主管機關判定太高，因此申請又遭駁回。兩年後，瑞典藥品公司管理階層三度提出藥品價格補貼申請，Gastiros也終於以每盒24美元的零售價格得到政府的全額價格補貼，自此Gastiros的零售價格就沒有變動過。

　　在Gastiros列入藥品補貼制度的「正面表列清單」之後，此一藥品在義大利不僅銷售金額大幅增加，在H-2抑制劑的市場佔有率也顯著擴張。目前，瑞典藥品公司在義大利的總銷售金額是二千七百萬美元，佔義大利藥品市場銷售金額的7％。Gastiros是瑞典藥品公司駐義大利辦事處最重要的產品，其銷售金額幾乎佔辦事處總銷售金額的四分之一。

　　如同在其它國家一般，瑞典藥品公司在義大利也是透過藥品批發商，對藥房配銷產品。藥房一般的邊際獲利率是30％。瑞典藥品公司駐義大利辦事處將Gastiros賣給藥品批發商的價格是每盒15美元（內含十粒400毫克的藥錠），對於駐義大利辦事處的邊際獲利貢獻是每盒3美元，其中已扣除必需支付瑞典總公司將每顆400毫克Gastirup藥錠出口到國外的成本1美元。這樣的轉撥計價方式在全歐洲都一樣。換句話說，每一顆從瑞典出口到歐洲其它國家的Gastirup藥錠，都為瑞典總公司增加了0.7美元的邊際獲利貢獻。至於生產Gastirup藥錠的變動成本則包括原料採購成本與支付Anza公司的授權費用。

消除貿易障礙

因為歐洲聯盟各會員國之間的貿易障礙逐漸移除，Pharma Swede 瑞典藥品公司管理階層相信，未來會影響歐洲醫藥產業的兩項重要議題是藥品定價方式與藥品製造地。在過去，不論是特意還是巧合，許多政府醫藥主管機關在衡量藥品成本效益時，都有一些保護主義的考量，這也造成各國之間的貿易障礙。舉例來說，某國醫藥主管機關可以拒絕藥品公司所提出的價格補貼申請，除非接受價格補貼的藥品公司答應在當地製造產品。根據歐洲聯盟現行的規定，這樣的行為被視為違法的貿易障礙。

為了反制這種貿易障礙，藥品公司可以對當地政府醫藥主管機關採取法律行動，向歐洲司法法庭提出訴訟。在歐洲醫藥產業協會（EFPIA）的支持下，藥品公司可以對違反歐洲聯盟規定的政府醫藥主管機關提出告訴。過去十年來，雖然藥品公司贏得12次的訴訟，但是纏訟的程序有時長達七年之久，且最終判決結果常常不太公正，藥品公司所獲得的價值也只是暫時性的。即使貿易障礙已經移除，許多藥品仍存在本土化生產模式與藥品議價程序掛勾的情形。

根據歐洲聯盟一項稱為「透明化法案」（Transparency Directive）的規定，政府的定價決策必須公開讓藥品公司檢閱。因為歐洲聯盟各會員國之間的藥品價格管制與補貼制度不太相同，同一藥品可能在各國之間相互流通，這項法案的目的就是要消除任何對醫藥產品在歐洲聯盟會員國之間自由流通的干預。「透明化法案」要求各國政府醫藥主管機關說明其藥品定價的一般決策程序，以及每件藥品定價申請案的價格決策程序。如果藥品公司對於政府醫藥主管機關的說明感到不滿意，公司可以因為覺得受到不平等的待遇，提出藥品價格裁定的訴訟，首先向當地的法庭提出訴訟申請，然後再向歐洲聯盟理事會提出申請，最後向歐洲司法法庭申請藥品價格裁定。

此外，每當新藥品取得販售許可，或是藥品公司提出價格調整申請時，新法律要求政府醫藥主管機關儘速回應。瑞典藥品公司的新產品平均需要一年的時間才能達成價格協議。另一方面，因為各國政府醫藥主管機關的行政效率延遲，舊產品價格調整的議價程序需時二年。

另一個與歐洲單一市場啟動有關的發展趨勢是，預期未來歐洲聯盟會員國之間藥品價格與登記註冊程序的統合。瑞典藥品公司產品定價與政府關係部門的主管Bjorn Larsson與其他醫藥產業人士認為，全歐洲醫藥產品的價格差異會分成二階段縮小：第一階段是因為歐洲聯盟的「透明化法案」；第二階段是因為歐洲市場統合的影響力更為廣泛。Bjorn Larsson相信市場統合是一個漸進的過程，而歐洲單一市場的完成將在未來五年內實現。

除了藥品價格差異的縮小之外，未來歐洲聯盟的企業環境可能造就出一套適用全歐洲的醫藥登記註冊系統與統合的健康保險制度。雖然統合的醫藥登記註冊制度還未有雛形，一些醫藥產業分析師預估這套制度將在未來二年至五年內實行。各國健康保險制度的統合是一項非常複雜，且具高度政治敏感性的工作，預期這項工作至少需時五年以上。醫藥產業分析師相信在這段期間內，各國政府醫藥主管機關仍舊會為本國利益考量，持續對藥品價格監控施壓。另一方面，因為各國政府的管制解禁與內部市場趨於完整，預期橫跨全歐洲的民營保險服務項目將會增加。

平行輸入貿易所造成的問題

直到最近，歐洲醫藥產品的平行輸入貿易金額仍不到產業總銷售金額的5％。每個國家對於藥品登記註冊的程序都有不同的要求，而且藥的包裝方式必須配合各國所使用的語言，以上原因限制了某國產品配銷到鄰近國家市場的可行性。此外，根據一些Pharma Swede

瑞典藥品公司管理人員的說法，某些特定國家所製造的產品（像是義大利與法國）在其它國家的市場（像是德國與英國）具有品質不良的形象。撇開國家的情感因素不談，想要藉由平行輸入貿易方式大撈一票的經銷商必須得到各國當地政府的許可，而各國政府通常會要求這些平行輸入的產品重新包裝，以符合當地政府的規定。

平行輸入在過去只是一個小問題，但當歐洲聯盟各會員國逐步邁向統合之際，平行輸入的問題已經對藥品公司造成嚴重的挑戰，這當然包括瑞典藥品公司在內。平行輸入的貿易方式現在仍受到法律的保障。瑞典藥品公司腸胃潰瘍類藥品的產品經理Hans Sahlberg認為，各國政府的醫藥主管機關已經針對全歐洲的藥品定價與價格補貼制度進行深入的研究。對於已經在藥品市場上流通的產品來說，政府醫藥主管機關以平行輸入產品的最低價格進行補貼，已是時間早晚的問題。舉例來說，每顆Gastirup藥錠在義大利的定價為2.40美元，在德國的定價為5.40美元，這就意味著德國醫藥主管機關將可以義大利平行輸入藥品的較低價格來進行補貼。如果德國的醫藥主管機關真的採行這樣的策略，根據現有的銷售水準，瑞典藥品公司駐德國辦事處單單為Gastirup，就將損失一千七百萬美元的收益。此外，如果歐洲聯盟強制規定任一藥品在歐洲市場的價格必須統一，瑞典藥品公司將必須全面性的重新調整藥品定價策略。

Gastirup的管理決策

面對歐洲可預期的變化，Gastirup在歐洲各國的定價差異已成為Pharma Swede瑞典藥品公司管理階層的關注焦點。如果定價差異這項議題沒有妥善地處理，Bjorn Larsson與其同事相信，公司不僅會有金錢上的損失，還有名譽上的損失。（詳見【附錄9】說明Gastirup在歐洲各國的相對零售價格指數）

在研究可提供總公司高階主管與駐義大利辦事處的建議方案時，Bjorn Larsson與其部屬歸納出四種可行方案。第一種方案是將

Gastirup完全撤出義大利藥品市場，將Gastirup的銷售重心改在歐洲其它地區，這也是最極端的一個方案。採行此一方案將可以保護Gastirup在其它高獲利市場的價格。這項方案並不是Bjorn Larsson的第一選擇，因為這意味著失去二千七百萬美元的銷售金額，這也與瑞典藥品公司將所有產品販售到每一個歐洲國家的政策相違背。Bjorn Larsson覺得這樣的一個方案可能使總公司與駐義大利辦事處的爭論擴大，這也將對公司的外在聲譽造成嚴重損傷。他問道：「瑞典藥品公司這樣一家優秀的醫師處方藥品公司，如果將Gastirup撤出義大利藥品市場，公司要如何面對一般大眾的批評？」

Bjorn Larsson所建議的第二種方案是讓Gastirup退出義大利的藥品價格補貼制度。藉由提高Gastirup在義大利的零售價格，使這個價格與Gastirup在歐洲聯盟會員國的平均零售價格接近。這樣的動作會讓Gastirup從義大利政府藥品補貼制度的「正面表列清單」上移除，但所造成的銷售金額損失約是原本總銷售金額的80％。由於這種銷售金額的損失程度幾乎與第一種方案一樣，總公司並不認為駐義大利辦事處的管理人員會接受這種作法。此外，如果Gastirup真的從義大利政府藥品補貼制度的「正面表列清單」上移除，Gastirup與瑞典藥品公司在義大利藥品市場的醫藥專業形象將受到嚴重的衝擊。根據Bjorn Larsson的看法，大部分的醫師會認為列在政府藥品補貼制度「正面表列清單」上的藥品，比較具有「經濟實惠的特性」與「非使用不可的迫切性」。

義大利政府認為每位病患都應該為其自身的健康，負擔比以往更多的醫藥費用支出。若是將某一藥品從政府藥品補貼制度「正面表列清單」上移除，就等於將此藥品支出的財務負擔，從政府肩上轉移到病患的身上，如此正好與義大利政府的觀點不謀而合。因為義大利政府的醫藥主管機關越來越重視成本問題，第二種方案對於主管機關應該具有相當的吸引力。Bjorn Larsson深信，第二種方案將會受到公司派駐在藥品高價位市場（像是德國）之管理人員的全力支持，因為這

些派駐藥品高價位市場之辦事處的銷售收益，一直受到派駐藥品低價位市場（像是義大利）之辦事處的侵蝕。

然而，將某一藥品從政府藥品補貼制度的「正面表列清單」上移除，可能還會有些反效果。腸胃潰瘍類藥品的產品經理Hans Sahlberg想起一件發生在丹麥的案例：丹麥政府醫藥主管機關在將一些感冒藥與咳嗽藥從藥品補貼制度的「正面表列清單」上移除之後，受到許多來自於消費者團體的壓力，於是不得不撤回這項決定。如果瑞典藥品公司要求義大利政府醫藥主管機關將Gastirup從藥品補貼制度的「正面表列清單」上移除，可是主管機關後來若被迫撤回這項決定，瑞典藥品公司的公共形象以及在主管機關面前的地位都將遭到嚴重的打擊。

第三種方案是向歐洲聯盟理事會求助，且在必要時向歐洲司法法庭提出法律訴訟。根據Bjorn Larsson的說法，義大利政府以人為規範的方式將藥品限定在低價的範圍，這種作法使得原本是高價位的進口藥品居於明顯劣勢，而且也造成醫藥產品在歐洲自由流通的障礙。因為歐洲醫藥產業協會（EFPIA）曾經與比利時政府纏訟，並且在類似案件中贏得官司，所以Bjorn Larsson相信瑞典藥品公司將有很大的機會，在訴訟中擊敗義大利政府。但是當他越來越傾向採取法律行動時，他發現到公司循法律途徑的潛在風險，因為瑞典藥品公司從來沒有類似的訴訟經驗。

另一方面，總公司的管理階層卻相當欣賞第三種方案，因為這個方案提供一個機會，可以「一勞永逸地」解決與義大利政府之間的藥品定價爭端。然而，公司駐義大利辦事處的管理人員卻擔心任何的法律行動不只會製造怨恨，還會把未來議價程序的氣氛弄僵。無論如何，法律行動有可能持續數年之久，這對於Gastiros列為義大利藥品補貼制度「正面表列清單」的狀態，將會有不良的影響。

第四種方案採行的是「等等看」的態度，等到歐洲完全統合的結果比較明確之後再做決定。Bjorn Larsson認為在未來的二年至三年

內，歐洲聯盟各會員國政府仍將持續藥品價格控制的作法。瑞典藥品公司雖然不可能去預測未來藥品零售價格的走向，但是歐洲市場統合的壓力將會縮減同一藥品在不同國家的價格差異。公司藥品定價與政府關係部門的員工預估，雖然義大利的藥品平均零售價格會上漲15％，但是全歐洲統一定價的藥品平均零售價格將下跌10％。因此，在未來數年內，公司的管理階層可以很容易地針對歐洲聯盟的藥品價格變動進行監控，同時可以仔細地預備各種應變措施，以減少任何長期受到價格侵蝕的可能性。Bjorn Larsson覺得第四種方案的重點是「小心翼翼、步步為營」與「將所有的應變計畫準備好」，但是他不確定該準備何種特定的應變行動。

結論

Pharma Swede瑞典藥品公司的高階主管非常關注企業環境與法令改變對於公司營運所造成的影響。Gastirup是公司第一種感受到歐洲統合效應的產品，但絕對不會是最後一種。現在對於Gastirup處境所做的決策，對其它產品未來的決策將是一個重要的參考指標。Bjorn Larsson在為Gastirup評估所有可行方案時，他還必須考慮到所有利害關係人可能受到的影響，這些利害關係人包括公司駐義大利辦事處的管理人員、公司派駐在藥品高價位市場的辦事處管理人員、總公司的管理階層、義大利政府醫藥主管機關、歐洲聯盟、為數眾多的醫藥專業人士。Bjorn Larsson並不確定是否真有一種方案可以滿足所有利害關係人的關切重點。他正思索著該用何種評估準則向公司總裁提出報告，而公司總裁早已期盼他的建議趕快出現。

附錄1　Pharma Swede瑞典藥品公司銷售金額明細表
　　　　（單位：一百萬美元）

產品線	第一年	第二年	第三年（去年）
荷爾蒙類產品	90	130	150
腸胃潰瘍類藥品	175	205	225
維他命類產品	200	290	375
總計	465	625	750

資料來源：Pharma Swede瑞典藥品公司資料

附錄2　Pharma Swede瑞典藥品公司部分組織架構圖

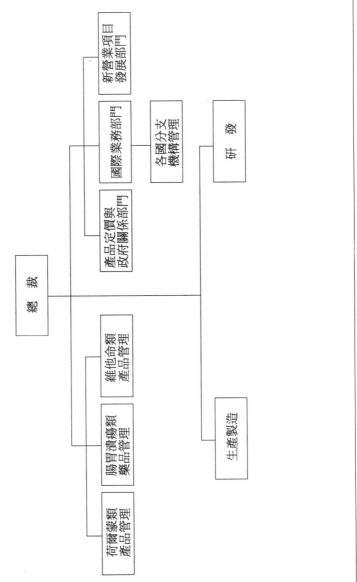

資料來源：Pharma Swede瑞典藥品公司資料

附錄3　新藥品開發的各個階段

動物試驗

針對自願受測的人類
進行小規模的健康試驗

針對所選取的病患
進行小規模的試驗

針對病患進行長期
的大規模試驗

向藥物主管機關登記
註冊，取得販賣授權許可

行銷

研究階段

大約10,000種經過合成與試驗的試劑

大約20種試劑可以進行臨床前研究

大約10種試劑可以進行臨床實驗第一階段

大約5種試劑可以
進行臨床實驗
第二階段

2種試劑可以
進行臨床
實驗第三階段

單一
藥劑

單一
藥劑

發展階段

推出階段

銷售階段

五年

十年

資料來源：Pharma Swede瑞典藥品公司資料

附錄4 產品定價與政府關係部門

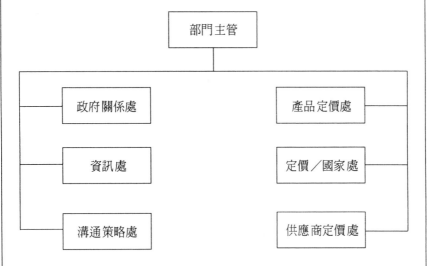

政府關係處負責為產品定價與政府關係部門觀察與發現潛在的政治問題。當情況需要時,政府關係處負責構思對應策略,並監督執行成效。

在藥品研發階段,產品定價處負責新藥品的登記註冊程序。

資訊處以各國或全世界為單位,負責蒐集與分析所有關於政府醫藥政策的資訊。

在藥品定價決策過程中,定價/國家處負責維持並提供一個令人滿意的議價環境。

溝通策略處負責向產品定價與政府關係部門建議產品策略,並提出溝通計畫。

供應商定價處負責監控零售價格,並與公司的批發商維持良好的關係。

資料來源:Pharma Swede瑞典藥品公司資料

附錄5 滲透性口服藥藥量釋放治療機制（OROS）

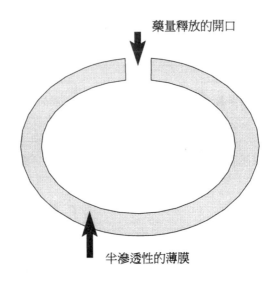

藥量釋放的開口

半滲透性的薄膜

雖然使用OROS治療機制的藥錠與一般正常的藥錠看起來都相同，但
OROS治療機制利用滲透壓當作能量的來源，藉以控制藥錠中主要成分
的藥量釋放情形。只要OROS藥錠內還有尚未溶解的藥量，遍佈人體的
水分就可以穿過半滲透性的薄膜。薄膜內部壓力因為水分的滲入而增
高，因此藥量釋放開口會釋出薄膜內部已溶解的藥量，藉此來降低薄膜
內部的壓力。80％以上的藥量其釋放速度是一致的，其餘20％的藥量其
釋放速度會逐漸減緩。為了確保OROS治療機制的正確運作，OROS藥錠
的藥量釋放開口必須符合許多嚴格的規範。因此，OROS藥錠薄膜必須
使用精密的雷射光束來鑿孔，如此才能只移除藥量釋放開口的薄膜，而
不致破壞整個藥錠的薄膜結構。

資料來源：Pharma Swede瑞典藥品公司資料

附錄6　幾種主要治療潰瘍藥品在歐洲各國藥品市場的
銷售金額與佔有率（銷售金額單位：百萬美元）

國家	市場總銷售金額（100%）	Gastirup（市場佔有率%）	Tomidil（市場佔有率%）	其它*（市場佔有率%）
比利時	41	2	16	23
		(5)	(39)	(56)
法國	198	15	61	122
		(8)	(31)	(61)
德國	318	30	51	237
		(9)	(16)	(75)
義大利	394	27	110	257
		(7)	(28)	(65)
荷蘭	81	8	25	48
		(10)	(31)	(59)
西班牙	124	5	11	108
		(4)	(9)	(87)
瑞典	34	10	5	19
		(29)	(15)	(56)
英國	335	18	97	220
		(5)	(29)	(66)
全歐洲	1,673	120	486	1,054
		(7)	(29)	(63)

*包括專利期限已到期的仿製藥品與原廠牌藥品

資料來源：Pharma Swede 瑞典藥品公司資料

附錄7　Gastirup與Tomidil在歐洲各國的零售價格比較
　　　（每日治療所需成本）

國家	Gastirup	Tomidil	Gastirup價格超出 Tomidil價格的百分比
比利時*	$3.86	$2.47	+56%
丹麥*	5.96	3.94	+51%
法國*	3.69	2.12	+74%
德國*	5.31	3.54	+50%
希臘*	3.43	2.36	+45%
義大利*	2.40	1.35	+78%
荷蘭*	5.66	3.11	+82%
葡萄牙*	3.13	2.24	+40%
西班牙*	4.03	2.82	+43%
瑞典*	5.91	4.22	+40%
英國*	5.40	3.10	+74%

*歐洲聯盟的會員國

資料來源：Pharma Swede瑞典藥品公司資料

附錄8　歐洲聯盟會員國的藥品定價政策與價格補貼制度

國家	藥品定價政策	藥品價格補貼制度
愛爾蘭	新藥品無價格管制。	正面表列清單(推薦醫師於處方上使用) 評量基準包括： * 藥效／安全性 * 藥品的成本效益性
	醫師處方用藥的價格由PPRS （醫藥價格規範機制） 所控制，價格規範透過獲利 的控管來執行。	NHS（國家醫療服務局）處方所使用 的正面表列清單 評量基準包括： * 藥品的治療價值 * 藥品需求的迫切性
比利時	國家衛生部透過藥品的成本 結構來管制其價格。	國家衛生部所使用的正面表列清單 評量基準包括： * 藥品的治療價值與社會的興趣 * 治療所需的時間 * 每日所需的治療成本 * 替代治療方式的可行性 * 與類似藥品的價格比較 * 藥品價格給付方式共有四種：100% 　、75%、50%、40%
希臘	國家衛生部透過藥品的成本 結構來管制其價格（本國醫 藥產業的支持似乎非常重 要）。	國家社會安全部使用正面表列清單
葡萄牙	國家衛生與商業部根據下列 要項評估藥品定價及價格補 貼機制： * 本國的物價水準 * 藥品在歐洲的最低價格 * 藥品的治療價值 * 藥品的成本效益性	正面表列清單 評量基準包括： * 藥品的治療價值 * 藥品的國際價格比較 * 藥品的成本效益性
西班牙	透過藥品的成本結構來管制 其價格。	社會安全制度所使用的正面表列清單 評量基準包括： * 藥效／安全性 * 藥品的成本效益性

附錄8　歐洲聯盟會員國的藥品定價政策與價格補貼制度

國家	藥品定價政策	藥品價格補貼制度
法國	不對未列入價格補貼制度的藥品執行價格管制，其它藥品的議價程序需透過國家衛生部進行。	國家衛生部所使用的正面表列清單評量基準包括： * 藥品的價格 * 藥品的治療價值 * 藥品在法國的潛在市場 * 法國的藥品研發能力 * 藥品價格給付方式共有四種：零售價格全額、零售價格的70％、零售價格的40％、完全不給付。
盧森堡	國家衛生部對藥品執行價格管制，藥品在盧森堡的價格不得高於在原產國的價格。	正面表列清單評量基準包括： * 藥品的治療價值 * 藥品的成本效益性
義大利	CIPE（類似我國的經建會）根據藥品的成本結構提供CIP（類似我國的經濟部物價督導會報）價格管制綱要，由CIP針對列入價格補貼制度的藥品執行價格管制。	國家衛生委員會所使用的正面表列清單評量基準包括： * 藥效與藥品的成本效益性 * 藥品的創新性 * 藥品的風險／效益比值 * 義大利的藥品研發能力
德國	政府醫藥主管機關未對藥品執行直接的價格管制。	負面表列清單藥品定價制度的原則包括： * 對藥品的補貼至多只至參考價格。 * 病患自行支付藥品零售價格與參考價格的差異金額。 * 藥品價格給付方式：每種醫師處方用藥3德國馬克，或是藥品帳單金額的15％。
荷蘭	政府醫藥主管機關未對藥品執行價格管制。	負面表列清單
丹麥	根據下列要項評估藥品的價格管制： * 藥品的成本結構 * 藥品「合理的」利潤	正面表列清單評量基準包括： * 藥效／安全性 * 藥品的成本效益性

資料來源：Pharma Swede瑞典藥品公司資料

附錄9　Gastirup在歐洲各國的相對零售價格指數

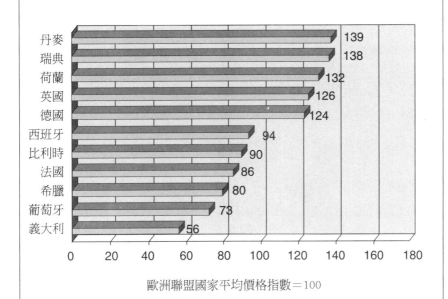

歐洲聯盟國家平均價格指數＝100

資料來源：Pharma Swede瑞典藥品公司資料

個案2.9　Jordan A/S公司

Knut Leversby是Jordan A/S公司的營運總監，他對於掛在挪威首都奧斯陸辦公室牆上的獎牌仍感到非常驕傲。四年前，Jordan A/S公司在挪威受到Noringsrevyen雜誌與許多評審員評定為「年度最佳公司」，評審員特別強調Jordan A/S公司克服困境的能力，尤其是國際市場的定位能力。四年後，Knut Leversby對於這個獎項仍感到光榮，但是他的心裡已經感受到公司經營方向可能的危機。身為Jordan A/S公司的營運總監，他比任何人都清楚公司現在所面臨的策略性挑戰。與其它販售消費性產品的跨國大集團（像是Unilever聯合利華、Colgate-Palmolive高露潔-棕欖）相比較，Jordan A/S只是一家小公司。而消費性產品的市場已經越來越趨向一個銷售數量的戰場，財力雄厚的跨國大集團佔盡了優勢，這種情況對於小型的競爭廠商是一大威脅。

Jordan A/S公司曾經將國外行銷策略的重點擺在「機械性的口腔衛生產品」——主要為非電動的牙刷，但也包括牙線、牙線棒（牙籤）。藉由結合產品的優異品質與創新的通路策略，Jordan A/S公司成功地定義並保護其利基，成為歐洲排名第一、全世界排名第四的牙刷製造商。可是Knut Leversby並不確定過去的戰術現在是否能帶領Jordan A/S公司度過難關、邁向未來。來自於貿易零售商與跨國大集團的壓力，使得市場上的競爭越來越激烈，況且此二種廠商所擁有的資源比起Jordan A/S公司的資源多出了一大截。

Jordan A/S公司的零售商通路主要是販賣食品的大型零售商，這些零售商現在越來越重視在採購與物流過程中達到經濟規模。經濟規模的程度越大，零售商與供應商討論價格與交易條件的籌碼就越多。當零售商逐漸開始採用或是改良JIT及時化存貨管理系統時，這些交

易條件通常包括訂購批量的縮減與交貨時間的準確性。

　　為了能在歐洲聯盟內有效地維持競爭力，零售連鎖系統通常藉由購併與策略聯盟，來增加其跨國的營業活動。所以，由於採購數量與交易處理方便性的考量，它們比較偏好通行全歐洲的品牌。較大的零售連鎖系統可能也會與外包製造商合作生產「自有品牌」的商品，與一般製造商的品牌商品相互競爭。事實上，Jordan A/S公司有13％的銷售金額是來自於「自有品牌」商品的代工生產。Knut Leversby擔心Jordan A/S公司的「自有品牌」代工生產業務，可能會侵蝕掉公司品牌的銷售量，並且稀釋掉公司小心維護的Jordan品牌形象。

　　負責承包Jordan A/S公司商品配銷通路的歐洲個人衛生用品製造商，已經開始進行收購與合併的動作。最近一些跨國消費性商品公司旗下配銷通路商的併購活動，使得Knut Leversby特別擔心。舉例來說，負責為Jordan A/S公司在義大利與一些其它歐洲國家配銷商品的Richardson-Vicks公司，最近就被Procter & Gamble寶鹼公司收購。像是Richardson-Vicks這樣具有高度品質的配銷商，很難有其它廠商能取代其地位。

公司背景資料

　　Jordan A/S公司是由一位白手起家的人士Wilhelm Jordan所創立，他在1809年出生於丹麥首都哥本哈根。Wilhelm Jordan在年紀很小時就離家，到德國漢堡Hamburg的梳子製造工廠當學徒。1837年，他與二位梳子製造工廠的同事搬遷到挪威的Christiania，他們在當地開設一家小型工廠，目標是成為歐洲最大的刷子製造商。

　　在十九世紀末到二十世紀初這段期間，Jordan A/S公司成功地將自己塑造為社會的先驅者。即使當時的挪威勞工常常對於工作環境表達不滿，但是Jordan A/S公司的工廠從來沒有鬧過罷工。1910年，公司設立的一個完全以公司盈餘資助的員工退休基金。以當時的社會經

濟情況來說，Jordan A/S公司提供一個相當好的工作環境，這個事實反映出員工的忠誠度與長期的聘僱關係。回顧Jordan A/S公司的整部歷史，高階主管多是從工廠現場的員工起步。Knut Leversby前一任的營運總監Per Lindbo就是在15歲時，從Jordan A/S公司的生產線開始他的職場生涯。在一本紀念公司創立一百五十週年的專刊中，詳細說明了公司內部的「文化」，這種「文化」受到公司創建者對每個個人的信任所強烈影響。不論是否具有正式的學歷與經歷，對於具備技能且願意努力工作的員工，接受挑戰的機會絕對存在。

Jordan A/S公司歷史上另一個持續性的信念是堅持產品的優異性。製造刷子這種行業曾經需要一些具有技術性的員工，公司現在仍生產手工製作的「珠寶專用刷」，當作一種懷舊的商品。但更重要的是，公司持續對先進科技進行投資，以維持其競爭力。

在公司創建者之孫Hjalmar Jordan的領導下，Jordan A/S公司在1927年開始生產牙刷。直到1936年，公司在挪威牙刷市場的佔有率已超過50％。1958年，在得知口腔衛生產品是一塊尚待開發的領域之後，公司對於商品的外銷產生濃厚的興趣。Jordan A/S公司之後的成功是相當顯著的，口腔衛生產品去年在國外的銷售金額就佔公司總銷售金額的60％以上（詳見【附錄1】的Jordan A/S公司部分財務報表與財務分析數據），公司去年的總銷售金額達到三億三千萬挪威克朗kroner（最近幾年的匯率波動很劇烈，本個案使用的近似匯率為1挪威克朗kroner＝0.79法郎＝0.13美元＝0.08英鎊），其中44.6％的銷售金額在挪威、32.2％的銷售金額在歐洲其它國家、10％的銷售金額在世界其它地區，剩下13.2％的銷售金額是由銷售到各地的「自有品牌」代工生產業務所構成（詳見【附錄2】的總銷售金額分佈圖）。

管理制度面臨的挑戰

Jordan A/S公司現在正面臨獲利縮減的困境，過去加重外銷業務所導致的成功，使得公司過份強調行銷與銷售活動，忽略了財務績效

的表現。為了重新強調財務結果的重要性，公司決定採取一些行動。全公司的財務目標設定為達成18％的總資產報酬率與16％的邊際銷貨利潤，這項財務目標的宣示直接地傳達到每一位員工。此外，公司也為每位領班設定工作效率衡量指標，以幫助他們瞭解其對於公司整體獲利率目標的貢獻。每月生產報告與年度生產績效評估的考核重點包括：每件產品所投入的人工工時、產品報廢比率、員工缺勤比率、能源使用率、以及其它效率衡量的指標。一般配銷通路的其它報告還包括：每週銷售數量與金額、獲利率分析、應收帳款金額。

公司的財務與效率衡量指標重新受到重視，這使得各階層的員工都明瞭，公司所依靠的就是生產與行銷活動的成功互動。公司價值的重新導向對於營運績效有直接的影響，在公司員工人數從原本的700名降到450名以後，銷售量是過去十年的兩倍以上。Jordan A/S公司透過機械自動化來增加生產力的政策，導致員工人數的降低。然而，員工人數的降低並不是透過提高員工的離職率來達成。由於政府的幫助，許多資深的員工選擇退休，將近有80名員工領取退休基金。製造單位的努力反映在每年6％至8％的生產力提升上。

人力縮編在目前仍是Jordan A/S公司的優先政策之一。人事部門耗費大量的時間在輔導員工轉業，但是新進人員的聘僱有時也是需要的，尤其是負責行銷工作的人員。Jordan A/S公司在國際行銷方面的聲譽非常良好，有些員工利用公司這項優點，在公司將國際行銷的方法與技術學習熟練之後，就跳槽到別家公司，而具有國際觀的員工在挪威是相當受歡迎的。

競爭環境

Jordan A/S公司的商品在全世界85個國家以上銷售，賣出將近十四億隻牙刷。各國牙刷市場的大小與牙刷替換率都有顯著的不同（詳見【附錄3】）。日本是全世界牙刷銷售量最大的國家，且其國民每年

平均牙刷使用量也是最多。舉例來說，日本的消費者每年平均購買3.2隻牙刷，而愛爾蘭的消費者大約每二年才會替換一次牙刷。（【附錄4】說明Jordan A/S公司在各國的牙刷市場佔有率；【附錄5】說明Jordan A/S公司在牙刷市場主要競爭對手的部分財務報告與營運統計數字；【附錄6】說明牙刷市場的主要競爭品牌。）

在1930年代，Jordan A/S公司的主要優勢是產品品質，它的成功使得Jordan型式的品質，成為牙刷的業界標準。因為生產牙刷不需要很困難的製程，公司也體認到未來的市場並不在競爭產品的研發能力，或是產品的生產技術。所以公司將焦點轉移到產品的呈現方式，以及對最終消費者需求的即時回應。Jordan A/S公司集中心力發展能在商店傳達消費者訊息的行銷技術，因為消費者大部分的牙刷採購決策都是在商店內當場決定的。透過仔細計畫的銷售點促銷活動和產品包裝與設計，公司才能在市場上建立並維持強勢的曝光率。

在競爭情勢越來越激烈的消費性產品市場，數量是生存的先決條件。因此，在1960年代中期，Jordan A/S公司大幅縮減原有的產品線（包括刷子、梳子、玩具、木製鞋底），經過削減以後所留下的產品組合集中在具有數量相關潛力的產品。從此以後，口腔衛生產品對於Jordan A/S公司的成功變得更形重要。

Jordan A/S公司的成本結構或許與產業的一般成本結構不太相同，這有二項主要原因。第一，挪威的人工成本非常高。舉例來說，荷蘭與蘇格蘭的每小時平均工資分別只是挪威每小時平均工資的70％與30％。挪威的製造人工成本約佔牙刷出廠批發價格的20％。第二，Jordan A/S公司身為一家具有利基策略的小公司，它不像大型的競爭對手一般，它非常缺乏行銷與配銷通路活動所需的財務或是人事資源。行銷費用一般都由Jordan A/S公司與各國的配銷通路商平均分攤，公司在某些區域仍沒有足夠的能力加入市場競爭。

Jordan A/S公司在英國的經驗，正說明了Knut Leversby期待公司在歐洲其它地區能有所進展的情形。雖然英國是Jordan A/S公司首先

開拓的外銷市場之一，公司在英國當地所獲致的成果卻不成比例。儘管經過多次的嘗試，公司仍無法確保許多在大型零售連鎖系統運作的配銷通路，這是一個令人很困擾的問題。零售商要求製造商以廣告支援其產品銷售活動，但Jordan A/S公司的管理階層卻認為沒有必要，因為牙刷的購買行為通常是一時衝動所做的決定。在某個案例中，零售商希望Jordan A/S公司支付二百萬英鎊的廣告經費，這幾乎是整個公司在英國促銷活動年度預算的二倍。一些Jordan A/S公司在英國市場競爭對手的牙刷廣告預算估計如後：Johnson & Johnson嬌生公司的「Reach」品牌是二百萬英鎊、Gillette吉利公司的「Oral B歐樂B」品牌是一百五十萬英鎊、Unilever聯合利華公司的「Mentadent P Professional」品牌是一百萬英鎊。

因為Jordan A/S公司無法達到英國零售商對廣告的要求，這些零售商常常將公司的產品擺放在較低的架位上，而較低的架位正是公司銷售點促銷活動比較沒有效率的地方。在這種情況下，銷售業績無法達到預期的水準，因此零售商會將Jordan A/S公司整個產品線全部撤出架位。由於以上所舉的難題，公司在英國牙刷市場的佔有率只有4％（【附錄7】說明英國牙刷市場配銷通路與領導品牌的對照表）。

越來越多大型的零售連鎖系統在將某項商品上架之前，會向製造商索取「上架費」（上架費是在新產品推出時只發生一次的費用，通常由製造商或配銷通路商支付）。舉例來說，一家大型的法國連鎖店對於同一產品每個產品型號在每間店面上架，向製造商開口要一百五十法郎。新推出的產品若有十種產品型號，且要在一千二百家店面上架，則總「上架費」達到一百八十萬法郎。另一方面，Jordan A/S公司的資源較其它廠商相對稀少，這使得行銷與配銷通路策略聯盟的使用非常具有創意與成效，而這正是公司成功的關鍵要素。

至於「自有品牌」的代工生產業務，Jordan A/S公司與其配銷通路商、授權合作伙伴的大部分交易都是透過挪威克朗kroner來進行，只有少數在開發中國家市場與荷蘭市場的例外交易分別以美元與荷蘭

盾進行。這項交易政策對Jordan A/S公司非常方便。公司的本意並不是要將外匯操作的風險推給國外的合作伙伴。如果因為匯率的風險（或是其它的原因），使得Jordan A/S公司的結盟對象或是配銷通路商不再有利可圖，公司將會很快地失去這些合作伙伴。公司並沒有將交易貨幣當作是「自有品牌」代工生產合約的主要重點。根據經驗的顯示，在代工生產合約議訂時，最好避免配銷通路商的財務主管介入，因為「他們會訂出各種離譜的條款」。

零售配銷通路

牙刷的配銷方式在各國均有不同。舉例來說，在法國有83％的銷售量是透過雜貨店與超級市場交易，有17％的銷售量是透過藥局交易；但是在荷蘭有62％的銷售量是透過雜貨店與超級市場交易，有38％的銷售量是透過藥局交易。然而，整體來看，藥局的銷售數量仍舊比雜貨店與超級市場的銷售數量要少。

第二項顯著的產業趨勢是：歐洲雜貨交易量有趨向集中化的現象。組織化零售商店集團與超級市場在雜貨市場的佔有率持續增加。這些組織化的零售商店集團將其商店成員的採購量與供應量一起統合計算。歐洲的超級市場多半是連鎖系統的一員，零售通路也越變越大。雖然各國的情形有些許的不同，但是德國十大食品採買組織在其食品市場的交易量已佔81％；英國十大食品採買組織在其食品市場的交易量佔66％；法國十大食品採買組織在其食品市場的交易量佔62％；而美國十大食品採買組織在其食品市場的交易量卻只佔36％。

對於最終消費者來說，零售商的規模越大，不僅意味著價格越低，而且可提供的商品選擇也越廣。對於零售商來說，商店規模越大，就意味著與供應商議訂價格、商品包裝方式、其它產品特性、付款條件、最小訂購批量、交貨時間的籌碼越多。新成立商店的規模大小是配銷通路經營的重要因素。舉例來說，法國Euromarche超級市場的牙刷銷售量與挪威二百六十家商店的總和銷售量相同。

有許多原因造成各國牙刷零售價格的差異，其中包括配銷通路商與零售商的邊際獲利率。就以消費性商品來說，全歐洲零售商的平均邊際獲利率是最終零售價格的35％。然而，各國零售商之間的差異也很顯著，法國零售商的邊際獲利率約為25％；而英國零售商的邊際獲利率則可達到60％。大型零售連鎖系統與超級市場大約以30％做為消費性商品的邊際獲利率目標。批發商與配銷通路商的邊際獲利率平均為10％到15％之間，雖然各國之間的情況也有顯著的差異。西班牙配銷通路商的邊際獲利率在20％到25％的範圍之間；而英國配銷通路商的邊際獲利率平均為10％。製造商的銷售、行銷、雜項費用支出約佔最終零售價格的30％。

在歐洲統合之後，歐洲零售商與配銷通路商也趨向集中化發展。由於市場競爭的情勢一直升高，合併、收購、策略聯盟的動作也在產業內加速進行。在法國居領導地位的超級市場連鎖系統Carrefour家樂福，曾經嘗試接管法國居領導地位的DIY連鎖店系統Castorama，但是Carrefour家樂福在嘗試失敗之後，為了和緩雙邊的關係，已經與Castorama進行策略聯盟。零售配銷通路的跨國活動越來越多，正好與以前零售配銷通路只在本國市場活動的趨勢相對比。

在零售商集中化的同時，零售商獲取與利用市場資訊的能力也在提升。零售商非常清楚消費者的偏好、相互競爭的商品、市場的機會。藉由銷售點掃瞄系統來評估每增加一單位架位空間可產生的商品邊際效益，處理市場資訊的能力可以大幅提升。在與供應商業務代表議訂交易條件時，零售商具備這些分析性的資料與根據這些資料所設定的交易條件底線，它們會要求供應商對於產品包裝方式、價格、其它產品屬性做出讓步。因為零售商對於市場變動的掌握能力越來越好，產品與包裝方式的生命週期越變越短。同時，零售商逐漸採用JIT及時化的存貨管理模式，藉此降低其存貨數量，但是供應商的物流負擔卻加重了，因為供應商必須在更短的前置時間內，送達更小批量的貨物。

Jordan A/S公司產品的外銷前景

1958年，當歐洲共同市場在成型的階段時，Jordan A/S公司對於外銷業務開始產生濃厚的興趣。根據Knut Leversby的說法，發展外銷業務的主要動因是「四百萬挪威人所耗用的牙刷數量不足以幫助公司繼續成長！」然而，Jordan A/S公司一開始外銷的商品是吸塵器的刷子，而不是牙刷。公司選定英國做為第一個外銷市場，但是成果令公司非常失望。公司體會到要以外來品牌的身份經營一項能獲利的業務是一件艱鉅的任務。

然而，Jordan A/S公司認為牙刷市場仍是一塊尚待開發的市場，因為牙刷的使用率仍然偏低，而口腔衛生的重要性漸漸受到關注，因此牙刷市場具有很明顯的消費數量潛力。由於牙刷產品在挪威市場的成功，Jordan A/S公司可以利用其在挪威市場的成果，來支援開發國外的作業。

當時營運總監Per Lindbo與Knut Leversby所採行的是簡單與不昂貴的策略。Jordan A/S公司要求配銷通路商負擔商品推出的相關費用，但是公司會大幅降低供貨給配銷通路商的出廠價格以做為回饋。因為Jordan A/S牙刷的優良品質與公司精準的市場行銷判斷能力，配銷通路商對於這樣的提議非常感興趣。這項策略使得Jordan A/S公司不必投入大量的現金，即可打入新市場。

牙刷的外銷業務首先在丹麥執行，Jordan A/S公司與一家醫藥產品公司Astra簽訂在丹麥的配銷通路合約。丹麥之所以會成為牙刷產品的第一個外銷市場，是因為其地理位置與挪威相近、文化與挪威相似、且其市場容量較小。之後，由於丹麥進口法令的限制，公司在首都哥本哈根設立一間工廠，這間丹麥的工廠負責組裝由挪威奧斯陸工廠供應的零件。隨後，公司藉由擴大與Astra公司的合作關係，繼續擴張其外銷市場版圖至瑞典與芬蘭。Jordan A/S公司的牙刷於1963年

在荷蘭推出，前二個半月的銷售量就達到二十四萬隻。因為Jordan A/S公司對於與配銷通路商的合作和新市場越來越有信心，瑞士、比利時、法國也在1964年納入公司的外銷市場版圖。

Jordan A/S公司最大的外銷業務突破是與一家大型的德國消費性商品公司Blendax Werke，在1961年開始建立合作關係。根據Jordan A/S公司的授權合約，Blendax Werke公司可以在德國以Blend-A-Med的品牌名稱，生產與行銷Jordan A/S公司所設計的牙刷。Jordan A/S公司與Blendax Werke公司的這項協定目前仍在運作，這使得德國成為歐洲唯一不使用Jordan品牌名稱的國家。在競爭激烈的德國市場，與Blendax Werke公司的合作關係對於Jordan A/S公司非常重要。如果Jordan A/S公司與Blendax Werke公司的合作關係生變，Knut Leversby對於Jordan A/S公司自行打入德國市場的想法，並不感到樂觀。

產品的外銷策略

Jordan A/S公司的國際化策略有許多要素。第一，公司認知並追逐利基的政策，固守機械性口腔衛生產品的地盤。在Jordan A/S公司走向國際化後不久，公司僅選擇一項商品（牙刷）執行外銷業務。自此以後，雖然公司逐步擴張其國外市場的產品線，包括牙線與牙線棒（木製的牙齒間清潔工具），但是機械性口腔衛生產品仍是公司外銷業務的焦點。根據公司銷售預算的估計，約有97％的口腔衛生產品銷售到國外。

Jordan A/S公司刻意避開牙膏市場，因為若是決定跨入牙膏市場，公司將會陷入更大、更明顯的競爭環境中，而這種競爭環境正是Jordan A/S這種規模的公司最不適合生存的商業環境（牙膏的銷售金額佔口腔衛生產品總銷售金額的80％）。此外，Jordan A/S公司在牙膏市場既沒有經驗，也沒有特別的優勢。

第二，以穩健的方式進行國際擴張，每次只在一個國家進行。Jordan A/S公司在跨入該國市場之前，都會先熟悉目標國家當地的文

化，並且對當地市場進行評估。如果情勢看來大有可為，公司會開始
尋找當地的合作配銷通路，也有可能與當地的廣告代理商合作。這一
連串過程需時約一年至二年。如果與配銷通路的合作氣氛良好，
Jordan A/S公司會以國際性品牌的身份進入市場執行行銷活動，而不
是以挪威品牌的身份。

　　第三，Jordan A/S公司只有在挪威市場配置銷售人員，國外銷售
活動完全由當地的配銷通路商負責掌控。之所以採用政策有許多原
因。其一，在國外配置銷售人力將會拖垮Jordan A/S公司的資源。此
外，由於Jordan A/S公司只能提供少量的產品類型給零售商，公司並
不具備真正的配銷通路優勢。最後，若是公司在國外配置單獨作業的
銷售人力，這將會在當地市場影響到已經發展健全的配銷通路系統。
所以，正如同Knut Leversby所說：「我們公司的管理階層一向把有
限的行銷資源當作是一個優點。我們透過與配銷通路系統的合作關係
與工作協議，持續逐步構建新的外銷市場。」將當地配銷通路系統發
展成為主動的合作伙伴，對於此一策略的成功是一項關鍵要素。

資源

　　Jordan A/S公司藉由限制資本支出來節省其資源。公司所銷售牙
刷數量的30％是由八個不同國家的授權代工廠商所製造，這些國家包
括委內瑞拉、泰國、敘利亞。對於Jordan A/S公司來說，與國外直接
投資相關的授權是一種避免關稅障礙的有效方式。即使公司產品的價
值受到市場上高度認同，但公司在一些國家仍無法維持獲利狀態，因
為這些國家的進口商品關稅稅率高達60％至80％之間。

　　Jordan A/S公司對於國外的直接投資，只有在當地市場因素不得
不採行的情況下才會進行。公司在荷蘭開設一間工廠，做為公司在歐
洲聯盟內的製造據點。這間位在荷蘭的工廠專門生產「自有品牌」代
工業務的商品，正好用來與Jordan品牌的產品做區隔。「自有品牌」
代工業務的商品多半採用小製造批量的生產方式，因此需要許多換線

（改變生產線製造方式的設定）的動作。為了使挪威工廠以大量生產為基礎的製造技術得到最充分的發揮，「自有品牌」代工業務的商品幾乎都交由荷蘭的工廠負責生產。「自有品牌」代工生產業務的主要客戶與荷蘭工廠的關係非常緊密，這使得主要客戶JIT及時化存貨管理系統的需求，能與荷蘭工廠順利地整合。在荷蘭設立製造據點的決策受到荷蘭政府極大的影響，因為荷蘭政府提供了35％的建廠成本，其它影響此一決策的重要因素還包括荷蘭市場的銷售量、稅率、文化背景、語言……等議題。

儘管Jordan A/S公司在歐洲獲得一些成就，但是公司仍不能隨心所欲地跨入任一國家的市場。以英國為例，零售產業本質的改變與買方議價籌碼的增加程度根本不成比例，一大堆零售商所要求的高額「上架費」，遠超出Jordan A/S公司預計所能達到的獲利目標。美國的情況與英國的情況就不太一樣，根據Knut Leversby的說法，美國市場是一個「大黑洞」。雖然美國市場的規模對公司非常具有吸引力，但是美國市場所呈現的風險程度，卻超出公司管理階層所願意承受的範圍。然而，公司並沒有完全排除跨入美國市場的希望，而且實際上已經開始與一家美國當地的公司合作。總而言之，Jordan A/S公司的管理階層深信，牙刷使用率較低、且競爭對手還未大舉切入市場的國家，擁有較具吸引力的機會。公司的財務總監Erik Foyn特別強調說：「我們不可能在所有的市場都取得成功，所以我們必須選擇跨入最適當的市場。」

「自有品牌」的代工生產業務

Jordan A/S公司的管理階層也面對該如何平衡Jordan品牌與「自有品牌」代工生產業務的問題。雖然「自有品牌」代工生產業務只佔公司總銷貨金額的13％，但是有關「自有品牌」代工生產業務是否符合公司未來發展的討論卻不曾停歇。

「自有品牌」代工生產業務是由另一家分離的子公司Sanodnet負

責，Sanodnet公司由Jordan A/S公司董事會成員Juliussen先生負責領導。為了區隔Jordan品牌的產品與「自有品牌」代工生產業務的產品，Jordan品牌所採用的牙刷設計與「自有品牌」代工生產業務的牙刷設計並不相同。「自有品牌」代工生產業務有許多基本客戶，這些客戶包括Colgate-Palmolive高露潔-棕欖、Safeway（美國的零售連鎖超級市場）。

對於同一家公司具有二種類似競爭品牌所衍生的相關問題，Jordan A/S公司管理階層有非常深刻的體會。「自有品牌」代工生產業務的商品可能侵蝕好不容易建立的Jordan品牌銷售量，此為問題之一。人們有可能在商店架位上看到二種Jordan A/S公司的商品擺放在一起。其中一種是Jordan品牌的商品；另一種也是Jordan A/S公司設計與製造的商品，但卻是「自有品牌」代工生產業務的商品。對於零售商與配銷通路商來說，這樣會造成Jordan A/S公司「自有品牌」代工生產業務商品與Jordan品牌商品之間的利益衝突。一位配銷通路商評論道：「我不在乎Jordan A/S公司的『自有品牌』代工生產業務，但是為什麼Jordan A/S公司一定要把『自有品牌』代工生產業務經營的那麼好？」

國際管理所面臨的議題

對於Jordan A/S公司來說，掌控授權製造商的作業活動也是一項重要的議題。因為公司以Jordan的品牌名稱在全世界經營，所以產品的品質必須有一致性。公司每年都會從挪威派出工程師，到各地的授權製造工廠去檢查；而授權製造工廠的產品樣本也會定期地送往公司在奧斯陸的總部，以確保授權製造工廠的產品品質符合公司標準。授權製造廠所組裝的最終產品，至少有一項零件必須由公司的挪威總部供應，公司可以藉由這樣的方式來管制生產的數量。對於Jordan A/S公司來說，國外客戶的動向很容易追蹤，因為公司在每個國家只與一家配銷通路商合作。

擴張到希臘市場

　　希臘是少數幾個Jordan品牌名稱還不爲當地所熟知的國家之一。Jordan A/S公司管理階層認爲，跨入希臘市場是鞏固公司在歐洲地位的一個合理步驟。

　　公司運用許多可以取得的資源預先進行市場研究，這些資源包括政府統計資料、貿易期刊、專業機構的國家報告、Nielsen公司的市場調查資料……等。市場研究的結果證實了公司原先的假設，希臘的確是一個充滿商機的市場，因爲其牙刷使用率偏低，且市場幾乎毫無競爭可言。更爲廣泛深入的市場研究必須在確認合作的配銷通路系統之前完成，像是與各家配銷通路商、零售商、最終消費者的全面性訪談。這些訪談不僅提供Jordan A/S公司管理階層第一手的當地企業運作實務，也使得管理階層可以有效評估許多可能的當地合作對象。

　　很明顯地，如同在許多其它國家的市場一般，Jordan A/S公司必須在希臘市場與零售通路密切合作，以創造出一個新的銷售環境。一般來說，希臘的零售商都將牙刷擺放在收銀台後方，這使得消費者在購買牙刷時，不得不尋求店員的服務；也使得店員在消費者選購牙刷的過程中，扮演一個重要的角色。Jordan A/S公司的競爭策略是依靠消費者選購牙刷的直覺式本能，因此牙刷商品必須擺放在消費者覺得明顯易見的架位上。

　　爲了能有效宣導Jordan A/S公司的行銷理念，公司爲有興趣參與合作的配銷通路商舉辦二場說明會，有超過250名代表參加會議。說明會上解釋銷售點商品展示方式的概念與理由，說明會上也示範一些操作實例。此外，各個國家市場的實行成果也在說明會上強調出來。

　　在選定合作對象之後，Jordan A/S公司成功地打入希臘市場。公司第一年的目標是拿下希臘牙刷市場5％的佔有率，而公司第一筆出貨（佔希臘市場年度總銷售目標的1.6％）在不到一個月的時間內就

銷售一空。

未來展望

在Jordan A/S公司經營外銷業務的年代中,公司管理階層不僅堅持依靠其對於各國市場的知識,也堅持依靠其與合格、有經驗之配銷通路商發展合作關係的能力。這一直不是一件容易的事。歐洲零售與經濟環境的變動,意味著Jordan A/S公司未來將會面對更多的挑戰。

競爭對手在產業內的購併動作,包括大型跨國公司收購Jordan A/S公司在各國當地的配銷通路系統,迫使Jordan A/S公司必須對其資源做最有效的運用。雖然許多跨國企業集團向Jordan A/S公司提出非常優厚的購併條件,但是Jordan家族仍希望保有公司的經營權,因為他們認為公司不僅是家族世代相傳的財產,也是在挪威經營超過一百五十年的尊貴機構。來自於提出購併方的財務與配銷通路壓力越大,對於Jordan A/S公司的好處越多。Knut Leversby解釋道:「因為這些壓力多半在一年後就會消失無蹤。」

雖然公司面臨許多挑戰,Knut Leversby對於公司的未來仍抱持樂觀的看法。他說:「如果幸運的話,Jordan A/S公司還有很長的一段路要走。」

附錄1　Jordan A/S公司的部分財務報表與財務分析
　　　　數據（金額單位：百萬挪威克朗kroner）

損益表	三年前	二年前	一年前
營業收益	265.0	307.0	321.0
營業費用：			
折舊		(14.0)	(15.6)
其它費用		(240.0)	(257.5)
總營業費用	(226.4)	(254.0)	(273.1)
營業收益淨值	38.6	53.0	47.9
財務操作收入（成本）淨值	(8.3)	(2.0)	1.2
雜項收入（支出）	1.3	(8.7)	2.2
稅前攤銷費用前盈餘	31.6	42.3	51.3
攤銷費用	(15.8)	(11.8)	(12.6)
稅務支出	(7.4)	(15.4)	(21.2)
淨利	8.4	15.1	17.5

續附錄1　Jordan A/S公司的部分財務報表與財務分析
數據（金額單位：百萬挪威克朗kroner）

資產負債表	三年前	二年前	一年前
現金	31.9	55.2	81.5
應收帳款	42.8	35.8	52.9
存貨	23.6	24.4	28.3
流動資產加總	98.3	115.4	162.7
長期投資	10.8	12.9	14.2
土地、廠房、設備	124.1	129.6	144.5
固定資產加總	134.9	142.4	158.7
總資產	233.2	257.9	321.4
流動負債	71.1	75.0	98.4
長期負債	61.1	57.0	66.2
應計稅務款項	79.7	91.5	106.7
應計利息	-	-	0.8
股東權益	21.3	34.4	49.3
總負債與股東權益	233.2	257.9	321.4
資產報酬率	18.0	23.4	18.2
現金比率	14.6	20.2	28.0
股東權益比率	43.3	48.8	48.5

資料來源：Jordan A/S公司資料

附錄2　總銷售金額分佈圖：三億三千萬挪威克朗
kroner

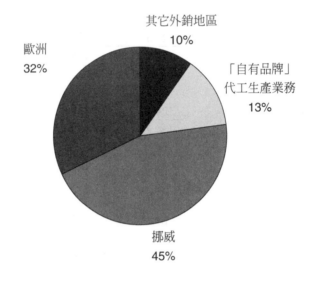

其它外銷地區
10%

歐洲
32%

「自有品牌」
代工生產業務
13%

挪威
45%

資料來源：Jordan A/S公司資料

附錄3　全世界各國的牙刷市場（某些國家的資料無法取得）

國家	銷售數量	
	總量（單位：百萬）	每位國民每年平均用量
日本	360.0	3.2
北美洲：		
美國	300.0	1.4
加拿大	25.0	1.1
歐洲：		
*英國	53.0	0.9
*義大利	38.1	0.7
*法國	36.0	0.7
*西班牙	15.8	0.4
*瑞典	15.0	1.8
*荷蘭	12.4	0.9
瑞士	11.0	1.7
*丹麥	7.2	1.4
挪威	5.8	1.4
*芬蘭	4.3	0.9
*比利時	4.2	0.4
*愛爾蘭	2.0	0.6
南美洲：		
巴西	90.0	0.7
哥倫比亞	21.0	0.7
阿根廷	10.0	0.4
委內瑞拉	6.8	0.4
智利	4.2	0.3
澳洲	10.0	1.5

*歐洲聯盟的會員國

資料來源：EIU/Trade

附錄4　Jordan A/S公司在各國的牙刷市場佔有率

國家	市場佔有率（％）
挪威	90
*芬蘭	70
*荷蘭	50
*丹麥	48
*比利時	30
*愛爾蘭	28
*瑞典	20
冰島	20
*西班牙	16
加拿大	15
*法國	15
*葡萄牙	13
*義大利	3
瑞士	4
*英國	4

*歐洲聯盟的會員國

資料來源：Jordan A/S公司資料

附錄5　Jordan A/S公司在牙刷市場主要競爭對手的
部分財務報告與營運統計數字
（金額單位：百萬美元）

公司（國籍）	銷售總金額	牙刷佔總營業額的比率	淨利	資產報酬率(%)*	員工人數
Lion獅王（日本）	2,451	20.3％	41	4.8	4,892
Gillette吉利（美國）	3,167	4.0％	230	19.5	30,100
Unilever聯合利華（荷蘭／英國）	31,279	0.002％	1,407	7.6	294,000
Johnson & Johnson（美國）	8,012	0.5％	833	19.2	78,200
Colgate-Palmolive高露潔-棕欖（美國）	5,648	1.6％	204	16.5	24,700
Anchor Brush（英國）	50	50％以上	無資料	無資料	1,150
Jordan A/S（挪威）	46	69.7％	2	23.4	475
Procter & Gamble寶鹼（美國）	17,163	0.01％	327	3.6	73,000

*營運獲利／總資產

資料來源：Advertising Age廣告時代雜誌、Jordan A/S公司資料與年度報告

附錄6　牙刷市場的主要競爭品牌

製造商	主要牙刷品牌
Lion獅王	Lion獅王
Gillette吉利	Oral-B歐樂-B、Dr. West
Unilever聯合利華	Gibbs、Signal、Mentadent、Pepsodent、DX、FSP
Johnson & Johnson 嬌生	Micron、Reach、Prevent、Tek、Alcance
Colgate-Palmolive 高露潔-棕欖	Colgate、Dentagard、Defend、Tonigencyl
Anchor	許多「自有品牌」的代工生產
Jordan	Jordan、「自有品牌」的代工生產
Procter & Gamble寶鹼	Blendax
Addis	Wisdom

資料來源：Jordan A/S公司年度報告

附錄7　英國牙刷市場配銷通路與領導品牌的對照表
　　　　（金額單位：英鎊）

品牌	Jordan A/S	Wisdom	Mentadent	Oral B 歐樂-B	Reach
配銷通路	Albert Culver	Addis/ Wisdom	Elida Gibbs	Oral B (Gillette) 吉利	Johnson & Johnson 嬌生
銷售人員數量	10	20	無資料	11	15
市場佔有率	2.5%	26.3%	1.9%	22.4%	7%
平均零售價格	£0.99	£0.99	£1.19	£1.09	£0.99

資料來源：Jordan A/S公司資料

個案2.10　Groupe Photo Service集團走向國際化：「一小時服務」的概念

在1997年進入尾聲的同時，Groupe Photo Service集團（即是GPS）經營團隊正面臨一系列具有高風險性的困難決策。GPS集團最成功的眼鏡配製部門——Grand Optical部門是否該走向國際化？將法國市場頗為成功的經驗應用在其它國家的市場是否可行？

Daniel Abittan與Michael Likierman都是GPS集團的總裁與創辦人，他們對於Grand Optical部門在法國的成功經驗非常有信心，認為這些經驗足以跨出法國邊界，應用在集團其它的事業新疆域，但是他們不確定這些經驗應該先拓展到哪一個國家的市場。Grand Optical部門之所以能夠快速成長，得力於該部門強調許多觀念，像是「以客戶為尊」、開放式的大型店面、「一小時服務」、品質、便利性、最多樣化的選擇、非常專業的員工。將Grand Optical部門的技術移轉到集團在其它國家的員工是否可行？

國際性的競爭對手已經開始在本國以外的市場擴張，它們似乎也打算切入法國的市場。此外，「一小時服務」在一些國家已經行之有年。Daniel Abittan說道：

> 我們已經看到GPS集團在法國發展的瓶頸。在2000年以前，Grand Optical部門的勢力範圍應該就可以擴及到法國所有的領土，我們必須未雨綢繆，為將來的新情勢作準備。此外，在我們打算切入的市場，我們必須積極防止其它競爭對手取得獨佔的地位。

雖然集團的情勢有點緊急，但是Daniel Abittan與Michael Likierman並不打算在毫無準備的情況下，就跳入另一個新市場。1996年，他們委託一群IMD瑞士洛桑國際管理學院的MBA學生，請

學生們研究Grand Optical部門在全球七個國家的新商機。這群學生對
於一些頗具吸引力的市場有許多描述，同時也提供一些應注意的訊
息。GPS集團的經營團隊現在已預備好做下決定。

在法國的Grand Optical部門與Photo Service部門

GPS集團於1981年創立，集團從一家小型攝影底片沖洗暗房的先
驅者，到1997年時演變爲在業餘攝影與眼鏡配製產業擁有多家子公司
的企業集團（詳見【附錄1A】與【附錄1B】）。GPS集團的員工總人
數爲3,327名，在法國擁有430家店面，其年度銷售金額（含加值稅）
爲2,692百萬法郎。集團內部的各個子公司都抱有滿足客戶需求與超
越客戶期望的共同信念，這種信念使得GPS集團的客戶中程度非常高
（詳見【附錄2】）。GPS集團的另一項核心競爭優勢是其創造與發展原
始零售概念的能力。集團以許多新概念與成功的概念（不論是法國的
概念或是國外的概念）爲標竿，藉以創造與發展出本身的零售概念。
GPS集團針對客戶隨時改變的動機，持續進行量化與質化的研究，以
便瞭解與回應新客戶的需求。

GPS集團在攝影市場的情勢

GPS集團的第一項創舉是在購物商場提供只需一小時的攝影底片
沖洗服務。Photo Service部門的業務始於1980年，是法國第一家小型
攝影底片沖洗暗房。1996年，該部門已擁有188家店面。Photo
Service部門特別強調「一小時服務」、便利性、品質的重要性。1995
年，該部門購併了「Photo Station」公司，此公司擁有106家店面，
並且在攝影市場上定位爲物美價廉的攝影底片沖洗業者。Photo
Station公司可以在48小時內完成客戶攝影底片的沖洗服務。Photo
Service與Photo Station這兩種店面的不同設計，正好反映出其在攝影
底片沖洗市場上不同的定位（詳見【附錄3】）。

GPS集團在眼鏡配製市場的情勢

Grand Optical

眼鏡配製產業的概況請參見【附錄4】。

Grand Optical部門的業務始於1989年，Daniel Abittan與Michael Likierman引伸Photo Service部門的核心競爭優勢，在Grand Optical部門沿用「一小時服務」的概念。對於法國人來說，在一小時內購買眼鏡的概念相當具有吸引力。到1996年底，Grand Optical部門在法國已經擁有58家店面，年度銷售金額為八億四千八百萬法郎，市場佔有率為5％。Grand Optical部門能快速成長的主要因素是其店面的地段優勢，因為Grand Optical大部分的店面都設在區域性購物中心內，當客戶所配製的眼鏡在準備時，客戶可以在購物中心內悠閒的逛街。就所有視力矯正設備（鏡架與鏡片）來看，93％都可以在一小時之內配製完成。最近，Grand Optical部門也開始在市中心區開設店面，位在巴黎Champs Elysees香榭麗舍大道的一家旗艦店，其1996年銷售金額達到四千五百萬法郎，這家旗艦店是Grand Optical部門營業金額最高的店面。

HPV高質感（High Perceived Value）與單一定點購物（one-stop shopping）的概念，使得GPS集團的經營團隊必須依據一套典型的Grand Optical準則來作業。店面的位置必須選在最好的地段，採用開放式與高品質的購物空間設計，場地面積必須寬廣到300平方公尺（一般傳統眼鏡店面的面積都不到50平方公尺）。Grand Optical部門相信其店面裝潢是最好的促銷媒介，而其競爭對手則認為廣告才是最好的促銷媒介（詳見【附錄5】）。在每一家Grand Optical的店面裡，有許多鏡架（至少3,500種）與鏡片可供客戶挑選。Grand Optical部門的採購模式採用中央集權的方式，因此貨物運送的次數非常頻繁，物流規劃的程序也鉅細靡遺。Grand Optical部門的行銷功能大部分著重在店面，因為各家店面能夠強烈直接地塑造品質與優越性的形象，尤

其是「一小時服務」的形象。各家店面的員工都是精挑細選的，他們接受過許多完備的訓練，並且以提供Grand Optical的高水準服務為榮。

La Generale d'Optique

Grand Optical部門並不是GPS集團內唯一提供眼鏡配製服務的部門。為了攫取較為價格導向客戶的心，GPS集團在1993年設立了「La Generale d'Optique」部門。到1996年底，該部門已擁有52家店面。部門的主要目標客戶群是那些在選購醫療相關用品時，大部分採購行為會受到價格影響的消費者。每一間La Generale d'Optique的店面都有許多鏡架（約2,200種款式）可供客戶挑選，而這些鏡架都是GPS集團自有品牌「Selection La Generale」的商品。為了讓La Generale d'Optique部門的定價模式單純化，該部門設定了三種鏡架加鏡片的組合式價格（490法郎、690法郎、990法郎）。這三種價位大約比一般傳統通路的零售價格低30％，因此La Generale d'Optique店面能夠提供客戶一些極低價款式的商品，讓客戶的健康保險系統幾乎可以負擔所有的費用。La Generale d'Optique當然也提供客戶一些其它的選擇，讓客戶可以自行負擔眼鏡售價與健康保險給付的差價。為了提供客戶更多樣化的選擇，La Generale d'Optique部門與許多保險公司簽訂給付條件的協議。各個店面所接到的眼鏡訂單都必須由一個中央的配鏡實驗室來處理，也就是說客戶通常必須等二天才可以拿到他們的眼鏡。

對於La Generale d'Optique部門，GPS集團所採用的店面地段政策與Grand Optical部門有部分的相同，也就是店面地段優先考慮大型的購物中心，但是La Generale d'Optique部門也會考慮在一般型的購物中心（以一家大型的超級市場為中心，旁邊伴隨幾家商店）開設店面，因為這樣的地段場地租金比較便宜。當市中心區的場地租金下滑時，部門也會在市中心區開設店面，但是這些店面的營業時間較短。

La Generale d'Optique部門的市場佔有率為1.5％（詳見【附錄6】）。

法國眼鏡配製市場概況

　　GPS集團委託IMD瑞士洛桑國際管理學院的MBA學生，針對Grand Optical部門切入其它國家市場的各種可行方案進行研究，這群學生進行研究的第一步驟是將該部門在法國的營運模式設定為標竿。Grand Optical部門在法國市場的經驗提供了許多資源與消費者背景資料，這些經驗使得該部門於六年內就在法國市場擴增到51家店面，其成功的主要因素之一是法國人單一定點購物（one-stop shopping）的文化。法國所有零售市場總銷售金額將近有25％是透過大型賣場的交易而來，這些大型賣場在零售市場的佔有率證明了單一定點購物（one-stop shopping）的習慣性與流行性。1996年於法國境內共有約100家大型購物中心、600家一般型購物中心或是大型賣場。

　　法國總共有二千七百萬的眼鏡族群（佔法國總人口數約50％），其所代表的市場商機價值一百五十七億法郎。過去三年來，眼鏡配製市場的產值成長相當緩慢（每年約在1％到3％之間）。每位法國人平均每3.5年換一副新眼鏡，新眼鏡的平均價格為一千五百法郎，而Grand Optical店面所售出的眼鏡平均價格為一千六百法郎。

　　法國人是一種非常具有品牌觀念與流行意識的民族，從他們的皮鞋購買頻率就可以看出這項特質。法國人每年平均購買六雙新鞋，這個頻率僅次於日本（8.2雙）與新加坡（6.8雙）。

　　與許多其它國家的情況不同，若是法國消費者所購買的眼鏡想要得到保險公司全額或部分的給付，這些消費者在配製眼鏡之前必須先找眼科技師（不附屬於店面）驗光。雖然80％的法國人享有或多或少的保險給付，但是法國保險給付的條件相當嚴格。

　　全法國6,800名眼科技師可以區分為三類：獨立開業的眼科技師（市場產值佔有率為41％、市場零售通路據點佔有率為59％）、眼鏡

配製連鎖通路的眼科技師（市場產值佔有率為45％、市場零售通路據點佔有率為36％）、醫療互助社團的眼科技師（市場產值佔有率為14％、市場零售通路據點佔有率為5％）。Grand Optical與La Generale d'Optique都是眼鏡配製市場上主要的零售連鎖網路。至於在攝影鏡片市場方面，高價、高服務導向的產品區隔（運用最尖端科技所製造出「最好的」的名牌鏡頭與鏡片）與低價、低服務導向的產品區隔（醫療互助社團所採用「最便宜」的鏡頭與鏡片）之間，對立的情況持續在發生。

國際化背後的驅動力量

企業走向國際化是一種需要，也是一種機會。經過一段時間之後，Grand Optical部門的概念將無法再為其搶到更多的市場佔有率。每一間Grand Optical店面所涵蓋的區域必須有將近300,000的人口數，這樣的市場大小才能符合店面開設的投資效益。因此，Grand Optical部門在法國市場只剩下繼續開設30家到50家店面的潛力。然而，因為成本結構與目標市場區隔的不同，每一間La Generale d'Optique店面所涵蓋的區域只須有將近100,000的人口數，所以La Generale d'Optique部門在法國市場還有繼續開設250家新店面的潛力。

為了提供消費者更多樣化的選擇，Grand Optical部門所開設的店面場地越來越大（雖然Grand Optical的店面已經比法國一般眼鏡配製店面還大），但是這也刺激其它競爭對手將鏡架置放在消費者隨手可得的牆架上。目前為止，沒有其它競爭對手在法國模仿Grand Optical部門的「一小時服務」概念，但是「一小時服務」的概念在其它國家（像是英國）已是司空見慣，且最近也開始在西班牙市場被採行。毫無疑問地，其它國際性的眼鏡配製連鎖通路將會跨出其本國市場，切入法國市場與其它國外市場。為了應付外來競爭對手的攻勢，Grand

Optical部門不得不反守為攻，今年內必須決定要採用何種策略先切入哪一個外國市場、或是哪些外國市場。Grand Optical部門的總經理Marcel Cezar說道：

走向國際化是一個必經的歷程。如果我們不這樣做的話，部門的成長率會越來越低，將來只能耗費許多精力在尋找一些次要的店面開設地段。

Grand Optical部門當然不是第一家走向國際化的眼鏡配製連鎖通路，有許多競爭對手早已跨出其本國市場、或是正打算跨入國外市場，像是英國的Vision Express公司已經在比利時、波蘭、俄羅斯、阿根廷、馬來西亞、德國、盧森堡……等國家開設店面；德國的Fielmann公司剛剛收購一家瑞士的公司；英國的Dollond & Aitchison公司已經跨入義大利與西班牙的市場（詳見【附錄7】與【附錄8】）。在某些國家，當地的公司已經掌握非常強勢的市場地位，像是瑞士的Visilab公司與英國的Boots公司。雖然各國市場的情況有些差異，但是單一店面公司的重要性已逐漸在下降。單一店面公司在德國市場的銷售金額約佔市場總產值的23％；而單一店面公司在義大利市場幾乎是眼鏡配製服務的唯一提供者，它們的銷售金額約佔市場總產值的96％。

對於Grand Optical部門來說，走向國際化有許多的吸引力，像是採購與配銷通路的經濟規模。部門將可以得到較便宜的原料來源。以義大利市場為例，原料在義大利的價格將會比在法國的價格低25％。除了經濟規模與國際化採購的優點以外，Grand Optical部門發現其客戶會有旅遊或搬遷到國外的情形，而該部門在國外開設店面，將可以強化客戶選擇Grand Optical做為其眼鏡配製廠商的決心。

研究七個市場的機會與缺失

為了評估Grand Optical部門的商機，IMD瑞士洛桑國際管理學院

的MBA學生到下列七個國家進行研究：德國、義大利、葡萄牙、西班牙、瑞士、香港、新加坡。根據一份以前針對所有潛在市場的研究報告，GPS集團挑選出以上七個國家進行研究，其它在研究報告中所提到的一些國家已經被競爭對手捷足先登，競爭對手搶攻位於最適地段的大型購物中心，並且已經開設店面、佔據市場的有利位置。於現在七個潛在國家中，MBA學生們充分利用許多資源進行研究，像是眼科醫師學會與當地的商業資料庫。此外，他們也前往當地的商店與購物中心，實地體驗店面的空間與裝潢、客戶的反應、商品的價位（詳見【附錄9】與【附錄10】）。

德國

德國是歐洲最大的市場，共有三千六百七十萬的眼鏡族群。德國眼鏡族群替換眼鏡的頻率比法國眼鏡族群的頻率略高，大約每三年就換一副眼鏡。與法國人的購物習慣相比較，德國人的購物習慣仍相當地傳統。德國有許多位於市中心的購物商圈，而且大部分的購買行為都發生在這些購物商圈內。在1990年德國統一之前，德國的購物中心數量不多，但是之後就興起一股購物中心的興建熱潮。1993年，越來越多的購物中心開幕。1996年，德國境內共有180家購物中心，總面積為六百二十萬平方公尺；而在1980年與1990年時，德國境內分別只有67家與93家的購物中心。

隨著新開幕的購物中心越來越多，德國人的購物習慣開始轉往郊區購物。商店的營業時間也從原本的早上九點到下午六點，延長為包括夜間營業時段。獨立店面（特別是8,000位獨自開業的眼科技師）對於時間延長的新營業時段感到不太能適應。產業分析師預估，新營業時段對於大型購物中心的銷售金額也所幫助，讓銷售金額成長了3％到12％之間。

德國人的眼鏡購買行為

以「皮鞋購買的頻率」來看（平均每年4.8雙），德國人的流行認知程度算是相當高的。針對眼鏡這項商品，德國人特別強調流行感與科技的角度。在德國所銷售的鏡片總數當中，有70％是能抵抗反光的多層膜鏡片；而法國所銷售的鏡片總數當中，只有35％到40％是能抵抗反光的多層膜鏡片。能抵抗反光的多層膜鏡片有一項缺點：鏡片配製相當費時。這項缺點使得「一小時服務」的承諾幾乎無法達成。每副眼鏡在德國的平均價格為1,600法郎。除了這些具有流行感與科技觀的消費者之外，德國還有一大群對於價格相當敏感的消費者（有20％的眼鏡售價低於167法郎）。事實上，低價眼鏡配製零售通路的領導廠商——Fielmann公司在眼鏡配製市場的銷售量佔市場總銷售量的33％，其眼鏡銷售金額佔市場總銷售金額的16％。

眼鏡配製零售通路據點只有2％設在大型購物中心內，其它的店面大部分都設在市中心區的商圈。德國於1996年只有一家提供「一小時服務」的眼鏡配製連鎖通路（Vision Express公司在Oberhausen一間新開幕大型購物中心所開設的新店面）。目前要評斷「一小時服務」的觀念是否成功還太早。眼鏡配製連鎖通路系統的銷售金額佔眼鏡配製市場總銷售金額的27％；結盟組織的銷售金額佔眼鏡配製市場總銷售金額的50％；獨立開業店面的銷售金額佔眼鏡配製市場總銷售金額的23％。現有眼科技師之間的競爭極為激烈，隨著眼鏡配製市場總產值的降低趨勢（鏡片降低4％、鏡架降低8％），這種情勢變得更緊張。

主要的競爭對手：Fielmann公司

眼鏡配製零售連鎖通路最強勢的公司是一家德國公司「Fielmann」。這家世界上第二大的眼鏡配製零售連鎖通路成長相當快速，它在德國眼鏡配製市場的銷售量佔市場總銷售量的33％，其眼鏡銷售金額佔德國市場總銷售金額的16％。Fielmann公司將自己在市場上定位為

提供「幾乎免費」眼鏡的零售連鎖通路，其價格低到20德國馬克（約
為60法郎），這個價格正是社會安全保險補貼每副鏡架的金額。1997
年，鏡架補貼的政策取消了，但是鏡片補貼政策（80德國馬克）仍延
續下去。Grand Optical部門在眼鏡配製市場上以提供多樣化的名牌商
品著稱，Fielmann公司是歐洲唯一一家能與Grand Optical部門抗衡的
眼鏡配製零售連鎖通路。Fielmann公司在德國有343家店面（在瑞士
有6家店面），其中一些店面設於超級市場內，而每一家店面的客戶流
量都不少。Fielmann公司甚至在店面門口安排「接待員」，讓他們負
責接待客戶與提供客戶所需的資訊。GPS集團的總裁與創辦人Daniel
Abittan對於Fielmann公司有以下的評論：

> Fielmann公司是一家營運狀況良好的公司，它的商品價
> 格非常低廉，這家公司是一個實力強勁的競爭對手。它們售
> 價20德國馬克的眼鏡在市場上相當風行，這種商品經常擺放
> 在價格較昂貴的名牌商品隔壁，所以消費者通常都會進行比
> 價的動作。Fielmann公司的價格保證對客戶也非常具有說服
> 力，如果客戶發現任何同一品牌商品在其它公司店面的價格
> 更為低廉，Fielmann公司會退還客戶差價。當競爭對手想要
> 以各種方式(提供流行的款式、多樣化的選擇、低廉的價格)
> 在市場上出頭時，根本很難擊垮Fielmann公司。

與Grand Optical部門的經營模式有些不同，Fielmann公司強調價
格的優越性，而不是「一小時服務」的方便性。客戶若是在Fielmann
公司的店面配製眼鏡，大約需在訂貨日期五天或六天以後，才能取得
所配製的眼鏡。

Fielmann公司對於其在德國市場的持續成長趕到相當地滿意，但
是問題是公司在未來幾年是否能夠維持這種成長的幅度，公司不太可
能無止境地擴增在德國市場的佔有率。根據Goldman Sachs公司歐洲
分支機構的研究顯示，Fielmann公司在德國開設450家到460家店面以

後，就將面臨經營的瓶頸，因為Fielmann公司不得不跨入較小的商
圈，或是想辦法侵蝕其它商店現有的佔有率。

法律規定

　　視力矯正的驗光程序可以在德國的一般眼鏡店進行，但是這些程
序受到「Masters system專家體制」嚴格規定的限制。有關眼鏡店員
工的雇用、訓練、管理都必須由經營眼鏡店的「Master專家」負責。
若要成為一名認證合格的「Master專家」，必須先接受五年的教育訓
練與二年的學徒制訓練。全德國每年只有約200名新取得認證的
「Master專家」。德國於1996年時的「Master專家」非常缺乏，這種情
況導致「Master專家」的薪資水準大幅上漲。因為眼鏡店的營業時間
逐漸地延長，「Master專家」缺乏的情況會越來越嚴重。德國的眼鏡
配製處方約有40％是由眼鏡店發出，其餘的60％則是由眼鏡店之外的
眼科技師發出。眼鏡店「Master專家」與眼科技師之間的關係並不融
洽。

　　Fielmann公司一直有計畫地透過訓練課程栽培自己的員工，因此
公司長期以來都有辦法將「Master專家」的數量維持在一定的水準。
Fielmann公司的「Master專家」領有相當豐厚的薪資，比起這些
「Master專家」若是自行開業所能賺取的報酬還要多。

Pearle公司來來又去去

　　Fielmann公司看遍了競爭對手的來來去去。1981年，Pearle公司
藉由收購Bode公司而切入德國市場，從此在德國展開一場市場佔有
率的肉搏戰。Pearle公司是一家美國的眼鏡連鎖通路公司，在全世界
有875家店面，其中有183家店面在歐洲，大部分在荷蘭與比利時。
因為Fielmann公司具有雄厚的實力進行削價競爭，並且打贏價格戰，
所以Pearle公司在1983年撤出德國市場。但是Pearle公司在1990年以
不同的經營模式再度進軍德國市場，它所開設的店面搶佔了大型購物
中心的優質地段，並且提供「一小時服務」。然而，Fielmann公司再

次依靠其價格競爭優勢度過難關，Pearle公司於1993年再一次撤出德國市場。

義大利

對於眼鏡店內的視力矯正驗光程序，義大利政府沒有特別的限制，義大利的眼鏡配製處方約有65％是由眼鏡店發出。義大利總共有二千四百五十萬的眼鏡族群，因為人口老化的因素，這個族群的數量還會持續增加。義大利商店的營業時間相當具有彈性。大賣場的銷售金額只佔零售市場總銷售金額的3.5％，且零售市場的趨勢越來越走向重視繁複的零售技巧。單一定點購物（one-stop shopping）的觀念剛開始萌芽。自1992年以來，義大利有越來越多的大型購物中心出現，法國大型購物中心的經營者也將事業的觸角伸入義大利市場。因此，就進入義大利經營大型購物中心的外國競爭者來說，法國零售通路商佔有領先的地位。

眼鏡配製連鎖通路據點的銷售金額只佔義大利眼鏡配製市場總銷售金額的2％，雖然所佔的比率不高，但仍是獨立零售店面銷售金額的2.5倍。只有1％的眼鏡配製連鎖通路據點設在大型購物中心內，但由於新的大型購物中心越來越多，且其店面租金便宜，所以預期未來三年內，設置在大型購物中心的眼鏡配製連鎖通路據點會成長為原先的七倍。雖然許多其它的競爭對手都導入「一小時服務」的觀念，但是現在沒有任何一家店面可以提供各式各樣的鏡架供消費者選擇，而且只有少數幾家店面的空間超過二百五十平方公尺。義大利消費者多將眼鏡視為一種流行的用品，而不是一種視力矯正工具，因此知名的流行品牌銷售量特別好。國家健康保險機關National Health Service只針對視力有嚴重缺陷的消費者進行補貼，因此個人私有保險的重要性越來越高。

一家小型但積極主動的眼鏡配製連鎖通路——Poliedros公司除了提供客戶一年的使用期限保證之外，還有完善的售後服務、自助式服

務、品質保證卡、「不滿意就退費」的政策、免費的視力檢查與產品
維修服務、「90％的眼鏡在一小時內配製完成」的承諾。預期
Poliedros公司將會繼續採用這種營運模式迅速地擴張。

外來廠商要在義大利取得資源的困難度很高，有待克服的重要議
題包括：在義大利商場建立關係、取得適當的店面地段（購物中心內
與市中心區商圈的店面都需要有營業執照與權利金才能營運）、雇用
充足的眼科技師。Grand Optical部門裡面有一些天資聰穎的義大利
人，他們可以幫助部門在切入義大利市場時的行動更為平順。

葡萄牙

過去六年來，葡萄牙零售市場總銷售金額成長為原先的二倍，產
值為一千五百億法郎，而人口也從鄉村漸漸往城市搬遷。過去十年的
購物中心數量有爆炸性的成長，這些購物中心多半位在首都Lisbon里
斯本與Porto的周邊區域，而這些區域的人口數佔全國總人口數的38
％，其零售金額佔全國總零售金額的74％。這些區域的消費特性吸引
了許多國外的零售通路商，像是美國的Toys R Us玩具反斗城、英國
的Marks & Spencer、法國的Carrefour。此一區域內至少有四家購物
中心的地段，引起Grand Optical部門在裡面開設店面的興趣。雖然大
賣場的數量從1989年到1993年之間成長了187％，但是單一定點購物
（one-stop shopping）的觀念還在萌芽中。1996年，零售市場有24％
的銷售金額是透過超級市場與大賣場的交易來達成。葡萄牙一般商店
的營業時間相當具有彈性。

葡萄牙總共有將近四百萬的眼鏡族群。居住在都市與年輕的葡萄
牙人具有高度的流行品味能力，他們願意為其眼鏡付出高價購買，但
是葡萄牙一副眼鏡的平均售價大約比法國一副眼鏡的平均售價低30
％。葡萄牙的眼鏡族群平均每3.8年換一副新眼鏡。

90％的眼鏡配製市場由獨立開業的眼科技師所掌握，眼鏡配製連
鎖通路的規模很小。根據葡萄牙法律的規定，視力矯正鏡片的處方只

有眼科醫師可以發出。可是事實上，因為找眼科醫師求診的費用非常昂貴，且政府保險沒有完全補貼此筆費用，所以大部分的消費者還是暗中地在眼鏡配製零售通路據點進行驗光。國家健康保險機關National Health Service補貼的平均金額約為每副眼鏡售價的10％，補貼金額根據所選用的鏡片種類不同而略有差異，只有少數民族的人口可以得到政府健康保險的全額補貼。

　　葡萄牙的眼鏡配製市場沒有什麼特別的服務概念，Grand Optical部門的競爭對手也沒有很明顯的意圖要切入葡萄牙的市場，除了一家主要的競爭對手VisionLab公司。VisionLab公司在西班牙已經推出「一小時服務」的觀念，並打算在1997年9月切入葡萄牙市場。首先取得最佳店面地段的公司將能在市場上佔據有利的位置，並將其它競爭對手排除在市場之外，但設置在購物中心內的店面需要繳交權利金。由於過時法律的限制，市中心高級商圈的店面地段更難取得。在大城市周邊的眼鏡配製店面不難雇用到合格的眼科技師；但是在首都Lisbon與Porto以外的區域，合格眼科技師的來源就變成一大問題，因為這些區域的教育普及率與技術都比較低。

西班牙

　　西班牙市場有幾個特性：各個市場區隔差異很大、客戶群人數眾多、市場成長快速。西班牙總共有一千七百萬的眼鏡族群，這些眼鏡族群平均每3.5年替換一副新眼鏡。西班牙人的購物習慣逐漸趨向在大賣場與購物中心的單一定點購物（one-stop shopping）觀念。在1980年到1992年之間，大賣場的數量從15家成長到110家，購物中心的的數量也暴增了680％。直到1996年，大賣場與購物中心的銷售金額佔西班牙零售市場總銷售金額的8％。對於Grand Optical部門來說，西班牙市場有七個應設店面的區域與二個可能設店面的區域。西班牙人的流行品味能力中等，每人每年平均購買3.8雙新鞋，他們大部分將眼鏡視為一種醫療設備。西班牙一般商店的營業時間相當具有

彈性。

雖然獨立開業的眼鏡店數量佔所有眼鏡配製零售通路據點的55
％，但這些店面的數量逐漸在減少。連鎖店只佔所有眼鏡配製零售通
路據點的8％，但是其銷售金額佔眼鏡配製市場總銷售金額的25％。
西班牙的眼鏡配製市場由四家主要的全國性零售連鎖系統，與許多區
域性的零售店面所構成。西班牙消費者已相當熟悉「一小時服務」的
觀念，但並不瞭解自助式服務的理念，因為所有的眼鏡店都將鏡架收
藏在抽屜內，而不是以客戶自助式服務的方式擺放。大部分的眼鏡配
製處方都是由眼鏡店直接開出，國家健康保險制度並不補貼此類費
用，每副眼鏡在西班牙的平均價格為1,000法郎。

VisionLab公司是一家真正的競爭對手，它在20家大型的店面提
供「一小時服務」，每家店面的面積在三百到六百平方公尺之間。
VisionLab公司耗用許多廣告的經費。與Grand Optical部門相比較，它
的產品價格較低，因為它所提供給客戶的鏡架大部分是來自亞洲國家
的無品牌產品。

大型購物中心內的熱門地段早已被現有的眼鏡店所佔據，且這些
眼鏡店都具有非常忠實的客戶基礎。進駐購物中心的店面必須支付權
利金。最近一些法令嚴重地限制了新型購物中心的開發。然而，新型
購物中心顯然較舊型購物中心具有競爭力。對於新型購物中心之店面
的洽租需求非常高，一般列在店面洽租等候名單上的店家超過50
家。舊型購物中心為了爭取整體的銷售業績與人氣，會降低店面進駐
的權利金。市中心高級商圈的店面地段難以取得，列在店面洽租等候
名單上的店家比起新型購物中心的等候名單還要多。法國零售通路商
一般在西班牙的名聲不壞，能夠受到廣泛的認同，而西班牙的採購配
銷環境與法國非常相似。

瑞士

瑞士共有三百五十萬的眼鏡族群，這些眼鏡族群平均每4年換一

副新眼鏡。瑞士每副眼鏡的平均售價是歐洲地區最高的,約比德國的平均價格1,600法郎略高一些。瑞士每個行政區的購物文化都有不同。為了尋找較低價的商品,許多區域的瑞士人會跨越邊界,到其它鄰近國家去採購一些折扣商品。購物中心只能在大城市存活下去,像是Zurich蘇黎世與Geneva日內瓦。瑞士境內只有11家面積超過二萬平方公尺的購物中心。瑞士的購物中心與其它國家的購物中心有些不同,店面進駐購物中心不一定要支付權利金。瑞士的房地產價格是歐洲地區最高的,尤其是一些主要的商圈地段。

市中心區商圈、鄉村地區、商業區、郊區、大型購物中心的銷售金額分別佔瑞士零售市場總銷金額的50%、20%、15%、7%、8%。超級商店在瑞士市場才剛開始萌芽。瑞士一般商店的營業時間具有些許的彈性。雖然瑞士人的購物習慣有點傳統,但因為瑞士居民的可支配所得甚高,所以瑞士仍是一個相當吸引人的市場。

大部分的眼鏡店位在市中心區的主要街道與購物中心,獨立開業眼鏡店的銷售金額佔眼鏡配製市場總銷售金額的90%,零售連鎖系統與結盟組織組織只各佔5%。眼鏡配製的驗光程序有60%是在備有合格眼科技師(Master)的眼鏡店內完成,其餘40%的消費者的驗光程序由眼科醫師執行。Visilab公司已經在瑞士的法語區推行「一小時服務」的概念,但是商品的選擇性不多。瑞士的德語區尚未有「一小時服務」的概念,而全瑞士有三分之二的眼鏡店位在德語區內。如果消費者持有醫師的驗光處方,國家保險制度每三年可以提供840法郎的給付。50%的眼鏡族群還參與其它的個人保險。

Fielmann公司在1995年收購瑞士當地的Pro Optic AG公司,從德國切入瑞士市場,它們在瑞士德語區已有六個零售通路據點,還會在1996年內開設三家新店面。Fielmann公司的店面提供瑞士人多樣化的鏡架選擇(超過3,000種款式),但是Grand Optical部門還是有辦法與其區隔出來,因為Grand Optical提供了「一小時服務」與更多樣化的鏡架選擇,而這正是任何一家競爭對手所無法做到的結合(競爭對手

只有辦法提供其中一種理念）。

切入市場最大的障礙是合格眼科技師（Master）的招聘來源與其所要求的高額薪資。合格眼科技師（Master）是唯一能做視力檢查的人，瑞士只有一間學校培訓合格眼科技師（Master）。另一個進入障礙是法令禁止免費視力檢查的廣告。競爭對手（像是Visilab與Fielmann）的實力不容輕忽，因為它們對於市場的新進入者具備反擊的實力。

香港與新加坡

每位香港人平均每年購買5.8雙新鞋。香港共有二百五十萬的眼鏡族群，這些眼鏡族群平均每2年換一副新眼鏡。眼鏡的標價非常的昂貴，但是消費者通常可以得到很大的折扣。

新加坡共有一百六十萬的眼鏡族群，這些眼鏡族群平均每1.5年到2年換一副新眼鏡。新加坡人的流行品味能力相當高，每人每年平均購買6.8雙新鞋。

香港與新加坡市場都有將眼鏡視為流行商品的趨勢，而且這兩個市場的消費者非常重視專業化的服務品質。年輕族群的人數成長快速，而他們對於專業化的服務與高品質的產品特性常會給予高度的評價。歐洲品牌在這兩個地方都有高格調的形象。大型購物中心在香港正要開始發展（香港大約有20家購物中心適合Grand Optical部門的眼鏡配製店面進駐），但是新加坡的大型購物中心已經相當完善。大部分進駐大型購物中心的眼鏡配製店面隸屬於外商公司。

在香港的眼鏡配製市場，不到50％的店面設置在大型購物中心內，且設在大型購物中心內的店面空間通常非常窄小。零售連鎖系統的店面數量佔所有眼鏡店數量的25％。

在新加坡的眼鏡配製市場，超過70％的店面設置在大型購物中心內。零售連鎖系統的店面數量佔所有眼鏡店數量的17％。新加坡大部分的眼鏡店空間很狹小，但許多眼鏡店會提供配鏡「一小時服務」。

　　在香港與新加坡的眼鏡配製市場中，雖然零售連鎖系統以提供折扣的方式，帶給獨立開業的眼鏡店一些壓力，但是這些獨立店家在市場上還是佔了絕大多數。由於各個市場區隔的差異性很大，即使是同在零售連鎖系統內的店家也有不同的營運模式。零售連鎖系統的銷售據點不多，各個銷售據點的店面規劃、產品選擇性、客戶服務、甚至是商店的名稱……等，沒有明顯的一致性。提供自助式服務的店面極少見，鏡架的選擇性與風格並不多。開放式的店面很稀有，強力推銷的技巧是客戶服務的主要方式。兩個國家的政府都不會對消費者提供眼鏡商品支出的補貼或保險給付。

　　兩個國家的法令限制主要是針對隱形眼鏡。對於一般的眼鏡，新加坡政府沒有任何正式的法律規定，但是在不久的將來政府應該會有新的法令規定。新加坡並沒有正式的眼科技師培訓課程。

　　香港政府對於眼科醫師的正式法規在1996年8月開始施行。從那時起，所有眼鏡店都必須有合格的眼科技師。香港科技大學有提供眼科技師的教育學位，每年有25位畢業生。

　　香港與新加坡的房地產價格非常高，尤其是香港。開設店面通常都需要支付權利金。香港每平方公尺的每月租金約在3,750法郎到5,000法郎之間；新加坡每平方公尺的每月租金約在300法郎到600法郎之間，一家店面（30到50平方公尺）的每月租金一般是在10,000法郎到15,000法郎之間。為了取得適當的店面地段與充足的營業空間，Grand Optical部門必須與許多購物中心內的零售通路商溝通協調。雖然其它的競爭對手不像Grand Optical部門有明確的市場定位，但是市場競爭還是很激烈。因為合格的眼科技師數量不足，所以合格眼科技師的招募會是一項問題。兩個國家的年度經濟成長率——新加坡是10％、香港是5％。由於香港政治穩定度的不確定性，這對於Grand Optical部門與許多其它行業在香港的投資決策是一大負數。

　　做為一項長期的投資決策，Grand Optical部門考慮切入香港或新加坡市場，但因為需要鉅額的投資資本，目前尚未有任何資金投入。

然而，有許多原因會促使在亞洲的投資計畫加速，正如GPS集團的總裁與創辦人Michael Likierman所說：

> 亞洲是未來的希望所在，未來二十年內有一半以上的世界貿易會發生在亞洲。切入新加坡或香港市場，我們可以為將來中國市場的開放做準備。我們知道這可能需要一段很長的準備時間，所以我們越早開始進行，我們在中國市場開放時的準備就越充分。

策略

IMD瑞士洛桑國際管理學院的MBA學生們將研究結果呈現給Grand Optical部門經營團隊之後，GPS集團的高階主管必須決定要切入哪個國家或是哪些國家。而後，市場切入策略也必須構建出來。

GPS集團在國外的擴張方式有二種選擇：直接移轉Grand Optical部門現有的經營理念，或是在各國市場引用Grand Optical部門在法國的經營理念。GPS集團的總裁與創辦人Daniel Abittan與Michael Likierman都認為第一種方案的理念已經得到實證，所以他們已經清楚如何去推行。另一方面，法國市場所採行的策略在其它國家市場可能會得到完全不一樣的結果，投入大筆的資金之後，可能會發現完全不適當；可是在各國市場引用法國市場的經營策略還是有些吸引力，因為策略形成與執行的成本較低，且在新市場引用修改後的新觀念可以激發一些有趣的學習潛能，而這些原因大大地吸引了這兩位創業家。Daniel Abittan說道：

> 我們在未來三年到四年內要跨到國外市場，店面的品牌名稱要在國外推展，因此我們現在就必須起步。眼鏡配製產業在每個國家的情況都不太一樣，我們需要一些時間去學習。

　　GPS集團的經營團隊有人建議採用La Generale d'Optique部門在預算方面的競爭優勢。他們認為應用到國外市場的或許應該是La Generale d'Optique部門的經營理念,而不是Grand Optical部門的經營理念。無論GPS集團打算切入哪一塊市場,都有許多需要考慮的因素。GPS集團在法國所採用的店面地段策略能否在其它國家的新市場發揮效用?應採用何種行銷策略?人力資源策略?服務策略?競爭對手會如何回應?這許多問題都等著GPS集團做決定。

附錄1A　GPS公司組織定位圖

以橫軸來看，GPS公司的目標市場可以區隔爲眼鏡配製市場與攝影市場；
以縱軸來看，GPS公司對於客戶的服務可以分爲價格層面與服務層面。
圖中的數據爲1996年12月31日的資料。銷售金額已折現至1996年12月31
日。
（眼鏡配製市場的數據包含16家Solaris的店面。攝影市場的數據包含12家
Photo Points的店面。GPS員工總人數包含25名在總部的員工。）

Grand Optical部門
銷售金額（含加值稅）：
848百萬法郎
店面總數：58
員工人數：97

GPS服務層面軸線
銷售金額（含加值
稅）：1,866百萬法郎
店面總數：262
員工人數：2,320

Photo Service部門
銷售金額（含加值稅）：
962百萬法郎
店面總數：188
員工人數：1,279

GPS公司眼鏡配製市場
銷售金額（含加值
稅）：1,249百萬法郎
店面總數：126
員工人數：1,540

GPS公司總和
銷售金額（含加值稅）：
2,692百萬法郎
店面總數：432
員工人數：3,327

GPS公司攝影市場
銷售金額（含加值
稅）：1,443百萬法郎
店面總數：306
員工人數：1,772

La General d'Optique
銷售金額（含加值稅）：
345百萬法郎
店面總數：52
員工人數：499

GPS價格層面軸線
銷售金額（含加值
稅）：826百萬法郎
店面總數：170
員工人數：982

Photo Station部門
銷售金額（含加值稅）：
456百萬法郎
店面總數：106
員工人數：444

資料來源：GPS公司資料

附錄1B　1992年至1996年GPS公司合併損益狀況（金額單位：百萬法郎）

至當年度12月底止	1992年	1993年	1994年	1995年	1996年
淨銷貨收入	763	868	1,040	1,615	2,012
銷貨收入成長率%		13.9	19.7	55.3	24.5
毛利	500.9	586.6	742.3	1,210.4	1,493.0
邊際獲利率%	64.9	66.8	70.3	73.9	72.2
稅前盈餘	56.4	75.4	95.7	124.8	229.6
員工分紅	3.1	4.7	8.5	11.8	18.8
稅後淨利	29.7	38.0	56.3	35.1	117.9
淨利獲利率%	3.8	4.3	5.3	2.1	5.8

資料來源：GPS公司資料與Goldman Sachs公司預估值

附錄2　GPS集團的精神

所有員工共同分享公司的核心價值是GPS集團的中心思想，也是GPS集團凝聚下屬各個事業體向心力的方法。每一位新加入GPS集團的員工都會收到許多說明集團理念的應用範例簡報。

我們的核心價值	員工的權利	員工的責任	客戶的權利
幫助人們成長	*可以盡一切可能滿	*盡一切可能滿足每	我們提供客戶絕對
*理解「為什麼」	足每一位客戶	一位客戶	滿意的服務，體認
*明確的思考	*主動承擔責任與測	*對於團隊的績效做	客戶以下的權利：
*授權	試其構想	出貢獻	*受到關愛
*分享	*提供具有建設性的	*培育與訓練新進人	*受到瞭解
	批評	員	*收到符合其需求的
團隊意識	*可以犯錯	*保持溝通管道暢通	產品與服務
*專業度	*能理解產品與服務	*建立	*能自由地選購產品
*敏感度	的內容	*保持誠信與忠實	*收到可靠的產品與
*創新性	*接受所需的訓練	*尊重每個人與公司	服務
*成長性	*收到明確的指示	的義務	*能理解產品與服務
	*成就受到承認	*針對每個人的動作	的內容
服務	*在公司內自我發展	回應	*受到忠誠的對待
* 客戶第一	* 受到幫助	*提出構想	*個人的興趣受到尊
* 品質		*持續改善	重
* 積極回應			* 可以犯錯
* 道德感			* 得到驚喜

資料來源：GPS公司資料

附錄3　GPS公司店面圖

資料來源：GPS公司資料

續附錄3　GPS公司店面圖

資料來源：GPS公司資料

附錄4　眼鏡配製產業概況

　　眼鏡配製產業的參與者包括：鏡架製造商、鏡片製造商、根據醫師處方為特定客戶將鏡片與鏡架組合在一起的中央配製實驗室、當然還有消費者購買一般眼鏡與隱形眼鏡的地方——各家眼鏡配製零售據點。眼鏡配製市場一直在變化，尤其是零售端。眼鏡零售市場原本的區隔十分零散，只有各地方當地的零售據點在經營；但是漸漸地演變成一個組織化的市場，連鎖通路系統的佔有率慢慢地超越了獨立開業眼鏡店的佔有率。這些連鎖通路系統開始在本國以外的地區擴張，所以眼鏡配製市場也逐漸地變得歐洲化，甚至是全球化。各國市場的發展速度隨著各國的情況而有所不同，影響的因素包括法律規定、一般消費者的購物行為模式、購物中心的開發速度。

鏡架製造

　　大部分鏡架製造商的規模都不大，除了一些市場上的主要廠商，像是義大利的Luxotica和Safilo與美國的Rayban雷朋。

　　由於消費者不再將眼鏡視為一種醫療設備，鏡架設計的重要性越來越高。許多流行時尚商品、化妝品、娛樂用品的知名品牌都授權鏡架製造商生產鏡架，像是Armani亞曼尼、Dior迪奧、Disney迪士尼。鏡架的零售價格在100法郎到3,000法郎之間（不包括高級時尚設計師所設計的鏡架與「像珠寶一般」的鏡架，這些鏡架的售價在20,000法郎以上）。對於一個高檔的時尚品牌來說，為了強化其品牌形象與藉由收取授權費用來獲利，以品牌名稱來銷售鏡架不失為一種好方法。

　　然而，除了少數的設計以外，消費者很難去展現其所使用的鏡架品牌，因為印在鏡架邊緣的品牌名稱與商標所使用的字體非常小。

　　這使得名牌鏡架的仿製非常容易。德國的Fielmann公司（歐洲最大的眼鏡零售連鎖系統）將這種機會利用到極致，它要求鏡架製造商生產「看起來很像名牌款式」的鏡架。然後Fielmann公司會在店面展示櫥櫃上，將這種「看起來很像名牌款式」的鏡架與昂貴許多的名牌款式鏡架擺放在一起。有時Fielmann「看起來很像名牌款式」的鏡架只需20德國馬克；而真正名牌款式的鏡架需要200德國馬克。

　　鏡架製造商直接將鏡架賣給配鏡零售據點（通常只針對大型的零售據點），或是透過配銷通路系統將鏡架賣給配鏡零售據點，其中某些配銷通路系統擁有特定品牌鏡架的獨家經銷權。

續附錄4　眼鏡配製產業概況

鏡片的研磨與製造

與鏡架的情況不同，一般眼鏡鏡片與隱形眼鏡是由少數幾家國際性的競爭對手所製造，像是Bausch & Lomb博士倫的隱形眼鏡與Essilor、Zeiss蔡司、Rosenstock的一般眼鏡鏡片。這些公司在各個不同的國家都設有工廠與銷售辦公室，它們在高度自動化的配鏡實驗室內，為獨立經營的配鏡零售據點切割、研磨、拋光眼鏡所需的鏡片。

研磨與拋光鏡片也可以在獨立或中央的配鏡實驗室內完成。這些實驗室向大型的鏡片製造商購買鏡片，然後自行依照鏡架的形狀切割、研磨、拋光鏡片，當然也可以根據客戶的選擇為鏡片做一些特殊的處理，像是能抵抗反光或是防止鏡面刮傷的多層膜鏡片。提供「一小時服務」的眼鏡配製零售據點，其配鏡實驗室為零售連鎖系統所共用或是直接設置在店面內。鏡片在經過拋光之後，配鏡實驗室會切割鏡片，並且對鏡片做抗反光的多層膜處理，或是進行一些其它特性的處理。一般來說，店面內的眼科技師每天可以處理15副到20副的眼鏡；中央與自動化配鏡實驗室的眼科技師每天可以處理50副的眼鏡。

配鏡零售據點

五種不同的配鏡零售據點在銷售鏡架與鏡片

* 獨立開業的眼科技師

獨立開業的眼科技師以傳統的方式經營店面，這些店面通常位在小城鎮或是都市的中心地帶，提供客戶約600種的鏡架選擇，主要目標客戶群是老年人。在大部分的歐洲國家中，每一間眼鏡配製店都必須有至少一位的合格眼科技師（Master）。成為一位眼科技師所需的訓練時間在2年（法國）到8年（德國；包含兼職訓練與當學徒的時間）之間，這種訓練的文憑無法得到國際性的承認。每間店面需要至少一位眼科技師的規定，使得開設眼鏡配製店面的任務變得很困難。因為缺乏很多新的競爭對手加入眼鏡配製市場，所以現有的獨立開業零售據點能夠藉由相當高的銷售毛利率（通常高於70％）存活下去。

* 結盟組織

結盟組織是由許多組成協會或是合作社的眼科技師所組成，這種組織以集體的方式大量採購，並且一起進行一些共通性的商業活動（像是廣告）。舉例來看，法國的兩種結盟組織Krys與Optic 2000就各有500家店面結盟，一

續附錄4　眼鏡配製產業概況

起執行聯合採購與廣告活動。這些店面的位置通常在購物中心內，或是在市中心區的商圈。

* 經銷商網路

經銷商網路是由具有相同風格與相同訴求的店面所組成。這些店面具有聯合採購的力量，並且一起分享共同的行銷政策、一起執行廣告活動。舉例來看，法國的一家經銷商網路Afflelou是由500家店面所組成的，總廣告經費超過一億法郎，總銷售金額達到十七億法郎。

* 零售連鎖通路系統

零售連鎖通路系統是眼鏡配製產業裡面真正的「資本家」。無論這些零售連鎖通路系統是提供「一小時服務」，還是在二天或三天內將商品交到客戶的手上，它們的每間店面都有相同的外觀，執行相同的行銷模式與商品訴求。歐洲主要的零售連鎖通路系統包括：英國的Boots（300家店面）、Dollond & Aitchison（450家店面）、Vision Express（100家店面）；法國的GPS（Grand Optical部門50家店面）；德國的Fielmann（350家店面）、Apollo（177家店面）。除了Grand Optical部門完全不打廣告以外，這些零售連鎖通路系統都相當倚重廣告的攻勢。

* 郵購公司

郵購公司最近才加入眼鏡配製產業，但是只出現在斯堪地那維亞半島（北歐）的國家，而且公司大部分的銷售重點是擺在隱形眼鏡上。

鏡架與鏡片的定價

典型的獨立開業配鏡店面傾向將具有品牌的商品訂定較高的價格。結盟組織、經銷商網路、零售連鎖通路系統則會針對具有品牌的商品與不具品牌的商品，提供促銷活動（一般是「買一送一Buy one Get one Free」）或是40％的折扣，因為它們能夠以便宜的價格，向歐洲小型製造商與亞洲製造商購買符合規格需求的不具品牌商品。就GPS集團來說，Grand Optical部門並不會主動地促銷具有品牌的商品；而La Generale d'Optique部門（GPS集團在1993年另外建立的一個零售連鎖通路系統）則將重點擺在每天都維持低價政策的不具品牌商品上。因為Grand Optical部門沒有投資任何經費在廣告活動上，它利用店面的裝潢與設計風格做為與消費者傳播溝通的主要媒介。

續附錄4　眼鏡配製產業概況

開設店面的成本

　　每個國家開設店面的成本都不相同，因為其中一個主要的變數是店面空間的成本。在某些國家中，業者只需支付建築物的租金成本；但在其它國家中（拉丁語系國家），業者除了建築物的租金以外，還需支付權利金。如果該店面地段在經過使用後的價值仍與使用前相同，則業者在退租之後可取回權利金。以法國為例，每平方公尺的權利金約在一萬七千法郎左右。

歐洲的消費者：理想或現實

　　當GPS集團的總裁與創辦人Daniel Abittan與Michael Likierman開始思考要走向國際化時，引發了一些問題：是否應在新市場修改原有的經營模式？應如何修改才能符合新市場之消費者的需求與品味？針對這些問題，雖然缺乏比較性的市場研究，但是世界上的所有國家總有一些共通的地方。首先，最為普遍的特性是：每個國家的人口約有40%到50%需要眼鏡（20歲的年齡層20%、40歲的年齡層35%、65歲的年齡層45%）。依據視力矯正因素的不同，眼鏡族群每三年到五年需要替換一副眼鏡。55歲以上的眼鏡族群每二年就需替換一副眼鏡。只有10%到20%的眼鏡族群比較喜歡戴隱形眼鏡，而且至少到目前為止，視力矯正手術無法取代眼鏡的地位（大約只能取代5%的數量）。

　　有20%到40%的消費者會依據價格的考量來決定其採購行為，因為他們將購買眼鏡視為一種醫療的義務。當然，消費者喜愛價格便宜且設計精美的商品，有20%到25%的消費者偏好具有品牌的眼鏡，而這些消費者將眼鏡視為一種流行的商品。在所有國家，消費者一旦與某位眼科技師有過交易關係，他們的忠誠度都相當高。

　　各國之間的消費者行為差異受到許多因素的影響，包括法律規定。在某些國家中，消費者若沒有從眼科醫師那裡得到配鏡處方，將無法在零售據點購買眼鏡（至少是消費者如果想要得到政府保險或是個人保險的給付）。法國市場就是這樣的一個例子。在其它國家中，眼科醫師開出的處方並不是配鏡的必備要件，消費者可以在零售據點由領有執照的眼科技師負責配鏡驗光的動作（德國、英國、西班牙、盧森堡），但這並不是說所有的消費者都會這麼做。以德國為例，超過一半以上的消費者還是會找眼科醫師驗光；以英國為例，不到20%的消費者會找眼科醫師驗

續附錄4　眼鏡配製產業概況

光。

　　各國的補貼制度與層級也會影響到消費者所願意付出的價格。一般來說，各國的保險制度不會慷慨地對鏡架費用做全額給付（舉例來說，法國的最高給付金額爲87.50法郎）。有時，各國保險制度對於鏡片的補貼較爲大方。消費者通常都還有個人保險，來支援政府保險給付所不夠的差額。以法國爲例，每一副具有品牌眼鏡的價格約爲三千法郎，一般消費者可以得到政府保險的給付金額爲一百五十法郎，從個人保險得到一千五百法郎的給付（大約是眼鏡價格的50％）。若是一副眼鏡的價格爲一千法郎，則消費者大約可以得到總共六百法郎的保險給付。

　　最後，根據居住環境的不同，越來越多消費者注意到陽光輻射對於人體的傷害，使用太陽眼鏡的人口逐漸地增加。其它造成眼鏡消費者購買行爲差異的因素還包括：消費者平均自付價格、鏡片的額外功能（像是抵抗反光的多層膜鏡片）、鏡架材質的偏好（金屬鏡架或是塑膠鏡架、有機鏡架或是塑膠鏡片）、鏡架的形狀、鏡架與鏡片的顏色......等。以技術性與品質性的觀點來看，歐洲地區要求最高的消費者是德國人。

資料來源：GPS公司資料

附錄5　法國Grand Optical商店與La Generale d'Optique
商店的一般成本與收益結構

	Grand Optical 的營運模式	La Generale d'Optique 的營運模式
每間店面平均銷售金額 （不含加值稅）	6,000,000法郎	12,000,000法郎
淨銷售金額（%）	100	100
邊際獲利率（%）	60	71
商店成本（%）：		
員工	20	11
空間	3	4
外部	-	3
溝通	22	12
設備租賃	3	3
折舊	3	5
商店貢獻（%）	19	23
總部費用（%）	10	12
營運成果（%）	9	11
財務成果（%）	2	2
稅前淨利（%）	7	9

資料來源：GPS公司資料

附錄6　1996年12月Grand Optical部門概況

一般Grand Optical店面的概況	一般La Generale d'Optique店面的概況
*每間店面場地大小：300平方公尺（含100平方公尺的配鏡實驗室）	*每間店面場地大小：200平方公尺
*平均每間店面所涵蓋區域必須具備的人口數：300,000	*平均每間店面所涵蓋區域必須具備的人口數：150,000
*每間店面平均投資金額（含加值稅）：15百萬法郎	*每間店面平均投資金額（含加值稅）：7百萬法郎
*每間店面平均投資金額：12百萬法郎	*每間店面平均投資金額：5百萬法郎
・店面裝潢投資金額：5百萬法郎	・店面裝潢投資金額：3百萬法郎
・店面設計投資金額：5百萬法郎	・店面設計投資金額：2百萬法郎
・販售商品投資金額：2百萬法郎	・販售商品投資金額：0百萬法郎
*每間店面庫存鏡架數量：3,500副	*每間店面庫存鏡架數量：2,200副
*每間店面庫存一般眼鏡數量：9,000副	*每間店面庫存一般眼鏡數量：0副
*每間店面庫存隱形眼鏡數量：600副	*每間店面庫存隱形眼鏡數量：300副
*每間店面平均員工人數：14	*每間店面平均員工人數：7
*每間店面每年平均售出8,000副眼鏡	*每間店面每年平均售出7,000副眼鏡
*每副眼鏡的平均售價：1,600法郎	*每副眼鏡的平均售價：1,000法郎
*店面地段：60％在郊區的購物中心、30％在市中心區的購物中心、10％在一般的商店街上	*店面地段：90％在郊區的購物中心、10％在市中心區的購物中心
*廣告經費比例：5％	*廣告經費比例：5％
*投資回收期間：五年	*投資回收期間：四年

資料來源：GPS公司資料

附錄7　國際性競爭對手的概況

Vision Express在不具競爭性的市場快速擴張

*強調促銷與「一小時服務」的觀念

*從英國市場起家

*鉅額的廣告經費（佔銷售金額10％）

* 零售通路據點的店面較小

*鉅額廣告經費只投入在大眾傳播媒體

*擴張速度快、經營模式易於執行

*機會主義者、沒有明確的經營重點

*零售通路據點分佈：菲律賓1、波蘭9、捷克1、比利時9、阿根廷7、拉脫維亞6、愛爾蘭6、俄羅斯2、英國100、其它國家10

Fielmann計畫在歐洲地區積極擴張，但沒有提供「一小時服務」

*1972年於德國Hamburg漢堡成立

*歐洲最大的眼鏡配製零售通路商、提供客戶多樣化的選擇

*一開始定位為提供免費眼鏡的零售通路商

*可以接受每副眼鏡較低的邊際獲利率

*每一平方公尺店面所產生的邊際營運利潤較高

*每位員工每天平均售出4副眼鏡（業界平均值為1.8副）

*不接受「一小時服務」的觀念

*所有眼鏡都提供三年的品質保證

*中央管理的實驗室負責配製眼鏡

*店面的大小各不相同、最大的店面規模是量販店的型式

*所有店面都採用一致的營運規範與準則

*德國市場將在未來3年到4年內飽和、藉由國外併購的方式成長

*深信的競爭優勢依序為價格、品質、服務

*零售通路據點分佈：德國350、奧地利2、瑞士9（20家在規劃中）

*計畫擴張到英國、西班牙、義大利、法國（尚未確定）

續附錄7　國際性競爭對手的概況

Dollond & Aitchison是個國際化的公司，但無法與其它競爭對手差異化

*既非提供LDC低價位（Low Delivered Value）的商品，也非提供HPV高
　質感（High Perceived Value）的商品
*店面種類包括一般的店面與大型的量販型店面
*採用因地制宜的管理模式、各國市場的經營方式都不相同
*零售通路據點分佈：英國469、西班牙70、義大利90、瑞士15、愛爾蘭6

Pearle Vision公司遭運到經營的困境

*有時提供「一小時服務」
*主要訴求私有品牌與中階品牌的商品
*強力的促銷活動、「買一送—Buy one Get one Free」
*兩度嘗試進入德國市場都失敗
*財務危機（尚未確定）
*零售通路據點分佈：美國822、比利時60、荷蘭147

資料來源：GPS公司資料

附錄8　眼鏡配製零售連鎖系統的國際定位

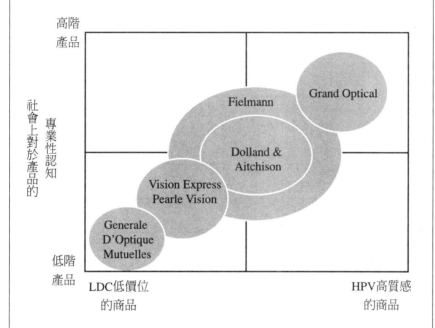

資料來源：GPS公司資料

附錄9　　眼鏡配製市場的數據資料

	法國	德國	義大利	葡萄牙	西班牙	瑞士	香港	新加坡
眼鏡族群（百萬人）	27	36.8	24.5	3.8	17	3.5	3.5	1.7
市場產值（十億法郎）	15.7	18.4	10.4	0.5	6.0	2.9	1.7	0.4
眼鏡替換頻率（年）	3.5	3	3.5	無資料	3.5	4	2	1.5-2
價位在1,000-1,800法郎之間的眼鏡平均價格（法郎）	1,300	1,600	750	900	900-1000	1,700	1,100-1550	無資料
1995年的購物中心數量	614	180	300	30	326	45	估計為20	無資料
購物中心面積（百萬平方公尺）	13.2	6.2	3.7	0.4	3.6	0.7	無資料	無資料
1989-1993年大賣場／超級市場增加的數量	27	21	69	187	91	無資料	無資料	無資料
商店營業時間	略有彈性	不具彈性	具有彈性	具有彈性	具有彈性	略有彈性	具有彈性?	具有彈性?
每間店面服務的客戶數	3,978	4,300	2,400	3,040	3,272	3,700	2,040	2,667
獨立開業店面佔市場產值的比率%	32	23	96	90	35	95	無資料	無資料
零售連鎖據點佔市場產值的比率%	無資料	27	2	無資料	17	17	無資料	無資料

資料來源：GPS公司資料

附錄10　各國市場的競爭對手概況（IMD瑞士洛桑國際管理學院MBA學生的評估）

	消費者選擇性多	一小時服務	客戶服務	自助式服務	LDC／HPV*	流行／店面品牌
Grand Optical（市場佔有率5％）	是	是	是	是	HPV	二者皆有
法國						
Mutual Insurance（市場佔有率19％）	否	否	否	否	LDC	店面品牌
Krys（市場佔有率14％）	是	否	否	否	HPV	二者皆有
Afflelou（市場佔有率11％）	是／否	否	否	是／否	LDC	二者皆有
Optique 2000（市場佔有率9％）	是／否	否	是	是／否	HPV	二者皆有
德國						
Fielmann（349家店面，657百萬美金）	是	否	是	是	LDC／HPV	二者皆有
Apollo（177家店面，165百萬美金）	是	否	是	是	LDC	店面品牌
Abele（51家店面，50百萬美金）	否	否	是	是	HPV	二者皆有
Krane（72家店面，63百萬美金）	是	否	是	否	HPV	二者皆有
Binder（34家店面，41百萬美金）	否	否	是	否	HPV	流行品牌
Family（10家店面）	是	否	無資料	是	HPV	無資料
Matt（41家店面）	否	否	是	是	LDC	店面品牌
Vision Express（1家店面）	否	是	是	是	LDC	二者皆有

續附錄10 各國市場的競爭對手概況（IMD瑞士洛桑 國際管理學院MBA學生的評估）

	消費者選擇性多	一小時服務	客戶服務	自助式服務	LDC／HPV*	流行／店面品牌
Grand Optical （市場佔有率5％）	是	是	是	是	HPV	二者皆有
義大利						
Salmoiraghi（102家店面，48百萬美金）	否	否	否	否	HPV	二者皆有
Poliedros（30家店面，12家提供一小時服務）	否	是	是	是	LDC	流行品牌
COI（166家店面，49百萬美金）	否	否	是	是	HPV	流行品牌
Green Vision（105家店面，43百萬美金）	否	否	是	否	HPV	二者皆有
葡萄牙						
Pro Visao	否	是	是	否	HPV	流行品牌
Multiopticas	否	是	是	否	LDC	店面品牌
西班牙						
General Optica（85家店面，114百萬美金）	否	否	是	否	HPV	二者皆有
Opticost（78家店面，20百萬美金）	是	是	是	否	LDC	店面品牌
VisionLab（20家店面）	是	是	是	否	HPV	二者皆有
Optica 2000	否	否	是	否	HPV	二者皆有
瑞士						
Visilab（17家店面，55百萬美金）	否	是	是	是	HPV	流行品牌
Fielmann	是	否	是？	是	LDC／HPV	二者皆有
Delta Optik（16家店面，15百萬美金）	否	否	是	是	HPV	流行品牌

續附錄10　各國市場的競爭對手概況（IMD瑞士洛桑國際管理學院MBA學生的評估）

	消費者 選擇性多	一小時 服務	客戶 服務	自助式 服務	LDC／ HPV*	流行／ 店面品牌
香港與新加坡						
Optical 88** （香港76家店面）	是	是	是	否	HPV	流行品牌
The Optical Shop** （香港49家店面， 新加坡8家店面）	是	否	是	一些	HPV	流行品牌
Capitol Optique （新加坡20家店面）	是	否	是	否	HPV	流行品牌
Paris Miki（新加坡 8家店面）	是	否	是	一些	HPV	流行品牌

*LDC：低價位（Low Delivered Value）的商品
HPV：高質感（High Perceived Value）的商品
**品牌的折扣非常多

資料來源：GPS公司資料

傳達心聲的利器（Make Yourself Heard）：Ericsson 易利信公司的全球品牌造勢活動

個案2.11

1998年2月，Ericsson公司為其行動電話產品推出一項主要的全球造勢活動，這是這家通訊產業領導公司第一次推出大規模的品牌造勢活動。受到一項簡單事實——「個人化的接觸方式是行動通訊最重要也是最強力的因素」之激勵，Ericsson公司行動電話與終端機事業群的管理階層決定推出大量的廣告，即使有許多較為保留的意見認為將重點放在品牌形象的建立，可能會攫取公司太多的關注與資源，使得公司一直在行動電話市場上推出的新產品失去一些關注與資源。但是Ericsson公司行動電話與終端機事業群的行銷傳播副總裁Jan Ahrenbring說道：

> Ericsson品牌的造勢活動與公司的價值有關，而不只是與公司的產品有關。品牌造勢活動的目的就是傳達一項很明確的訊息——Ericsson公司堅信與他人溝通的便利性和自我表達的價值。

公司背景資料

Ericsson公司是通訊產業設備與服務的領導供應商，公司為公共與私人通訊網路生產頂尖的有線、無線通訊系統與產品，客戶群遍佈全世界一百三十個國家以上。

Ericsson公司在瑞典創立已超過一百二十年之久，1997年的員工人數是100,774名，總銷售金額是一千六百八十億瑞典克朗納SKr（1998年的匯率：1美元＝7.9瑞典克朗納Skr）。將近有90％的銷售金額是由瑞典以外的市場所提供。

從1997年初開始，Ericsson公司在通訊領域的大量營運作業可以區分為三大事業群：

■無線電系統事業群：提供行動語音與資料傳輸系統的服務。1997年的銷售金額為七百八十億瑞典克朗納SKr。

- 資訊通訊系統事業群：藉由多媒體通訊的解決方案，提供語音、資料、影像的傳輸服務給網路操作人員、服務提供者、企業。1997年的銷售金額為四百八十億瑞典克朗納SKr。
- 行動電話與終端機事業群：提供最終消費者行動電話與終端機的服務，像是呼叫器業務。1997年的銷售金額為四百二十億瑞典克朗納SKr。

（詳見【附錄1】說明Ericsson公司的部分組織圖）

　　Ericsson公司的使命是瞭解我們客戶的機會與需求，並提供比競爭對手更優的通訊解決方案。在此同時，Ericsson公司還能提供股東具有相當競爭力的投資報酬率

　　最近幾年來，Ericsson公司的研發預算已超過總銷售金額的20％。在二十三個國家有超過一萬八千名員工投入研發的活動。公司管理階層估計，隨著科技的快速發展，公司現有的產品組合將會在二年內全部更新。

　　據估計，Ericsson公司的行動電話系統於1997年已在九十二個國家有五千四百萬用戶。全世界的行動電話系統用戶其中有40％是網路操作人員，而Ericsson公司是此一領域的領導品牌。

　　Ericsson公司於1987年只以手持行動電話跨入市場，那是公司第一次對最終消費者行銷商品。因為Ericsson公司體認到行動電話業務所面對的是最終消費者的市場，而此一市場有其自有的「獨特商業邏輯」，這項動機促使公司在1997年進行組織結構調整，將行動電話業務獨立成為一個事業群。與其它兩個全球性競爭對手Nokia諾基亞與Motorola摩托羅拉的市場佔有率相比較，Ericsson公司的行動電話市場佔有率在最近有擴增的趨勢（詳見【附錄2】列出主要廠牌的行動電話全球市場佔有率）。

過去的廣告

在跨入行動電話市場前，Ericsson公司的廣告活動並不多。由於Ericsson公司當時的目標客戶只是少數幾家大型通訊公司（一般都是附屬於企業集團內），Ericsson公司的管理階層認為不太需要廣告。即使在推出第一款行動電話之後，公司仍不習慣採用大量的廣告攻勢。一位資深的行動電話經理說道：

> 在行動電話很熱絡的市場，我們只需顧著銷售生產出來的產品。當時的假設非常簡單：如果我們生產的商品非常精良，我們就不需要任何的廣告。

Ericsson公司大部分早期的行動電話廣告，是由散佈在全世界的當地銷售分公司所推出。每個電話產品廣告所採用的溝通傳播策略，都由當地分公司的管理人員決定。

1995年，Ericsson公司為一款新型的行動電話GH337，成功地推出公司第一個橫跨全歐洲的廣告活動。此次廣告活動的平面廣告全部刊登在報紙頭條新聞的下方，並以「It's about......」做為廣告的主題標語，此一廣告說明了新產品的特性（詳見【附錄3】引用當時平面廣告的樣本）。

想到公司第一個橫跨全歐洲的廣告活動，Ericsson公司行動電話與終端機事業群的品牌行銷傳播總監Goran Andersson（隸屬於行銷傳播副總裁Jan Ahrenbring管轄）回憶道：

> 對於支援這樣的一項廣告活動，各地分公司的管理人員覺得並不習慣。事實上，他們一開始對這個想法並不認同，但是此一活動的成果顯示，我們可以一起合作完成非常有用的事情。

在組織結構調整、行動電話業務獨立成一個事業群之後，Ericsson公司管理階層有了推動公司第一個全球品牌造勢活動的想法。1997年，Ericsson公司與拍攝007系列電影的United Artists Pictures公司達成協議，讓電影中的男主角James Bond在新片「Tomorrow Never Dies」裡面持用Ericsson的行動電話。行動電話事業群的管理人員將產品的定位視為一個展示的機會——「Ericsson是頂尖科技與流行的創新者，且證明Ericsson的行動電話已是日常生活的一部份」。公司利用007電影中James Bond形象與Ericsson產品形象連結的戰術，在全世界為新型行動電話進行十二個星期的廣告活動（詳見【附錄4】引用奧地利市場的James Bond廣告樣本）。

據估計，Ericsson公司於1997年在全世界耗用將近二十億瑞典克朗納SKr的行動電話廣告經費，其中有75％的經費是由當地分公司在產品造勢活動上執行；其餘25％的經費則分配到全歐洲或是全世界的產品廣告上，而這些產品廣告多半在CNN、飛機客艙內、商業雜誌……等媒體出現。

品牌形象的建立

行動電話與終端機事業群的高階主管密切地監控行動電話市場的快速變化，與影響全球行動電話產業的因素。在1990年代末期，行動電話市場的成長比以往都要快速，但也變得競爭激烈。1997年初全世界有一億三千七百萬行動電話用戶，但是在2002年預估會成長為五億九千萬行動電話用戶。預期成長最快速的區域是亞洲太平洋地區，其後是拉丁美洲、歐洲、北美洲。同時，現在估計約有二十家行動電話製造商，但在不久的將來，會有一大堆的製造商加入戰場。

高階主管認為行動電話市場未來的領導地位，將由那些少數能在最終消費者心中建立強烈品牌形象的公司所掌握。對於行動電話與終端機事業群的高階主管來說，基於下列的原因，Ericsson公司必須建

立能對消費者提供價值的品牌，以便與其它品牌產生區隔：

1. 各製造商之間的產品差異已開始縮小。想要藉著產品特徵與科技來進行產品差異化變得越來越困難。

2. 新產品將面對更短的產品生命週期。Ericsson公司在1992年推出的新型行動電話在市場上存活了三年，才被功能更先進、成本更低的款式所取代；但最近推出的新產品預估在市場上只有12個月到18個月的生命週期。行動電話在市場上生命週期的縮短，使得光以通訊功能為重點的產品變得很昂貴，可能很快就不符市場的需求。

3. 新世代的最終消費者希望行動電話所能提供的特性各不相同，與行動電話市場萌芽初期就已使用的消費者需求並不一樣。早期的行動電話使用者大多是企業用戶，這些企業用戶需要的是具備先進功能與輕巧特性的行動電話；預期行動電話市場未來的成長主要來自於非企業用戶，這些非企業用戶希望行動電話所能提供的價值各不相同。

此外，高階主管相信在競爭激烈的行動電話市場中，Ericsson公司只有在科技領導地位的名譽與強烈品牌形象相互配合，才能讓Ericsson的產品價格享有比其它公司產品昂貴的優勢（Ericsson某些款式與Nokia和Motorola的價格差距在5％到30％之間）。行動電話與終端機事業群的品牌行銷傳播總監Goran Andersson評論道：

> 通訊網路服務業者嘗試將行動電話商品化，並且使用幾乎等於贈送行動電話的方式來吸引通訊系統的用戶，但我們希望消費者要的不只是一隻電話，而是一隻Ericsson公司生產的行動電話，即使它的價格比較昂貴。我們希望剛加入行動電話市場的新用戶能像之前的企業用戶一般，將我們的產品視為特殊的用品，值得享有一些額外的價格優勢。

雖然各地市場的情況有許多差異，但是預估全世界所銷售的行動電話將近有60％，是消費者直接透過零售通路自行購買的，其餘40％的行動電話則是通訊網路服務業者透過本身的促銷活動搭配販售出去。預期零售通路的銷售量還會繼續成長。

市場研究

1997年，行動電話與終端機事業群的高階主管推動許多市場研究，經由研究得到的結論證實了Ericsson公司對於行動電話市場趨勢的分析，也強化了品牌形象在消費者決策過程中的重要性。公司第一項研究的名稱為「Take Five」，這項研究調查全球的市場區隔，其主要目的是要更進一步瞭解行動電話消費者的各種相關資料。「Take Five」研究在歐洲、美洲、亞洲共24個國家進行，研究發現消費者價值觀與生活方式是消費者行為較好的預測指標，而傳統的人口統計學指標現在已無法較精確的預測消費者行為。研究結果將全球的消費者區分為五大群體，每一群體都有不同的屬性資料：

- 先驅者：先驅者是具有主動獨立性格的探險家，他們對於科技感到興趣也具備充分的知識，比較容易被創新的事物所打動。先驅者是衝動型的購買者，對於強烈的品牌形象有所偏好，願意為高品質的產品付出高額的代價。先驅者對於商品的忠誠度表現在科技層面上，而不在品牌層面上。
- 成就取向者：成就取向者是勤奮工作且具有競爭力的獨立個體，他們願意承擔風險，比較容易被生產力、舒適性、成功程度、能有效節省時間的科技所打動。成就取向者會關切商品的外觀，具有些許的品牌忠誠度。
- 物質主義者：物質主義者是身份地位的追求者，他們對於知名的品牌有所偏好，比較容易被認同感、身份地位、歸屬感所打動。物質主義者需要的是能跟上時代潮流的知名品牌商品。

■社交圈人士：社交圈人士是歡樂與社群導向的個體，他們非常
理性，且消息靈通。社交圈人士對於操作容易且具有吸引力的
商品有所偏好，他們對於商品的忠誠度表現在品牌層面上。

■傳統觀念者：傳統觀念者比較偏好社會的和諧安定，比較不喜
歡變化，他們對於具備基本功能、操作簡便、可靠度高的既有
產品感到興趣。價格低廉與知名品牌是傳統觀念者購買行為的
重要影響因素，他們對於商品的忠誠度表現在品牌層面上。

「Take Five」研究衡量每個群體的大小、對市場的熟悉程度、購
買行為傾向。當每個國家的市場發展還在早期階段時，先驅者是行動
電話購買者的最大群體；經過一段時間以後，其它群體開始對市場有
初步的瞭解，這些群體的大小便開始成長。行動電話與終端機事業群
的高階主管相信，從策略規劃與產品研發活動，到品牌行銷與銷售活
動，全球消費者群體具備引領公司行動方向的能力。公司在設計與行
銷未來的產品時，必須理解不同消費者群體對於產品價值的認知。

第二項國際性的研究與第一項研究同時進行，主要的目標在評量
Ericsson公司產品在市場上現有的品牌認知程度，並且幫助公司定義
未來的發展方向。一些行動電話與終端機事業群的高階主管將這項研
究稱為「企業的心靈探索」，這項研究顯示不同國家、不同消費者群
體的心目中，對於Ericsson的品牌認知各不相同。然而，Ericsson品牌
一般被認定為「冷酷、保守、遙不可及、科技導向」。「企業的心靈
探索」研究同時顯示，Ericsson品牌知名度與認知程度在大部分的市
場仍然偏低，特別是對於正在積極成長中的非企業用戶來說。以英國
為例，英國是一個已開發國家市場的典型，就現有的行動電話使用者
與可能在未來十二個月內購買行動電話的人來看，其對於Ericsson的
自發性品牌認知程度為36％，對Motorola的自發性品牌認知程度也是
36％，對Nokia的自發性品牌認知程度則是45％。很顯然地，行動電
話使用者與潛在使用者對Nokia的自發性品牌認知程度高出一截。另
一方面，美國行動電話使用者與潛在使用者對Ericsson的自發性品牌

認知程度幾乎等於零。

第二項研究有一部份的目的是要指導行動電話與終端機事業群的高階主管，讓他們知道與品牌形象建立之需求相關的議題。第二項研究所得到的最終結論如下所述：

1. 對於許多在科技變遷快速之領域工作的人來說（像是在Ericsson公司），品牌形象建立可能只是一個難以接受的抽象概念。這些人喜歡實體的、運用不同科技的東西，但是品牌形象建立卻是一種「心智與心靈」的產物。若是將品牌形象視為毫不重要的概念，必定犯下錯誤，因為良好品牌形象存在人們心中的時間，可以比任何科技突破的存活時間還要久。

2. 品牌形象建立的終極目標是要與消費者構築堅實的關係，在消費者的心目中、想像中、情感中佔據一定的地位。這種地位可以醞釀出消費者心理層面的氣氛，像是「Ericsson的行動電話真正瞭解我的想法、我的希望、我的夢想」。藉由創造強烈的情感層面與心理層面鏈結，Ericsson的品牌形象會是除了價格考量、功能考量、贈品考量之外，消費者購買Ericsson商品的一個重要理由。

3. Ericsson公司必須同時執行二件重要的任務：第一，依據一致性的品牌形象建立方案，來構成強烈的品牌形象；第二，持續追求產品的創新，使產品的創新速度能很快地符合消費者易變的需求。

此項研究所提出的品牌造勢方案「與冷冰冰的科技無關，但與人際間的溝通有關，而人際間的溝通來自於相互的閒聊、對談、傾聽」。該研究將Ericsson的品牌目標定義為「在行動電話通訊產業內，成為消費者心目中最能將人際間溝通視為最重要因素的品牌」。

競爭情勢

　　成長中的行動電話市場主要由三大廠牌所壟斷：Nokia、Motorola、Ericsson。其它知名的品牌（像是Sony與Philips）雖然也有出現在市場中，但是市場佔有率都偏低。Nokia一直以不斷推出先進的新產品而聞名，其最新款式Nokia 9000 Communicator結合了語音、傳真、電子郵件、網路……等功能於一機，零售價格約為一千美元。Nokia的國際廣告部門使用「Connecting People讓人與人的聯繫更緊密」為箴言，在廣告中強調其產品的多種先進功能。Motorola原本也是行動電話市場的領導品牌之一，但因為缺乏新產品的推出與行銷能力的薄弱，Motorola的產品喪失不少市場佔有率。最近經過組織重整之後，Motorola在行動電話市場上的情勢似乎有好轉的跡象。Motorola最新型的行動電話StarTAC零售價格約為七百美元，重量只有九十五公克，是世界上最輕巧的電話，Motorola最近的廣告活動也特別強調這一點。在Motorola的StarTAC之前，Ericsson的GH337是世界上最輕巧的行動電話，零售價格還不到二百美元。

　　最近幾年的行動電話價格一直下滑。舉例來說，從1994年開始，行動電話在美國的平均零售價格從182美元一直降到111美元。

全球品牌造勢活動

　　1996年，Ericsson公司為了推出全球品牌造勢活動，行動電話與終端機事業群特別聘請Young & Rubicam公司做為Ericsson的廣告代理商，而這家廣告代理商具備了廣泛的國際行銷網路。Ericsson公司為了維持廣告傳播的一致性，雖然長久以來，在當地的組織已經習慣與自己選擇的廣告代理商合作，但是它們現在必須只與Young & Rubicam公司合作。

在Young & Rubicam公司接受這項任務之後,這家廣告代理商針對Ericsson公司的全球品牌造勢活動提出二項選擇方案。Young & Rubicam公司認為這二項選擇方案都很有潛力,可以達到先前Ericsson進行市場研究所設定的品牌目標。第一項提案環繞著一個主題「一人一把號,各吹各的調One Person, One Voice」,但是這項提案因為許多不同的原因而被放棄,這些原因包括政治層面的隱喻,所以在某些國家無法使用這個主題。

第二項提案使用「傳達心聲的利器(Make Yourself Heard)」做為標語。廣告代理商與Ericsson公司行動電話與終端機事業群的高階主管都認為,這個標語能夠真實地把Ericsson公司塑造成一家關懷人心的人性化公司,與所有其它只注重產品功能導向的行動電話品牌區隔出來。根據Ericsson公司行動電話與終端機事業群營運總監Lars Ramqvist的說法:「Ericsson深信『通訊是每一個人的基本需求』,科技只是一種工具。」高階主管也相信,這個標語不僅強化了人們表達內心想法的意願,同時也顯示對每一個個體及其內心想法的尊重。

對於平面媒體的廣告,廣告代理商建議將許多臉孔與各種情境結合在一起,這些情境必須表達出思想、經驗、意見分享的意念,藉此展現世界各地人際間溝通的精神本質。廣告圖片上的畫面是一般人日常生活的情境,每個廣告都有一些對Ericsson公司成就與背景資料的說明,以較小的字體配置在廣告的底部,這些說明包括陳述一件事實——「全世界所有行動電話通訊有40％是透過Ericsson公司的商品來進行」。(整個平面廣告所提供的文字訊息是:「Ericsson公司協助人們分享其思想已有一百二十年以上的歷史。今天,全世界所有行動電話通訊有40％是透過Ericsson公司的設備來進行。Ericsson公司藉由行動電話、資料、呼叫器、無線電話提供您發表心聲的權力,不論您身在何處,也不論是任何時刻。」)【附錄5】提供了1998年全球品牌造勢活動的平面廣告範例。

對於電視的廣告,廣告代理商建議採用獨特的文字反白型式,也

就是說在全黑的電視畫面上，呈現的廣告內容只有黑底白字的文字敘述，並且帶出「傳達心聲的利器（Make Yourself Heard）」這項主題。【附錄6】提供了1998年全球品牌造勢活動的電視廣告範例。（主題標語「傳達心聲的利器（Make Yourself Heard）」在某些市場是以英語的方式呈現，像是瑞典與英國；主題標語在其它市場則會翻譯成當地所使用的語言。）

與所有Ericsson公司之前的廣告活動不同，此次的廣告並沒有顯現出任何行動電話商品的畫面，這個不同於以往的做法被認為是正確的方式，而且也具備一些好理由。第一，廣告代理商想要把消費者對於特定商品及其性能的注意力，轉移到Ericsson這個品牌上面。第二，不同款式的Ericsson商品在全世界各地不同的角落銷售，因此標準化的全球品牌造勢廣告受到一些限制，無法將特定商品的相關內容安排在廣告上。第三，廣告代理商與Ericsson公司行動電話與終端機事業群的高階主管都想要保持最大的彈性空間，以便因應將來Ericsson的品牌形象應用在其它非電話通訊相關商品與服務上。最後，根據Young & Rubicam公司客戶服務主管Jan Hedqvist的說法：「將特定商品的相關訊息放在廣告內容上，將會毀滅我們嘗試與消費者建立的親密感，會使我們看起來像是在強迫推銷商品一般。」

為了確保Ericsson公司將賭注押在正確的全球品牌造勢活動上，「傳達心聲的利器（Make Yourself Heard）」這項活動與其搭配的相關視覺傳播活動在十九個國家先行試辦，這十九個國家的市場佔行動電話總銷售量的85％。從試辦活動的結果發現下列主要的結論：

- 廣告在各個國家所得到的反應相當一致，這是一件不尋常的事情。主題標語「傳達心聲的利器（Make Yourself Heard）」深植人們的心中，顯示了長期發展的潛力。
- 主題標語「傳達心聲的利器（Make Yourself Heard）」是一種無國界的全球性訴求，帶給人們具有智慧的觀感。
- 消費者覺得Ericsson這種品牌「能夠幫助人們表達其需求與想

法」、「能夠縮短人際間心理層面與實體層面的疏離感」、「能
夠理解人性，並且對人性感到興趣」、「能夠支持全球化的社
群」。

執行活動試辦研究的單位發現活動成果相當令人滿意，它們所給
的評論是：「這是我們在廣告研究中所見過最具正面意義、最有一致
性的結果。」

1998年初期，Ericsson公司行動電話與終端機事業群的高階主管
決定從歐洲開始正式推出全球品牌造勢活動，美洲與亞洲市場將在當
年度隨後推出。第一項造勢活動的預算並沒有正式對外公佈，但是預
估在二億五千萬到三億瑞典克朗納SKr的範圍之間。這項活動的總預
算有20％由Ericsson公司總部支應，其餘的25％與55％分別由負責區
域性市場與地方性市場的分支機構承擔。分配在各個傳播媒體的廣告
活動預算也隨著各國市場的不同而有所差異，但是一般會將70％的預
算分配在平面媒體廣告，其它30％的預算分配到電視廣告與戶外活動
廣告。

為了評量造勢活動的成果，在二十個國家每星期都必須執行追蹤
調查，以衡量消費者對於Ericsson及其競爭對手的認知程度與品牌形
象。

未來的決策

名為「傳達心聲的利器（Make Yourself Heard）」的全球品牌造
勢活動在1998年2月中旬推出，在活動推出僅僅數個星期之後，就已
得到許多回應，並且引發新的爭議。有些產業觀察家懷疑Ericsson公
司把資源投注在不適當的地方。英國Marketing Week行銷週刊在1998
年2月5日出刊的社論中（標題為「Ericsson strives to make itself
heard」，Tom O'Sullivan撰），稱呼這項全球品牌造勢活動為「勇敢無
懼」的動作，但是社論也懷疑「這項全球品牌造勢活動可能會搶走

Ericsson商品廣告的風采,更中肯一點地說,可能會對銷售數字有不良的影響。」

這項全球品牌造勢活動在Ericsson公司內部也引發許多其它的爭議,其中一項爭議是品牌造勢活動應否與商品導向型的廣告相互協調搭配,因為這些商品導向型的廣告正是區域性或地方性營運作業的範疇,而品牌造勢活動是屬於全球性的作業範疇。公司行動電話與終端機事業群的品牌行銷傳播總監Goran Andersson解釋道:

> 名為「傳達心聲的利器(Make Yourself Heard)」的全球品牌造勢活動,並不是專門為某一特定商品或是特定市場區隔所設計的,這項活動與Ericsson這塊招牌及其品牌價值有關。另一方面,越來越多針對某一特定商品或是特定市場區隔所設計的廣告,由區域性與地方性的行銷作業人員負責推出。現在的問題是品牌的造勢活動與商品的廣告活動應否相互協調搭配,如果答案是肯定的,那麼又應該如何去執行。

【附錄7】說明1998年Ericsson公司歐洲區行銷人員針對新款行動電話GH688所推出的平面商品廣告。這個廣告的主要目標客戶群就是之前研究所定義的「成就取向者」,廣告中強調商品的特性,並且有一行文字標題「Made for business. Good for life.」(專為商務使用而推出,提升生活的品味)。1998年Ericsson公司的商品廣告費用支出約佔廣告總預算的80%,其餘20%的預算都貢獻在品牌造勢活動上。

區域性與地方性的行銷人員對於其所能自律掌控的戰術型產品廣告相當在意,Goran Andersson能深刻體會此一現象。此外,他也理解全球品牌造勢活動無法滿足地方性銷售組織的每一個成員。他說道:「我從最基層得到的所有抱怨中,有80%在質疑為何我們不把行動電話商品的相關資訊放在廣告內容上。」

然而,Goran Andersson深信Ericsson公司下一階段的品牌溝通活

動,將會把部分焦點放在剛研發完成、針對特定生活方式群體所推出的新款行動電話上,僅僅在1985年一年內就會推出五種新款的行動電話。Goran Andersson評論道:「問題是如何將全球品牌造勢活動,與數百種的地方性廣告和促銷活動連結、相互搭配;而這些地方性廣告和促銷活動的本質卻又非常具戰術性、特定商品導向,且越來越針對經過精細切割的特定消費者群體所設計。」【附錄8】說明1997年Ericsson公司地方性行銷人員針對GF788行動電話所推出的平面商品廣告,而GF788是一種針對「社交圈人士」群體所設計的行動電話。

另一項值得注意的爭議是行動電話與終端機事業群的品牌造勢活動,與Ericsson公司其它事業群之傳播溝通策略的關係。行動電話與終端機事業群最近的全球品牌造勢活動,使得公司總部高階管理層級的一些成員懷疑,「傳達心聲的利器(Make Yourself Heard)」的訊息是否不適合公司其它事業群所採用。對於行動電話與終端機事業群的行銷傳播副總裁Jan Ahrenbring來說,他想到了一個合理的問題:「對於一家致力於高科技的公司,品牌造勢活動是否為促進公司整體形象的適當工具?」

現在,無線電系統事業群與資訊通訊系統事業群都只有少數不同的平面廣告在推出。【附錄9】說明1998年Ericsson公司無線電系統事業群為新型基地台設備所推出的平面廣告,這個廣告所針對的目標客戶是行動電話網路系統服務公司。

當Goran Andersson還在為全球品牌造勢活動的成果感到飄飄然的時候,他更關切其部門品牌建立活動的未來。他說道:

> 如果「傳達心聲的利器(Make Yourself Heard)」變成公司全球品牌造勢活動的範本,我們行動電話與終端機事業群應該如何將真正的價值傳達到我們所經營的業務上?這是不是就意味著我們必須被迫回歸到商品廣告活動上?

最近的新聞

　　4月21日，Ericsson公司行動電話與終端機事業群的品牌行銷傳播總監Goran Andersson將要與同一事業群的三位區域性高階主管會面，討論全球品牌造勢活動的未來。他們對於品牌廣告與商品廣告之間的爭議早已了然於心。品牌造勢活動在歐洲的初期成果顯示，Ericsson在一般大眾之間的品牌知名度已有所提升；調查報告同時顯示Ericsson的品牌屬性朝向正面與頂尖持久的趨勢邁進。歐洲地區第一階段的品牌造勢活動預定在四月底的時候結束。

　　就在4月21日的會面前幾天，Goran Andersson看到Wall Street Journal Europe華爾街日報歐洲版刊登的一則新聞，新聞的標題是「Motorola Launches New Image Campaign摩托羅拉公司推出品牌新形象活動」（於1998年4月17日至18日刊登，Sally Beatty報導）。新聞中提到Motorola公司打算耗用一億美元以上的經費，推出全球廣告活動，這將是Motorola公司有史以來耗資最鉅的廣告活動，此一廣告活動的目的是要「擊退競爭對手，並且將Motorola原本剛硬的品牌形象，轉化為符合時代潮流的品牌形象」。新聞內容說明Motorola公司根據長達一年研究的成果，在「Wings展翅高飛」這項主題下，推出品牌形象塑造活動，而此一研究顯示「消費者渴望能與通訊設備建立一種激發的、令人愉悅的、高度依賴的關係」。報導中也提到Motorola公司在電視廣告所使用的背景音樂（Rolling Stones滾石合唱團主唱Mick Jagger的作品），使觀眾覺得「Motorola提供使用者展翅高飛的能力，而此項能力會讓使用者得到徹底的解放」。Motorola的廣告代理商——McCann-Erickson公司的一位客戶服務主管在訪問中提到：「Motorola公司是很有名的公司，但卻不是最受歡迎的公司。消費者常會對Motorola的商品給予『高品質、耐用』的評語，但是他們對於Motorola公司與其品牌都沒有真正的歸屬感。Motorola這個公

司與品牌缺乏個性。」根據Wall Street Journal Europe華爾街日報歐洲版的說法，Motorola公司打算搶回過去幾年輸給Nokia與Ericsson的市場佔有率，嘗試著挽回頹勢。

附錄1　Ericsson公司及其行動電話與終端機事業群部
　　　　分組織圖

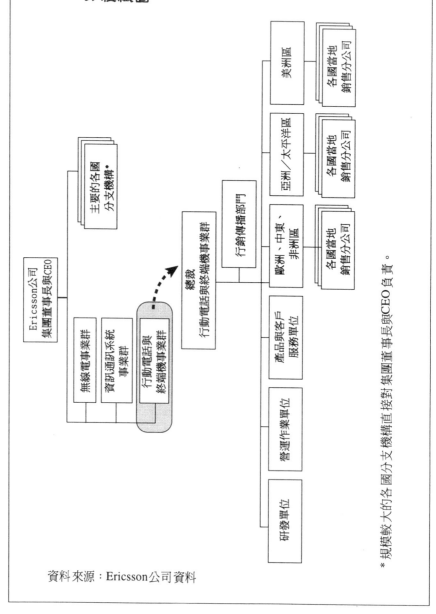

資料來源：Ericsson公司資料

附錄2　行動電話主要廠牌的全球市場佔有率

品牌名稱	1995年	1996年	1997年
Nokia 諾基亞	23％	21％	21％
Motorola 摩托羅拉	31％	26％	22％
Ericsson 易利信	11％	12％	16％
所有其它廠牌* （包括Sony新力、 Philips 飛利浦、 Panasonic等）	35％	41％	41％
總計	100％	100％	100％

*沒有任何單一品牌的全球市場佔有率超過7％。

資料來源：Ericsson公司資料

附錄3　　1995年在全歐洲刊行的平面廣告

資料來源：Ericsson公司資料

附錄4　1997年奧地利市場推出電影007的James Bond
與Ericsson公司的廣告組合

DIE HIGH-TECH
REVOLUTION
IM BUSINESS.
ERICSSON
GH688.

Wer Tag für Tag einen harten Job zu erledigen hat, braucht ein Handy, das ihn in allen Lebenslagen mit innovativer Technik unterstützt. Wie das revolutionäre GH688. Bei 130x49x23 mm und 160 g ist es so kompakt, dass man ihm die Leistungen, die in ihm stecken, fast nicht zutraut: GSM-Phase 2-Technologie, Rechner, Daten-Fax-Kommunikation, 99 Nummernspeicher, Alternate-Line-Service (ALS), SMS, Konferenzschaltung, Reisewecker, bis zu 4 h 20' Sprechzeit und 100 h Stand-by (mit Hochleistungsakku) u.s.m. Sprachlos? Ihr Ericsson-Händler weiß mehr.

Ericsson Made / Bond Approved

資料來源：Ericsson公司資料

附錄5　1998年全球品牌造勢活動的平面廣告範例

資料來源：Ericsson公司資料

附錄6　1998年全球品牌造勢活動的電視廣告範例

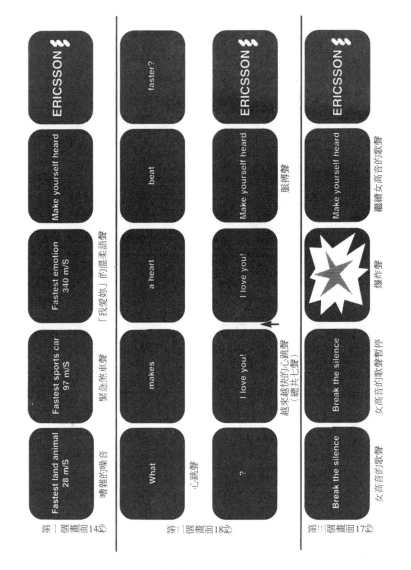

資料來源：Ericsson公司資料

附錄7　1998年Ericsson公司歐洲區行銷人員針對
　　　 GH688行動電話所推出的平面商品廣告

資料來源：Ericsson公司資料

續附錄8　1997年Ericsson公司地方性行銷人員針對
　　　　　GF788行動電話所推出的平面商品廣告

So small, it will change your perspective.

Forget those big mobile phones of the past. The Ericsson GF788 is
so small it hides in your hand. Forget poor sound quality, here is a phone that
lets you sound like you. Forget about having to keep your calls short,
with this phone you can talk for hours. The Ericsson GF788 is easy to use,
even though it is packed with features. And it comes in four discreet colours.
It will change the way you look at mobile phones.

資料來源：Ericsson公司資料

附錄9　1998年Ericsson公司無線電系統事業群為新型
　　　　基地台設備所推出的平面廣告

資料來源：Ericsson公司資料

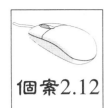

個案2.12   Mediquip S.A.公司

Kurt Thaldorf是Mediquip S.A.公司德國銷售分處的銷售工程師。他在十二月十八日接到位在Stuttgart司圖加特的Lohmann大學附設醫院通知,醫院決定向Mediquip S.A.公司的競爭對手Sigma公司(一家荷蘭公司)訂購一台CT電腦斷層掃瞄器。醫院的決定對於Kurt Thaldorf來說,真是一個沈重的打擊,他為這家醫院已經投注了幾乎八個月的心力。這位業務工程師如果能獲得這筆訂單,就意味著二百三十七萬德國馬克的銷售業績(本個案使用的匯率為1德國馬克＝0.85瑞士法郎＝0.60美元＝0.50歐元＝0.35英鎊)。Kurt Thaldorf相信Mediquip S.A.公司的CT電腦斷層掃瞄器不僅運用比Sigma公司更先進的科技,而且也是一部性能更優越的儀器。

為了更清楚Lohmann大學附設醫院決策過程的考量因素,Kurt Thaldorf開始檢討他的交易進度報告,他想要從這次失敗的經驗中,學到一些對將來銷售情況有所幫助的教訓。

公司背景資料

當時,電腦斷層掃描器是影像醫學診斷界相當新穎的產品。這項以診斷為目的的醫學設備,可以透過影像的顯示來檢查人體的各種剖面圖。電腦斷層掃描器結合複雜的X光設備與電腦,能夠收集所需的資料,並將資料轉換為視覺影像。

當電腦斷層掃瞄技術在1960年代末期首次推出時,放射醫學技術人員都公認這是一項技術上的大突破。對於電腦斷層掃描器的優點,一位Mediquip S.A.公司的產品專員評論道:

電腦斷層掃瞄圖與一般的X光圖非常類似，但唯一的不同是，你可以在電腦斷層掃瞄器上看到以往在螢幕上看不到的人體器官，像是胰臟。舉例來說，在電腦斷層掃描器推出以後，放射醫學技術人員能夠在二個星期以內的時間就診斷出胰臟癌，在電腦斷層掃描器發明以前，這根本是不可能的任務。

Mediquip S.A.公司是一家法國企業集團Technologie Universelle的子公司，除了電腦斷層掃描器之外，公司的產品線包括X光設備、超音波診斷設備、核子診斷設備。Mediquip S.A.公司因為具備先進的技術能力與完善的售後服務，在全世界享有極高的聲譽。

Mediquip S.A.公司歐洲區銷售協理評論道：「我們的競爭對手大部分來自於歐洲其它國家，在某些市場它們在當地耕耘的時間比我們還要久。雖然這些競爭對手比我們還要瞭解醫療設備採購決策者的心理，但是我們以學習的速度很快就會迎頭趕上。」Sigma公司是一家多角化經營之荷蘭公司的子公司，這家公司是Mediquip S.A.公司最大的競爭對手。電腦斷層掃描器市場上的其它主要競爭對手包括FNC公司、Eldora公司、Magna公司、Piper公司。

根據Mediquip S.A.公司董事的估計，每年電腦斷層掃描器在歐洲市場的銷售量約是200台，每台電腦斷層掃描器的價格區間從一百五十萬德國馬克到三百萬德國馬克。Mediquip S.A.公司的電腦斷層掃描器在此一價格區間內，定位為高價位的產品。公司一位銷售主管解釋道：「我們電腦斷層掃描設備所採用的技術，至少比最優秀競爭對手的技術領先二年，因此我們的產品價格正反映出此一技術的優越性。」

Mediquip S.A.公司在歐洲的銷售組織包括八個國家的銷售分公司，每個銷售分公司均由一位營運總監負責領導。每個國家的銷售工程師必須對區域銷售經理負責，而區域銷售經理則必須對分公司營運總監負責。總公司的產品專員負責對每個國家的銷售人員提供技術上

的支援。

電腦斷層掃瞄器的購買者

對於電腦斷層掃描器的購買者，一位Mediquip S.A.公司的銷售主管有以下的描述：

我們大部分的電腦斷層掃瞄器都是賣給公共部門，也就是政府管轄的醫藥衛生研究單位與醫院，或是非營利事業組織，像是大學與慈善機構。公共部門購買者的採購程序會透過正式的詢價動作，並且至少在一年以前就事先編列採購預算。一旦採購預算編列完成，這筆預算就必須在會計年度結束前使用完畢。公司只有一小部分的電腦斷層掃瞄器是賣給民間部門，也就是利潤導向的組織，像是私立醫院或是從事放射醫學業務的人員。

在這兩種部門的市場當中，公共部門的採購案比較複雜。一般來說，至少有四組人馬參與公共部門採購案的決策過程，這些人包括放射醫學技術人員、醫事技術人員、總務管理人員、來自支援單位的人員（通常就是核准電腦斷層掃瞄器採購預算的人員）。

放射醫學技術人員是電腦斷層掃瞄器的使用者，他們是醫院或診所其他醫師尋求診斷服務的專業人員。病患會記得其主治醫師，但卻不會記得為其服務的放射醫學技術人員，放射醫學技術人員從不會收到病患送的鮮花！電腦斷層掃瞄器可以真正提升這些放射醫學技術人員在同事間的專業形象。

醫事技術人員是駐在醫院或研究單位的科學家。他們負責列出所欲採購電腦斷層掃瞄器的技術規格，對於X光的最新技術應該非常瞭解。他們在工作上的主要考量是病患的安

全性。

　　顧名思義，總務管理人員就是總務管理人員。他們對於其所屬的組織負有財務方面的責任，因此不僅關切電腦斷層掃瞄器的成本，也很關心電腦斷層掃瞄器所能帶來的收益。總務管理人員特別擔心買到一部價值不菲、且在幾年內就將過時的高科技玩具。

　　來自支援單位的人員通常不會直接介入應該購買哪個產品的採購決策，但是因為他們必須負責核准採購費用的支付，當然要扮演間接性的角色。總務管理人員最能感受到支援單位人員的影響力。

　　正如你所想像的，這四組人馬之間的互動非常複雜。每組人馬與其它各組人馬之間的權力關係，隨著各個組織的不同也有所差異。舉例來說，某些醫院的總務管理人員是最重要的採購決策者，但其它醫院的總務管理人員可能只是採購行為的執行者。我們銷售工程師的主要任務之一，就是定義每個潛在客戶這四組人馬的相對權力關係，只有這樣做才能設定工作的優先順序與構建銷售策略。

　　Mediquip S.A.公司歐洲銷售組織最近才開始使用一系列的銷售記錄表格，這些表格的目的是要幫助銷售工程師進行客戶分析與策略構思（詳見【附錄1】所提供一張稱為客戶管理分析表的樣本）。

Lohmann大學附設醫院

　　Stuttgart司圖加特是一個擁有一百萬人口的城市，Lohmann大學附設醫院（LUH）是一家位在司圖加特的大型綜合醫院，醫院是大學醫學院的附屬機構。Lohmann大學是一個頂尖的教學中心，享有優異的學術聲譽。LUH的放射醫學部擁有許多來自歐洲各地製造商的X光設備，包括Sigma公司與FNC公司。放射醫學部有五名員工，由一

名資深且全國知名的放射醫學專家——Steinborn教授負責領導。

Kurt Thaldorf 的銷售活動

根據他以往的交易進度報告，Kurt Thaldorf從他得知LHU有意願購買一部電腦斷層掃瞄器的五月五日開始檢討，直到他得知Mediquip S.A.公司已經確定失去這張訂單的十二月十八日為止。

五月五日

辦公室接到一通Lohmann大學附設醫院Steinborn教授詢問電腦斷層掃瞄器的電話。我被指派負責回應Steinborn教授的電話。查詢公司檔案資料，看看以前是否曾經銷售過任何產品給這家醫院，結果是沒有任何記錄。與教授約定五月九日去拜訪他。

五月九日

拜訪Steinborn教授時，他告訴我大學的總務長最近決定將醫院首部電腦斷層掃瞄器的採購案，排入明年的學校預算中。教授想知道我們能提出的交易條件。向教授介紹我們電腦斷層掃瞄器的基本功能，提供教授一些宣傳手冊。在詢問過教授幾個問題之後，我相信已經有其它的廠商捷足先登地拜訪過教授了。教授要我與醫院的醫事技術人員Rufer博士討論電腦斷層掃瞄器的詳細規格。與Steinborn教授約定在十天後再次造訪。拜訪Rufer博士，但他不在辦公室內，他的秘書給我一大份文件，文件內容是電腦斷層掃瞄器的需求規格。

五月十日

昨晚大略閱讀過Lohmann大學附設醫院所需要的電腦斷層掃瞄器規格，這份規格看起來像是直接照抄別家公司的技術手冊。將這份規格拿給公司的產品專員檢視，產品專員確認我們的電腦斷層掃瞄器完全符合、甚至超出對方的規格需求，這果然證實我的直覺沒錯。與Rufer博士約定下星期去拜訪他。

五月十五日

前往拜訪Rufer博士，向他介紹我們電腦斷層掃瞄器的功能與特

性，並向他說明這些功能與特性完全符合文件上的規格需求，但他似乎並不感到特別地印象深刻。留給他一些有關我們電腦斷層掃瞄器的技術文件。

五月十九日

前往拜訪Steinborn教授，他已經讀過我留給他的資料，對於我們電腦斷層掃瞄器的功能他似乎很滿意。他向我詢問產品的升級計畫，我答覆他當產品的新功能經過測試可行時，我們就會負責產品的升級。向教授解釋我們產品可以因應最新科技而調整，完全沒有過時的風險，與其它公司的系統不同，這項特徵令他印象深刻。同時回答他有關影像操作、影像處理速度、售後服務提供的問題。就在我離去之前，他向我詢問我們電腦斷層掃瞄器的價格，我告訴他在我們下次見面時會給他一份報價單。與Steinborn教授相約在他度假回來後的六月二十三日再去拜訪他，他要我與醫院的臨時總務主管Carl Hartmann取得聯繫。

六月一日

前往拜訪Carl Hartmann。與他約定會面時間真是一件困難的事。向他表達我們公司非常希望能銷售電腦斷層掃瞄器給醫院，而且此部電腦斷層掃瞄器完全符合Rufer博士所定義的需求規格，同時告知Cart Hartmann我們優異的售後服務品質。他想要知道德國境內還有哪些其它醫院購買我們的電腦斷層掃瞄器，我告訴他在幾天後我會列出一份購買者名單給他。他也詢問到電腦斷層掃瞄器的價格，我給他的報價是二百八十五萬德國馬克，這個價格是我在拜訪Steinborn教授之後，我的主管與我共同決定的。Cart Hartmann搖著頭說：「其它廠牌的電腦斷層掃瞄器比這個價格便宜了一大截。」我向他說明這個價格正反映出我們電腦斷層掃瞄器應用的是最尖端的科技，同時提到此一價格差異是一項值得的投資，因為我們電腦斷層掃瞄器處理作業的速度極快，醫院可以很快就將成本回收、進而獲利。他聽了以後，似乎沒有什麼意見。在我離開他的辦公室之前，他指示我不要向

其他人提起這個報價，我特別問他這是否包括Steinborn教授在內，他的答覆是肯定的。我也為他留下許多關於我們電腦斷層掃瞄器的文件。

六月三日

　　前往Cart Hartmann的辦公室。我帶著一份與LUH規模大小類似的醫院名單，名單上三家醫院都已經安裝我們的電腦斷層掃瞄器。Cart Hartmann不在辦公室。我將這份名單放在他的秘書那邊，他的秘書已經認識我了。從他的秘書那邊探聽到一些消息，至少已經有其它兩家公司Sigma與FNC加入這筆訂單的競爭。秘書也偷偷告訴我說：「因為各廠商的報價差異太大，Hartmann先生感到很困惑。」秘書補充說，最後的採購決策將由一個委員會來決定，委員會的成員包括Cart Hartmann、Steinborn教授、另一位她記不起名字的人。

六月二十日

　　前往拜訪Rufer博士，問他是否看過我們電腦斷層掃瞄器的技術文件，他說已經看過了，但是沒有什麼特別的意見。我再次向他提到我們電腦斷層掃瞄器獨家具備的一些關鍵作業優點，其它廠牌的產品都沒有這些優點，包括Sigma與FNC。我為他留下更多關於我們電腦斷層掃瞄器的技術文件。在我離開醫院之前，順道前往Cart Hartmann的辦公室。他的秘書告訴我說，名單上採用我們電腦斷層掃瞄器的那三家醫院，都對我們公司的產品給予正面評價。

六月二十三日

　　對於我無法與他討論電腦斷層掃瞄器的報價，Steinborn教授感到非常地訝異。我告訴他說，醫院總務單位指示我不可以與他討論報價的議題。Steinborn教授不相信這件事，特別是Sigma公司已經向他提出電腦斷層掃瞄器的報價為二百一十萬德國馬克。在他冷靜下來以後，他想要知道我們的報價是否至少能與其它公司的報價競爭。我告訴他說，我們的電腦斷層掃瞄器絕對比Sigma公司的產品還要先進，我向他承諾我們會盡全力提出一個令人滿意的價格。然後我們閒聊他

在愛琴海的假期與航海經驗，他說他已經愛上了希臘的食物。

七月十五日

打電話去詢問Cart Hartmann是否已經收假上班，答案是肯定的。在察看Cart Hartmann的每日行程時，他的秘書告訴我說，我們的電腦斷層掃瞄器似乎是「醫院放射醫學技術人員的最佳選擇」，但是Cart Hartmann還沒有做成採購的決定。

七月三十日

與公司的區域銷售經理一起去拜訪Cart Hartmann。Cart Hartmann似乎對於價格非常執著，他說道：「所有公司都宣稱它們的產品應用最尖端的科技。」所以他不能理解爲什麼我們的報價「比其它公司的報價高出許多」。他的結論是：我們只能另外提報一個「非常令人滿意的價格」，才能扳回報價差異太大的劣勢。在重複解釋我們電腦斷層掃瞄器獨家具備的一些作業優點，而其它廠牌（包括Sigma與FNC）的產品都沒有這些優點之後，區域銷售經理提出我們願意將報價降到二百六十一萬德國馬克，但是這部電腦斷層掃瞄器的訂單必須在今年底前確認。Cart Hartmann說他會考慮這個報價，並且尋求「客觀的」專家意見。他也提到會在聖誕節以前做成採購的決定。

八月十四日

前往拜訪Steinborn教授，但是他太過忙碌，只能與他討論不到十分鐘。他想要知道自從我與他上次會面之後，我們公司是否降低了報價。我給他的答案是肯定的。他搖搖頭後，笑著說：「或許這個價格還不是你們的底線。」然後他想知道我們最快可以在何時將電腦斷層掃瞄器送達醫院，我告訴他在六個月之內。他沒有再說到其它的事情。

九月二日

區域銷售經理與我討論是否應該邀請一些LUH的人員，去參觀Mediquip S.A.公司位在巴黎附近的營運總部。三天的參觀行程將會帶

給參加者一個見識電腦斷層掃瞄器的機會，讓他們對於電腦斷層掃瞄器的應用更加熟悉。這個不適當的主意最後遭到否決。

九月三日

順道去拜訪Cart Hartmann，他還是很忙碌，但仍有時間要我們公司在十月一日以前，提出正式的「最終報價」。在我踏出他的辦公室時，他的秘書告訴我說，對於哪一種電腦斷層掃瞄器最適合醫院的需求，醫院內部有非常熱烈的討論。然後她就沒有更進一步的提到任何事情了。

九月二十五日

在與區域銷售經理、分公司營運總監開會時，電腦斷層掃瞄器的價格問題得到熱烈的討論。為了爭取這張訂單，我建議大幅降低我們的報價，區域銷售經理似乎也同意我的看法，但是分公司營運總監並不太願意降低報價，他認為大幅度地降低報價看起來「很危險」。最後我們達成共識的「最終報價」是二百三十七萬德國馬克。隨後與Cart Hartmann約定在九月二十九日前去拜訪他。

九月二十九日

將我們的「最終報價單」裝在密封好的信封內，把信封交給Cart Hartmann，他沒有當場打開信封，但是他說他希望電腦斷層掃瞄器的問題能夠以「令各方人馬都感到滿意」的方式儘速解決。我問他採購決策的程序會如何進行，他直接閃避了這個問題，但是他說一旦對此一採購案做成決定，他會儘速將結果通知我們。離開他的辦公室時，我覺得我們這次的報價很有可能贏得這個採購案。

十月二十日

前往拜訪Steinborn教授，他沒有什麼話要告訴我，只除了一句話：「有關電腦斷層掃瞄器的事務是我現在最不想談論的事情。」我覺得他似乎對於這個採購案的進展不太高興。我試著與Cart Hartmann約定在十一月前去拜訪，但是他實在是忙得抽不出時間。

十一月五日

　　前往拜訪Carl Hartmann時，他告訴我採購案可能要拖到下個月才會做出決定，並暗示我們的報價是在「可接受的價格範圍內」，但是他說為了買到最適合LUH使用的電腦斷層掃瞄器，目前各家廠商參與這項採購案的電腦斷層掃瞄器正在接受評估。他再次提到一旦對此一採購案做成決定，他會儘速將結果通知我們。

十二月十八日

　　收到一封來自於Cart Hartmann的簡短信函，信上的內容除了感謝Mediquip S.A.公司參與此次電腦斷層掃瞄器的採購投標案以外，同時宣佈LUH決定將這筆訂單交給Sigma公司。

附錄1　Mediquip S.A.公司客戶管理分析表（濃縮版）

主要客戶：＿＿＿＿＿＿＿＿＿＿＿＿＿＿＿＿＿＿＿＿＿＿

客戶管理分析

附表是用來幫助你管理：

1. 主要銷售客戶。
2. Mediquip S.A.公司可以投入在此一主要客戶的資源。

完成附表，你將可以：

· 確認已安裝的設備、計畫中或是潛在的新設備。
· 分析採購決策程序與影響力模式，其主要內容包括：
　* 確認影響力的所有主要來源，並對這些來源依照重要性排序。
　* 預估各種事件的可能結果，以及決策程序的各個時間點。
　* 評估每個主要影響力來源的立場與利害關係。
　* 確認主要競爭對手與其可能採行的策略。
　* 確認所需的資訊與支援。
· 建立客戶發展策略，其主要內容包括：
　* 選擇主要的聯繫管道。
　* 針對每個主要的聯繫管道設定策略與戰術，並確認Mediquip S.A.公
　　司適當的聯繫人員。
　* 為了有效利用總公司與各個分公司的資源，評估各項可行的計畫。

主要客戶的資料

原始資料日期：＿＿＿＿＿　客戶編號：＿＿＿＿＿＿　機構的性質：＿＿＿＿＿

修改資料日期：＿＿＿＿＿　銷售工程師：＿＿＿＿＿　病床數量：＿＿＿＿＿＿

國家／區域：＿＿＿＿＿＿　電話號碼：＿＿＿＿＿＿

---

1. 顧客（醫院、診所、私人機構）

　名稱：＿＿＿＿＿＿＿＿＿＿＿＿＿＿＿＿＿＿＿＿＿＿＿＿＿＿＿

　地址：＿＿＿＿＿＿＿＿＿＿＿＿＿＿＿＿＿＿＿＿＿＿＿＿＿＿＿

　城市／國家：＿＿＿＿＿＿＿＿＿＿＿＿＿＿＿＿＿＿＿＿＿＿＿

---

2. 決策制訂者—重要的聯繫管道

代表單位	姓名	專長	備註
醫事技術單位			
醫院總務管理單位			
地方政府			
中央政府			

續附錄1　Mediquip S.A.公司客戶管理分析表（濃縮版）

3. 已安裝的設備

類型	描述	廠牌	安裝日期	使用年限	潛在訂單的價值
X光設備					
核子設備					
超音波設備					
RTP設備					
電腦斷層掃瞄設備					

4. 計畫中的新設備

類型	報價需求		取得訂單的機率%	預估訂貨日期		預估交貨日期		報價
	數量	日期		2000	2001	2000	2001	

5. 競爭對手

公司產品	策略／戰術	取得訂單的機率%	優點	弱點

6. 銷售計畫　　產品：..........　　報價單編號：...........　　報價：...........

關鍵議題	Mediquip S.A. 公司的計畫	所需資源來自於：	追蹤日期／備註

7. 支援銷售計畫的行動

特定行動	責任	截止日期			結果／備註
		原始日期	修改日期	完成日期	

續附錄1　Mediquip S.A.公司客戶管理分析表（濃縮版）

8. 訂單狀態報告

修改日期	客戶名稱與地點	議題／競爭策略	行動／策略	責任	取得訂單的機率%	預計訂貨日期	結果

資料來源：Mediquip S.A.公司資料

國際行銷：全球整合策略

在全球市場進入二十一世紀的同時，在二十世紀的最後十年，就已經嗅出改變的味道了。自有商業歷史以來，不論是從生產到消費，或是從原料加工到最終成品，產品和服務的市場一直侷限於本土市場。但在二十世紀的後半段，這些都已經成為全球性的整合活動。這種「市場全球化」的過程已經對企業的一般運作造成影響，尤其是行銷作業方面。[1]對於企業來說，「市場全球化」意味著市場之間更緊密的合作，及各種高附加價值活動的合作。在今日主要產業的供應鏈上，由食物到藥品，電力的產生到化學產品，一連串原料取得、最終製品產出、產品送達消費者的過程，都是透過全球性的網絡循環著。對於已開發國家的市場運作來說，傳統上的國界限制與障礙都消失殆盡，開發中國家的市場正加速參與全球化市場的運作。

舉一世上最有名的全球市場產業——汽車業為例，福特汽車Ford Motor公司嘗試以整合性的策略，將其範圍廣闊的各種作業自美國、歐洲、亞洲結合成緊密的網路，不論是產品研發、供應鏈、銷售與行銷的各種活動。地理環境因素已不再是公司設計汽車或生產汽車的主要障礙。舉例而言，產品研發的統籌者可以透過整合性的網路，監看五個主要分布在北美、歐洲的產品中心；同時透過網路和電子化的連結，來自各國的工程師團隊可以在相隔幾千公里的地方，一起展開產品設計的工作；汽車零件分別在世界各個角落生產，然後透過緊密的後勤物流管理系統，將全世界的生產線串聯起來，完成最後的汽車成品；最後，將汽車配銷到全球各地的經銷商，將汽車販售到消費者的手中。

全球化在行銷實務上有許多的涵義。第一，只以本土市場為焦點的狹窄行銷策略是錯誤的。當產品和服務的消費行為仍然發生在傳統所定義的「本土市場」時，消費者的行為早已不侷限於這種傳統的習慣。傳統上因地理位置、語言、種族不同而造成的市場區隔，已經無法完全地解釋市場的變化，現在的消費者區隔早已跳脫出原本的市場界限。世界上最大的刮鬍刀製造商——吉利Gillette公司在全世界約

有70％的市場佔有率，它就把全世界視為一個單一的市場。吉利
Gillette公司的目標顧客群大部分是男性，這些顧客都嚮往舒適的刮
鬍體驗，也願意付出較高的價錢以獲得世界級水準的刮鬍刀產品。公
司成功地運用其各世代產品的顧客資料追蹤系統，證實世界各地都有
許多忠實的顧客群存在。此外，工業用產品與服務的客戶區隔方式也
漸漸地歸併為國際性的市場區隔。

　　第二，不僅產品的消費者變得全球化，競爭對手也存在於全球各
地，許多產業都面臨全球性競爭對手在本土或各地市場爭搶飯碗的情
形。以電力設備公司而言，全球市場上的三家主要公司：瑞士的
ABB艾波比公司、美國的GE奇異公司、德國的Siemens西門子公司。
同樣地，在食品加工業方面，世界最大的公司——瑞士的雀巢Nestle
公司就面臨來自世界各地至少110家公司的挑戰，這些挑戰者包括：
源起於荷蘭和英國的聯合利華Unilever、及三家源起於美國的Mars、
CPC International、KGF（隸屬於Philip Morris集團）。如果只將市場
競爭的眼光侷限於本土市場，企業將會喪失掉以國際化競爭為主的寬
廣舞台。

　　第三，越來越多國際性的市場策略被採用，即市場行動在某一本
土市場展開，卻在另一個市場造成影響。這種國際性的市場策略不管
在產品研發、定價、品牌溝通方面都適用。1990年代中期，英特爾
Intel所生產的Pentium處理器晶片不只是美國研發人員所設計的，設
計的議題與之後因晶片問題導致全面回收的行動，引發全球各地電腦
購買者的疑慮，消費者對於「Intel Inside」即為高品質的保證開始感
到懷疑。此種蔓延的市場效果強調了一個簡單的事實，即市場不再只
是孤立的實體，全球化使得市場之間彼此的依賴性日益增長。

　　圖3.1顯示本土市場（以各國的疆域為界限）到全球市場的趨勢
概況，這些趨勢重新定義了動態化市場的範圍。

　　本單元將分階段討論有關全球行銷管理議題的個案，本書將全球
行銷定義為橫跨多個國家市場的行銷活動，而這些行銷活動是由企業

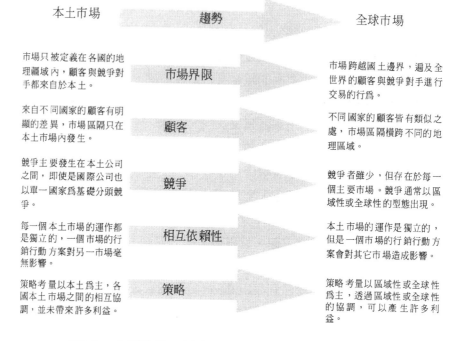

本土市場　　　趨勢　　　全球市場

市場只被定義在各國的地理疆域內，顧客與競爭對手都來自於本土。	市場界限	市場跨越國土邊界，遍及全世界的顧客與競爭對手進行交易的行為。
來自不同國家的顧客有明顯的差異，市場區隔只在本土市場內發生。	顧客	不同國家的顧客皆有類似之處，市場區隔橫跨不同的地理區域。
競爭主要發生在本土公司之間，即使是國際公司也以單一國家為基礎分頭競爭。	競爭	競爭者雖少，但存在於每一個主要市場。競爭通常以區域性或全球性的型態出現。
每一個本土市場的運作都是獨立的，一個市場的行銷行動方案對另一市場毫無影響。	相互依賴性	本土市場的運作是獨立的，但是一個市場的行銷行動方案會對其它市場造成影響。
策略考量以本土為主，各國本土市場之間的相互協調，並未帶來許多利益。	策略	策略考量以區域性或全球性為主，透過區域性或全球性的協調，可以產生許多利益。

圖3.1　主要趨勢：從本土市場到全球市場的行銷趨勢

總部直接控制與主導。全球化的行銷活動與專注在本土單一市場的行銷計畫，或是為了單一市場情況而特意設計的行銷計畫（包括許多在第一單元與第二單元所提到的個案）剛好完全相反。本單元先檢視到底是哪些力量加速和造成全球化行銷的發生；接著再以寶鹼Procter & Gamble公司為例，探討其如何將這些力量的優勢用於清潔用品與個人保健用品，並重新導正公司在全球化市場的機會與定位（有關全球化行銷策略的特定議題將在之後的內容討論）；最後，本單元會提出一個分析架構，做為全球化策略的決策工具，這個分析架構的應用實例將以某電腦公司的經驗做具體說明。

強化全球化市場趨勢的五種力量

以下是五個促成全球化市場及整合性全球市場策略的主要力量：

1. 技術（Technology）：快速發展的技術導致新科技生命週期的縮短，創造了以全球性觀點看待市場的需求。在1990年初期，新一代傳真機所採用的新技術至少可以持續兩年，才被下一代的新產品完全取代；然而，到了1990年代中期，這個每兩年一次的循環已經被知名的製造商（如日本的NEC）壓縮成六個月。快速的步調逼使製造商不得不將新產品趕快推出到全球市場，以便在下一個科技循環來臨之前，獲取最大的銷售利潤。

2. 投資（Investment）：公司對於產品研發和製造的持續投資也帶給自己一些壓力，公司不得不以廣大地理區域的視野來看待市場。福特Ford汽車公司銷於全球市場的Mondeo車款，耗費公司將近70億美金的成本在研發與試產活動上；在如此鉅額的投資之下，福特Ford將全世界所有中型車的市場皆視為其Mondeo車款的市場，並期望這些市場能讓公司的鉅額投資逐步回收。同樣地，當開發每一種新藥品需要耗費公司3億美金時，藥品公司當然希望藉由全球市場的廣大優勢，能讓這些鉅額的投資趕快回本。

3. 溝通（Communication）：源自於語言和距離的溝通障礙正在降低，因此也造就出另一全球化的新力量。由於通訊科技和網際網路的新技術，矽谷的軟體可外包由俄羅斯或是印度的程式設計師撰寫，這種情況在幾年前幾乎是不可能實現的。同樣地，全球許多的圖書愛好者也正透過網際網路的方式，向美國網路書店亞馬遜Amazon訂購書籍，這也歸功於Amazon知識性的網站設計與便利的訂單處理系統。這些例子都促使公司以全球化的角度思考品牌溝通方式，而不是只站在本土或區域市場

的角度。「Intel Inside」品牌活動所造成的廣大迴響,就是全球品牌力量的最大展現。

4.行為(Behavior):消費者行為遍佈於全球,因此以行為特質來區分顧客區隔,比起以地理區域來區隔有效的多。持續的都市化趨勢、可支配所得的提高、接觸國際媒體的機會增加(包括衛星電視與電影),這些因素都使得世界各地的消費者越來越相似。許多公司利用全球市場區隔興起的優勢而創造出佳績,例如家具零售業的宜家IKEA、化妝品業的美體小舖Body Shop、速食連鎖龍頭麥當勞McDonald、時尚品牌班尼頓Benetton。第二單元有關於Ericsson易利信的全球品牌造勢活動個案中,說明了Ericsson公司如何藉由確認五種同質性極高的全球消費者區隔,在行動電話市場上將其品牌優勢發揮到極致。易利信Ericsson和其它公司都是專注在同一消費者區隔,此一區隔的消費者擁有相同的生活方式、具有共通的價值觀、願意花錢在相似的產品和服務上。圖3.2顯示一份全球消費者區隔的研究結果。

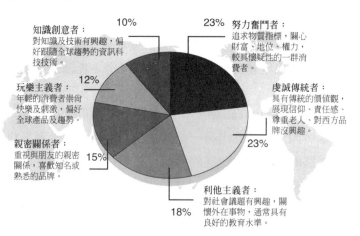

圖3.2　全球消費者價值觀區隔的研究結果

資料來源:引述自1998年6月26日的International Herald Tribune國際先鋒論壇報,標題為「Global Consumers: Birds of a Feather」,Stuart Elliot報導

5. 自由化（Liberalization）：近幾年的世界經濟市場趨向開放，
   北美自由貿易協定NAFTA及歐洲聯盟EU都是區域性的協定，
   目的在打破過去保護主義的經濟體制，並創造出高度自由化的
   經濟。世界貿易組織WTO也有相同的使命：透過各國政府之間
   的協議，使得各國本土市場的經濟能更開放。自由化雖然打開
   過去封閉的市場，但不僅創造出更多國際間的競爭，也凸顯了
   一個事實：企業長期的成功根植於企業在全球市場長久的存
   在。因此，前東歐國家、亞洲、拉丁美洲等國家都會發現龐大
   的外國投資成長。自由化也創造了整合性的企業策略。舉例來
   說，從上游的產品開發活動與供應鏈管理活動，到下游的行銷
   與銷售活動，ABB艾波比公司的全球事業單位將全世界視為一
   個單一市場來管理。

寶鹼Procter & Gamble邁向全球化

對於企業需求仍在變動的公司來說，以上的五種力量是個威脅；
但對其它的公司來說，這些力量反而是獲得競爭優勢的一個機會，寶
鹼P&G就是善用這種機會的公司。

1990年代，寶鹼P&G公司從一家產品遍佈全世界的美國公司，
真正轉型為全球化的企業。公司最知名的品牌包括洗衣粉的Tide 與
Ariel、Pampers幫寶適嬰兒紙尿布、Crest牙膏、Ulay歐蕾臉部保養
品。1990年代初期，對國際市場比較有經驗的高階主管組成了公司的
新經營團隊，這個團隊加速了公司轉型的過程。公司經營團隊的願景
是將P&G勾勒為「真正的全球化公司，不論是以思考、規劃、經營
企業的方式來看」[2]。這個願景支撐了P&G這十年來在國際市場的成
長，也在下列幾方面各自發展了特殊的目標：

1. 使命（Mission）：管理階層所訂定的目標是善用P&G在技術上的優勢，藉以創造世界一流品牌的產品，並超越任何一個競爭對手。

2. 投資（Investment）：投資重點放在能強化P&G國際曝光度與績效的項目上。

3. 研發（R&D）：新產品的研發不再只是特定地理區域組織的專利，新產品也許源自於美國（傳統的來源），但也可能交由強化的研發中心（例如歐洲與日本）來開發。

3. 學習（Learning）：管理者要主動地拓展公司在全世界140個國家的曝光度，藉由學習各國組織的最佳運作實務，將此一競爭利器快速地的應用到其它國家的市場。

4. 品牌（Brand）：針對產品研發與行銷活動，創造全球品牌的活動具有第一優先性。全球品牌也許會建立在一般的技術平台和定位上，但不論是產品包裝上或是品牌的溝通活動上，都可以隨時因應區域性或地方性的品味不同而調整。

P&G的全球性策略把重點擺在產品創新與品牌行銷，這種做法對公司有相當多且顯著的好處。舉例而言，液狀洗衣精的技術開發起源於美國，但卻在歐洲市場發揚光大，這使得公司在歐洲能成功推出Vizir和Ariel兩種品牌的液狀洗衣精，並在美國推出Tide液狀洗衣精，而且Tide液狀洗衣精達到其它新產品未曾擁有的高市場佔有率。同樣地，藉由日本競爭對手Kao花王的構想，P&G進一步研發並推出改良的濃縮洗衣精，這個新穎的構想也在歐洲與美洲推行。另一項技術性的突破是讓洗髮精與潤絲精形成雙效合一的配方，這使得P&G公司可以用「Wash & Go」為品牌名稱，在全世界行銷這項新產品。（雙效合一洗髮精在某些市場是以不同的品牌名稱銷售，像是Pert Plus飛柔、Pantene Plus潘婷、Rejoy、Shamtu。）「Wash & Go」產品的主要訴求是年輕和運動型的女孩，因為這些人都盼望洗髮精和潤絲精雙效合一的方便性，這種新產品就以類似的廣告訴求在全世界推展開

來，不到兩年的時間內，「Wash & Go」在超過三十個國家的市場販售，並且成爲世界上銷路最好的洗髮精。

全球化行銷的相關議題

　　當全世界的各個市場分別獨立運作時，策略擬定相對而言比較簡單，每一個各國分公司的管理階層只需因應當地市場的狀況，負責發展適合當地市場的行銷策略，並創造出總公司所期待的合理財務報酬。在一個相當具有自主性的組織中，當地的管理階層可以決定要以何種方式在何時推出何種產品給哪些顧客群。一般來說，只要分公司的財務績效指標有達成，總公司並不會對分公司的業務運作狀況干涉太多。理由很簡單：只有當地管理階層最知道什麼最適合當地的市場。

　　對很多跨國運作的企業而言，這種過於簡化的現象已不再是眞實的狀況。全球化的力量正在改變整個產業的動態，也促使企業制訂出更複雜的策略。對於市場運作早以毫無國家界限的企業來說，不同國家分公司獨自運作與地方分權式的決策模式，反而是一種策略上的負擔。例如，大型電腦公司需要面對越來越多的全球客戶，這些全球客戶會選定一家全球供應商進行聯合採購、不同地點交貨的交易，客戶一方面需要與公司在世界各地的據點協調交貨數量；另一方面對於商品總和數量的折扣與服務品質的一致性皆有一定程度的需求。針對全球性的客戶，如果此一電腦公司缺乏中央統籌的行銷策略，或是缺乏與世界各國銷售服務據點的緊密聯繫網路，勢必無法滿足全球性客戶的需求。

　　另一種情況也常發生。若是某跨國企業同一產品在各國市場的定價沒有經過協調，許多行銷人員常會發現有人將此一產品透過轉口貿

易的出貨方式，從價格較低的國家輸入到價格較高的國家，藉由同一
產品在不同市場的差價來套利。當產品的運輸成本與實際售價比起來
算是微乎其微，且各國市場的價格資訊很容易取得時，這種套利的情
形特別常見，此種現象一般也稱為「平行貿易」或是「水貨市場」。
對於產品線非常多樣化的公司來說（像是化學藥品、攝影器材、品牌
服飾、汽車、輪胎……等公司），這個現象造成了許多困擾。跨國間
的批發配銷體系的建立、顧客的集體採購行為、國際間的溝通便利皆
是上述現象的背後起因。

　　以下是全球行銷策略相關議題的討論，包含了行銷策略的五大領
域：區隔、產品政策、定價、配銷通路、傳播溝通。本單元不針對這
些領域做過多的討論，只標示出與全球企業行銷決策特別相關的議
題。

區隔（Segmentation）

　　區隔的任務在於將不同的國家區分為幾組有意義的群集，其目的
是將來自不同國家、但具有相似背景或行為特質的目標顧客群歸類到
同一群集。

1. 應該採用哪些特定的準則（例如：經濟成長率、國民生產毛
額、市場大小、文化、政治穩定度……等）將各個國家區分為
有意義的群集？
2. 區隔單一國家或是橫跨數個國家的市場時，有哪些相關的考量
面向？
3. 在何種情況下，這些面向應被視為特定國家的、區域性的、或
全球性的面向？
4. 如果依據特定國家的面向來考量，這些區隔是否龐大到足以經
濟獨立？
5. 如果依據區域性或全球性的面向來考量，跨越許多國家的市場

區隔方式是否具有實用性？是否具有經濟效益？

產品政策（Product Policy）

產品政策相關議題在探討不同國家的市場是否有機會以一致性的方法作業。「全球標準化」與「因地制宜化」是這些討論議題的核心。

1. 新產品研發活動應該運用全球性或區域性的中央集權主導方式？還是將權力放給各國分支機構自行管理？
2. 如果新產品研發活動運用中央集權的主導方式，應該分配多少資源給採用全球化訴求的產品概念？應該針對各國市場的特色分配多少資源？
3. 全球化的產品設計與主攻各國當地市場的產品相比較，各具有經濟層面或其它層面的何種優勢？
4. 如果把品牌管理與產品包裝的決策授權給各國市場的管理階層，會有多少優點與風險？
5. 在產品支援服務方面，顧客對於產品價值的認知能藉由國際標準的政策提升多少？

定價（Pricing）

定價決策對於獲利率有最直接的影響，也是一直盤據在許多全球行銷人員心頭的行銷決策。定價決策的議題包含了許多權衡取捨，像是採用中央集權式的管理政策還是採用地方分權式的決策模式、平行貿易方式的風險與影響層面、區域性或是全球性的價格協調機制（包括不同區域間的轉撥計價方式）、跨國客戶的定價方式、將價格決策視為進攻或防禦的工具……等。

1. 根據消費者、配銷通路商、競爭對手之間的區域性或全球性趨勢來看，中央統籌為各國市場定價的方式有何優點與缺點？

2. 如果定價的方式符合各國市場當地的情況，潛在平行貿易（將同一產品由低價國家出口至高價國家）的風險與成本為何？

3. 無論客戶是否有集體採購的行為，針對區域性或是全球性的客戶應採用何種定價政策？

4. 如果某種程度的國際產品價格協調活動是必要的，管理此一價格協調活動的機制內容應該為何？如果產品是由中央統籌生產製造的，何種轉撥計價的政策最為適當？

5. 與主要對手競爭時，是否應選擇性的採用積極式的因地制宜定價政策，藉此逐步地在各國市場提升佔有率的地位？公司又該如何在主要市場抵禦本土性與全球性競爭對手的侵略式削價攻勢？

配銷通路（Distribution）

配銷通路的議題與許多事項有關，這些事項包括市場切入的速度與成本、跨國配銷通路之間的密度與成長率、配銷通路的管制層級、客戶服務的品質……等。

1. 在切入新市場時，建立自有配銷網路與利用當地現有配銷通路之間的權衡取捨為何？哪一種方式能較快速的提供產品市場普及度？哪一種方式能提供較長期的產品市場普及度？

2. 國際配銷批發與零售的趨勢為何？現有配銷體系與這些趨勢的契合程度為何？

3. 製造商建立區域性或是全球性批發配銷通路與零售通路的能力有何改變？

4. 為了提升配銷作業的品質、或是防止各國當地與全球性競爭對手採取類似的行動，企業收購各國當地的經銷商系統有何好處

與風險？

5.各國配銷通路商的客戶服務作業之間相互整合程度如何？針對此種服務作業，是否應採用標準的全球性政策？還是應該授權由各國市場管理階層直接做成決策？

傳播溝通（Communication）

透過媒體廣告與個人銷售的傳播溝通方式通常只在各國當地的市場進行。然而，針對傳播溝通方式與傳播溝通內容，即使企業總部有意願在實務上有一些程度的理解，但相關的問題仍然存在。

廣告（Advertising）的主要議題包括：

1.消費者是否在任何地方都能以類似的方式感受到產品或服務的優點？所有消費者是否都期盼產品或服務提供相同的價值？

2.廣告所傳達的訊息是否在本質上應全球一致地強調相似的主題與價值觀？

3.在某一市場成功的廣告活動是否能將效果移轉到其它的市場？

4.由中央統籌的品牌廣告活動有何機會與風險？

5.在全球使用同一個廣告代理商是否有任何的權衡取捨？

個人銷售（Personal Selling）的主要議題包括：

1.不同國家的市場是否有本質上相同的購買與銷售程序？

2.各國的銷售人員是否應在各地皆採用統一規定的銷售活動？

3.在不同國家分支機構採用類似的銷售管理政策（像是人力招募、訓練、銷售人力組織、獎金紅利、績效評估……等），是否有機會能改善銷售人員的績效？

4.針對跨國性（區域性或全球性）的客戶，由中央統籌的個人銷售功能有何優點與缺點？

5.如果某些特定的銷售支援功能（像是技術協助）由中央統籌管理，會產生何種機會與問題？

全球化策略分析的架構

前面所討論的議題正好可以證明，全球化策略的擬定過程非常複雜，不是將全世界視為一個具有同質性的市場就可以輕鬆了事的。全球行銷活動之所以會複雜，是因為並非所有的企業與行銷決策都是採用中央集權的管理方式。以各個種族所食用的食品類別來看，不同國家的市場之間仍存在顯著的差異，國際間行銷活動的協調空間相當有限。以許多消費性或工業用產品來看，即使國際間行銷活動標準化或協調的機會仍存在，但是並非所有的行銷決策都能一致地與國際化的情勢接軌，有許多決策最好還是由最貼近各國當地市場的管理階層來決定，像是那些需要快速回應客戶需求的決策、或是那些與各國當地市場行銷戰術有關的決策。因此，全球行銷活動涵蓋了許多重要的抉擇，像是何時由何人在何地決定何種事物。

在分析架構的第一層級中，全球行銷人員首先要決定不同國家的市場之間是否有任何的共通性；如果真有共通性存在，全球行銷人員要研究這些共通性是否可以帶來一些優勢。藉由這些重要的相似性，全球行銷人員可以改善作業層面的效率（efficiency）、或是策略層面的效度（effectiveness），因此中央集權式的行銷決策有存在的空間。如果不同國家的市場之間沒有任何的共通性，地方分權式、因地制宜導向的行銷決策模式會比較適當。

即使不同國家的市場之間有顯著、且值得探究的共通性存在，全球行銷人員仍必須區分出哪些決策比較適合中央集權式的管理方式、哪些決策比較適合由各國當地市場的管理階層來決定。這種劃分的動

作對於企業整體策略的成功與否具關鍵性的影響，因為這個動作彰顯了全球行銷人員所面對的典型兩難困境：如何從中央集權式的策略擬定模式中獲利，同時又不損失各國當地市場的彈性與行動速度？

上述的典型兩難困境沒有簡單的答案。做成一個正確的抉擇牽涉到許多判斷，但是當全球行銷人員在判斷哪些決策比較適合中央集權式的管理方式、哪些決策比較適合由各國當地市場的管理階層來決定時，全球行銷人員所依靠的分析綱領必須能區分某一特定決策對於整體行銷策略的貢獻、與此一決策所造成國際性整合活動的潛在影響。

某一特定策略若能獲致全面性的成功，行銷決策的貢獻與其在策略中預期扮演的角色有很大的關係。並非所有的決策都能提供高度的貢獻。以P＆G寶鹼公司支援「Wash & Go」產品推出上市的行銷策略來說，只有產品配方、產品定位、傳播溝通、一部分的產品包裝決策，這些決策才被視為是品牌整體策略的主要部分；其它的決策則被視為不具相對重要性，像是定價、配銷通路、商品買賣、貿易方式、消費者促銷活動……等決策。「Wash & Go」的例子說明了一個典型的事實：被視為具有高度貢獻的關鍵性決策，通常比只具有低度貢獻的決策少得多。

國際性整合行動所造成的影響是一個不同的變數。全球行銷人員從跨國、跨區域、甚至全世界決策整合所能得到的好處即是國際性整合行動所造成的影響，這些好處來自於整合性與標準化。具有下列特性的決策對於國際性整合活動有高度的影響力：

1. 節約性（Saving）：不論是上游的製造與物流作業、或是下游的廣告與銷售作業，若是合併各個國家的作業模式可以達到顯著的經濟規模時。

2. 擴散性（Spillover）：若是在某一國家市場上的行銷活動可以影響到其它國家市場的營運績效時，像是全球性品牌產品的定價決策；若是廣告活動的影響層面會跨越國界、擴及到其它國家的市場時，像是衛星電視的廣告。

3.客戶的國際性（International Account）：若是決策層面影響到同一客戶在世界各地的據點時，像是國際性銀行會透過其在世界各地的辦事處或分行對全球性客戶提供服務。

並非所有行銷決策都能從國際性活動的整合性與標準化獲致高度的影響力。基於下列的原因之一，許多決策不太可能從中央集權式的管理模式得到好處：

1.速度（Speed）：若是回應消費者或是回應競爭對手的速度是決策成功與否的關鍵時，像是工業用機台就需要快速的維修服務；若是商品定價必須配合具高度競爭性的各國市場時。
2.客製化（Customization）：若是商品的許多加值過程必須透過客製化與個人化的服務來達成時，像是量身訂做的電腦系統規格與應用軟體研發。
3.戰術（Tactic）：若是使用短期的績效衡量指標來評估特定國家市場的議題時，像是針對消費者或是配銷通路的促銷活動。

圖3.3的貢獻—影響（contribution-impact）矩陣說明了行銷決策可能的分類方式。此一矩陣顯示不同的決策對於策略層面可能產生不同的貢獻、產生不同的預期整合性影響。此一矩陣的四個象限分述如後：

Leverage槓桿型決策

以整體行銷策略的觀點來看，槓桿型決策不僅非常關鍵，組織總部的管理與協調機制會將大部分的心力投注在此類型的決策上。槓桿型決策是最能與整合性跨國營運作業搭配的一種決策，組織總部引導的標準化或是協調性作業都屬於此型決策。

Fringe邊緣型決策

邊緣型決策正好與槓桿型決策分處於貢獻—影響矩陣的兩端。邊

整合的潛在影響

低　　　　　　　　　　高

高

對於策略的貢獻

| 核心型決策 | 槓桿型決策 |
| 邊緣型決策 | 支援型決策 |

低

圖3.3　貢獻─影響矩陣：全球策略優先順序的分析架構

緣型決策對於策略的績效並沒有很大的貢獻，對於國際性的整合活動也沒有什麼影響。此一類型的決策最適合由各國分支機構的管理階層來決定，組織總部的管理與協調機制並不需要提供任何的協助。

Core核心型決策

核心型決策對於整體策略的成功與否有舉足輕重的影響，但是對於國際性的整合活動卻沒什麼影響。由於此類型決策對於策略的績效有相當大的預期貢獻，這些決策必須透過各國分支機構的作業體系嚴加管制，組織總部的管理與協調機制會提供必要性的協助。

Support支援型決策

支援型決策對於整體策略的成功與否沒有什麼貢獻，但是對於國際性的整合活動卻有舉足輕重的影響力。組織總部的管理與協調機制

會提供某些形式上的協助,但是此類型決策對於整體策略績效的貢獻相當有限。無論全球行銷人員決定整合支援型決策與否,對於整體策略所產生績效差異微乎其微。

貢獻—影響矩陣做為分析與決策的指引,它能幫助全球行銷人員區分出有用的行動方案,並針對這些行動方案排列出優先順序。舉例來說,在跨市場整合的活動中,被歸類為「槓桿型」的決策享有最高的優先順序,而被歸類為「邊緣型」的決策就應該交由各國分支機構的管理階層控管。同樣地,被歸類為「核心型」的決策也應該交由各國分支機構的管理階層控管,但是差別在於此類型決策在各國分支機構的營運作業中,應享有最高的優先順序。由於「支援型」決策對於整體策略的貢獻度不高,透過整合所得到的優勢並不明顯,所以對於全球行銷人員來說,此類型決策享有較低的優先順序。

Integrated Solutions Inc.的個案

圖3.4顯示Integrated Solutions Inc.(ISI)公司如何利用貢獻—影響模型,將其各種不同的行銷決策排列出優先順序。ISI公司是一家美國中型的電腦製造商。如同產業中其它的廠商一般,ISI公司經歷了客戶基礎與競爭對手都朝向全球化的成長趨勢。長期以來,ISI公司一直藉由重新定義其整體策略與策略的行銷要件,來回應這些全球化的趨勢。舉例來說,在1980年代中期,只有硬體產品研發活動被美國為中心的觀點視為是值得全世界效法的「槓桿型」活動;到了1990年代中期,產業行銷活動也算是值得全世界效法的「槓桿型」活動。產業行銷活動的內容包括創造特定產業的解決方案(像是為銀行業、零售業所設計的解決方案),這些解決方案與產業的專業知識技術和軟體研發活動的高成本有很大的關係。一旦這些特定的解決方案創作

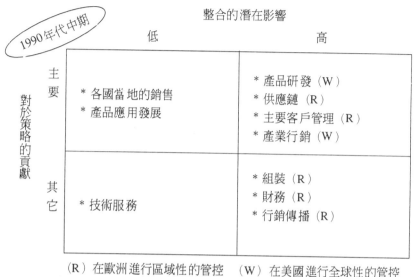

整合的潛在影響

1990年代中期

	低	高
主要	* 各國當地的銷售 * 產品應用發展	* 產品研發（W） * 供應鏈（R） * 主要客戶管理（R） * 產業行銷（W）
其它	* 技術服務	* 組裝（R） * 財務（R） * 行銷傳播（R）

對於策略的貢獻

（R）在歐洲進行區域性的管控　　（W）在美國進行全球性的管控

圖3.4　ISI公司：全球性與區域性管理決策的優先順序

完成，這些平台藍本可以在全世界各個國家採用。另外有兩種授權給歐洲區管理階層主導的決策領域與「槓桿型」決策的情形類似，這兩種決策領域分別是供應鏈決策（包含製造與存貨作業）與主要客戶管理的決策。主要客戶管理的決策領域之前是由各國分支機構的作業機制管控；供應鏈決策領域之前則被歸類為較低階的「支援型」決策。

　　圖3.5顯示ISI公司在過去十年內策略性優先順序的變化，這些策略性優先順序很明顯地傾向了全球整合性策略。這張策略演進圖彰顯了全球行銷整合行動特別值得注意的兩個關鍵特徵。第一，整合性全球行銷活動的成功根植於許多活動要素的平衡，這些要素雖然各不相同但卻有交互關係存在，像是組織管理總部與各國分支機構管理階層對於單一決策影響力的平衡、或是組織總部統籌管制之關鍵性決策與較不具重要性決策之間的平衡、或是嚴格標準化活動與寬鬆協調性活動之間的平衡、或是組織總部負責主導的活動與各國分支機構創新活動之間的平衡。第二，全球行銷活動的成功端視組織如何因應市場的

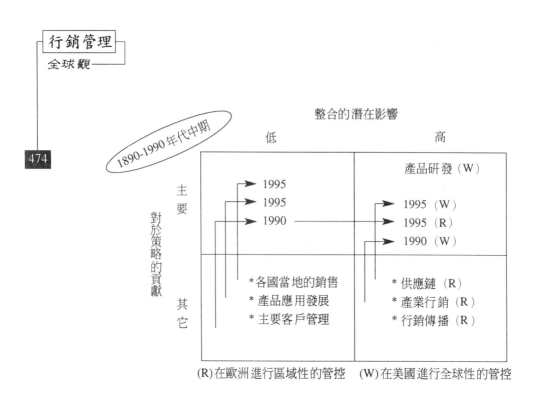

整合的潛在影響

1890-1990年代中期

	低	高
主要		產品研發（W）
	➤ 1995	
	➤ 1995	➤ 1995（W）
	➤ 1990	➤ 1995（R）
		➤ 1990（W）
其它	＊各國當地的銷售 ＊產品應用發展 ＊主要客戶管理	＊供應鏈（R） ＊產業行銷（R） ＊行銷傳播（R）

對於策略的貢獻

(R)在歐洲進行區域性的管控　　(W)在美國進行全球性的管控

圖3.5　ISI公司：改變管理決策的優先順序、邁向全球整合

變動與競爭情勢的狀況，並適時地調整爲平衡的狀態。舉例來說，如果針對配銷通路的促銷活動，以配合各國當地市場的因地制宜方式來處理，跨國配銷通路的成長可能使各國分支機構的決策作業變得越來越不恰當。同樣地，爲了在主要國家市場反擊競爭對手的侵略性價格攻勢，區域性協調的定價政策可能不得不做選擇性的犧牲。有效的全球性策略是一種移動式的目標，它需要投入持續性的關注，以確保策略能及時回應區域性與全球性市場的變化。

全球整合行銷策略的個案

本單元個案的探討議題是組織在全球化的各個階段於市場上所面對的各種行銷觀點。第一篇個案「Libby公司：『Um Bongo』水果飲

料」的主旨：將成功的行銷策略從某一國家市場移植到其它國家市場所面對的機會與挑戰。創新的方式雖然可以全球通行，但仍存在一些真實的執行障礙。

第二篇個案「Hilti公司」描述營造與黏著劑產業所面臨的挑戰。Hilti公司將產品直接販售給最終消費者的全球配銷策略一向很成功，但是此一策略受到某一國家分支機構的挑戰，因為此一國家的市場情況需要採用不同的配銷方法。第二篇個案的主旨：區域性管理階層的角色及其在全球策略中所應具備的自主性。

第三篇個案「Haaks歐洲公司」與策略性行銷計畫的擬定有關，此一行銷計畫促進了中央集權導向之決策優先順序與各國市場行動的一致性。

學習重點

藉由以下個案的分析與討論，同學們可以得到以下的學習重點：

1. 為了構建整合性的區域行銷與全球行銷策略，必須先確認區域性與全球性的市場趨勢。
2. 評估促進整合性國際行銷發展的機會與抑制整合性國際行銷發展的障礙。
3. 應用貢獻—影響矩陣這項分析工具，區分各種不同的行銷決策、並針對這些行銷決策排列優先順序。
4. 練習擬定國際性行銷活動的重大決策，這些決策包括：何時該執行區域性或是全球性的整合、何時該針對特定國家市場的情況與利益採用特案方式處理。
5. 在必要時，設定促進整合性行銷的規劃程序，此一規劃程序能提供各國分支機構適當且充分的自由運作空間。

註釋

[1] 引述自1983年5月-6月號的Harvard Business Review哈佛企管評論，標題
為「Globalization of Markets」，Theodore Levitt撰。

[2] 引述自1990年P&G公司董事長兼總裁Edwin L. Artzt，對員工所發佈的溝
通文件「Strategies for Global Growth」。

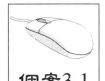

個案3.1 　Libby公司：
「Um Bongo」水果飲料

　　「Um Bongo」這款飲料在英國、葡萄牙、西班牙的飲料
市場上都很成功，而且我們認為美國市場的條件也已經準備
好接受這項產品了。

　　　　　　　　　　　瑞士，Nestle雀巢公司總部飲料事業主管

　　「Um Bongo」水果飲料風味怪異，是美國兒童不曾嚐過
的口味，廣告上又頻頻出現不尋常的熱帶叢林鼓聲、叢林動
物畫面。口味測試明顯地輸給主要競爭對手夏威夷綜合果汁
（Hawaiian Punch），「Um Bongo」計畫因而流產了。

　　　　　　　　　　　　　　美國，Libby公司採購部門主管

　　1989年，Libby公司在美國當地的經理，正為了「Um Bongo」飲
料在美國的未來而和母公司Nestle雀巢爭辯不休。「Um Bongo」飲
料是一種專為兒童所生產的飲料，它的基本成分是25％的果汁。該飲
料最初是由Libby英國廠所推出的，之後又透過西班牙和葡萄牙當地
相關機構進行推廣。雀巢公司的執行長不僅認為「Um Bongo」飲料
結合趣味與健康的概念，更認為這是一項具有國際吸引力的行銷創
新。事實證明，這項產品的確在三個不同的歐洲市場裡獲得成功。
　　Libby公司在美國當地的經理對於「Um Bongo」的訴求點卻沒有
這麼大的信心。從開始測試消費者反應時，不論是口味還是歐洲版電
視廣告，都有潛在的問題存在。此外，這些經理聲稱當時正為另一項
名為「Juicy Juice」的100％兒童果汁飲料而努力。其實「Juicy Juice」
在兩年前上市時，就已經在市場上獲得很大的成功。而美國的管理部

門現在則打算進一步鞏固「Juicy Juice」的市場，以謀取繼續成長與
推廣的機會。這些管理者認為生產線上再添加「Um Bongo」飲料只
會傷害目前鞏固「Juicy Juice」的任務。

公司背景資料

　　Libby公司是當今世上最大食品業者「Nestle雀巢公司」的分支機
構。它在全球五大洲擁有428家工廠，並有超過240億美元的銷售
額，雀巢公司及其子公司所銷售的產品包括煉乳、嬰兒食品、巧克
力、飲料、烹飪產品（像是調味料、醬料、湯等等）、冷藏和冷凍食
品。雀巢公司出品的旗艦級產品，像是已有50年歷史的雀巢咖啡，早
已經在超過100個以上的國家裡銷售了。

　　自從1970年代開始，雀巢公司便著手在國際食品業中採取積極的
購併政策。在1970年時，雀巢公司併購了美國最大的蔬果處理業者
「Libby公司」，接著又陸續併購其它公司，像是Stouffer公司（1973
年‧美國）、Chambourcy公司（1978年‧法國）、Carnation公司
（1985年‧美國）、Buitoni-Perugina公司（1989年‧義大利）、
Rowntree公司（1989年‧英國）等等。在大多數情況下，被併購公司
原有的全球活動都會被整合到雀巢公司在各地的經營業務中。

　　到了1989年的時候，公司總銷售額之中只有不到3％的金額是來
自化妝品和藥物這類非食品項目的營收。（詳見【附錄1】針對產品
類別與不同地理區域所做的銷售狀況分析）

　　雀巢公司在各國的營運作業都是由各國經理負責處理，而各國的
分支機構也完全肩負起收益的責任，並負責監督包含行銷、製造與財
務在內一切事項。有許多國家的經理是由當地分支機構的行銷部門出
身的。（關於雀巢公司的某些資料來自Harvard哈佛商學院之個案研
究）

　　雀巢公司的組織架構是依循五個地理區域和九種產品類別共同建

構起來的。其中的地理區域包括：歐洲地區、亞洲暨紐澳地區、中南美洲地區、美加地區、非洲暨中東地區。產品類別則包括飲料（包含咖啡、礦泉水、果汁與軟性飲料）；麥片、牛奶及營養食品；烹調食品；冷凍食品和冰淇淋；巧克力與糕點；冷藏生鮮食品；寵物食品；藥品和化妝品；食品服務諮詢。

編制於公司瑞士總部的各區域經理與派駐在各國的負責人，一同設定各國的銷售及收益目標，同時也監控各地的營運績效。Nestle公司的產品總監與其所屬的產品管理小組也都位於瑞士，他們與隸屬於各國負責人的產品經理保持互動，確保公司的全球性或區域性產品策略、新產品的研發都能妥善地執行，甚至是以跨國的方式將行銷活動做最大的整合。舉例來說，在飲料類產品裡，共有四位產品經理分別負責各自的產品線：烘焙與研磨咖啡、即溶咖啡、巧克力與麥芽飲品、茶與液態飲料（包括果汁與調味飲料）。就雀巢公司以產品類別與地理區域來劃分的矩陣型組織來看，地理區域管理部門對於各國市場的營運情況具有較多的影響力。（詳見【附錄2】說明公司的部分組織圖）

雀巢公司一直不是個中央集權的組織，許多事務的自主權都釋放給各國的管理部門。各國負責人的績效評估是以當地的整體成果為基準，各國負責人被視為是「組織的支柱」，而且他們有權展現「個人的管理風格」。比起其它的企業功能，行銷作業被認為是一種針對個別市場特性，所進行的資本累積活動。

公司近來日益注重全球市場的品牌行銷，同時也尋求打破傳統市場區隔的行銷機會。雀巢的首席執行長Helmut Maucher就明確的指出了這一點：

　　（我們）公司的目標是要界定市場族群並建立全球性的品牌。這些產品可以賣給世界上屬於相同族群的人，比方單身者、具有健康意識的人、老人、愛好東方食品的人、飲用即溶咖啡的人。這個想法的目的是要明確地針對市場中各種

區隔的消費者進行最大量的銷售,從而使公司成為成本最低的生產者。(取材自Management Europe 歐洲管理雜誌,1989年1月6日)

不過,雀巢公司也深信一間食品公司能夠全球化到何種程度、或是能夠滿足五大洲的消費者到何種程度,都還是有一定的限度。公司的目的在於盡可能貼近各國當地的市場。

全球果汁與水果飲料的市場

1988年,全世界對果汁與水果飲料(專指以果汁為基本成分,但含量比例不到100%的飲品;大部分的水果飲料含有10%到50%的果汁,而其餘的成分則是水、糖、色素與添加物)的消耗量共計約270億公升,相當於230億美元的產值。這裡面包含所有以工業方式生產的果汁與飲料、也包含花蜜、現成的調理包、濃縮果汁與冷凍果汁。柳橙汁和以柳橙汁為基本成分的水果飲料是銷路最好的口味,計有近乎半數的消費集中於此。蘋果汁則以15%的佔有率位居銷售次佳的口味,銷售量再往下探則是葡萄柚汁、鳳梨汁與葡萄汁。自1980年以來,果汁與水果飲料的年成長率大約維持在8%左右。

和其它不含酒精的軟性飲料不同,果汁與水果飲料的國際市場是分散的,國際上沒有一個競爭者佔據主導地位,即使是可口可樂Coca-Cola也只有約15%的佔有率。可口可樂系列的品牌包括Hi-C、Minute Maid、Five Alive、雪碧Sprite(含有10%果汁成分的碳酸飲料)。其餘的主要競爭者則是百事可樂Pepsi-Cola的Slice、寶鹼P&G的Citrus Hill、Seagram's的純品康納Tropicana、英國Cadbury Schweppes的香吉士Sunkist、德國Melitta的Granini。

全世界60%的果汁與水果飲料消費量是由以下三個國家所包辦:美國佔41%、日本佔13%、德國佔9%。消費量與消費模式在各國間皆不同。舉例來說,根據一項研究顯示,當美國人每年消耗量為70公

升以上時，其它英語系國家的消耗量則在20公升到25公升的範圍，而
在拉丁語系國家則小於10公升。從同一則研究中也可突顯出果汁與水
果飲料在消費情況上的其餘差異：

消耗量（%）

	英語系	拉丁語系
早餐	35	10
午餐／晚餐	25	10
一天中	40	80
在家	70	55
外出	30	45

資料來源：雀巢Nestle公司資料

姑且不論國情與文化差異，雀巢公司界定出幾個影響全球果汁與
水果飲料工業的趨勢：

1. 健康：在工業化國家裡，消費者對自身及其家人的健康及營養
狀況，所投注的關心是史無前例的。果汁與水果飲料在這種趨
勢中蒙受其利，因為它正是一種「健康飲料」，傳統的咖啡和
茶並無法取代其地位。

2. 品質：在國際間的主要市場裡，有愈來愈多的消費者正在向高
品質的果汁市場區隔靠攏。這項因素可以解釋為何目前在市場
上，有一些以「新鮮現榨」為號召的高價品牌。

3. 價格：市場區隔定位為低價的果汁與水果飲料，在大型市場中
所佔據的比例有漸增的趨勢。由於歐洲與北美洲大型食品連鎖
店所銷售的自營品牌數目與數量均有增加，因而助長了這種趨
勢。

4. 廣告：專為果汁和水果飲料所拍的媒體廣告日益增多。在某些
市場中，這方面的支出已經超越一向著重廣告的軟性飲料類產

品。舉例來說，1987年果汁廣告在美國媒體的支出金額高達每公升200美元，而一般軟性飲料的支出則在每公升100美元左右。

美國的果汁與水果飲料市場

市場概觀

美國果汁與水果飲料在1988年的市場產值接近94億美元。這個金額只不過反映出整著飲料市場的一部份，當年整個飲料市場產值據估計超過1,120億美元（詳見【附錄3】）。

Libby公司的經營團隊將果汁與水果飲料這類產品劃分為三種區隔：需要冷凍的商品、可開架陳列的商品、需要冷藏的商品。可開架陳列的商品顯然是市場佔有率最高的產品區隔，佔有將近一半的市場；需要冷藏的商品曾在1988年佔有26％的市場，其中柑橘口味便是這類產品中的典型。這兩類產品的市場佔有率已經在過去五年內增加了10％，而這是犧牲需要冷凍商品區隔在市場上佔有率所換來的。

果汁與水果飲料也可以用口味來區隔。在可開架陳列的商品裡，綜合口味的果汁與飲料是主流產品，大約佔有三分之二的營業額，接下來則是蘋果口味（17％）、葡萄柚口味（5.2％）、葡萄口味（5.6％）、柳橙口味（3.3％）。柳橙汁則是需要冷藏與冷凍商品區隔中最主力的產品，分別有61％與72％的商品區隔佔有率。

果汁與水果飲料採用的包裝方式很多樣化。玻璃瓶裝顯然是開架陳列產品中最主要的一種方式，佔所有包裝的47％；金屬罐裝佔31％；鋁箔包佔16％；塑膠包裝佔6％。近年來，玻璃瓶與鋁箔包都相對有所成長，而金屬罐則有減少的跡象。在需要冷藏與冷凍的產品區隔裡，紙盒與塑膠盒則是最普遍的包裝方式。

整個果汁與水果飲料市場從1982年以來，已經成長了三分之一，

而預計在1990年將達到110億美元的產值,其年成長率已是1970年代中期的兩倍,至1988年為止成長率已達到7%。自1982年以來,需冷藏之產品銷售額成長了104%,而需要冷凍的產品銷售額則衰退了6%。開架陳列產品在這個時期的成長率高達36%,已經略微超越了產業界的平均水準。在眾多口味之中,柳橙和綜合口味分別是需要冷藏的產品與可以開架陳列的產品類別中成長最快的口味。

　　產業分析家把美國市場裡的連續成長歸因於消費者對健康與養生的關注、鋁箔包裝的風行、還有像是綜合果汁這類新產品所造成的影響。這些複合性的因素使果汁和水果飲料的平均每人每年消耗量快速成長,一直從1970年代中期的52公升增加到1980年代中期的71公升。(美國1989年的人口是2億4千7百萬人)

競爭情勢

　　美國的果汁與水果飲料市場為三家公司所壟斷:可口可樂Coca-Cola、Seagrams、優鮮沛Ocean Spray。可口可樂公司是全美最大的果汁及飲料廠商,在1988年的銷售額為13億美元,並取得14%的市場佔有率,該公司的Minute Maid品牌專門銷售可開架陳列與需要冷凍的柳橙汁產品,總計有超過10億美元的營收;另一個主要品牌是Hi-C,這是一種營收達203萬美元的可開架陳列的水果飲料。Seagrams乃是產業界中第二大的生產者,該公司擁有10%的市場佔有率,且幾乎都是來自旗下純品康納Tropicana這個品牌的營收,純品康納Tropicana專門銷售需要冷藏或可開架陳列的柳橙汁。優鮮沛Ocean Spray則是市場中第三大的公司,座擁700萬美元營收與9%的市場佔有率,該公司有各式各樣以小紅莓為基本成分的產品,是開架陳列式產品的最大生產者。

　　除了這三家公司以外,還有其它10家廠商在產業中相互競爭,包含某些像是寶鹼P&G、康寶濃湯Compbell Soup、美國煙草公司RJR/Nabisco、雀巢Nestle公司……等大公司的子公司。自營品牌產品這塊

區隔在果汁與飲料市場上一直成長，據估在1988年就有16％的佔有率。（【附錄4】說明可開架陳列的果汁產品區隔中，各種競爭產品的品牌名稱與製造公司）

　　據Libby公司的經營團隊表示，生產果汁與水果飲料的公司之中，雖然有不少已經開始向100％綜合果汁的產品區隔進軍，不過Juicy Juice仍是領導品牌。有不少剛踏入果汁與水果飲料市場的新公司，是被這個產業界中成長率最高的市場區隔所吸引。綜合果汁的市場從1970年代的一千萬美金規模起步，到了1988年則已經達到一億四千五百萬美金的規模。這些新加入市場的品牌有可口可樂Coca-Cola公司的Hi-C100與Seagram公司的純品康納Tropicana、Motts、Dole。然而，依照Libby公司經營團隊的觀點來看，儘管這些企業巨擘「採用強力的宣傳攻勢與鉅額的造勢支出」，但是並沒有一家能夠真正損及「Juicy Juice」領導地位的「大企業」。話雖如此，管理部門的人仍相信以水果為基本成分的飲料，都會有直接或間接的競爭情況出現，因此「Juicy Juice」的競爭者不僅是100％綜合果汁，還有單一口味的果汁和低價的水果飲料。（詳見【附錄5】說明主要品牌的銷售量與市場佔有率）

Libby公司的Juicy Juice：「100％純正鮮果汁」

　　　　我們將「公司的賠錢貨」變成了成功的商品，而我們所做的就是遵從古老優良而有效的產品管理法則。

　　　　　　　　　　瑞士，Nestle雀巢公司總部飲料事業主管

　　　　我們在許多父母認為果汁含量很重要的時候切入市場。當時許多人認為Hi-C和Hawaiian Punch是優良飲料，而他們覺得自己給了子女健康的食品。我們向他們說「不對」，這些飲料其實只有10％的果汁含量，而我們的產品是100％的

純果汁。不過大多數的人並未意識到這一點。

美國，Libby公司採購部門主管

歷史背景

上述評論談到「Juicy Juice」的徹底轉變，其實該品牌是在1984年時，由Libby公司併購區域性製造商Fruitcrest而來的。該品牌曾經於1978年由Fruitcrest推出，並曾在美國東部銷售過。當時的Juicy Juice針對兒童提供五種綜合口味的果汁，曾在1984年達到三千四百萬美元的銷售金額。（綜合口味的果汁是用不同水果的濃縮汁混合出的果汁。在製造上，只會加入水和天然水果香料等添加物，使果汁恢復原有的濃度。）

每種產品都是用100％的果汁混合而成的，其中包括蘋果、葡萄、櫻桃三種，因此各種產品有完全不同的口味與色澤，但Libby的經營團隊相信Fruitcrest不會因為Juicy Juice這個品牌而獲利。

Libby在1984年所生產的產品中，包括一種含有50％果汁成分的「蜜汁飲料Nectars」，另有一種果汁含量少於50％的自營品牌飲料「Hearts Delight」，兩者的主要目標客戶群都是成人與一般家庭。許多雀巢公司的董事認為，在「Juicy Juice」正式上市前，Libby飲料在市場上的定位偏向價格導向的市場區隔。一位董事就說道：「公司打算在市場上與Del Monte和Minute Maid等大品牌對抗，不過單憑這麼小的佔有率是毫無機會的。」在1980年代早期，Libby公司每年銷售量都減損近10％左右。雀巢公司在1984年將Libby的所有營業項目重新整理，只留下飲料的部分。

在1985年時，Libby在全美推出含100％果汁成分的「Juicy Juice」，並投注兩百五十萬美金的廣告活動經費，其中有70％用在針對兒童的媒體宣傳，另外30％用在針對兒童的促銷活動上。但是一年之後，因為Libby公司的經營團隊認為該產品的口味「差人一等」、且

486

「行銷計畫脆弱」，因此將該產品從全國市場中撤出，不過「Juicy Juice」仍繼續針對東部幾州的核心市場（佔全美銷售量的48％）進行銷售。到了1986年底，該品牌的銷售量達到一千三百萬美元，比起1985年的銷售量下降了60％。

到了1986年，「Juicy Juice」的經營棒子轉交到新任的飲料事業部副總裁Robert Mead手中，而他的管理團隊徹底扭轉了公司的頹勢（詳見【附錄6】說明Libby公司在美國的部分組織圖）。當經營權交付到Robert Mead手中時，套句Robert Mead的話：「正是Libby爛透了的飲料事業走上死路的時候。」根據他的看法，造成該產品失敗的原因包括了口味差勁、標籤有「1950年代的形象」、欠缺能與其它競爭者產生區隔的定位。雖然在資金方面有所侷限，Robert Mead的團隊仍然期望賦予「Juicy Juice」新生命，並在核心市場中重新推行，繼而進佔全國市場。

「Juicy Juice」在1987年重新上市，並伴隨著幾項改變。首先，產品借重雀巢公司在美國及海外研究機構的研究成果，使該產品在配方與口味上有了重大轉變。消費者研究的結果顯示，「Juicy Juice」的口味已經凌駕於市場主要的果汁品牌Tree Top和Hi-C100之上。此外，公司也將產品的標籤替換掉，現在包裝貼上了真實水果的圖樣，而且新標籤清楚的標明「Juicy Juice」的製造商是Libby（詳見【附錄7】提供標籤的樣本）。同時，口味也由四種增為六種（櫻桃、葡萄、綜合、熱帶水果、莓果、蘋果），包裝尺寸則從四種減為兩種（1.4公升罐裝和0.25升的鋁箔包裝兩種），因為用玻璃瓶裝的成本過高，所以這種包裝方式被撤掉。

根據Libby的經營團隊表示，過去最重要的改變就是把「Juicy Juice」從良好口味和「100％果汁」，重新定位為「我們是100％果汁，而其它品牌不是」（【附錄8】顯示經營團隊用來界定和重新定位「Juicy Juice」及其競爭者的定位圖）。正如Libby公司飲料部門的總經理Dennis Scott所解釋道：

市場上有不少令人混淆之處。有些品牌宣稱它們的產品是「100％天然的」、或是「由十種不同果汁所混合的」。然而這些產品的果汁含量都在50％以下。所以當我們的產品推時，就宣佈「我們是100％果汁而其它品牌不是」，這個動作在消費者心中留下了不可磨滅的印象。「Juicy Juice」搖身一變，成了消費者用來比較其它果汁的參考指標。

「Juicy Juice」產品的售價顯然高於其它飲料的售價，因此銷貨毛利相對較高。舉例來說，1.4公升裝「Juicy Juice」的零售價是1.59美元，而Hi-C或Hawaiian Punch等產品相同容量的零售價則在0.79美元到0.99美元之間。Libby的經營團隊相信高價格強化了高品質的定位。雀巢公司飲料事業部副總裁Robert Mead說道：「當你提供了某些獨特的產品，或添加了某些高價值的成分時，產品的售價當然比較高。」

在1987年時，公司為了讓產品重新上市，針對核心市場動用了三百萬美金的媒體廣告經費，但卻對產業界司空見慣的價格戰敬而遠之。（【附錄9】與【附錄10】分別是「Juicy Juice」和當時領導品牌Hawaiian Punch在電視上所播放的廣告情節）

一般認為「Juicy Juice」的定位集中在本身的長處上，好藉此抵抗市場上其它競爭者的攻勢，像是可口可樂從Hi-C延伸出的100％果汁品牌Hi-C100便是一例。Robert Mead回憶道：「競爭對手花費所有的廣告金費來攻擊我們，但是當其產品的售價提高時，消費者卻拒絕買帳。」

目前的成果

雀巢公司飲料事業部副總裁Robert Mead回憶道：「憑著這項改良過的產品、改良過的標籤、改良過的定位、以及改良過的其它事項，我們開戰了！」

重新上市的結果是極具戲劇性的。到了1987年底，也就是整整一

年之後，「Juicy Juice」在核心市場的銷售金額已經增加了82％，到達兩千三百萬美元。到了1988年的時候，由於產品在新市場重新推出，在美國當地增加了21％的成長率，總銷售金額成長32％，總值達到三千一百萬美元。（在1986到1988年之間，可開架陳列的綜合果汁其市場區隔成長了20％，總銷售金額達到一億四千五百萬美元。）目前來說，「Juicy Juice」以罐裝（出貨總值的73％）、鋁箔包裝（24％）、以及玻璃瓶裝（3％）等方式銷售。公司透過數量超過28,000家的零售店對美國42個州進行配銷，相當於全國市場的80％。Libby經營團隊預估要在1989年於全國獲取五千萬美元左右的銷售金額（詳見【附錄11】說明Libby公司為了「Juicy Juice」重新上市而執行的消費者背景分析；詳見【附錄12】說明「Juicy Juice」品牌在1989年行銷計畫中最重要的部分）。

Libby公司的「Um Bongo」：「熱帶叢林果汁」

「Um Bongo」的成功要歸功於它的概念：這是專為兒童所開發的產品。這並不是隨隨便便就可以模仿的。這是徹頭徹尾的「Um Bongo」。

瑞士，Nestle雀巢公司總部飲料事業主管

「Um Bongo」是少數幾種以兒童為目標客戶且帶有趣味性的果汁飲料，該飲料的廣告方式是個好的開始。

美國，Libby公司採購部門主管

歷史背景

「Um Bongo」是Libby飲料公司英國分公司於1984年所推出的產品。這是該公司初次踏入這個逐漸成長、卻又高度競爭的地區性市

場,而其中有超過50%以上的產值被價格導向的自營品牌產品所佔有。Libby公司所生產的產品中,還有一種以成人為對象的蔬果汁。Libby公司也曾以代工自營品牌的方式生產。在1980年代早期,Libby英國分公司每年因為滯銷而有將近2%的損失,合計虧損金額達一千五百萬美金。(詳見【附錄13】說明英國飲料市場的區隔及佔有率資料)

　　早在「Um Bongo」切入市場之前,Libby公司所贊助的市場研究就顯示過去幾年以來,對傳統飲料的每年每人平均消費量正逐年衰退,像是茶(290公升)、牛奶(110公升)、啤酒(100公升);而對軟性飲料(100公升)和果汁暨水果飲料的消費量(14公升)正不斷上揚。研究也顯示45%的軟性飲料是由15歲或年紀更小的孩子所購買的,而此一年齡區隔僅佔英國全部人口的20%(英國1989年的人口數為五千七百萬人)。此外,焦點團體訪談的結果顯示,雖然果汁與水果飲料在孩童眼中是一種「有益健康」的飲料,但比起推出時間較晚、也比較具有時代感的軟性飲料,果汁與水果飲料的形象實在太過古板了。許多母親希望用更健康的飲料來取代軟性飲料,因為她們認為軟性飲料是人工的、而且是「對健康有害的」。

　　Libby公司在英國當地的行銷經理Paul Lawrence回顧說:「這些事實指向一項結論,亦即一種專門為孩童而開發的商品契機確實存在,『Um Bongo』飲料就此誕生了。」

　　「Um Bongo」飲料是一種果汁含量25%的綜合飲料。該飲料在Libby旗下,配合兩種規格的鋁箔包裝(1公升及0.2公升),以九種果汁混合出的單一口味上市。它所採用的「熱帶叢林命名方式」以及「熱帶叢林果汁口味」,在果汁與水果飲料市場上具有決定性的獨特定位,有助於凸顯產品在「樂趣與健康之間平衡」的貢獻。該產品具有熱帶的口味、顏色和包裝,還有卡通化的廣告,它幾乎在各個方面都是為了孩童及其母親而設計的,並且還針對這些客戶群進行測試。「熱帶叢林果汁」的概念是由Libby的廣告代理商所發展出來的,廣告

代理商藉此概念影射Libby經營團隊所重視的「樂趣基調」。(【附錄14】與【附錄15】分別提供產品包裝樣本與電視廣告情節樣本;【附錄16】顯示一份針對「Um Bongo」所進行的英國消費者研究資料)

「Um Bongo」飲料的價格比起自營品牌飲料的價格貴了32%,但比起同樣容量100%果汁的價格便宜了10%。該產品上市的第一年裡,Libby公司耗用了一百五十萬美元的廣告經費。此外,針對消費者與配銷商的促銷活動,公司也投入了一百萬美元。為了在果汁與水果飲料市場上,從最受歡迎的口味區隔中獲利,公司陸續推出新口味(蘋果「Um Bongo」和柳橙「Um Bongo」),也新增三瓶鋁箔包搭配成一組的包裝方式。1988年,公司總共動用了23萬美元的廣告經費,並針對消費者與配銷商的促銷活動投入了15萬2千美元。

目前的成果

「Um Bongo」在市場上推出的第一年就有210萬美元的銷售成績,而該產品線在1988年的銷售金額已經成長到390萬美元,佔Libby公司飲料銷售總金額的20%。1989年的銷售金額成長可望達到40%。對於英國分公司自從1984年以來的總銷售金額成長與獲利率改善,「Um Bongo」優異的銷售成績帶來關鍵性的貢獻。

「Um Bongo」的成功也誘發許多其它公司推出所謂的「仿冒飲料」,像是1986年由Cadbury Schweppes公司所推出的「Kia Ora」、1989年由RJR/Nabisco美國煙草公司之分公司Del Monte所推出的「Fruit Troop」。這兩種品牌的仿冒飲料也和「Um Bongo」一樣,都是以孩童及其母親為目標客戶群,也都在產品包裝與電視廣告上運用卡通人物。在1989年中期,Libby公司經營團隊曾嚴密注意Del Monte公司以強勢廣告支援「Fruit Troop」的上市情況。

「Um Bongo」在英國的表現沒有被Libby在歐洲的其它分公司所忽視。自1987年起,西班牙與葡萄牙分公司也在各自的市場中推出「Um Bongo」飲料。該產品的品牌概念與傳播模式都保持不變,只有

產品口味與包裝所使用的語言因應市場當地的情況而變更。產品是由進口的濃縮液所配製而成。這兩個國家的電視廣告仍沿用英國拍攝的廣告成品,只不過改以當地語言進行配音。

因為西班牙的現榨果汁種類非常多樣、且價格較低,所以一直將當地加工果汁與水果飲料的每人每年平均消費量限制在2公升(西班牙1989年的人口總數是三千九百萬人),而該市場也被認定為行銷活動不盛行、且產品品質低落的市場。(【附錄17】為1988年西班牙果汁與水果飲料市場的資料)

Libby公司生產了一系列以家庭為對象的果汁和水果飲料。從1980年代初期開始,公司銷售量逐年衰退,到1986年已衰退至三百五十萬美元、或是三百萬公升,降幅約達25%。雀巢Nestle公司的董事會將衰退的原因歸咎於劣質的產品包裝方式、模糊不清的產品定位、欠缺廣告方面的支援。

Libby的「Um Bongo」在1987年於西班牙Valencia區域(該區域反映了全國25%的市場)試賣時大受歡迎,公司在西班牙的飲料銷售金額因而大幅成長。藉由十萬美元的電視廣告經費,「Um Bongo」產品線在試賣地區的銷售金額達到十一萬美元,而這已是預期目標的好幾倍。到了1988年,在該區域的銷售金額已經達到三十五萬美元,銷售量為三十萬公升。與「Um Bongo」相關的行銷活動逐漸增加,而這有助於拉抬Libby公司其它的營業項目,公司在1988年的銷貨總值達到四百五十萬美元,合計總銷貨量達到四百二十萬公升。在1989年將「Um Bongo」於西班牙全國市場推出後,公司經營團隊預估市場有90%的額外成長空間。

葡萄牙的市場特性與西班牙類似,只是規模較小一些。「Um Bongo」在1988年春天於葡萄牙全國市場推出(葡萄牙人口總數是一千五百萬人)。雀巢派駐當地的管理部門最近得出一項結論,在Libby未曾涉足的飲料市場區隔中,存在著顯著的成長機會。在這之前,雀巢公司所銷售的產品只侷限於咖啡或麥片這類乾貨。(【附錄18】為

1988年葡萄牙果汁與水果飲料市場的資料）

套句雀巢公司總部果汁與水果飲料產品經理Patrick Martin的話，「Um Bongo」在葡萄牙的推出「顛覆了整個市場」。藉由一百二十萬美元的廣告經費，「Um Bongo」當年在葡萄牙全國的銷售金額達到四百七十萬美元，銷售量為四百八十萬公升，第一年的銷售額便達到預算的240％。在1989年初，距離產品進入市場還不到一年的時間，「Um Bongo」已經達到經營團隊認為具有意義的市場定位，並佔雀巢公司在該國總銷售量的5％左右。公司預期「Um Bongo」在1989年的銷售量是前一年的兩倍。

美國人對「Um Bongo」的反應

雀巢Nestle公司瑞士總部的高層堅信，「Um Bongo」產品線可以透過同樣的訴求而成為全球性的概念，並敦促美國經營團隊著手調查該品牌切入美國市場的機會。根據一位公司總部的董事表示：「我們勝券在握，若不能切入全球最大的美國市場，那就太可惜了。」

研究結果

Libby的美國經營團隊最近受託進行一項研究，他們調查「Um Bongo」產品線在美國消費者之間的接受程度。該研究針對俄亥俄州、紐約州、亞利桑納州、佛羅里達州等四個州，年齡介於8歲到18歲之間的300名孩童進行口味測試與訪談。遠從英國進口的「Um Bongo」被拿來和美國市場主要領導產品Hawaiian Punch進行對比測試。該項研究的另一個目標是評估該產品曾在英國、西班牙、葡萄牙所播放的「熱帶叢林」廣告，在美國市場的播放效果如何。

在該研究的整體結論裡提到：「對『Um Bongo』做些修正後，要切入美國果汁與水果飲料市場是可行的。」必須進行的主要修正包括產品口味要能不那麼「酸／嗆」、廣告方面要能更清楚地傳達產品

的概念。該產品線在各方面的評價都與Hawaiian Punch不相上下，只有「購買意願」和「口味」方面不然，而且這兩方面的評價遠低於Hawaiian Punch。（【附錄19】摘錄該項研究的發現與結論）

管理面的優先性

Libby公司飲料部門的總經理Dennis Scott解釋他對該品牌試賣績效的看法：「因為飲食習慣與文化緊密相依，『Um Bongo』要在美國市場上立足是很困難的。我可以再給你一個有關文化影響飲食的例子，我們認為美國消費者對於產品包裝方式存在一些先入為主的刻板印象，因此我們針對一種遍及歐洲、但在美國從未見過的一公升（32盎司）裝鋁箔包進行測試，我們將「Juicy Juice」以此種方式包裝，並擺在大型超市中以特價展示，但是美國消費者卻說：『我不知道這是什麼，所以我們不想冒險嘗試。』美國人就是會抗拒改變。」

對「Um Bongo」進行口味改變也是美國經營團隊所考慮的方案之一。但是，據Dennis Scott表示：「我們現在沒有辦法把時間和人力擺在口味改變上面。我們手頭上有太多工作要忙了。」

目前，Dennis Scott與他的同事們正為「Juicy Juice」在全美國市場的表現投入全副心力。「Juicy Juice」的行銷總監Jean Graham解釋道：「我們的目標是使『Juicy Juice』能在五年內達到一億美元的年度銷售金額。」已經在規劃中的短期與中期行動方案還包括：完成全國性的上市活動、推出新型式的產品（濃縮型式與冷藏型式）、擴充至非零售店通路、推出玻璃瓶包裝。主要的中期目標則是改善該產品深入家庭的程度。「Juicy Juice」以7.8％的市場佔有率緊追Hi-C（16％）與Ocean Spray優鮮沛（34％）。

獲利率是另一個值得立即關心的議題。Jean Graham解釋道：「我們最大的挑戰是使這個營業項目獲利。果汁與水果飲料產業是一種高成本、低獲利率的產業。我們目前的毛利率是35％，不過這是指產品剛下生產線、尚未計算任何配銷成本與行銷費用的數目。比起其

它類別的零售貨物而言，這樣的毛利率是相當可憐的，像是茶的毛利率就達到65％、洋芋片的毛利率則達到85％。」

1989年，經營團隊開始尋找縮減原料成本與包裝成本的方法，期盼「Juicy Juice」在1990年能達到損益兩平。

還有一種結合牛奶與果汁的新興兒童飲料是Libby公司經營團隊目前的優先計畫。Jean Graham解釋道：「對於奶昔類的產品，我們想要以『Moo Juice』或是其它類似的品牌名稱命名，使得該產品在孩童的眼中是有趣的，在母親眼中則是健康的。」該產品仍處於初步開發的階段。

經營團隊相信，另一項對創新的牛奶果汁混合產品有利、但對「Um Bongo」這類飲料不利的因素就是時機。Dennis Scott主張：「在今日的美國市場上，『Um Bongo』的概念要面對與可口可樂Coca-Cola、General Foods、Ocean Spray優鮮沛、RJR/Nabisco美國煙草公司……等公司的相互競爭。假如我們在幾年前就推出這項產品，也許還會有許多機會；但是『Um Bongo』現在進入市場只能屈居第五而已。」

結論

雀巢Nestle公司瑞士總部瞭解美國經營團隊對於「Um Bongo」的看法。公司總部全球果汁與飲料產品經理Patrice Martin證實：「我們對於『Um Bongo』在美國市場的潛力有不同的觀點，這並不是什麼秘密。我們完全相信『Um Bongo』是個絕佳的產品概念，但我們也瞭解美國人在接納外來概念時所產生的猶豫，這是很自然的。葡萄牙的經營團隊起初也抗拒『Um Bongo』的概念，但是請看看他們嘗試接納後所得到的結果。所以我們的態度是：『給這個概念一個嘗試的機會，也好證明它是錯的。』同時，我們能做的就是將其它地方發生過的事告訴他們，好建立起大家對產品的信心。」

　　對於美國市場的下一步，Patrice Martin與其同事建議讓「Um Bongo」在當地進行試驗性行銷。馬丁解釋道：「我們樂於見到真正的市場測試，而不僅是消費者的口味測試。」在美國施行行銷測試的成本（包括廣告與促銷費用）估計每個城市約在五十萬美元到一百萬美元之間。若想要獲得具有代表性的試驗結果，最少需要在兩個主要城市施行行銷測試，最少要涵蓋2％的美國消費者在內才行。

　　同時，美國經營團隊非常關切「Juicy Juice」的未來。雀巢公司飲料事業部副總裁副總裁Robert Mead描述他對公司下一步走向的看法：

　　　　我最艱鉅的任務就是確認那三個最主要的想法，並確保它們能付諸執行。然而我告訴手下的人，我不要聽到任何有關產品擴張的事。現在手上最重要的機會仍在有待努力的「Juicy Juice」。要知道一旦在適當的地方掌握住訣竅後，便可類推於它處。我們可以一直重施故技。

附錄1　1998年雀巢Nestle公司產品類別與各地理區
　　　域銷售狀況分佈

總銷售金額：四百億瑞士法郎

產品類別		地理區域	
飲料	27%	歐洲	46%
乳製品	15%	北美洲	26%
巧克力／糕點	12%	亞洲	12%
烹調產品	12%	拉丁美洲	10%
冷凍食品／冰淇淋	10%	非洲	3%
冷藏生鮮食品	9%	大洋洲	3%
嬰兒食品	6%		
寵物食品	5%		
藥品／化妝品	2%		
其它產品	2%		
	100%		100%

資料來源：雀巢Nestle公司資料

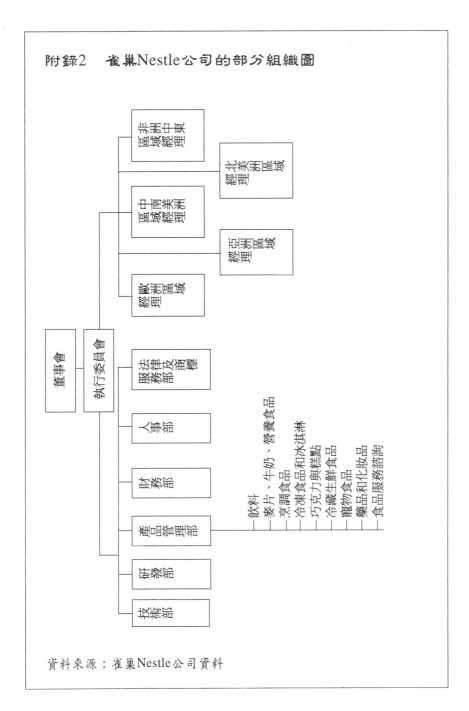

附錄2　雀巢Nestle公司的部分組織圖

董事會 — 執行委員會

非洲中東區域經理

中南美洲區域經理

歐洲區域經理

經理北美洲區域

經理亞洲區域

服務部法律及商標

人事部

財務部

產品管理部
- 飲料
- 麥片、牛奶、營養食品
- 烹調食品和冰淇淋
- 冷凍食品和與糕點
- 巧克力與糖果食品
- 冷藏生鮮食品
- 寵物食品
- 藥品和化妝品
- 食品服務諮詢

研發部

技術部

資料來源：雀巢Nestle公司資料

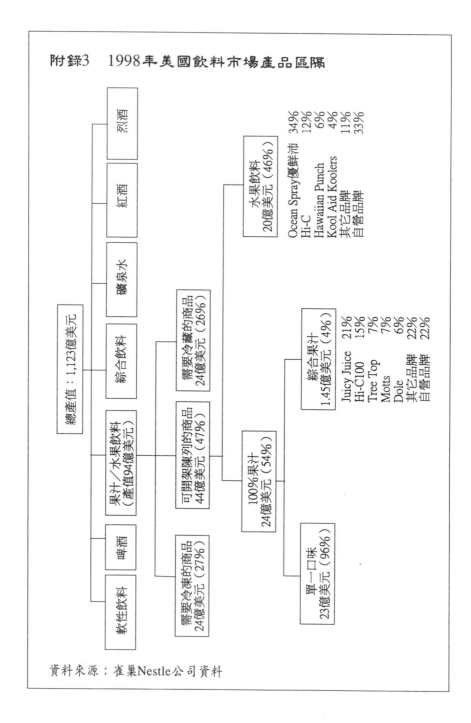

附錄3　1998年美國飲料市場產品區隔

資料來源：雀巢Nestle公司資料

附錄4　美國可開架陳列的果汁產品區隔：各種競爭產品的品牌名稱與製造公司（金額單位：百萬美元）

製造商／品牌	1998年銷售金額	定位	產品	零售價	包裝方式	1988年廣告經費
Ocean Spray	**696**					
小紅莓汁	562	*成人充電飲料	* 小紅莓雞尾酒產品線（果汁含量27%）	*$1.89-$2.29（48盎司裝）	*92% 玻璃瓶裝 *8% 鋁箔包裝	21.9
Mauna Lai	41	*異國風味	*Mauna Lai飲料	*$0.99-$1.29（鋁箔包裝）		
葡萄柚汁	51	*成人充電飲料	*葡萄柚雞尾酒			
Splash	1		*碳酸果汁飲料			
濃縮果汁	40		*Crantastic飲料			
可口可樂	**239**					
Hi-C	203	*以兒童為目標客戶的好口味與趣味	*含量10%的果汁	*$0.79-$0.99（46盎司裝） *$0.79-$0.99（鋁箔包裝）	*4% 玻璃瓶裝 *61% 鋁箔包裝 *34% 鐵罐包裝	2.8
Hi-C100	14	*家庭與兒童	*100% 果汁	*$1.19	*100% 鋁箔包裝	25(聯合促銷活動的一部份)
Minute Maid	22	*有益健康的飲料	*100% 果汁 *只有鋁箔包裝是可開架陳列的商品	*$0.99-$1.29（鋁箔包裝）	*鋁箔包裝	
RJR/Nabisco	**195**					
Hawaiian Punch	114	*好喝的兒童飲料	*含量10%的果汁	*$0.79-$0.99（46盎司裝） *$0.79-$0.99（鋁箔包裝）	*14% 玻璃瓶裝 *23% 鋁箔包裝 *60% 鐵罐包裝 *3% 塑膠包裝	1.8
Del Monte Fruit Troop	81	*好喝的成人水果飲料	*含量50%的果汁	*$1.79-$1.99（48盎司裝）	* 玻璃瓶裝 * 鋁箔包裝	0.1
General Foods	**73**					
Kool-Aid Koolers	57	*又酷又古怪的兒童水果飲料	*含量20%的果汁	*$0.79-$0.99（鋁箔包裝）		4.6
Tang	16	*100%、美味而富變化的兒童果汁	*含量10%的果汁	*$0.79-$0.99（鋁箔包裝）		2.5

續附錄4　美國可開架陳列的果汁產品區隔：各種競爭產品的品牌名稱與製造公司

製造商／品牌	1998年銷售金額	定位	產品	零售價	包裝方式	1988年廣告經費
Nestle雀巢	**73**					
Juicy Juice	38	*100% 果汁 * 目標客戶並非兒童	*100% 果汁	*$1.59 (46盎司裝) *$1.19 (鋁箔包裝)	*3% 玻璃瓶裝 *21% 鋁箔包裝 *76% 鐵罐包裝	2.5
其它Libby的產品	35					
Tree Top	**177**	* 專門售予成人的100% 果汁	* 大部分以蘋果汁調製的100%綜合果汁 * 缺乏天然香料，所以品質較差	*$1.79-$1.99 (48盎司裝) *$0.99-$1.29 (鋁箔包裝) *$1.39-$1.49 (鐵罐包裝)	* 玻璃瓶裝 * 鋁箔包裝 * 鐵罐包裝	3.2
Seagrams Tropicana Twisters	**13**	* 不尋常的口味	*6種柑橘口味、果汁含量在30-40%的飲料	*$1.79-$1.99 (46盎司裝)	*100% 玻璃瓶裝	7.9
Welch's Welch's Welch's Orchard	**268** 200 58	* 品牌名聲百年老店	* 含量50%的果汁	*$1.79-$2.09 (40盎司玻璃瓶裝) *$0.99-$1.19 (鋁箔包裝)	* 玻璃瓶裝 * 鋁箔包裝	2.7(聯合品牌促銷活動)
其它	10					

資料來源：雀巢Nestle公司資料、A.C. Nielsen尼爾森行銷研究顧問公司1988年資料

附錄5　美國1988年果汁與水果飲料市場主要品牌的銷售金額與市場佔有率分佈趨勢

製造商	品牌	1988年銷售金額($)	與去年銷售金額比較(%)	市場佔有率(%)	全國配銷通路普及度(%)
Coke 可口可樂	全公司	1,254	+6.7	16.5	
	Minute Maid	1,038	+7.3	13.7	100
	Hi-C	203	+4.6	2.7	100
	Hi-C100	14	−10.8	0.1	89
Seagrams	全公司	748	+24.2	9.8	
	Tropicana純品康納	735	+22.5	9.7	99
	Tropicana Twisters	13	+++	0.1	71
Ocean Spray 優鮮沛	全部的Ocean Spray	696	+4.8	9.2	100
Procter & Gamble 寶鹼	全部的Citrus Hill	342	+36.1	4.5	98
Campbell Soup 康寶濃湯	全公司	269	+20.4	3.5	
	Campbell	50	+3.3	0.7	100
	V-8	218	+25.3	2.8	100
Welch Foods	全公司	268	+9.9	3.5	
	Welch's	200	+12.5	2.6	100
	Welch's Orchard	58	−2.0	0.8	84
	其它	10	+45.3	0.1	
Quaker Oats 桂格燕麥片	Gatorade開特力	221	+36.0	2.9	100
RJR/Nabisco 美國煙草公司	全公司	195	+7.7	2.6	
	Hawaiian Punch	114	+0.6	1.5	100
	Del Monte	81	+19.9	1.1	100
Tree Top	全部的Tree Top	177	+12.5	2.3	78
Nestle 雀巢	全公司	73	+28.1	1.0	
	Juicy Juice	38	+51.3	0.6	45
	Libby Nectars花蜜	25	+7.5	0.3	63
	Hearts Delight	10	+17.5	0.1	34
General Foods	全公司	73	+10.2	0.9	
	Kool-Aid Koolers	57	−12.6	0.8	99
	Tang	16	+++	0.1	89

資料來源：A.C. Nielsen尼爾森行銷研究顧問公司1988年資料

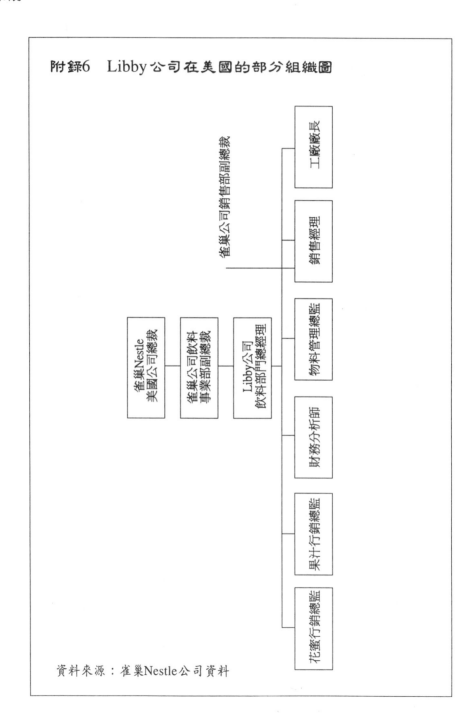

附錄6　Libby公司在美國的部分組織圖

資料來源：雀巢Nestle公司資料

附錄7　「Juicy Juice」的產品包裝標籤樣本

資料來源：崔巢Nestle公司資料

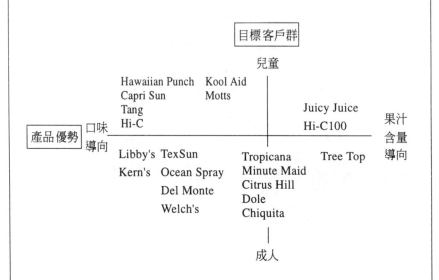

附錄8　1987年「Juicy Juice」及其競爭者的市場定位圖

目標客戶群

兒童

Hawaiian Punch	Kool Aid	
Capri Sun	Motts	
Tang		Juicy Juice
Hi-C		Hi-C100

產品優勢　口味導向

果汁含量導向

Libby's	TexSun	Tropicana	Tree Top
Kern's	Ocean Spray	Minute Maid	
	Del Monte	Citrus Hill	
	Welch's	Dole	
		Chiquita	

成人

資料來源：雀巢Nestle公司資料

附錄9　「Juicy Juice」在電視上所播放的廣告情節

兒童1：你從這些飲料中所喝到的純果汁永遠不到10％。

不管你倒多少來杯喝都一樣。

但是Libby公司的Juicy Juice就含有10％的純正果汁。

兒童2：哇！

幕後旁白：Juicy Juice是真正純正的果汁。

兒童3：它是100％的純果汁。

資料來源：崔巢Nestle公司資料

附錄10　領導品牌Hawaiian Punch在電視上所播放的
　　　　廣告情節

1.（音樂合唱）給我一罐
　能刺激味蕾的果汁。

2.那就來一罐Hawaiian
　Punch吧……

3.好喝的Hawaiian Punch
　……

4.（幕後旁白）來自7種
　不同的水果、含量10%
　的果汁。

5.有各種水果的風味。

6.（音樂合唱）Hawaiian
　Punch……

資料來源：雀巢Nestle公司資料

附錄11　「Juicy Juice」的消費者背景分析

1.消費人口統計
重度使用者：
* 每年收入：25,000 美元以上
* 35歲以下的全職家庭主婦／母親
* 家庭成員3 人以上
* 飲用者年齡：2 歲到11歲

2.購買模式
果汁購買週期短：
* 每二週購買一次
* 比較起來，咖啡每九週才會購買一次
果汁是高衝動性的購買項目：
* 計畫性購買果汁的比率：39％
* 計畫性購買咖啡的比率：64％

資料來源：雀巢Nestle公司資料

附錄12 「Juicy Juice」品牌在1989年的行銷計畫重點

1.長期策略：	藉由擴張產品至店面不同的擺放位置（開放陳列的架位與冷藏櫃）與各種不同的配銷通路據點（雜貨店、便利商店、食品宅配商、自動販賣機），將年度銷售金額增加到一億美元以上。
2.短期策略：	* 增加產品深入家庭的普及程度 * 增加產品的使用頻率 * 持續從100％果汁與水果飲料市場侵蝕市場佔有率 * 持續改善獲利率
3.銷售金額目標： 　預算支出目標： 　　廣告 　　消費者促銷活動 　　配銷商促銷活動	三千九百萬美元 九百萬美元（較1988年成長13％） 三百萬美元 一百三十萬美元 四百七十萬美元
4.定價：	定價較其它果汁含量10％的兒童飲料高出許多，與其它100％果汁的價格相去不遠，但不至於造成銷售量大幅降低的風險。
5.廣告：	在新市場建立品牌知名度、在核心市場維持品牌知名度。
6.定位：	Juicy Juice是100％的純果汁；而其它的兒童飲料頂多只有10％的果汁含量。
7.促銷：	消費者：維持現有重度使用者的客源基礎、增加產品深入家庭的普及程度。 配銷通路商：增加在核心市場與新擴張市場的鋪貨程度、著重在壓低價格與增加產品曝光度。
8.新產品：	持續開發新口味、產品包裝方式、產品儲存型式（濃縮果汁）。

資料來源：雀巢Nestle公司資料

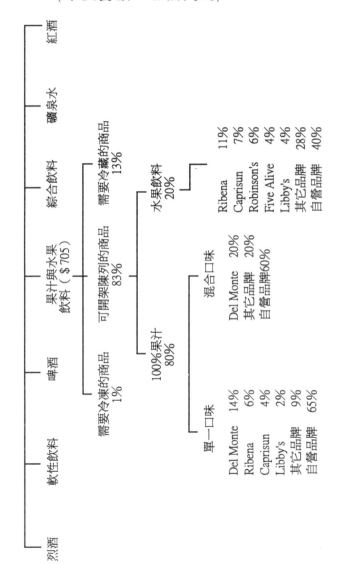

附錄13　1988年英國飲料市場的區隔及佔有率資料
（單位金額：百萬美元）

資料來源：雀巢Nestle公司資料

附錄14 「Um Bongo」鋁箔包裝樣本

資料來源：雀巢Nestle公司資料

附錄15　「Um Bongo」電視廣告情節樣本

背景音樂響起與終止

合唱聲：「Um Bongo」、
「Um Bongo」。

合唱聲：「他們在熱帶
叢林喝Um Bongo。」

合唱聲：「Um Bongo」
、「Um Bongo」。

合唱聲：「Um Bongo」、
「Um Bongo」。

合唱聲：「他們在熱帶
叢林喝Um Bongo。」

……

……

……

男聲背景旁白：
「Libby's」

男聲背景旁白：
「Um Bongo」

男聲背景旁白：「綜合
水果飲料」
女聲背景旁白：「耶」

資料來源：雀巢Nestle公司資料

附錄16　針對「Um Bongo」所進行的英國消費者研
　　　　究資料*

兒童的意見		兒童對於產品特點 的認同程度**		母親對於產品特點 的認同程度**	
非常喜歡	53%	有趣的產品	81%	有趣的產品	93%
很喜歡	34%	我會想要買的產品	79%	兒童會想要的產品	92%
不太喜歡	7%	產品有令人興奮的口味	84%	高品質的產品	80%
非常不喜歡	3%	有益健康的產品	86%	具充足養分的產品	70%
無意見	3%	媽媽會買給我的產品	65%		
	100%				

*受訪者在回答問卷前，已看過電視廣告且試用過產品。
**由於答案選項可複選，選項百分比加總不等於100%。

資料來源：雀巢Nestle公司資料

附錄17　1988年西班牙果汁與水果飲料市場的資料*

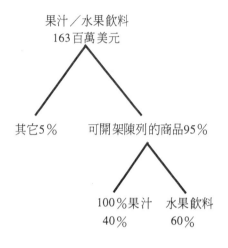

果汁／水果飲料
163百萬美元

其它5%　　可開架陳列的商品95%

100%果汁　　水果飲料
40%　　　　60%

Zumosol	14%	Trinajanjus	16%
Pascual	10%	Zumosol	14%
Juver	11%	Pascual	11%
Libby's	3%	Juver	11%
其它品牌	62%	La Verja	10%
		Libby's	3%
		其它品牌	35%

*不包含現榨果汁。

資料來源：雀巢Nestle公司資料

附錄18　1988年葡萄牙果汁與水果飲料市場的資料*

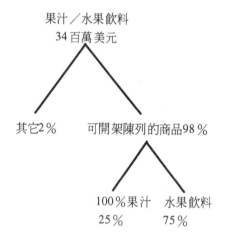

果汁／水果飲料
34百萬美元

其它2%　　可開架陳列的商品98%

100%果汁　水果飲料
25%　　　75%

Compal	11%	Trinajanjus	20%
其它品牌	89%	Libby's	18%
		Compalinho	7%
		其它品牌	55%

*不包含現榨果汁。

資料來源：雀巢Nestle公司資料

續附錄19　針對「Um Bongo」在美國市場的研究發現與摘要解釋

背景與目的

　　易開罐果汁和水果飲料的市場，一直是整個美國飲料市場中變化最快速的區隔。雀巢Nestle公司曾提供Libby美國公司行銷「Um Bongo」的機會，該飲料是Libby公司目前在英國銷售十分成功的水果飲料。經營團隊希望評估該產品在美國消費者心中的接受程度，特別是要決定：

1. 以隱瞞測試的方法為基礎，比較「Um Bongo」和Hawaiian Punch在美國消費者心中的接受度有何差異？
2. 「Um Bongo」的概念（以錄影帶型式）在強化產品訴求上是否具有加分效果？
3. 由「Um Bongo」概念所衍生出的期望可以讓產品依靠到何種程度？
4. 「Um Bongo」的廣告傳播能力如何？

結論與建議

　　根據研究結果顯示，對「Um Bongo」做適當的修正之後，要進入美國果汁／飲料市場是可行的。「Um Bongo」的長處在於其特有的水果口味，還有那些口味所表現出的優點。然而，其「酸／嗆」味道似乎會減損產品的接受度，因而有必要削弱這種味道，好提升產品接受度。

　　從產品概念上來說，現行廣告能夠強化產品的接受度，也能夠強化該產品與眾不同的感受：讓該產品可以從多如繁星的水果果汁／飲料中脫穎而出。然而該廣告有必要用更清楚的方式表達才行。我們可以推想消費者在觀看過廣告後，其實對該產品的期望仍不甚清楚，而且當他們真正品嚐該產品時反而會感得驚喜。不過，如果能不損及該產品的獨特性，又能在廣告中突顯重點，並解釋得更清楚些，將有助於全面增加產品的接受度。

主要發現

1. 「Um Bongo」的廣告在引發消費者品嚐興趣的能力相當有限。然而消費者品嚐過後，就會更接受該產品。
2. 在民眾試吃該產品之前就將定位先做好，可以強化該產品與眾不同的感受，也可以強化產品接受度。
3. 根據隱瞞測試的結果，「Um Bongo」與Hawaiian Punch兩種飲料在整體評價與整體購買意願的表現平分秋色。然而，當我們將兩者拿來直

續附錄19　針對「Um Bongo」在美國市場的研究發現與摘要解釋

接比較時，Hawaiian Punch顯然較受歡迎。

4. 「Um Bongo」的產品優勢在於其特殊的水果口味，還有那些口味所表現出的優點。然而，其「酸／嗆」口味則是該產品不被接受的主要原因。

發現摘錄

錄影帶的影響

1. 乍看之下，「Um Bongo」的產品廣告錄影帶無法有效喚起人們試吃的熱情。

2. 該廣告成功的傳達品牌形象，並成功的將該產品置於果汁與水果飲料的市場。

3. 不願嘗試「Um Bongo」的消費者往往是因為不清楚而擔心，而原因顯然出在他們難以瞭解廣告中的用語。

4. 除了以上的觀察結果，以錄影帶廣告的方式做概念定位，似乎還是有助於實體產品的接受度。

看過廣告後所測得的產品接受度

1. 品嚐過該產品後的購買意願顯然有所提升；該產品比預期的還要更好。

2. 最好根據「Um Bongo」的獨特性來做評斷的標準；把強而嗆的水果口味結合起來，從而提供優良的整體口味。

3. 雖然一般會根據「甜度／酸度」的等級來表達「接受／拒絕」之意，不過最終還是會轉換成生理屬性的影響；亦即口味、滿意程度、提神程度等。

在隱瞞測試中，拿「Um Bongo」和Hawaiian Punch相比所得知的接受度

1. 直接來說，「Um Bongo」和Hawaiian Punch獲得的評價幾乎平分秋色。

2. 然而，它們的不同之處在於：

　—購滿Hawaiian Punch的意願顯然要高得多；

　—兩者直接比較時，Hawaiian Punch獲得壓倒性的優勢

3. Hawaiian Punch口感較甜卻又不會太酸，而這正是它能獲得青睞的主要原因。

續附錄19　針對「Um Bongo」在美國市場的研究發現與摘要解釋

4.太酸是「Um Bongo」遭到拒絕的主要原因。

經過篩選後的統計表格

錄影帶的影響

1.即使在剛播完「Um Bongo」的廣告之後進行測試，願意嘗試購買的消費者仍相當有限。8-10歲的兒童裡，只有5％明確表示有購買意願。絕大多數的反應是似乎是謹慎而保留的，其中有81％的人購買意願介於「有可能會買」和「也許會買也許不會買」之間。

看過錄影帶之後的購買意願（％）	母數：總回應人數150
肯定會買	5
可能會買	50
也許會買也許不會買	31
可能不會買	7
肯定不會買	7

2.該廣告成功傳達了品牌形象，並成功的將該產品置於水果果汁與飲料的市場之中。

　‧86％的人在回想時記得品牌名稱是「Um Bongo」。

　‧84％的人相信該產品與其它果汁飲料極為相似，特別是Hawaiian Punch。

一種最相近的飲料（％）	母數：總回應人數
Hawaiian Punch	45
Juicy Juice	22
Hi-C	17
柳橙汁	7
Kool-Aid	4

3.針對青少年以下年齡層的兒童，該廣告將「Um Bongo」定位成一種在正餐時機之外最合適的飲料。

　‧各種年齡的人都認為「Um Bongo」最適於年紀還小的兒童飲用，特別是8歲以下的兒童。少數青少年（19％）認為這產品是直接以他們

續附錄19　針對「Um Bongo」在美國市場的研究發
　　　　現與摘要解釋

　　為銷售對象而生產的，而年紀不到青少年階段的兒童有三分之二
（67％）指出，他們會想要該產品。

· 一般認為飲用「Um Bongo」的最佳時機是非正餐的時候。

使用／場合適當性（％）

	Total	Age 8-13	14-30
母數：總回應人數	（150）%	（76）%	（74）%
會想要使用的：			
8歲以下的兒童	89	88	89
8-12歲的兒童	73	67	78
13-19歲的青少年	21	24	19
20歲以上的成人	13	17	10
搭配早餐飲用	47	51	42
走在路上飲用	58	54	62
在家中飲用	79	87	70
搭配點心飲用	79	83	76
搭配午餐飲用	64	78	60
搭配晚餐飲用	23	29	16
離家外出時飲用	60	66	54

　＝在90％信賴水準時有顯著的差異

4.除了以上的觀察結果，以錄影帶廣告的方式做「Um Bongo」的概念定
位，似乎還是有助於實體產品的接受度。預先讓消費者看過錄影帶
後，他們對實體產品的評價和購買「Um Bongo」的意願，都會比不清
楚產品定位而直接品嚐產品時要來的高。

續附錄19 針對「Um Bongo」在美國市場的研究發現與摘要解釋

錄影帶對產品評價的影響

「Um Bongo」

	有錄影帶	沒有錄影帶	差異
母數	150	75	
購買意願			
肯定會買的%	25	15	-10
總人數	67	60	-7
整體評價			
優異的/非常好的%	44	33	-11
平均值	3.97	3.80	-0.17
屬性評比（優異/非常好）%			
嗆	50	36	-14
提神	47	39	-8
水果味強	56	79	-7
甜味	46	43	-3
令人滿意	44	40	-4
苦味	27	20	-7
口味搭配良好	49	45	-4
整體口味佳	51	41	-10
在口中留下令人愉悅的味道	46	43	-3
有動人的顏色	45	43	-2
與眾不同	59	56	-3
屬於我的飲料	44	41	-3
喝起來感到有趣	43	33	-10

☐ ＝在90％信賴水準時有顯著的差異

續附錄19　針對「Um Bongo」在美國市場的研究發現與摘要解釋

看過廣告後所測得的產品接受度

消費者在品嚐過後所留存的不確定感,只有在產品概念被揭露後才得以掃除,因此廣告對於消費者購買意願的提升有幫助。

品嚐過該產品後所喚起的購買意願,要比起試吃前顯著增加。

	購買傾向		
	看錄影帶之後	試吃之後	差異
母數:總回應人數	150	150	
肯定會買%	5	25	+20
可能會買%	50	42	-8
正面回應總人數	(55)	(67)	+12
也許會買也許不會買%	31	15	-16
可能不會買%	7	7	—
			+
肯定不會買%	7	11	-4

　　　　　　　　　　　　　=在90%信賴水準時有顯著的差異

在隱瞞測試中,與Hawaiian Punch相比之產品接受度

「Um Bongo」在產品整體特質和某些特定產品特質所得到的評價,與Hawaiian Punch得到的評價不相上下。Hawaiian Punch只有在特定水果口味方面獲得高度滿意的評價。可是,如果不管這項看似旗鼓相當的可接受度評比,消費者購買「Um Bongo」的意願顯然要比購買Hawaiian Punch的意願來得低。

續附錄19　針對「Um Bongo」在美國市場的研究發現與摘要解釋

隱瞞測試：「Um Bongo」與Hawaiian Punch

	「Um Bongo」	Hawaiian Punch
母數：總回應人數	75	75
購買傾向		
肯定會買的％	15	29
總計人數	60	72
整體評價		
優異／非常好的百分比	33	36
平均	3.80	4.04
屬性評比（優異／非常好的％）		
嗆	36	27
提神	39	43
水果味強	49	48
甜味	43	49
令人滿意	40	45
苦味	20	11
口味搭配良好	45	45
整體口味佳	41	41
在口中留下令人愉悅的味道	43	41
有動人的顏色	43	56
與眾不同	56	43
屬於我的飲料	41	44
喝起來感到有趣	33	37
指示性評價（認為剛好的％）		
甜度	77	80
顏色	79	79
水果味	68	84
太強	17	11
太弱	15	5

　　　　　　　　　　　　　＝在90％信賴水準時有顯著的差異

資料來源：雀巢Nestle公司資料

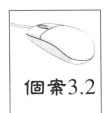

個案3.2 Hilti公司

　　1993年夏天，Hilti公司新成立的董事會由Pius Baschera博士領導，董事會中討論到經營績效較不理想的香港分公司。其實一直要到1994年1月，Pius Baschera博士和董事會的其他三位成員才會正式取得公司正式的職位，不過為了移交順利，該小組於1993年中期便開始運作。他們對香港分公司所做出的任何決定，都必須得到Hilti公司董事長Michael Hilti的首肯，同時也需要得到現行董事會的認同才行。

　　香港方面的未來走向仍不明朗。Hilti公司長久以來的全球策略是將營造工具和鎖螺絲工具直接售予末端使用者，雖然香港當地經理提出一套未來行動方針，但是該方針卻與公司的全球策略有明顯出入，因此問題仍有待解決。雖然Hilti香港分公司身在一個每年成長率至少有10％的市場裡，不過看來1993年的銷售額與獲利似乎要比1992年短少5％到10％。

Hilti公司背景資料

　　Hilti公司是由Martin Hilti和Eugene Hilti在1941年時於列支敦斯登公國（Principality of Liechtenstein）所創立，該國地理位置位於奧地利與瑞士東側國境之間。Hilti兄弟當年從某種用來取代一般鎖螺絲工具的新式槍形工具、其所使用的螺絲及釘子開始起家，奠定公司的基礎。雖然該工具的成熟度還不夠，但他們看準了該工具在歐洲重建時將有的雄厚潛力，於是他們取得專利，並開設一條專門生產該項高效率工具的生產線。（【附錄1】顯示Hilti公司的鑽頭、鉚釘系列產品和鎖螺絲工具系列產品）

　　1960年，Hilti公司的主要生產設備都設在列支敦斯登，公司在歐洲的市場已經穩固。Martin Hilti相信「市場佔有率比工廠重要」，並著重於對消費者需求的瞭解與回應。由於公司體認到，消費者十分重視如何使用Hilti工具才會達到最佳效果的知識性建議，因此該公司以直銷為主力，而不透過中盤商與商家銷售。

　　1960年代和1970年代是Hilti公司成長最快的幾年，它的營造工具在歐洲與美國這兩個主力市場裡大受歡迎。Hilti成功的訣竅是靠意志堅強的經理人在各地勤於監督其銷售人員，而確保更佳的經營結果。隨著銷售與獲利額度的增加，其生產設備也開始遍佈全歐洲，並在美國設廠。

　　在1980年代早期，Hilti公司因為全球營造業衰退而受到嚴重打擊，銷售與獲利都下滑。在德國、法國和美國等主要市場裡的經理都向總部表示，在這種惡劣的經濟環境之中能做的事不多，公司的市場佔有率已經很高，所以期望再成長並不可行，公司所需要的就只是安然度過這次風暴，並等待更好的時機罷了。有一位年輕的經理評論道：

　　　　當市場拒絕我們的時候，我們才開始瞭解Hilti旗下各分公司的「地頭蛇（country king）」並不是那麼理想的主管。他們雖然在景氣繁榮的時候能成功的拉抬銷售量，但組織發展和人員訓練卻沒有做好。

　　　　我必須稱讚Hilti公司的總部辦公室，因為他們看到問題，並在之後的幾年內撤換掉大部分不適任的「地頭蛇（country king）」，晉升或外聘更年輕、教育程度更高、能力也更多的經理人。

　　　　當然，如果只是單單更換資深經理人仍是不夠的，因為有許多當地的工作人員依舊習慣用自己的方式工作。所以我們請Mckinsey麥肯錫顧問公司為我們實施管理價值分析，並因此改造我們的工作程序與公司架構，也使我們更具有彈

性。對於公司中央集權式的研究與發展活動，我們並不感到滿意，看起來像是極權統治，所以我們也聘請Boston Consulting Group公司進行研究，並在總部辦公室設立四個部門，一同掌管開發、製造與產品採購等事項，而這些採購來的產品將售予各地區分公司，然後再轉售給最終消費者。

這些變更不僅有限制地方權力的作用，同時也改善了公司的研發程序。

重新出發：「策略2000」

1984年，Hilti公司舉辦了一次史無前例的會議，讓該公司遍佈全球的資深經理在這為期一週的會議裡聚首。各地區經理在會議中輪番發表經營狀況，隨著發言的次數達到30次左右，事態就很清楚了，套句當時某位出席者的話：「我們欠缺願景、欠缺策略、欠缺連貫性。我們不過就是在各地各自為政的一盤散沙罷了，而且所得到的結果仍有欠理想。」

會中決議在Boston Consulting Group公司的協助下，針對主要策略進行檢視。該工作最先展開的地區，就是表現岌岌可危的美國地區，工作所面臨的挑戰除了增加收益性之外，還有回復高成長率。針對Hilti的消費者及其需求進行檢視後，便不難發現Hilti將產品直接售予消費者的政策應予保留。會中也決議著手建立電話客服制度，這樣一來，消費者不僅可以直接和售貨員直接接觸，也可以透過電話和Hilti公司做接觸。

Hilti美國分公司區分成三個事業單位，每個單位負責全國相應的三個消費者區隔。這是一項重大的改變，以往美國分公司是以區域做為組織分工的基礎，各區域銷售人員對其區域內的全部客戶販售所有的產品。一位資深經理人評論道：

這是一項劇烈的改變，因為我們的顧客現在得面對新的銷售人員，而顧客與銷售人員必須彼此互相瞭解。我們必須謹記我們不只是在賣產品，我們也提供建議與訓練，而且正因為這些東西加上我們產品的品質，才使得我們的產品售價高過Bosch和Makita等競爭者的售價達到20％與30％之間。銷售人員必須更深入學習其所銷售的產品，而市場區隔的策略正好鼓勵這種趨勢。一旦銷售人員知道其所販售的產品如何應用，他可以對產品開發人員提出新產品的改進要求。

1980年代末期，美國分公司的營運模式已經相當能適應當地的情勢，於是Hilti公司把注意力轉向歐洲市場。當時Hilti在德國分公司的經營主管Pius Baschera回顧當時的情況：

至今為止，德國市場一直是Hilti最大的經營地區，而且也一直經營得很好。德國市場被劃分為5個地理區域，而各區域又依顧客群（像是水電工、木工）來分配銷售人力。我們可以理解美國分公司區隔銷售人力的基本理由，但我們不瞭解為每種顧客創造一個事業單位的原因何在，況且我們也不認為事業單位對顧客區隔的劃分是正確的。我們計畫依照顧客區隔來劃分銷售人力，但在銷售人力之上的管理層次，我們還看不出依照顧客區隔來劃分架構的必要性。

然而，德國管理團隊卻面臨強大的壓力，大家都希望德國分公司快點轉換成美國分公司的營運模式。Hilti公司西半球總裁身負全球核心事業的營運責任，而且身為董事會的成員之一，他與德國新主管（Pius Baschera的接班人）一起致力推動徹底的改革，但許多阻力仍然存在：比方說，幾乎沒有人認為趕快成立集中的客戶服務機制、並關閉所有地區的銷售辦事處會是個好主意。所以德國有好幾個重要的經理人都離開公司。

「策略2000」的評估

　　當「策略2000」在歐洲推行的時候，該策略也在幾個地區做了若干修正。舉例來說，劃分銷售人力最佳方式的議題就取得一致的意見，這意味著美國會採用歐洲的劃分法。然而，像德國想保留地理區域架構的努力則未獲支持。

　　在1990年代初期，Hilti公司以一頁版面的圖表充分表達了「策略2000」的核心觀點。這張圖表（詳見【附錄2】說明Hilti公司的全球策略）成了全公司上下皆知的「圖表之母」，並且在公司全球各據點廣為流傳。在全公司上下的眼中，這份共通、簡單傳達策略的圖表是極具價值的，而且圖表中的每個項目都成為日常溝通的一部份。

　　當歐洲各國正在逐步施行「策略2000」的時候，德國境內的阻力卻依舊存在。在1990年代初期，隨著東德的開放，德國分公司每年均享有20％的成長率。對於許多德國經營者而言，制定一套進行重大變革的計畫沒有什麼意義。但是，到了1991年，大家都很清楚企業變革是免不了的；到了1993年，企業變革大體上已經完成了。

對新管理部門的挑戰

　　1993年，最高管理階層發生重大改變，Martin Hilti的兒子Michael Hilti成為新任的董事長，而屆年44歲的Pius Baschera也成了第一位以非家族成員身份擔任執行長的人。同時，由於Hilti公司有55歲強制退休的規定，董事會的另外兩名成員也會撤換。

　　香港分公司的處境是新管理團隊所要面對的第一個課題。Pius Baschera評論道：

　　　　在1991年，經銷商的銷售額佔我們香港總銷售額的三分之一；但1992年，這個比率下降到19％；到了1993年「策略

2000」全面施行時，這個比率已趨近於零。為了彌補這些銷售額的損失，我們增加了直接銷售的人力，可是銷售情況並未見起色。少了經銷商之後，我們發現自己很難接近小額消費者，然而這類消費者的數目卻正在成長。我們估計1983年在香港有6,000家營造公司，而每家公司的雇員平均在16人左右；今天，全香港大約有13,000家營造公司，而每家雇員都少於十人。所以在業界有越來越多的小公司，而且它們的營業額佔了香港15％到20％的市場。在西方國家，小規模經營者所扮演的角色就沒有這麼重要。

香港分公司總經理建議針對小規模消費者的需求，運用有限數量的「地區性銷售單元local sales elements」（他為當地經銷商定義的名稱），販售某些特定產品線的商品給這一類的客戶。他認為我們運用這種方式就可以重拾失落的市場佔有率，並完全參與市場的成長。

從更寬廣的角度來說，我們20億瑞士法郎的年度收益裡，有接近60％是來自歐洲市場，只有12％來自亞洲市場，我們較大的成長空間應該在亞洲和東歐。而且我們並沒有在銷售與獲利目標上達到預期二位數字的成長，所以我們必須以正確的方式進軍亞洲市場。

另一位董事會的成員則補充了下面這段話：

我們必須謹記公司採用直銷方式的絕佳理由。首先，我們不只是販售產品而已，我們還提出建議與訓練，從而增加附加價值；我們的顧客信任我們，我們只能以直銷的方式創造這種關係。其次，我們與顧客做直接的接觸，可以獲得有價值的想法，提供我們開發新產品的創意。第三，如果我們有兩種互相競爭的銷售管道，它們會互相抵損銷售火力。而且要記住，在我們公司的12,000名員工裡，有4,000人是銷售

人員！這些銷售人員依靠銷售佣金維生，而且他們都只經銷Hilti公司的產品，這是他們相當重要的謀生工具。我們不想在公司裡製造矛盾與衝突。

透過經銷商的另一項風險是喪失價格控制權。我們有國際性的消費者，他們可以十分有效的利用我們全球價格政策的差異而得到好處。此外，我們也會因為經銷商的介入而損失邊際利潤率。

如果我們在香港透過經銷商來銷售商品，這將會成為一個特例的開端。在剛剛實施「策略2000」的分公司之中，我可以舉出至少三個分公司將會主張它們也需要採用「地區性銷售單元」的銷貨模式。

第三位成員評論道：

我們如果只是重複別人的作法，絕對無法在市場中存活。Bosch公司透過經銷商銷售，而且做得很出色；經銷商將鑽頭包裝得漂漂亮亮，陳列在賣場裡。Bosch公司有購物據點的資源，給經銷商的促銷計畫，以及諸如此類的東西。這些東西我們一樣也沒有。這並不是適合我們的營運模式。我們必須堅守我們Hilti獨特的長處和作法。

第二點，我必須強調「策略2000」在亞洲市場的推行是相當重要的，我們也要將Hilti文化延伸到亞洲區域之中。由於我們在亞洲小型地區裡的經營點正在成長，所以必須確定人事管理的方法全球一致。比方來說，我們必須強調全球性的訓練計畫，強調Hilti的價值，像是為自我負責的信念、冒險的自由、開放、承擔和選擇的自由。

當Pius Baschera與他的團隊成員掌控了董事會之後，他回想起Michael Hilti及董事會的觀點，當初Pius Baschera正是向這些人推薦自己的管理團隊有何長處。

　　Michael Hilti 和董事會努力不懈的將「策略2000」推上
軌道，這是很不容易的一件事，就像是在德國所遭遇的處境
一般，但他們堅持下去。假如我們身為新管理團隊，而我們
所做的第一件事就是鼓勵香港分公司離「策略2000」而去，
我實在不知道將來的人如何能接受這個特例。

附錄1　Hilti公司的鑽頭、鉚釘系列產品和鎖螺絲工
具系列產品

資料來源：1994年Hilti公司年度報告與1996年Hilti公司產品型錄

附錄2　Hilti公司的全球策略

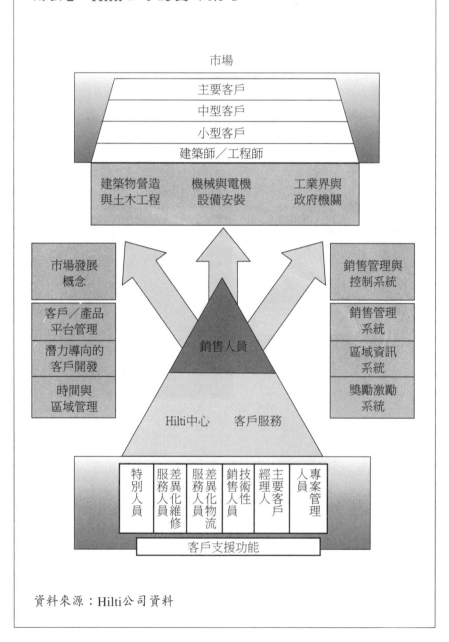

資料來源：Hilti公司資料

個案3.3　　Haaks歐洲公司

留在各國市場從事地方性行銷的日子已經所剩不多了。我們有責任朝向全歐洲的市場邁進。這是我們公司最重要的目標，也是你將面臨的重大挑戰。

上面這段話是Haaks國際企業歐洲區總裁Stuart May，對公司新任歐洲行銷副總裁Hans Viber簡述公司情況所說的話。基本上，Haaks國際企業是個規模中等的食品公司，專門生產日常食用的糕餅及點心，而公司總部的行銷職缺是最近才填補上去的。雖然該職務的詳細工作內容仍有待確定，但歐洲區的資深管理人員卻十分清楚，該職位的主要職掌是在Haaks企業多樣化的行銷活動間，確立一套更好的協調方式。

Hans，在任何地區性的活動開始以前，我們有必要讓行銷計畫在15個國家的分支機構之間取得協調。下個月要與各地最高管理部門共商的策略性計畫研討會，是我們替未來區域性行銷計畫提出聯合架構的機會。當該架構被理解與接受時，我們就可以踏出全歐洲行銷計畫的第一步。我希望在兩週內能看到你所提的聯合行銷計畫。

背景

Haaks歐洲公司的總部設於荷蘭，它是Haaks國際企業旗下的區域性子公司。Haaks國際企業拜近年來一連串的併購所賜，比一般食品產業發展得更快。憑藉歐洲和北美共計一億五千萬美金的營收，

Haaks成為排名世界第16的糕餅及點心業者。公司管理部門運用選擇性擴張策略、並鎖定關鍵族群，希望能在七年內成為世界糕點業的「前十大」企業。

過去幾十年以來，Haaks歐洲公司採用的併購模式都是固定的。併購的目標都是在糕點業中規模雖小、但其品牌在地方上還算有份量的公司，或是已經建立良好配銷通路的公司。管理部門對於尚未發揮潛力的公司、或是具有高度潛力但尚待驗證的公司特別有興趣。一般來說，每次併購完成後，這些公司經過製程合理化、強化行銷、以及管理成本控制，營運情況很快就可以好轉。

到目前為止，Haaks歐洲是由15個國家裡的15個獨立的分支機構所組成。過去五年內，已經有八家分支機構加入Haaks歐洲公司的陣容。每個分支機構都有其製造、銷售與行銷架構。Haaks歐洲公司的營運績效因地而異，但在糕點市場上的佔有率以中歐最高、北歐最低。

Haaks歐洲公司負責行銷的糕點品牌超過60種以上。其品牌範圍從德國的Maxy精選水果糖、英國的Ovation巧克力棒，到法國的Snax玉米餅及胡椒餅。

資深的歐洲區經理人員相信，有許多地方品牌欠缺充分的行銷支援與消費者忠誠度。品牌形象較差的產品是否該撤出產品線的議題，常引起各分支機構管理階層與總部經營團隊之間的熱烈討論。另一方面，當然有許多深具全歐洲市場潛力的品牌，這些品牌都享有很高的各國市場佔有率，有不同的市場定位，並位於成長中的市場區隔，像是與健康有關的點心便是一例。據估Haaks歐洲公司只要經過整合作業方式，並且使產品線更為完整，則其市場規模只需現有工廠數目的一半即可供應。

市場

過去幾十年來，歐洲糕點市場每年約有6%的成長率，比整個食品產業的成長速度還要快。有些消費者趨勢可以解釋這種全面提高的成長率：

1. 消費者食用的正餐份量減少了，但在兩餐間的糕點食用量卻增加了。
2. 人們在上班時間食用更多的糕點產品。
3. 歐洲的老年人口數成長，促使大多數食品類別裡的「健康食品區隔」也跟著成長，糕點產品當然也不例外。

同時，主要的國際性食品公司都在歐洲這塊持續成長的市場中，投資了更多的資源。全球食品業中已經在歐洲增強糕餅事業的公司，包括了雀巢、聯合利華Unilever、Mars、Philip Morris、百事可樂Pepsico……等公司。其中有些公司已經因為品牌發展、製造和物流上的考量，採行了歐洲整體市場的策略。因為主要大廠佔據歐洲食品市場的比例將與日遽增，中等規模的食品公司對產業合併漸感憂心。

另一個對歐洲食品市場長期發展有顯著影響的趨勢，是大型食品連鎖店的成長與自營品牌產品的市場佔有率上揚。一般來說，合併對於知名品牌業者的傳統議價實力有負面的影響。同樣地，食品零售連鎖店自營品牌的成長，也將影響到市場上的議價實力。全歐洲配銷通路與零售商的結盟也是食品貿易市場上最近的發展趨勢。

Haaks歐洲公司的行銷

對Haaks歐洲公司的工作人員而言，各國分支機構的營運績效是由當地的管理階層所負責，行銷的功能屬於地區性的事務。因此，行銷計畫的範圍只包含各分支機構當地的市場。公司總部所收到的訊息

僅止於銷售的目標數，以及相對應的行銷預算數。中央與地方的管理部門在經過討論後，通常會對金額數目作一些調整，而這些預算金額就成為總部對各地年度績效評估的基礎。

三年前，國際性管理顧問公司建議Haaks歐洲公司總部設置相對應的行銷部門。而該部門的工作目標是提升各地行銷專業品質上的參差不齊處，並推動更為整齊的地方性及區域性品牌策略。

當時新到任的歐洲區總裁Bo Larsson，也就是Stuart May的前任總裁，欣然採納了顧問公司的建議。然而，Bo Larsson很快就發現總部主導的協調任務很難施行。來自地方組織的阻力比預期大。結果他在16個月之後就辭職了。

後來，Stuart May則採取較有耐心的做法。每當他覺得需要做更多協調的時候，他就會小心翼翼地想辦法讓各分支機構的管理階層，支持他在各地區提出的新作法。Stuart May聘任Hans Viber繼續小心地執行該項工作，並建立起地方對中央行銷部門的信任感。不過Hans Viber對各分支機構的行銷經理並沒有直線職權，他所能依靠的活動便是每季舉行的區域行銷經理會報。這些會議的目的純粹是資訊交流，而與會者也將這個會議視為組織間建立關係網絡的絕佳機會。（詳見【附錄1】的公司部分組織圖）

策略性行銷

Stuart May不僅致力使各國分支機構支持公司總部提議的活動，最近還打算邀請各國分支機構資深經理前來參與為期兩天的策略性行銷研討會。Stuart May希望藉著相互交流資訊與想法，而能通過一項包含行銷、製造和人事等所有項目在內，為期三年並具有統一架構的各國分支機構管理計畫。他期望各國分支機構經理能在會後兩個月內提交其計畫。

Stuart May把各地的策略規劃文件視為行銷計畫的核心。該行銷

計畫對各品牌做了全面的市場分析和行動提案，因此應該也能做為其它計畫的基礎，像是製造能力、投資等計畫。因此，各國分支機構的行銷計畫會有助於突顯跨國性品牌活動，而這些計畫將進一步為由公司總部進行協調。Stuart May面對的是競爭日益激烈的市場，所以他一直不打算強加任何有礙各地工作人員士氣、創意或行動速度的架構於其之上。同時，他相信由公司總部主導的績效提升方案，將有助於在此競爭日烈的糕點市場中加強其整體之表現。

行銷計畫

在Hans Viber加入Haaks歐洲公司的一年前，公司總部裡根本找不到任何行銷計畫。相反的，只有各式各樣來自各地、各品牌的年度預算表，而其中呈現的資訊包括目標銷售額、開支與獲利分佈狀況。Hans Viber回想起Stuart May的看法：「我們手上所掌握的只是最無關緊要的數據而已。」

為了準備即將來臨的研討會，Hans Viber為自己設定了幾個目標。首先，他會對各國分支機構行銷經理展示聯合行銷計畫的架構。這個架構中會包含各地經營上所需的分析要項與行動計畫。第二，除了要協助各地經理提升各國分支機構的行銷能力之外，該計畫也會突顯出協力進軍全歐洲市場的機會。第三，在匯集並整合所有研討會參加者的想法和建議之前，他不會將這項行銷計畫的提案做最終的決議案。一旦各地代表取得共識後，該計畫才會成為未來所有行銷計畫執行的基礎。

Hans Viber也注意到有些細節問題仍需處理。也還有許多問題有待解決。比方說，各地適於實施行銷計畫的時間是多久？是一年或更久？行銷計畫主要應由哪些部分來組成？行銷計畫的架構應該定到多細？績效目標應該透過由上而下的方式訂定？還是用逐步推展、由下而上的方式來訂定？在中央與地方之間發生的問題該要如何解決？

Hans Viber回想起Stuart May最後給他的忠告：

　　提出一份簡潔有力的提案，該提案要能在組織中成為共同的語言，並使我們能推行專業化的行銷活動。此外，更要避免無能的官僚行徑。

附錄1　Haaks國際企業部分組織圖

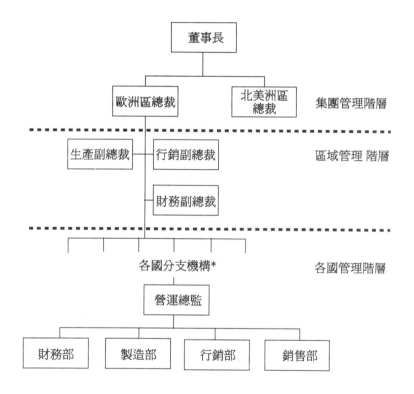

*Haaks歐洲公司由15個國家的分支機構組成：英國、愛爾蘭、德國、法
　國、義大利、葡萄牙、荷蘭、比利時、瑞士、奧地利、丹麥、挪威、瑞
　典、芬蘭、盧森堡。

資料來源：Haaks國際企業資料

國際行銷：策略的執行

- ■本章範圍
- ■國際行銷的組織結構
- ■國際行銷的工作範疇
- ■國際行銷的管理程序
- ■國際行銷的行為模式
- ■國際行銷的技巧
- ■國際行銷策略執行的個案
- ■學習重點

 個案4.1　歐洲Alto化學藥品公司（A）

 個案4.1　歐洲Alto化學藥品公司（B）

個案4.2　歐洲新力公司（Sony Europa）

　　策略執行層面是全球策略能否成功的關鍵要素，我們來看看以下的例子。

　　Parker Pen 派克筆是執行全球行銷活動的先驅商品，也是第一項因為策略執行不力導致失敗的商品。1980年代中期，Parker公司指派了一個新的經營團隊，這個團隊打算進行一項艱鉅的任務，將Parker公司的行銷策略修正的更能發揮效能，而之前的行銷策略已經讓公司在154個國家當地的營運保持在領先的地位。Parker公司全球營運計畫的構思者坐在公司位於Wisconsin威斯康辛州Jamesville的總部，為了提升公司的邊際獲利率，他想到的方法如下：刪減公司眾多的產品線、採用中央集權的方式管控製造工廠、施行全球標準化的行銷決策（包括產品包裝、定價、品牌傳播溝通）。但因為缺乏與基層的充分溝通協調，原本在這些行銷決策領域具有相當自主權的各國經理人員都不支持這個新方向。他們質疑在這個雄心勃勃策略背後的「全球化」邏輯，也不認同他們被排除在行銷決策核心之外的事實。由於缺乏各國經理人員的主動支持，這項新策略陷入了進退兩難的困境，情勢渾沌不明，公司的財務狀況也受到嚴重的傷害。

　　僅僅兩年的時間，Parker公司的高階全球策略分析師就被迫離職。公司在經過一番掙扎之後，反映出來的是全球化觀念的徹底失敗。離職經理人員對於這樣的失敗，主要歸咎於缺乏最貼近市場之各國經理人員的全力支持。一位Parker公司以前的經理人員說道：「我們希望能夠大幅度地躍進，但是人們不接受這樣的想法。」另一位經理人員則補充說：「全球化一點也不好玩，千萬別從各國經理人員的手中把其決策權給剝奪掉。」[1]

　　Parker公司失敗的全球策略執行受到高度的矚目，對於所有具備全球化雄心的策略分析師來說，這也是一個警訊，因為國際性規模的策略執行確實是一項極其複雜的任務。這可以歸納為下列幾點理由。首先，策略無法自己執行，即使是最完備的策略也不行。策略的執行需要管理層面的一致配合，像是協調常常相互產生負面影響的短期目

的與長期目標、凝聚各個管理階層對於策略目標的支持、確保各個活
動所需的資源準備充分。若是缺乏持續性的追蹤作業，策略的執行通
常會銷聲匿跡。

策略執行複雜度的另一個成因是：全球化策略的制訂者通常都無
法貼近各國基層的市場，而各國基層的市場卻正是行銷活動應該落實
的地方。分隔決策者與其他人的距離並不僅是實體的距離。全球化策
略通常採用中央掌控式的決策程序，而這種程序先天上就有一些困
難，相隔數千公里的各國經理人員很難提出與協調相互間的行動。此
外，各國經理人員都生活在不同的企業環境與文化背景當中。全球化
策略的障礙很多，其潛在的缺點也不少。

同時，行銷專家在嘗試執行全球化行動方案時，他們通常必須與
極度繁細的組織結構通力合作，而這些組織結構橫跨了各條產品線、
各個企業功能、各種地理區域。這些行動方案必須能夠對產品線、企
業功能、地理區域所無法直接掌控的人與資源發揮影響力。最後，全
球化策略常常會改變行銷活動原有的執行方式，而這些變動對於那些
受到影響的人來說，並不覺得是一件好事。這些改變一般也意味著將
以往各國市場自律的決策模式，轉化為跨國市場積極協調的決策模
式。有經驗的全球策略分析師都很清楚決策程序變動對於策略執行所
產生的障礙。

本章範圍

本章主要在探討執行全球化行銷策略的相關議題。其中有些議題
與公司的組織結構（Structure）有關；有些議題與工作範疇（Task）
或是管理程序（Process）有關，因為這些議題與行銷管理人員的作
業內容和職權有關，也可能與行銷管理人員所使用的執行方法和工具

有關；其它的議題則與全球化行銷管理人員的管理行為模式（Behavior）與技巧（Skill）有關。以上這五種交互作用的議題組成了全球化策略執行的完整構面。

國際行銷的組織結構

組織結構是策略執行的工具之一，但是在稱讚組織結構對於全球化策略執行的影響力之前，我們必須先檢視各種不同類型的組織結構及其特性。雖然沒有任何組織是完全一模一樣的，但是大部分國際企業組織根據其「一般化」的型式，可以歸屬於下列四種型式之一：國際部門型組織（International Division）、地理區域型組織（Geographic）、產品型組織（Product）、混合式的矩陣型組織（Matrix）。

國際部門型組織結構在產品線狹小的公司與位在國際化階段初期的公司（本國市場的銷售金額仍佔公司總銷售金額的大部分）最常見。就這種組織結構來看，所有的國際性活動都由一個獨立的國際部門負責處理，因此這個部門也負責管理公司在其它各國市場所設置的分支機構。一般來說，國際部門主管具有直線職權，並且為國際市場的獲利率負責。國際部門及其下屬單位對於其本身的相關事務，具有很大的管理自主性。圖4.1顯示國際部門型組織依附在功能別國內組織架構的例子。

簡潔性是國際部門型組織結構最重要的優點，職責範圍與直線職權都非常明確。本國市場活動與國際市場活動的區別也很清楚。對這種簡單的結構來說，策略形成與執行都相當容易，但是這種組織結構的簡單性隱藏了一個未來潛在的問題。當組織的國際活動擴張，且產品線變得越來越多樣化時，國際部門型組織的結構很快就喪失其原本

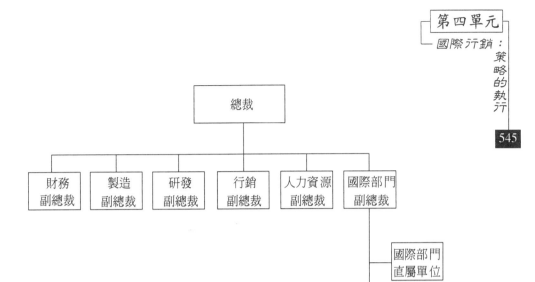

各國分支機構

圖4.1　國際部門型的組織結構

的優點。舉例來說，國際部門的經理人員可能發現自己必須一直協調
許多產品的修改，可是這些產品原本就是針對國內市場的需求所開發
出來的。同時，採用此種組織結構所伴隨的特性是各個國外市場的獨
立性，而這些獨立性可能是整合性區域策略或是全球策略在執行時的
主要絆腳石。

　　地理區域型組織結構與國際部門型組織結構有很大的不同，國際
部門型組織結構的設計將本國市場與國際市場很簡單的區隔開來；而
地理區域型組織結構的設計則是將全球市場劃分為幾個地理區域部
門，每個地理區域部門負責管理一些各國的分支機構，本國市場不一
定享有任何特殊的地位，因為本國市場也是隸屬於某一地理區域部門
的個體。地理區域型組織結構設計的基本假設是各個地理區域市場之
間存在一些差異，而這些差異性足以讓各個地理區域部門自行運作。
各區域部門的領導者是負責其所屬地理區域市場成敗的直線經理人。
各區域部門也許會得到組織總部其它功能部門的協助；可是如果區域
部門的活動規模達到一定程度，區域部門也可能在內部設立組織功能

單位。圖4.2顯示地理區域型組織結構與功能別組織結合的例子。

面對全球市場的商機，雖然地理區域型組織結構比起國際部門型組織結構更能平衡地處理，可是地理區域型組織結構仍然有一些力有未逮之處。舉例來說，地理區域型結構組織對於提供多樣化產品線的公司並不適用，因為這種組織結構著重全國性或區域性的市場，因而會忽略有關於產品研發、產品製造、產品行銷……等之不同策略性需求。同樣地，地理區域型組織結構也可能會忽略橫跨許多地理區域的策略執行層面。由於各區域經理人的視野限制，他們多半會注意到各個國際市場之間的差異處，而非相似之處。

產品型組織結構可以解決地理區域型組織結構與國際部門型組織結構先天存在的一些問題，像是對於全球市場的零散（不具整體性）觀點、將客戶對於產品的需求附屬於地理區域的考量之下。當組織行銷全世界的產品線非常多樣化時，產品型組織結構特別有用。這種組織結構的主要優點是：它提供許多直線經理人對於整條產品線、或是

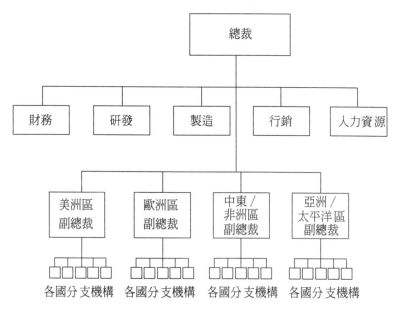

圖4.2　地理區域型的組織結構

同一類相關產品的完整控制權。產品經理人有時也被稱為策略事業單位（Strategic Business Unit，SBU）經理人，一般他們對於其所分配到的產品線賦有全球性的獲利責任。若是組織主動在本國市場與國際市場之間造成一些差異的存在，則策略事業單位會將這些差異的影響範圍管制在事業單位內部，而非擴及整個公司。舉例來說，如果某一屬於策略事業單位A的產品線A，在國內市場與國際市場的定價策略不同；但另一屬於策略事業單位B的產品線B，在國內市場與國際市場的定價策略，並不會受到策略事業單位A之決策的影響。地理位置相近的各國分支機構可能被歸併由同一地理區域組織管轄，而這些地理區域組織又必須向產品經理人（策略事業單位的主管）負責。產品經理人也許會得到組織總部其它功能部門的協助，像是研發單位、製造單位……等；可是如果區域部門的活動規模達到一定程度，產品部門（策略事業單位）也可能在內部設立組織功能單位。圖4.3顯示產品型組織結構的例子。

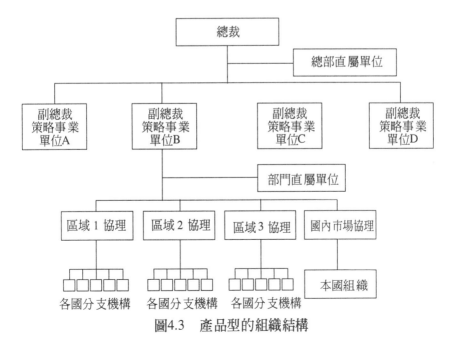

圖4.3　產品型的組織結構

　　具有全球性視野的產品型組織比起國際部門型組織與地理區域型組織，更能面對國際性的趨勢變化。各策略事業單位的主管有權力去控管其所屬產品線的全球性發展情勢，並且針對這些情勢做出回應。對於層次比較高的產品策略來說，它們可以整合跨國組織、甚至跨地理區域組織的作業與活動，而這些策略的執行需要一些因素的輔助，像是各國分支機構的作業活動能與策略事業單位的全球性營運作業整合、各國分支機構或是地理區域組織的自主性（國際部門型組織與地理區域型組織的特性）不至於對全球產品型組織結構造成傷害。

　　另一方面，產品型結構組織的主要缺點包括：各策略事業單位（產品部門）之間缺乏合作的綜效、部門作業活動的重複性、容易忽略各國市場之間的重大歧異。

　　矩陣型組織結構是結合產品型與地理區域型的一種功能性組織結構，這是大型全球化企業最常採用的一種組織設計方式。矩陣型組織結構的主要特徵是雙向的指揮鏈：許多經理人必須同時向二位不同職務的上級主管負責，一位可能是產品型組織結構的主管，另一位可能是地理區域型組織結構的主管。圖4.4顯示矩陣型組織結構的例子。

　　就理論上來看，矩陣型組織結構至少能平衡許多重大決策各種不同的觀點。舉例來說，矩陣型組織所構建的全球性產品策略，是經過全球產品經理人與各地理區域組織結構主管不斷溝通互動所產生的設計。這樣的一種策略不僅找出各不同地理區域組織的全球共通性，而且也確認各個地理區域市場之間的差異性，並將這些差異性融入策略設計的考量中。同樣地，區域市場營運規劃不僅得到區域本身經理人的意見，還可得到各不同產品線經理人的意見。這種重疊性的決策程序對於具有多元化產品線、且經營層面橫跨多個地理區域的公司特別有價值。

　　當組織成長到需要更多策略層面的彈性時，矩陣型組織結構曾被視為一種最完美的答案，可是其實務上的成果卻遠非人們所預期的。事實上，經理人已經在抱怨矩陣型組織結構所造成的困境，像是員工

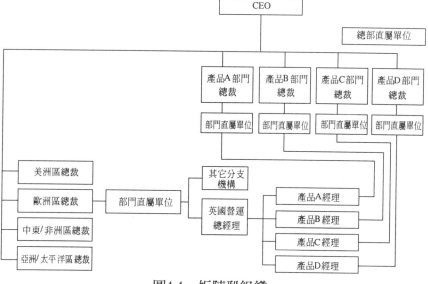

圖4.4　矩陣型組織

角色的混淆、過多的會議、決策速度緩慢。因為這種組織結構先天的
衝突性，在最糟的狀況下，策略性決策的執行進度會變成停滯狀態。

　　然而，即使面對這麼多的缺陷，許多企業沒有放棄其採用的矩陣
型組織結構，不過它們會嘗試調整、重新定位、簡化這個組織結構。
當某些企業在其某一特定事業群，並行採用產品型組織結構與地理區
域型組織結構時，其中一種面向的組織結構型態必定較另外一種優
先，如此才能配合此一特定事業群的特殊需求。舉例來說，Nestle雀
巢公司在組織結構重整的過程中，公開確認各個不同產品線（熱飲、
冷飲、巧克力、冰淇淋、微波食品、寵物食品）之間策略性需求的差
異，新設立的八個策略事業單位SBU顯示公司權力平衡的移動，從以
往地理區域組織單位掌握較多權力的情形，轉變為較具平衡性的權力
分享模式。同樣地，P&G寶鹼公司最近也設立了全球性的產品類別
管理單位，這個單位從最上游的產品概念起始一直到最下游的產品品
牌行銷，都掌握完全的責任。與Nestle雀巢公司一樣，P&G寶鹼公司
為了讓公司的全球性策略能更有效地執行，公司重新平衡其原有的矩

陣型組織結構。

　　為了讓全球品牌管理更上軌道，最近P＆G寶鹼公司進行全球組織結構重整，新的組織結構「Dubbed Organization 2005」在全球產品類別管理背後投注更多的心力，新增了一些高階經理人的職位，以平衡公司以往著重地理區域型組織結構所衍生的偏差。每一個產品類別的策略事業單位SBU都有全球品牌經理人員的編制，也有包含全球品牌經理人員的跨國團隊編制。

國際行銷的工作範疇

　　並非所有的國際行銷工作範疇都很相似。事實上，國際行銷作業內容的職責範圍差異極大，因此執行全球性策略所需的能力也各有不同。有些國際行銷作業的定位具有較寬廣的視野，有權力掌控完整的產品加值活動，從最上游的產品研發活動到最下游的產品行銷與售後服務活動，都屬於國際行銷工作的範疇；有些國際行銷作業所定位的視野較狹窄，只專注在一項、或是少數幾項的下游活動，像是行銷研究、產品包裝、廣告傳播溝通……等。在討論策略執行層面時，我們可以從全球的觀點，將執行行銷作業的相關人員區分為三種角色：策略規劃人員（Strategist）、策略整合人員（Integrator）、策略執行輔助人員（Facilitator）。

　　策略規劃人員具有最廣泛的權力與工作範疇，他們通常是產品部門的全球主管，或是專注於某產品類別與技術之策略事業單位SBU的主管。策略規劃人員傾向於掌控其組織價值鏈的所有作業，包括研發、製造、運籌、銷售、行銷……等作業。身為高階管理人員，他們一般在組織內擁有直線職權，並且負責其所分派之產品類別的全球獲利率。雖然行銷作業只是他們的職責之一，但是其全球策略通常以關

鍵的行銷活動為中心，像是市場區隔策略、產品策略、品牌策略……等。在產品型組織結構與矩陣型組織結構中，常可以發現策略規劃人員。

　　策略整合人員的工作範疇不如策略規劃人員寬廣。雖然他們對於全球策略及其執行也具重要性，但是所擁有的權力比較小。身為策略整合人員，這些管理者的作業目標是讓公司在各個不同市場的行銷作業合理化與標準化，藉此降低企業營運成本、提升行銷作業品質、將各國市場的創新方式移轉到其它國家的市場。在這種情況下，策略整合人員所接觸的已經是定義完整的各國市場策略，他們的任務不是統合這些策略本身，而是整合策略執行的要素。在大部分的國際部門型組織結構中，可以發現策略整合人員，而他們的工作職位通常都與先前所界定的策略規劃人員密切合作。

　　以Nestle雀巢公司為例，有關日常作業的企業策略仍由各國分支機構擬定，八個直屬公司總部的策略事業單位SBU則透過全球協同一致的品牌活動，對公司超過800種品牌發揮越來越大的影響力。在Nestle雀巢公司地方分權式的組織結構中，策略事業單位SBU是品牌策略的整合者，其對於公司全球策略性品牌（像是Nescafe雀巢咖啡、Perrier沛綠雅礦泉水、Maggi）的貢獻不容忽視。品牌的形象越強勢，其所衍生的報酬就越高，一家能在市場上建立品牌優勢的公司絕不會只有少許的獲利。

　　策略執行輔助人員的工作範疇最狹窄，所具有的行銷權力也最小。策略執行輔助人員編制於企業總部內，他們的貢獻通常只限於提供專業知識與判斷，或是對企業在各國市場的營運作業提供資訊。策略執行輔助人員所提供的專業知識與判斷，包括中央統籌管理的研發技術、行銷研究的資訊、產品的包裝方式、廣告活動的執行……等。他們也透過中央集權的方式，蒐集與發佈市場與競爭者的資訊，藉此減輕企業其它部門再耗費相同的心力。策略規劃人員與策略整合人員有權力主動對各國市場的營運作業採取行動，但策略執行輔助人員不

像前二者一般，策略執行輔助人員只有在各國分支機構管理階層的要求下，才會提供所需服務的資訊。所有的國際部門型組織結構都可以看到策略執行輔助人員，他們對於全球策略及其執行層面的影響力極爲有限。

之前的討論證明了某些全球行銷工作範疇的執行層面比其它行銷工作範疇更高。策略規劃人員具有最寬廣的組織性視野，他們負責擬定長期策略，並在他們所領導的組織或是具有重大影響力的組織，檢視這些策略的執行成效。另一個極端是策略執行輔助人員，微小的權力使得他們無法主動站在全球性的角度觀察。在這兩種極端之間的角色是策略整合人員，他們所設計與執行全球行銷策略的有效程度，與其於組織結構內所得到的支援高度相關，尤其是高階管理人員的支持。在得到眞正的支援以後，策略整合人員才能主動地根據全球性的觀點作業，並且成爲策略執行的有效工具。若是缺乏適當的支援，策略整合人員的作業將會陷入困境。某一位在主要全球性醫藥公司工作、負責調和各國市場行銷作業的國際產品經理提到了策略整合人員的困境。他以下這段話正點出策略整合人員在策略執行時所遭遇的困境——其擁有的廣泛工作權力與其所應得自於組織的充分支援無法配合。他說道：

> 有時我覺得自己在一團混亂中間揮舞著雙手且大聲喊叫，想向混亂之外的人求救，但是他們每個人都只顧著自己手邊的事情。

國際行銷的管理程序

組織結構是策略執行不可或缺的一部份，但是組織結構僅是策略執行行動所發生的硬體環境所在，眞正影響策略執行行動的是管理程

序，而管理人員利用這些管理程序擬定與執行管理決策。管理程序包括許多正式的管理工具與方法（含規劃與目標設定、績效評估、管理評鑑與獎懲），也包括一些非正式的程序（像是策略擬定者與策略執行者之間的交互作用層級與品質、組織內部爭議的確認方式與解決方法、對特定行動建構廣泛支援體系的方法）。這些正式與非正式的管理程序能夠決定策略性決策的結果。

　　管理程序相關議題的行銷研究顯示，某些特定管理方法確實對於全球策略執行的成功或失敗有很大的影響。同樣的研究也顯示全球行銷人員克服策略執行障礙所使用的許多管理程序工具，這些策略執行障礙多半是各國市場營運作業的抗拒心態所造成。[2]這些管理程序工具包括：模範塑造（Championing）、諮詢（Consultation）、區別例外情形（Discerning Exceptions）。

　　模範塑造　根據研究的結果顯示，精力充沛且具有遠見的經理人會塑造全球行銷策略的模範，並且對大型國際性組織所採用與執行的這些策略，貢獻許多研究的心力。這些經理人藉由克服組織內部的策略執行瓶頸（包含組織總部層級的瓶頸與各國分支機構層級的瓶頸），以確保策略執行過程的順利，同時逐漸構築以往一直缺乏的全球化概念支援體系。

　　一個模範的角色通常有兩面：一方面要盡量減低管理層面一開始對於變革的抗拒心態，這些變革是因應各國市場行銷作業的協調而衍生的；另一方面要確保策略得到管理階層持續性的支援，並且能隨時取得所需的資源。這兩種角色都非常重要，特別是對傳統上具有地方分權式概念的組織（因為這種類型的組織授與各地分支機構管理階層許多自主的權力）、或是不利於採用中央集權式的組織結構來說。因此，選定一個適當的模範候選者來擔當執行策略的重責大任，就變成一項關鍵性的決策。合格模範所需的管理技巧將在本單元後段詳述。

　　諮詢　雖然全球行銷活動需要公司中樞的協調，但是研究顯示：若是在全球化決策擬定過程中，缺乏各國市場管理階層意見，則這些

決策在執行時的失敗風險相當高。因此在決策擬定過程中，對各國市場管理階層意見的開放程度，確實會影響策略的執行。

當「Parker Pen派克筆」從失敗中學到教訓以後，公司真誠地向各國市場管理階層提出意見諮詢，這項程序之後對於公司的全球決策執行大有幫助。但另一項常被忽略的事實是：當決策形成在去蕪存菁的過程中，藉由諮詢程序而加入了許多最接近市場的第一手想法，改善了決策的品質。雖然國際性的諮詢程序相當費時，但是沒有其它方式可以取代這項管理程序工具。

協調的機制可以幫助同一組織內部的諮詢程序制度化，這樣的機制通常是在組織體制之外運作，體制外協調工作團隊的成員包含各國市場營運作業的主要代表。藉由學會（Council）或是論壇（Board）的名義，協調機制的主要目標是在全球決策擬定時，讓各國分支機構的意見能暢通地表達；同時提供一個機制，讓棘手的策略執行議題在此充分討論與解決。

區別例外情形　在策略執行時，全球行銷活動對於「僵化、不具彈性」的情況存有偏見。各國分支機構通常只有少許的自主權，因此不得不與混雜在一起的體制配合，完全沒有例外。有些企業總部的行銷人員偏好毫不妥協、協同一致的全球策略執行方式，這些人通常持有一種具有說服力的觀點：為了達成策略所設定的目標，決策必須貫徹到底，沒有任何例外，否則全球策略計畫就無法持續下去。以上的論述有一點是正確的，但是也就只有一點。

正如同在本書第三單元所提過，對於大部分的全球行銷策略來說，只有少數統合的決策對於策略的成功與否扮演關鍵的角色。這些少數的策略性變數也稱為「槓桿型Leverage」決策，它們可以跨不同的國家與市場進行整合與執行，其它的決策則做不到這一點。但是即使如此，某些市場的情況還是不利於整體統合策略的執行。舉例來說，某一全球性知名品牌的傳播溝通策略雖已廣為世人所知，但是在某些國家可能必須放棄採用這項策略，因為這項策略所提出的市場定

位已經被當地市場的競爭對手搶先使用。為了全球一致性而執行一長串的標準化作業，可能對生產力造成負面影響，所以某些國家市場的情況必須以例外的方式處理。

各國分支機構的決策判斷空間大小與全球決策的例外情形如何區別，都應該納入策略執行層面考量。舉例來說，美國 Johnson Wax 公司歐洲區高階主管在調和歐洲各國市場的行銷作業時，使用一個大方向性的經驗法則：「有統合的可能就統合；有變化的需要就變化」（As unified as possible, as diversified as necessary.）。在這個例子當中，區別例外情形的責任就落在各國分支機構主管的肩上，他們必須針對例外的情形，向全球策略規劃者提出強而有力的證據。

國際行銷的行為模式

全球行銷人員的工作非常複雜。正如同先前所提過，這個複雜度與許多因素有關，這些因素包括各國市場的多樣化、文化差異、對於各國市場的營運作業沒有直線職權、有時缺乏高階管理人員的充分支援。舉例來說，SmithKline Beecham 史克美占公司行銷副總裁所負責的營運區域包含147個國家，這些國家的地理位置涵蓋四大洲與多種不同的當地文化。透過對各國分支機構行銷單位的虛線職權，這位全球經理人及其少數位在英國倫敦之部屬的目標是：在每一個國家建立流行品牌與產品策略。但是他們對於市場上真正發生什麼事的確實影響力，幾乎總是被各國分支機構的負責人與組織內其它功能部門給抵銷掉。

最近的研究確認了兩個觀點：第一，全球經理人的行為模式是否能降低工作任務先天的複雜度，與策略執行是否成功有很大的關連；第二，全球經理人的行為模式是否能克服常見的疏離感問題（組織內

部的、地理區域的、文化的），與策略執行是否成功有很大的關連。[3] 此一研究將全球經理人的行為模式區分為三種：選擇性聚焦（Selective Focus）、團隊建立（Teaming Up）、主動式學習（Proactive Learning）。

選擇性聚焦　邁向管理跨國企業複雜度的第一步是決定該企業的策略性優先順序。事實上，全球經理人不僅可能被其所負責之市場的多變性給嚇到，還可能被各國分支機構管理階層我行我素、幾乎不顧全球策略性優先順序的行事風格本質給嚇到。在這種典型的氣氛下，任何做得太多、將各國分支機構之行動限制太緊的策略終將失敗，因為這種策略缺乏各國分支機構的支援，也可能忽視了各國市場真正重要的差異性。因此，全球經理人與具有權力的策略規劃人員或策略整合人員應該集中注意力，將重點放在一些策略性優先順序較高的決策上。這種策略性優先順序較高的決策稱為「槓桿型Leverage」決策，比「槓桿型Leverage」決策優先順序略低的決策稱為「核心型Core」決策。也就是說，全球行銷人員必須確認出一些優先順序較高的策略性變數，將其注意力聚焦在這些策略性變數上面，藉此避開各國分支機構的內鬥火力，而這些優先順序較高的策略性變數在長期將會發揮最大的影響力。

選擇性聚焦與策略性優先順序的排定不僅能降低策略執行不必要的複雜度，而且在一些優先順序較高的策略性變數之外，能讓各國分支機構自由地提供想法。此外，這個方法還有另一個重要的優點：將每個人的注意力都聚焦在策略性重要的結果上。為了讓共同的觀點能夠成形，一些全球行銷人員設計了正式的「決策分工圖」，這張圖釐清了各個部門中央營運作業與各國營運作業的權責，同時提供潛在爭議發生時的解決參考。

圖4.5是Henkel公司某部門所設計的決策分析工具。Henkel是一家製造工業用、家用修補劑與黏著劑的德國公司。整個部門使用這張決策分工圖做為行動方向的指引，這張圖清楚地顯示何種決策是由公

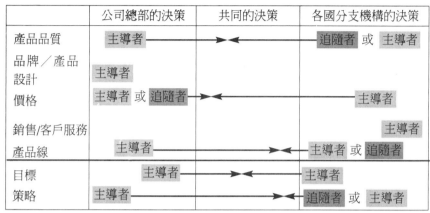

	公司總部的決策	共同的決策	各國分支機構的決策
產品品質	主導者	→←	追隨者 或 主導者
品牌／產品 設計	主導者		
價格	主導者 或 追隨者	→←	主導者
銷售/客戶服務			主導者
產品線	主導者	→ ←	主導者 或 追隨者
目標	主導者	→←	主導者
策略	主導者	→ ←	追隨者 或 主導者

主導者 主導決策的形成與執行
追隨者 追隨策略的形成與執行
►◄ 衡量公司總部與各國分支機構的影響力相對程度

圖4.5 Henkel的全球決策分工圖：策略主導者、策略追隨者、共同決策

司總部獨自決定（像是品牌與產品設計策略）、何種決策是由各國分支機構獨自決定（像是銷售與客戶服務策略）、何種決策是由公司總部與各國分支機構共同決定。此外，決策分工圖上也指派了「主導者Lead」與「追隨者Adapt」的角色，以確定策略的開端可能是何處，或是確定某類策略由何者擔負「主導者Lead」的職責、何者擔負「追隨者Adapt」的職責。藉由這樣明確的職責劃分，公司總部與各國分支機構都可以展現出良好的領導能力，而Henkel公司的決策分工圖促成了公司總部與各國分支機構的持續對話，使得公司總部與各國分支機構共同做成決策的機會變得比較頻繁。以這種角度來看，決策分工圖對於決策執行是一項有效的工具。

　　團隊建立　身為策略規劃者或是策略整合者的全球行銷人員，需要各國分支機構管理階層的支援，以便將優先順序較高的全球行銷策略轉化為適用於各國市場的行動方案。但是根據經驗顯示，無論各國分支機構管理階層的支援有多麼重要，這些支援很少是自動自發的。

公司總部與各國分支機構對於全球行銷策略優先順序的看法常有所歧異，造成這些歧異的因素包括：實體的距離太遠、全球行銷策略優先順序的矛盾、各國市場情況的多變性。較有辦法的全球經理人可以克服各國分支機構支援不力的障礙，這些經理人設立一個「虛擬團隊」，將地理位置散佈在各國的管理階層納入這個團隊中，藉由「虛擬團隊」的幫助來定義全球策略的優先順序，並且在下一階段推動在各國市場的策略執行方案。這些「虛擬團隊」幾乎都不存在於企業正式的組織架構內，只是全球經理人所設計的一個非正式管理工具，藉以切割企業正式的管理層級，並贏得各國分支機構真心的跨國性主動支援。設立「虛擬團隊」做為策略執行工具的先決條件是：與各國市場頻繁接觸所需的人際關係溝通技巧。

主動式學習　將具有共同目標的各國分支機構管理階層凝聚為一個支援性的團隊，好處是全球經理人有能力、且願意去自我充實各國市場的真實情況。也就是說，全球經理人會體認到一件事實：根本沒有一個「平均」的市場，每個國家的市場情勢都有其獨特的表現方式。因此要克服實體距離所產生的天然障礙，全球經理人就要透過多次造訪各國市場的機會，傾聽與觀察各國市場的第一手資訊。有經驗的全球經理人都知道這種耗時的個人拜訪是無法以其它方式取代的，這種個人拜訪不僅能與各國分支機構管理階層建立親密關係，而且能獲取市場第一手的資訊。

針對各國市場的主動式學習應該是全球經理人工作行為最基本的一部份。兩位全球經理人曾經說道：「你必須非常謙虛地學習各國分支機構得到的市場訊息，因為你不可能對於各國市場的情況瞭若指掌。」「一旦你停止學習，你就變成組織的負擔。」以主動式學習的方式與開放的胸襟傾聽市場資訊，全球經理人將可以得到各國分支機構管理階層的信任與尊重。

國際行銷的技巧

　　如同先前的討論所提到，「正確」的管理行為是策略有效執行的基本要件，個人展現管理行為的技巧對於策略最終的命運有很大的影響。如果把策略執行所需的技巧列出來，這將會是一長串的名單，但是為了討論的方便性，這些基本的技巧可以區分為關係密切的兩大類：跨文化的溝通技巧（Cross-cultural Communication）、人際關係技巧（Interpersonal Skill）。

　　跨文化的溝通技巧與具有不同文化背景的人際溝通有關，這種溝通必須是在訊息不被曲解的互動方式中進行。無效的跨文化溝通被認為是國際企業內部常發生誤解的罪魁禍首。「我們將會研究你的提議 We will study your proposal.」——這句話在美國或是德國所表達的意義正如字面上的顯示。但是在某些國家（像是法國或日本），這句話所表達的意義卻大大的不同，比較像是「對於你的提案，我們還沒有準備做進一步的討論」，或是另一種簡潔有禮的表示「謝謝！我們對你的提案不感興趣」。跨文化溝通的專家將全世界的各種文化區分為高關連性（high context）的文化與低關連性（low context）的文化。

　　在高關連性的文化中，沒有被表達出來的隱含意義可能跟字面上表達出來的正式意義同樣重要。在具有高關連性文化的國家中（像是法國、西班牙、沙烏地阿拉伯、中國、日本），溝通有直接與間接的方式，口語溝通所表達的意義通常只是一般性的概略大方向，而缺乏精確的細節。這種文化比較強調非口語的溝通方式，像是肢體語言、訊息發送者與訊息接收者之間的實體距離。

　　相反地，低關連性的文化比較強調字面上表達出來的正式意義，而非沒有被表達出來的隱含意義。在具有低關連性文化的國家中（像是美國、德國、瑞典、瑞士、英國），直接了當的溝通方式被認為是

良好的商業行為。一般性的通則盡量避免；真實的資訊會受到鼓勵；坦白的溝通會受到尊重。若是出身於低關連性文化的人沒有充分的準備，就直接與出身於高關連性文化的人溝通，常會對於自己所聽到訊息的真實意義多加揣測，但卻又徒勞無功。他們容易忽略非口語溝通方式的重要性，或是常被非口語溝通方式所困擾。為了避免誤解的發生，一位跨文化溝通的專家說道：「出身於低關連性文化的溝通者不僅必須學著以耳朵傾聽，還必須學會以眼睛觀察。」

人際關係技巧是策略有效執行所必須的另一組管理技能，它的範圍涵蓋各種不同的屬性。與全球策略執行直接相關的屬性包括：

1. 不需藉由直線職權的優勢，而能影響組織內部其他人的能力。這種影響力能夠很輕鬆地直接在龐大的全球企業組織結構中有技巧的發揮，也能夠旁敲側擊地跨越各地理區域的組織疆界。正如同先前所提到，這種能力包括與心智模式類似的個體一起構建人際關係網路和合作關係，並藉由這個人際關係網路達成特定的工作任務。這種技巧對於全球性組織的經理人非常重要，尤其是策略執行層面需要來自不同各地經理人共同協調參與時。

2. 解決爭議的能力。正如同先前的觀察結果，因為策略執行常會碰觸到組織內部摩擦的地雷區，所以這種技巧屬於每一位全球行銷人員所必備的「生存法則survival kit」。有些爭議是組織結構天生的問題。舉例來說，採用矩陣型組織的全球化企業常會有一些天生的內部對抗張力，最典型的內部對抗張力就是產品部門與地理區域部門之間的「權力領土戰爭turf war」。有些爭議則是行銷活動轉換為全球化架構時所衍生的。無論行銷人員手中掌握多少資源，其面對各種障礙的處理能力對於策略執行的成功與否有直接的影響。

3. 協商的能力。組織內部不可避免的有許多利害衝突的問題，全

球行銷人員通常必須針對這些問題協商出各種具有創意的解決
方案。具有創意的協商解決方案（也稱爲雙贏策略win-win
strategy）可以區隔出策略執行的成功或失敗。

4. 當工作需要耗費高度的體力與精神時，承受各種壓力的能力。
全球策略執行的工作複雜度使得負責策略執行成果的人承受相
當重的負荷。這些負荷的表徵包括：具有高度壓力與截止期限
導向的工作任務、塞滿工作任務的會議行程表、爲了世界各地
會議與討論所安排的一連串商務旅程。儘管網路、無線通訊、
視訊會議的溝通方式已經非常盛行，有經驗的全球經理人仍然
深信面對面互動的重要性，而當面溝通的方式只有藉助許多的
國際商務旅行才能達成。

國際行銷策略執行的個案

本單元的討論後，附有二篇個案——「歐洲Alto化學藥品公司」
與「歐洲新力公司Sony Europa」。此二篇個案的主要探討議題是策略
構成與策略執行的交互關係。要將策略從其執行層面分離出來需要人
爲的努力，這兩篇個案都沒有嘗試要畫出這條人爲的界線。

因爲這兩篇個案的所發生的場景都在歐洲，且策略視野及其執行
層面橫跨許多不同國家的市場、文化、組織運作型態，所以兩篇個案
都符合全球行銷的定義。每篇個案中的全球經理人都面臨許多個人層
面與管理層面的挑戰，這些挑戰來自組織外部，也來自組織內部。爲
了讓他們所抉擇的策略能順利執行，他們必須克服這些挑戰。就組織
外部的挑戰來說，他們必須面對市場與競爭對手對組織的攻勢，並以
有效的方式回應這些攻擊；就組織內部的挑戰來說，他們必須妥善處
理員工與組織的緊張關係，若是稍有不慎，這種緊張的關係會使策略

執行工作失序。

　　此外,「歐洲Alto化學藥品公司」與「歐洲新力公司Sony Europa」這兩篇個案也提供學生充分的機會,學生藉此可以分析本單元所談到的許多主題。這些主題包括:

1. 理解複雜組織結構的運作、與組織內部各個層級和各種利益群體合作建構所選定策略的支援體系。
2. 檢視全球行銷作業的本質、定義策略規劃人員與策略整合人員的關鍵作業要項。
3. 定義適當的策略執行程序、真正以全球經理人的角度探討與程序相關的議題。
4. 將關注焦點放在高階管理人員的管理行為模式、探討這些行為模式對於策略執行的正面貢獻與負面阻礙。
5. 評估管理行動方案真正需要的策略執行技巧。
6. 根據以上的分析,提出全面性的策略執行計畫。

學習重點

藉由以下個案的分析與討論,同學們可以得到以下的學習重點:

1. 結合策略性決策與策略執行的先決條件,發展全球行銷的整合性觀點。
2. 透過迷宮般複雜的全球性組織,評量各種結構導向與程序導向的行銷議題。
3. 檢視各種全球行銷的工作範疇如何對行動計畫的擬定做出貢獻。
4. 就策略執行層面而言,確認管理行為所造成的障礙。

5.練習設計具有創意的解決方案，以消除或減少策略執行本質上
的利害衝突。

6.理解跨文化的因素如何影響全球行銷活動。

註釋

[1] 引述自1986年6月2日出刊的Advertising Age廣告時代，標題為「Parker Pen: What Went Wrong」，J.M.Winski與L.Wentz合撰。

[2] 引述自1989年9月-10月號的Harvard Business Review哈佛企管評論，標題為「Beware of Pitfalls of Global Marketing」，Kamran Kashani撰。

[3] 引述自1998年5月號的Financial Times Mastering Management Review金融時報精通管理評論，標題為「The Rise of the Cross-National Manager」，Joseph Franch與Kamran Kashani合撰。

個案4.1　歐洲Alto化學藥品公司（A）

　　Eberhard Graaff擔任歐洲Alto化學藥品公司（ACE）的安定劑行銷經理才兩個月，各個子公司銷售經理的問題就開始浮現。當時是1990年12月，也正是Eberhard Graaff手邊的研究工作即將進入尾聲之際；他爲了要熟悉新工作，花了八週的時間去研究產業的現況，以及公司幾個歐洲子公司的銷售組織。一週前，Eberhard Graaff做了一些對ACE安定劑的事業有長期策略性影響的重要決策。他告知子公司的銷售組織，安定劑（一種製造塑膠產品用的化學物質）不能再以削價競爭的方式販售，還有不能再以增加銷售量、降低獲利率的方式來增加營收。他同時告知子公司的銷售組織，今後總公司行銷部門會更主動的參與各子公司的價格與目標銷售量訂定過程。

　　各方對他的決策做出了立即的反應，子公司的銷售經理一致反對。那些經理形容總公司新政策的評語從「不可行」、「自相矛盾」到「太過理論」和「獨裁」都有。銷售經理們最痛恨的就是，他們在當地所做的銷售判斷必須服從於總公司的銷售判斷。而這些子公司的銷售經理過去在各自的地區一直享有個別的自主權。

　　Eberhard Graaff並沒有因爲這些銷售組織的負面反應而受到擾亂，他更關心自己該採取哪些步驟，來確保安定劑的新策略能發揮全效。

公司背景

　　ACE公司是Alto化學藥品公司在歐洲設立的一個區域性營運中心。Alto化學藥品公司是一個從北美洲發跡的跨國公司，主要業務是

製造並銷售日用品及特殊化學藥品。Alto化學藥品公司全球總產量與總銷售量有超過三分之一是ACE公司的貢獻，而ACE公司的總部與生產設備分別設在瑞士與法國。

ACE公司設有九個全資的子公司（英國、法國、比利時、德國、荷蘭、義大利、西班牙、葡萄牙、瑞典），每個子公司供應一個到多個西歐國家的貨源。這些子公司生產和銷售的產品種類眾多，從農業用化學藥品到可供生產其它商品的原料，例如溶劑、合成彈性材料（elastomers）、安定劑……等。

ACE公司依照產品類別區分為五個產品組織，共有五位協理，每位協理負責一項到多項產品，並各自對公司的總裁負責。每個產品組織都有各自的行銷、製造、規劃等功能。每一位協理除了要負責整個區域的產品管理，也要監督一個到數個ACE公司在歐洲的子公司。子公司的營運總監則要對總公司指派的「主管」協理負責。這些子公司的營運總監負責ACE公司在個別國家市場內的營運狀況。所謂的營運狀況包括販售所有當地生產的產品與管理當地的生產活動。子公司的組織架構往往是依照其功能別與職責而組成的。

用矩陣關係來形容ACE公司與旗下子公司之間的互動是最恰當不過的了。此種「雙主管系統」是一種加諸兩重力量，去影響產品及子公司經營管理的表現模式。

安定劑

安定劑是製造塑膠產品所必須使用的化學原料。在混合安定劑與聚氯乙烯（PVC）樹脂或染料時，安定劑有助於防止聚合物成品在溫度、光線、老化等環境因素影響下而裂解。安定劑若使用不當，很可能會造成塑膠易碎與顏色脫落等現象。舉例來說，若省去安定劑的保護作用，電纜線外面那層塑膠會失去彈性，最後會崩裂。管理部門預估在歐洲大約有40％的PVC需要添加安定劑。

　　產品管理部門在安定劑市場中界定出四種最終用途區隔與四種加工用途區隔。這些安定劑用途區隔的產品範圍包括塑膠袋、室內裝潢用料、壁紙、電纜線、水管、鞋子……等。雖然在每個國家中，安定劑各種用途所佔的市場區隔大小各有不同，但其中三個最大的用途區隔包辦了全歐洲50％以上的市場。（詳見【附錄1】）

567

　　1990年，估計有價值六億元、總重約60萬噸的安定劑被銷往歐洲約1,100個塑膠製造商。安定劑的市場被視為是ACE公司產品最為零碎的一個市場。1980年代，安定劑市場每年的銷貨數量只約成長3％，預估這個市場在1990年代依舊蕭條。有一個產品管理部門的人員解釋道：「安定劑的市場已經飽和，所有產品可以被應用的市場都已經開發了，我們已經看不出有任何急速成長的機會。」

　　對許多歐洲產業來說，去年蕭條的情況非常普遍，主要原因歸咎於總消費水準比1989年的標準下降了15％。工廠裡面估計有約三分之一的多餘產能閒置未用。

　　在歐洲市場裡競爭安定劑業務的公司超過二十家。四家最大的生產者分別為：Ciba-Geigy（瑞士）、ACE、Berlocher（德國）、Lankro（英國）。這四家公司的銷售量共佔1990年的市場五成之多。依照ACE公司管理部門的計算，每一家公司在其發源地都享有最高的市場佔有率，並且都積極地將產品銷售到自有市場之外。

　　ACE公司所生產安定劑的化學特性有異於其它歐洲公司的產品，其產品特性可以從產品名稱「錫劑」（Sn）看得出來，此一名稱表明了該產品的化學結構；而其競爭廠商所生產的安定劑，使用較尋常的「鋇」（Ba）元素為基本結構。這兩種安定劑都被大量使用在日用品的製造過程，但它們的不同點在於屬性，例如抗熱程度、抗光程度、適應天天候的特性、對油的吸收性……等。這些不同的屬性其實不太被管理部門所重視。雖然在理論上，這些基本的安定劑在大部分的應用可以互相替代，但是實際上，塑膠的生產者很難換用另一種安定劑，因為其製造過程使用的技術是完全不一樣的。「鋇劑」仍是今日

歐洲最常使用的安定劑。

切入市場的策略

ACE公司決定進入歐洲安定劑市場的時間是1980年。原本的策略是「逐步滲透」，長期目標是達到20％的市場佔有率，也就是要在1989年達到16萬噸的銷售量。以下是市場切入策略的主要元素：

1. 市場探索：由於ACE公司先前並未具備任何在歐洲地區銷售安定劑的知識，所以切入市場的前幾年，公司目標是要探知在1990年成為「充分整合之安定劑供應者」的可能性。ACE公司決定長期生產的安定劑就是「錫劑」，原因是其歐洲的子公司有足夠的原料生產。然而，從1980年開始，ACE切入的歐洲市場一直是個使用「鋇劑」的市場。

2. 代工（Third Party Production）：由於生產設備的投資門檻較高，所以ACE起初供應的「鋇劑」及後來供應的「錫劑」，都要通過歐洲原有廠商的生產協議所製造。一位當初深入供貨協商過程的管理人員指出：「整個協商過程非常艱困。你的心臟要很強，膽量要很夠才行。」ACE公司也預見只要銷售量達到一定的程度，公司最終會在歐洲設置生產線。

3. 產品轉換：「鋇劑」是進入歐洲市場的必備貨品，ACE管理部門逐漸促使客戶捨「鋇劑」而用「錫劑」。公司決定一方面採用低價策略，另一方面確保產品效能更佳，以這兩個特點去刺激客戶轉而購買「錫劑」。「錫劑」起初的價格必須比「鋇劑」低上2％到3％，因為客戶要轉用「錫劑」就得連機器設備與製造程序一起更換，所以這些成本也要考慮進去。

4. 市場區隔：生產管理部門深諳安定劑市場各種不同用途的區隔差異。有些公司認為品質重於價格，有些則剛好相反。就以纜線業者來說，安定劑的花費佔生產纜線總成本的2％以下，所

以這些公司對安定劑的價格就不是那麼敏感。然而對某些安定劑花費在生產成本中達到10％左右的廠商來說,價格因素就較為敏感。

產品用量也在市場切入策略中扮演重要的角色。大廠往往每個月都會買進超過500噸的安定劑,所以大廠所支付的平均單價,比起那些每月只進貨幾卡車的小型或中型廠還要低廉。這其中的價差可達5％之譜。

我們切入市場的策略著重在吸引價格敏感度較高的廠商。就像某一位子公司的銷售經理曾解釋道:「我們必須在起步時吸引大家的眼光。我們必須利用一些手段,而價格就是我們的利器。」

安定劑的銷售情形

ACE公司的「錫劑」安定劑以Polystab為品牌名稱,由子公司專門的行銷人員負責銷售。這些子公司在瑞士日內瓦Geneva擁有一群技術人員提供技術支援。這些技術支援對於自己沒有技術服務部門的中小型客戶來說,顯得格外重要。ACE管理部門深信,專門的銷售人員與專業的技術支援都是產業中獨一無二作法。這兩樣利器可以使管理部門徹底了解各種不同的產業,及其使用安定劑的過程。

基於銷售考量,每個子公司使用以下的分類方式來區分其客戶:

1. 基礎型:即是那些捨「鋇劑」而改用Polystab的客戶。
2. 策略型:重要的目標客戶群。通常是產業的潮流領導者,而目前仍使用「鋇劑」。
3. 游離型:價格導向型的客戶。通常依據價格來決定使用何種安定劑。

在1990年,基礎型客戶是Polystab的主要銷售對象,而策略型客戶則是公司要促使其轉用「錫劑」,以成為長期客戶的關鍵對象。這

兩類客戶都需要管理部門高度的關切與技術上的密切支援。流動型客戶常常在變，不可以算是長期客戶，因為它們是低價導向的客戶，哪邊便宜就會向哪邊購買。

促使「銀劑」使用者轉換成「錫劑」使用者的相關任務落在銷售人員的身上。銷售管理部門指出，客戶若是決定更換其生產設備與製造程序以配合「錫劑」的使用，則實質利益的發生是轉換的必備條件。其實改用「錫劑」對某些客戶來說，得到的利益實在無足輕重。總之改用「錫劑」的過程是一件耗時的任務，ACE管理部門預估每一個客戶平均要花十八個月才能完成轉換。而實際上，轉換過程可以縮短至六個月，也可能長達數年。所以ACE公司位於瑞士日內瓦Geneva的技術部門，至少必須對每一個轉換的個案進行八次到十次的視察。

對所有子公司而言，銷售人員把時間用在轉換客戶的比例，從1980年代中期以來有逐年下降的趨勢。一般來說，銷售人員在1990年只會花四分之一的時間在轉換客戶身上，比起1985年60％的比例要下降許多。

由於ACE公司並非歐洲市場唯一的「錫劑」供應商，所以大部分轉換使用「錫劑」的客戶會在購買前比較市場上的價位，再決定向哪一家供應商下訂單。訂單通常是以一個月的使用量為單位，所以銷售部門很清楚價格才是「錫劑」賣不賣的出去的主要原因。

一位子公司的銷售經理對安定劑客戶的購買心理做了以下解釋：「較大型的公司有自己的專業採購人員，通常會向二家到三家長期供應商詢價，然後才決定訂單的採購對象。小型公司的情形則不一樣，它們多會與不同的供應廠商進行接觸，再透過殺價以獲取最低單價；它們通常會等到月中或月底，冀望在價格全盤滑落時再進行採購。」這位銷售經理還說明「銀劑」的生產廠商通常是價格決定者，所以得知「銀劑」廠商的供貨價格，就如同獲得「錫劑」競爭對手的價格一樣。這些都是銷售的必備知識。他繼續說道：「價格的確會在一個月

中波動起伏，因為價格會隨著客戶需求量的多寡與供應商是否急於將安定劑脫手而定。所以影響價格的關鍵點就在於『時間』。當公司在月初把價格設定較高時，常常會因為到了月中連一張訂單都沒有接到而感到緊張。這時公司很容易過度反應，反而將產品價格降到平均水準以下。」一般來說，通常每個月有三分之二的業績會是在該月的頭兩週就決定了。

　　每個子公司的安定劑銷售人員通常會有十名到二十五名客戶要照顧，銷售人員的上班時間有部分是待在公司裡，準備企劃報告書或以電話聯絡客戶，其它的時間就是在外拜訪各家客戶與公司。有些銷售經理堅持至少每個月要前往客戶的公司拜訪一次。

安定劑的行銷組織

　　（【附錄2】說明ACE公司安定劑的行銷組織架構；【附錄3】說明ACE公司安定劑行銷組織的重要主管工作執掌）

　　Eberhard Graaff是安定劑部門的新進主管，他把矩陣式組織結構描述成一種以「互動與積極面對」為基礎的結構。Peter Hansen是安定劑部門的協理，他認為「雙主管體制」的運作良好，他說道：「此一矩陣型組織架構還沒引進以前，子公司根本不願意讓我進它們的辦公室。」一位子公司的銷售經理也針對這個體制進行評論：「雙主管的關係可以是有效的，也可能是痛苦的，這完全取決於那兩位帶頭的主管。」

　　ACE總部的行銷功能要對安定劑的獲利情況負責。Eberhard Graaff認為安定劑產品線的獲利情況由下列因素決定：生產成本、子公司所接受的平均售價、總銷售量。另一方面，子公司的管理單位要負責當地市場的銷售量、銷售成本、可接受的應收帳款範圍。此外，子公司還要為其所銷售的安定劑支付一筆公司內部的轉撥計價。

　　子公司銷售經理的營業績效是由子公司的營運總監與總公司的行

銷經理共同評估。每當一位銷售經理接下某些產品的銷售業務時，綜合評量就會分頭展開。公司董事會指出，若任何銷售經理能有優於他人的整體表現，加薪的漲幅最高可達10％。這種加薪的誘因可以說是根「大紅蘿蔔」，也是刺激績效的一個重要因素。

在Eberhard Graaff參與安定劑的行銷之前，每季及每年銷售配額是績效評量的主要重點。子公司銷售經理與總公司行銷經理每一季在瑞士日內瓦Geneva舉行會議，並拿出安定劑的業績成長與銷售配額進行比較。

由於公司的政策因素，所有ACE公司高階主管與銷售團隊成員的薪資都是固定的。這項政策也同樣適用於「歐洲安定劑銷售十人特別小組」，而其薪資水準與績效評估都是由子公司所決定的。

Eberhard Graaff

Eberhard Graaff在擔任安定劑行銷經理之前，已經在Alto化學藥品公司工作了十五年。他原本是一個訓練有素的化學工程師，曾經在歐洲與遠東區擔任過許多職位，像是產業分析師、設計工程師、廠長、子公司銷售經理。這是他第一次在公司位於瑞士日內瓦Geneva的總部工作，他的前一任最近才剛退休。Eberhard Graaff在1990年時才四十歲，是整個安定劑行銷團隊裡第二年輕的。

Peter Hansen是Eberhard Graaff的直屬上司，他解釋道：「我們覺得需要一個能積極領導的人。」Eberhard Graaff在法國擔任銷售經理時的表現傑出，這是他升遷到該行銷團隊的主因。Eberhard Graaff也相信自己的硬漢作風是公司選擇他的條件之一。

ACE公司的高階主管十分了解Eberhard Graaff的新任務有多麼的困難。Peter Hansen說道：「總公司行銷經理之所以難為，不只是因為每個子公司都有其不同的競爭條件與市場，而且各個子公司的管理風格和公司文化均有所差距。」他認為這個職位所要求的不僅是行銷

方面的專長而已，還需要具備能與子公司保持良好溝通的能力，以及能把銷售團隊建立起來的能耐。

修訂過的策略

1990年的時候，公司大部分當初在1980年所設定的預期目標都已經達成了。ACE安定劑在西歐的市場佔有率將近有18％。可想而知，「鋇劑」在公司所佔的生產比例正逐年減少。在1989年中期，「錫劑」這種安定劑是由公司在法國當地的工廠所生產。當年的「錫劑」安定劑特別銷售團隊曾拜訪西歐一百七十個客戶。

Eberhard Graaff新接下總公司行銷經理的前幾個月裡，他動用全部的時間去訪查旗下九個子公司，並以地區為單位檢視行銷與銷售方面的實際情況。十二月時，Eberhard Graaff已經可以由區域現行的策略中得出幾個結論：

1. 過度依賴價格：銷售模式過於價格導向。「鋇劑」的價格大約比原價低了2％到3％，即使是出售給已經換用「錫劑」的客戶。

2. 基礎型客戶的市場太窄：價格導向的銷售模式已經使得某些市場區隔受到過度重視，也就是過於強調大客戶與游離型客戶。

3. 低獲利率：以低價出售安定劑也就使得公司的獲利率降低。對於法國的生產單位來說，每噸安定劑的邊際貢獻只有區區四十美元，這絕不是令人滿意的數字。

4. 價格不一致：因為沒有中央協調的機制，使得同一產品在各子公司的售價有所差異，導致外地的客戶會在比價後，轉向價格最便宜的子公司購買，結果使得銷售量都集中到某些特定的子公司。各個子公司售價有落差的主因是該產品在各國市場的平均價格本來就不同。舉例來說，德國的安定劑價格就比其它歐洲國家高了幾個百分點。

Eberhard Graaff針對他八週以來的研究做了以下結論：

　　整個狀況在我腦中是越來越清晰了。我們是一個以大量
生產為主的企業，我們原有的優勢都已漸漸失去。公司早期
的策略讓我們得以在市場上保持競爭力，所以只要能達到每
季的銷售配額，就沒有人會抱怨。為了要達到銷售配額，每
個子公司調整售價的權限就變大了。總公司所制訂的價格方
針常常只在每個月的頭幾天發揮作用，之後就因為子公司銷
售業績的壓力，迫使總公司放棄原先制訂的價格，導致每個
月的平均售價都偏低。這種售價變動的循環模式每年會重複
十二次。

　　Eberhard Graaff深信，現在正是重新為安定劑產品線擬定一個成
功策略的適當時機。他解釋道：「產品管理部門與ACE高階主管都相
當關切公司在安定劑設備的大筆投資，以及這些投資所能產生的報
酬。根據我對市場情況的理解，我相信獲利率的改善是可能的。重點
是我們必須有一套正確的市場區隔與良好的銷售方法。」

　　1990年12月，Eberhard Graaff揮筆把安定劑策略修改的要點寫下
來，分別與子公司的銷售經理溝通，並要求這些銷售經理在未來的銷
售計劃中加入這些要點。此一修正策略摘錄如下：

1. 不用低價策略：價格在銷售活動中的重要性僅居次位，轉而強
   調ACE公司較為見長的條件，比方強調專業行銷、優秀的技術
   服務，以及能夠讓客戶長期依賴的合作信譽。
2. 開發新客戶：銷售目標集中在新客戶身上，使它們有更大的動
   力去接受新型安定劑的轉換。新客戶的來源主要是那些製造電
   纜線、且對價格較不敏感的中小型工廠。
3. 價格領導權：針對已改用「錫劑」的使用者，不能再採用折
   扣、或是「價格與『鋇劑』一樣便宜」的定價策略。我們的銷
   售部門應該積極尋找機會，藉此在同業中取得價格的領導權。

4. 中央協調合作：總公司對於子公司的「價格訂定」與「預期銷售額度」要扮演更積極主動的角色。我們需要加強關注平均價格較高的市場，而不是高度競爭且平均價格較低的市場。總公司協調的目標是讓各子公司都能達到最佳的銷售情況。

平均售價的提高預估能達成立即性的效果。Eberhard Graaff 對於1991年到1992年的計劃中，預估邊際獲利將達到原先的兩倍，也就是每一噸的邊際獲利為八十美元。

在與銷售團隊的溝通過程中，Eberhard Graaff 雖然願意接受因為價格不降而導致的短期銷售量微幅滑落，但是他的長期目標依然放在銷售量的成長。因為若要使新添購的安定劑生產設備達到經濟效益，銷售量的成長是不可或缺的。

銷售經理的回應

各個子公司銷售經理對於新策略的回應相當迅速，這些意見大多經由電話傳到 Eberhard Graaff 耳中，他們一致反對剛宣佈的新策略。銷售經理普遍的批評是：「在整個市場銷售量萎縮的時候還要漲價，這實在太可笑了！」此外，另一位銷售經理也向 Eberhard Graaff 回應說：「你的策略既想要銷售量成長，也要銷售金額成長，這是矛盾而且不合理的。」還有另外一位銷售經理批評道：「向小客戶推銷與向大客戶推銷所花的時間是一樣的。如果我們今天增加了許多新的小客戶，那豈不是要花更多的時間追著它們跑；這還不如專注於幾個大客戶，就可以維持一樣的銷售量。這個新策略一點也不合邏輯。」還有另外一位銷售經理把修正策略描述成「不顧市場導向、反而閉門造車」的策略。

各子公司銷售經理也表達他們未來與客戶之間關係的憂心，其中一位說道：

　　「我們擴充客戶基礎的方式，就是向客戶保證改用『錫劑』能更省錢。過去這幾年來，我們逐步增高『錫劑』的單價，直到售價與『鋇劑』的價格相當，然而這些客戶並沒有抗議，因為它們知道自己不會比使用『鋇劑』的競爭對手花費更多成本。現在，假設某間公司已經使用『鋇劑』長達二十五年，而我們成功地說服它改用『錫劑』之後，不出數個月就要這間公司付出比原來更多的成本購買原料，那麼這間公司會有何感想？我想這間公司也許會質疑，當初我們承諾可以節省的金額為何不是落到它公司的口袋？反而又是被我們賺走了！」

　　這位銷售經理還說這種問題會對銷售人員的激勵產生負面的影響。

　　在大多數銷售經理抱怨的同時，這更突顯出一個根本的問題：關鍵決策的主控權已經從子公司移轉到總公司的決策小組。一位銷售經理解釋了大多數人的想法：

　　「目前為止，我們公司能在安定劑市場佔有一席之地，就是因為子公司擁有地方事務的主控權。而我也知道總公司認為市場基礎已經足以由總公司直接負責整體行銷。不過總公司應相信我們的專業判斷，畢竟我們是各國市場的專家，總公司應該讓我們自己掌握策略的調整。總公司可以整合出一些概括性的方針，並提供我們參考。我想那就夠了。畢竟僵化的規則還是有損和諧的管理方式。」

策略的執行

　　Eberhard Graaff對於這些子公司銷售經理的反應並不驚訝。他解釋說：「我自己也在子公司待過好多年，所以我知道他們的感受。」

　　對於這個他深信可靠且適應市場現實的策略，Eberhard Graaff打算要逐步執行。他說了以下的話來辯護他的論點：「我確信新策略會有效。這個策略的主要目的在於改變客戶群的組成比例，讓我們能長期掌控價格；而另一個目的在於擴充基礎客戶群，這將有助於減少只與大客戶來往的風險；以往擔心大客戶不下採購訂單，便會造成滯銷的情況，在實施新策略後就不會發生。最後一點要說的是，這是個概觀全歐洲安定劑市場的政策，而且歐洲所有的競爭對手與某些客戶的業務範圍跨越數個國家，所以我們要採用宏觀全歐洲的策略，才能以更有彈性的方式調配貨源，使產品銷往邊際獲利較高的地方。」

　　Eberhard Graaff並沒有因為反對聲浪而放棄實施該項策略。他說道：「這工作並不容易，但公司一向都把最難執行的工作分派給我。」他強調：「雖然我相信Peter Hansen喜歡邊際獲利率的提升，但是我還未向他解釋我的策略，而且我肯定不會向他要求策略執行方面的協助。我並不是那種事事請教長官的人，我永遠朝著我相信的那條路走。」

附錄1　安定劑市場區隔情況（1989年）

	產品種類	消費量 （佔總數的百分比）	製造商數量 （估計）
最終用途區隔			
包覆纖維	室內裝潢材料	17	180
地板材料	地面墊材	20	160
	地毯／磁磚		
電線與電纜	電纜包覆線及絕緣體	17	235
合成物	鞋子	11	55
加工用途區隔			
裝填塑料	牆面	5	90
	手套、球		
拋光	衣物、房屋等	13	180
擠壓成型	軟管	11	130
射出成型	鞋	6	70
		100％	1,100

資料來源：ACE公司資料

附錄2　ACE公司安定劑的行銷組織架構

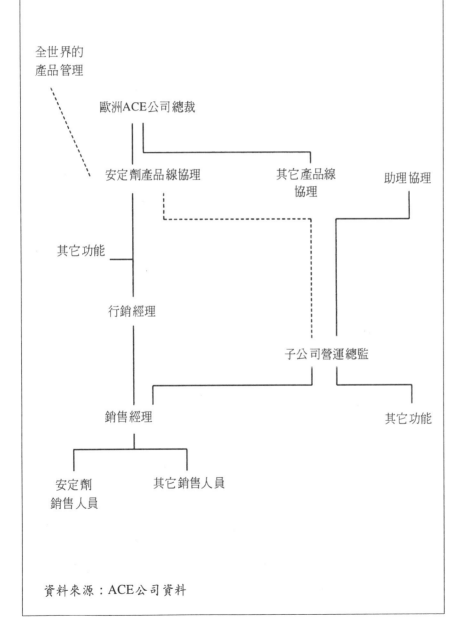

資料來源：ACE公司資料

附錄3　ACE公司安定劑行銷組織的重要主管工作執掌

安定劑產品線協理　　擔當區域性產品經理的職責，負責區域內安定劑
業務的各階段工作，工作範疇包括技術、製造、
行銷、採購、配銷。此一職位必須制訂該區域的
目標、執行計畫及其步驟，並且與全球產品經理
共同合作，以確保這些目標和計畫都能與公司總
體計畫及現有資源相配合。此外，該職位也要能
適當地執行已經過核准的提案，同時要與全球產
品線經理及區域總裁保持密切聯繫，進而掌握大
方針。

安定劑行銷經理　　　負責所有安定劑事業的相關行銷活動。此一職位
必須與各個子公司的行銷與銷售人員合作，擬定
安定劑的行銷計畫，同時也負責適當地執行已經
過核准的行銷計畫。此外，該職位也與子公司的
銷售經理共同承擔銷售部門的業績、訓練銷售人
員。

子公司的營運總監　　負責子公司所有化學藥品的相關業務，並與各區
域產品線協理共同擬定子公司的各項業務營運計
畫、督導計畫的執行。

子公司的銷售經理　　與各區域產品線行銷經理共同擬定子公司的行銷
計畫、督導計畫的執行。此一職位必須與一些重
要客戶保持密切聯繫，此外，該職位必須在責任
區域內，針對通盤策略層面，進行經濟情勢的評
估，以尋求新的商機，而此舉將促使銷售人員與
區域產品線行銷經理的合作關係更密切。

資料來源：ACE公司資料

個案4.1　歐洲Alto化學藥品公司（B）

在1991年上半年度，Eberhard Graaff執行幾個實現安定劑修正策略不可或缺的步驟。而此刻他正在回顧那些行動的結果，好為下一步決策作打算。

Eberhard Graaff的行動

1991年1月到9月之間，他採取了以下的措施。

總公司的會議

在一月初時，Eberhard Graaff邀請子公司的銷售經理參加一個計劃制定會議，Eberhard Graaff在會議中發表修正策略的要點，他特別強調以下兩個要點：第一，由總公司監控價格與銷售量；第二，著重價格敏感度較低的小型客戶區隔。他也強調銷售活動在本質上必須更具技術性，並且要重視產品品質與效能。會議中也強調銷售人員與技術服務人員有必要更密切合作。

每月會議

Eberhard Graaff原本要求子公司銷售經理每個月都要到總公司開會，以便設定產品售價與銷售量的目標，同時也回顧銷售業績。Eberhard Graaff解釋說：「這個會議的重要性不僅只於掌握業務狀況，也同時提供子公司一個彼此交流的機會。」

目標客戶

在每月會議中除了制訂產品售價與銷售量的目標外，Eberhard

Graaff也提出一份潛在客戶的建議名單給各個子公司參考。在名單上的客戶會依照公司的規模、產品最終用途、是否值得投注心力促使其改用「錫劑」……等條件，做進一步的區隔。有些以「殺價」著稱的客戶，甚至是大型客戶，都不會列在這份名單上。此外，會議中也擬定出一些分配銷售人力的準則來兼顧新舊客戶。

重新分配銷售量

為了提高區域內客戶可接受的平均價格，像荷蘭這樣長久以來競爭都很激烈的市場，所設定的目標業績就比較低；而在德國這種價格導向較不受重視的市場裡，所設定的目標業績就比較高。Eberhard Graaff希望能藉此讓每個子公司都能獲得更多利潤。

目前的成果

雖然Eberhard Graaff覺得只用六個月的成果來檢視該策略的成效，實在不夠充分，但該策略仍得到一些具體的成果，ACE公司獲得好幾位新的中型與小型客戶。雖然沒有打折扣戰，但仍成功的獲得新客戶。另一方面，ACE公司也失去了好幾位大型客戶及中型客戶，這些失去的客戶一部份轉向其它競爭對手下採購訂單，另一部份則回頭使用「銀劑」。

當整體產業的業績滑落8％時，新策略對於基本客戶總銷售量的總體影響尚難評斷。已知有部份市場的邊際獲利有小幅成長，但也有部分市場未能如願以償。

在此同時，Eberhard Graaff與子公司銷售經理之間的關係也明顯惡化了。每月會議往往變成Eberhard Graaff與某些銷售經理相互叫罵的場合。有些人對於新策略以及目前的短期成果抱怨連連。

以下是一些常見的抱怨：

1. 你應該舉出數據或比率來說服我們高價比低價要好，但是整個市場並不是依循著你的邏輯在運作。我們的客戶並不了解情況，它們要的只是低價位的產品。

2. 為了彌補失去重要大型客戶的損失，我必須致力開發好幾個小型客戶。

3. 你正在摧毀我過去幾年來的心血結晶。

結論

雖然Eberhard Graaff也不喜歡每次都和那些銷售經理們大吵一架，但是他也不是很在意。他認為這是「他工作的一部份」。他真正關心的是老闆們顯然已經開始失去耐心了。最近的一些場合中，Peter Hansen曾提到不該為了一個策略而犧牲銷售人員的士氣，他也提到運用共識基礎的方法比較能得到子公司的支持。顯然已經有好幾位子公司的營運總監曾對新策略做過不少抱怨。

雖然Eberhard Graaff認同以共識為基礎的方法有很多優點，但是他不相信在這種情況下，這個方法行的通。他說道：「達成共識的確很好，但終究還是需要一個能做出困難決定的人，現在那個人就是我。」現在Eberhard Graaff真正最關心的是Peter Hansen到底對他試圖達成的工作與否有信心。Eberhard Graaff抱怨道：「好幾次，我甚至覺得Peter Hansen也不相信這項策略了，而且如果這些子公司的銷售經理繼續原地踏步，又不在狀況內的話，事情就很難成功了。」

即使有許多不快的徵兆，Peter Hansen終究沒有試圖去阻止Eberhard Graaff。相反的，他一直給Eberhard Graaff自由發揮的空間。

個案4.2　歐洲新力公司（Sony Europa）

1994年10月的時候，新力Sony公司在歐洲營運的最高管理部門——歐洲新力公司（Sony Europa），正為了近日組織重整的情況，以及後續的發展大傷腦筋。七個月前，歐洲新力Sony公司為了達到某些目標，重整組織架構，這些目標包括營運效率的提升、更有效果的全歐洲行銷方式、與日本母公司一致的營運模式。這個被稱為「大霹靂Big Bang」的新組織架構，在歐洲新力Sony公司的歷史上可說是一項重大的變革。

歐洲新力Sony公司的董事長兼執行長——Jack Schmuckli將這次重組視為公司成長必經之路，他說道：「在以前我們比較年輕，比較缺乏經驗的時候，我們非常具有創業家的精神，我們敢於冒著極大風險以獲得成功。但是當我們較為成熟以後，就變得比較缺乏創業家的精神，變得較為官僚化。我們已經知道自己再也無法成就以前那番偉大事業的原因了。為了公司再繼續成長，我們必須再度找出以前那份創業家的精神。」

歐洲消費性電子產品的市場發展極為迅速，該項產業已漸趨穩固，大型連鎖店以及跨國採買團體正形成一股日益強大的力量，進而改變了貿易的結構，結果使得產品的價格及邊際獲利面臨前所未有的壓力。以往新力Sony公司在歐洲各國的經銷商於推出日本開發的新產品時，一向享有高度的自主權；然而由於市場漸趨成熟，且低價競爭者也涉足消費性電子產品市場的緣故，原有的局勢已備受挑戰。有些資深經理人認為此刻正是新力Sony公司從一堆分散各地的經營組合體，轉為真正跨歐洲組織的時候了。

歐洲新力Sony公司的總裁兼營運長——Ron Sommer強調改變是必要的，他對於經營團隊所面臨的挑戰做了一番評論：「消費性電子

產品正處於重大改變的時期，假使不學著跟上腳步的話，我們在21世紀將會被淘汰！」

自從公司改組之後，有許多逐漸浮出檯面的議題值得經營團隊注意。但是最迫切的問題是：新組織成立後，總部行銷部門裡有位資深經理人卻離職了，如此一來，也連帶產生人選替補的問題。在遞補那個職缺的候選名單上，有位頗獲好評的國家經理（country manager），但他不久前仍非常反對新組織的某些主要功能，而其中也包括了橫跨全歐洲的行銷方式在內。如果真是這樣的話，他該獲得這份職位嗎？如果應該的話，他會改變新組織的方針嗎？

歷史

新力Sony公司的歷史是有關創新的故事。在公司草創初期，新力Sony公司被迫要創新，才能在一群成立較久、規模較大的日本、美國、歐洲公司的激烈競爭環境下存活。（本段文字及本節內容分別節錄自兩份公司出版品——「Sony Innovation」與「Sony- 30 Years In Europe」）

新力Sony公司的前身是「Tokyo Tsushin Kogyo KK東京電信工程公司」，之後才改名，公司是由Masaru Ibuka與Akio Morita在1946年所創立。這兩位創辦者當時的資本少得可憐，只能在東京某家燒毀的百貨公司裡，找一間小辦公室起步。當時的他們把「進行市場研究就會不一樣」做為公司的口號。在1946年的創辦計劃書裡，他們聲明：「我們應當創造屬於我們自己獨一無二的產品。」

抱著「我們做別人做不到的事」這樣一種信念來工作，他們與工程師團隊創造了一項傳統，讓消費性電子產品清一色都來自新科技的研發。

除了使用新科技來創造新產品以外，在公司創始時，創辦者就冀望公司將來成為一家根留日本的跨國企業，它將逐步地侵蝕世界其它

各地的市場。

　　新力Sony公司在眾多產品種類裡總是引領先驅。（除了是技術與產品創新的先驅以外，新力Sony公司也是第一家指派外國人進入董事會的主要日本公司。它在1989年指派二名外國人進入董事會，其中一名是擔任歐洲新力Sony公司董事長兼執行長的瑞士人Jack Schmuckli。）漸漸地，許多其它競爭者都等著調查新力Sony新產品的市場接受度，以便發售它們自己的仿製品。綜觀新力Sony公司的歷史，市場調查並沒有真的被視為是領導產業最有效的辦法；相對地，新力Sony公司產品研發方向所根據的原則是：新產品帶來新市場。（詳見【附錄1】的新力Sony公司相關產品介紹）

新力Sony公司在歐洲的發展情況

　　我們可以說，1960年代是個由日本進行產品研發生產、再傾銷到全球各地的年代。新力Sony在1960年時於歐洲建立了新力Sony海外S.A公司，目的是要為那些銷售新力Sony產品、且數量與日遽增的獨立經銷商，提供某些財務上的服務與一般性的支援。

　　新力Sony公司在歐洲的獨立經銷商，享有銷售與行銷活動的充分自主權，一位在歐洲代理新力Sony產品的獨立經銷商（該公司後來被新力Sony公司收購）為我們勾勒出這段時期的概況：

> 　　我們因為具有創業家的幹勁而獲選為新力Sony的經銷商，一同參與產品銷售的市場拓展活動。我一年通常會前往東京兩次，去交涉產品價格與交貨日期，可是我可以自由地進行我的產品銷售作業，只要我達到先前承諾的銷售金額就可以了。

　　到了1970年，新力Sony在歐洲的銷售額已經成長到十五億德國馬克以上，而員工則超過了兩百名。

創業家精神成長的時期

1970年代時，新力Sony公司以侵略性擴張的銷售方式著稱，緊接著是在歐洲各國建立新力Sony產品的製造工廠。公司吸收某些國家的獨立經銷商，並在其它國家建立新的銷售公司，雇用歐洲當地的員工。

各個國家經理通常都是之前新力Sony產品經銷商的領導人，所以這些國家經理通常會把新力Sony公司的營運作業視為他們個人的王國。這些國家經理擁有直接來自日本工廠的供貨來源，可以到日本洽商產品的種類與數量、一般價格水準、日方提供的新型促銷產品；他們也必須承諾在其所負責的國家達到預設的銷售目標。在處理好產品供貨來源之後，這些國家經理就可以自由地制訂行銷計畫、促銷活動、銷售政策。他們實質上就像是創業家，只有在產品選擇與供貨來源有一些限制，其它方面都可以自由地經營，以其認為最好的方式來獲取市場佔有率與營收。

1970年代中期開始，日本製造商漸漸移往歐洲發展，不過這些新設的歐洲工廠仍受日本產品線管理單位的約束，產品的研發與修改活動通常還是由日本方面導引，產品的製造加工活動也不例外。

1981年到1982年，由於全球性的經濟不景氣，加上新力Sony公司與工廠設備在全歐洲進行擴張，使得新力Sony公司分散的各國作業有必要進行有效的協調。新力Sony公司在新任執行長大賀典雄Norio Ohga的領導下，在日本成立產品營運團隊（Product Business Groups），旨在負責全球市場的產品定位。

就如同某一位規模小、但獲利頗豐的國家當地負責人所說：「消費性電子產品的市場仍然非常快速的成長，有很多地方都依賴我們的銷售。如果我能夠達到20％或30％的年成長率，光靠常識判斷，就知道該讓我有營運的自主權，來達成先前協商好的銷售目標才對。」

另一位經理想起Jack Schmuckli曾對歐洲比日本和美國更賺錢的

原因，做過一番評論：「在歐洲，我們有15位負責各國業務的經理，他們都會擔心各自市場的獲利率；然而在美國或是日本，只有少數經理人會擔心這件事。」同時，歐洲各國的經理間並沒有太大的互動，一位資深經理人之後回想道：「我們並不會好奇地想知道別國的經理人在做什麼，我們只對自己的市場感興趣。」

委員會時期

到了1986年，新力Sony在全歐洲各地共有12個銷售單位，以及六間製造工廠在營運，歐洲區內部的協調顯得日益重要。一位名叫Jack Schmuckli的瑞士籍員工曾經在德國（新力Sony在歐洲最大的市場）擔任該國經理，此時被指派為歐洲新力Sony公司的董事長，接著就在德國科隆Cologne建立了新的歐洲總部。新總部一開始就受託協調歐洲各地的營運活動，但最重要的還是為各地所有經營團隊，特別是為快速成長的製造單位建立一個高效率的基礎架構。

另一項更重大的改變始於許多跨歐洲委員會的創立，這些委員會都由一位資深的國家經理所領導，通常負責處理全歐洲性的事務。其中一個委員會叫做「消費性產品銷售與行銷委員會」（the Consumer Sales and Marketing Committee），它召集所有跟消費性產品有關的人員，一起發展銷售策略。（雖然新力Sony已經將專業產品、電腦週邊產品、錄影媒體商品導入歐洲市場，但消費性產品仍是目前為止佔總業績比例最高的一部分。）

領導其中一個委員會的國家經理，有更讓人信服的評論：

> 這個過程的關鍵點在於每個人都參與其中，委員會將所有人聚集在一起討論提案，並做出具體的決定。這種行動對每個參與者而言已經習以為常了。你知道的，人們需要一年以上的交情，才會互相信任對方所說的話！

這些跨歐洲委員會的附帶效果是使各地經理間的良性競爭變得激

烈,一位歐洲總部的資深經理人回想道:「在各地之間開始有了相互競爭的心態,每一個市場都想要表現的比其它地方好,這是個非常健康的想法。」

歐洲的全球性地方化

到了1980年代中期,新工廠設立的速度愈來愈快,而且各個銷售單位從歐洲工廠所取得的貨源也比以前要多,即使這些歐洲工廠仍受日本總公司的嚴密控制。因此,歐洲新力Sony公司究竟該走向地方化(localization),還是該走向全球化(globalization)的爭論就變得愈演愈烈。

1988年3月,在義大利羅馬舉行的年度歐洲管理會議(European Management Conference)中,公司創辦人Akio Morita在聽取了相關議題的爭議後,便起身向大家提出極具啟發性的解決方案:

> 這個問題的解決方法,就是要採取「全球性地方化」的政策,只要我們心懷著「全球性思考、地方性行動Think Globally, Act Locally」的哲學,我們就得以在獲得國際企業的好處時,同時兼顧到各地特色的探討與發展。

這個淺顯易懂的方案要能真正付諸施行,還得配合關鍵決策的制訂才行。到了1990年代初期,新力Sony的歐洲電視營運中心已經能在工程與製造方面完全自給自足了。該營運中心每年可以生產兩百五十萬台電視,而且地方性的附加價值超過了90%。(詳見【附錄2】有關新力Sony公司在歐洲的營運發展史)

新力Sony在歐洲逐漸成長的製造營運中心,正是歐洲新力Sony公司成為真正歐洲公司的最佳見證。不過歐洲各國經理,不論市場規模大小,仍需飛回日本參加所有重要的產品上市會議(因為產品營運團隊仍然在日本),協商有關產品組合、價格、市場定位……等決議。(詳見【附錄3】有關1970年代到1980年代間,歐洲各國經營團

隊與新力Sony東京總公司之間的關係發展）

　　到了1994年，新力Sony在全球性地方化方面有了很大的進展。
歐洲方面就包辦了新力Sony全球電子產品總銷售額的28％。然而，

即使所有在歐洲賣出的產品中，有40％的是在歐洲當地製造的，但卻
只有15％的產品發展與10％的研發活動是在歐洲進行的。

消費性電子產品的歐洲市場

　　1994年，歐洲開始從不景氣中復甦過來，之前的不景氣讓銷售及
獲利連續滑落了三年，1988年到1990年間，整個市場的需求量成長
了29％，相當於七千二百萬德國馬克；到了1994年，需求量卻下降
了21％，變成了五千七百萬德國馬克，而且景氣一直持續不佳。（詳
見【附錄4】有關歐洲消費性電子產品主要製造商的市場佔有率與整
個市場的規模）

　　1980年代中期到晚期，由於經濟好轉，加上諸如攝錄影機、CD
播放機等創新產品的出現，消費性電子產品近十年來以兩位數的成長
速度向前邁進。然而，1990年代初期的經濟不景氣，卻讓市場需求以
及零售業績低靡了好一陣子，這項產業在歐洲以及日本都面臨生產過
剩的問題。（詳見【附錄5】顯示依產品類別分析的歐洲消費性電子
產品銷售趨勢；【附錄6】顯示依國家分析的歐洲消費性電子產品銷
售趨勢；【附錄7】顯示1992年歐洲每人平均在消費性電子產品的支
出金額）

　　消費性電子產品市場的典型特徵就是產品導入與淘汰的速度極
快。據估有60％
　　到70％的新產品在遭到淘汰前都只有十年的生命週期。最大的消
費性電子產品——彩色電視機也已邁入成熟期，在歐洲家庭的普及率
高達100％，彩色電視機的成長主要是來自汰換與更新。在經濟不景
氣之前，攝錄影機（Camcorder）的市場就已有驚人的成長，但在家

庭中的普及率卻仍低於15％；同樣地，錄放影機（Video recorder）或是VCR的普及率已經達到可觀的40％，可是卻沒有人會對1980年代的兩位數成長率再抱任何期望。

一些觀察家相信，消費性電子產品的創新速度已經在最近幾年逐漸減緩，自從CD科技、包括VCR以及攝錄影機這類家用錄影產品出現後，就再也沒有什麼具突破性且能在市場上佔有一席之地的產品了，近年來的產品創新都是在設計跟外觀上。舉例來說，夏普電子公司（Sharp Electronics）最先推出內建液晶顯示器螢幕的攝錄影機，很快地其它公司也都跟進，包括新力Sony。最近推出的新技術產品有平面電視、數位雷射放音機、迷你光碟播放機，這些產品全都面臨著不確定的市場接受度。

競爭情形

全世界有超過20家消費性電子廠商同時在歐洲競爭。新力Sony公司憑著17％的市場佔有率位居消費性電子產業的領導地位，緊接著是飛利浦Philips的11％、國際牌Panasonic的8％、Grundig的6％。以上公司在歐洲或是世界其它地方都有製造單位。

最近幾年，因為市場不景氣以及製造業的飽和，許多廠牌都展開價格競爭，一般像是電視機、VCR、以及攝錄影機的產品價格都已經降低，這種趨勢在德國、法國、英國等廣大市場中尤其如此。

面臨產品價格以及利潤的逐步降低，該產業現在正致力於製造經營面的合理化工作。荷蘭飛利浦Philips公司在1990年代初期首次遭遇重大損失，在歐洲多次宣告工廠倒閉。同樣地，國際牌Panasonic以及JVC等品牌的母公司——松下Matsushita電器在得知利潤下跌的情況嚴重之後，也計畫要對日本及歐洲營運中心進行大幅重整。所有的日本公司都積極將其在日本的生產作業外移到工資成本較低的遠東國家，它們也在歐洲建立了一些新的生產據點。

市場整併的過程改變了歐洲產業的架構。小型公司因為難與大型

公司匹敵，因而被併購了。整個1980年代直到1990年代初期，飛利浦Philips公司併購了許多歐洲公司，其中包括最近才被併購的德國Grundig公司。這一連串併購過程促成了許多效率高、資源豐富的多品牌歐洲公司，這些公司不僅為了市場優勢而相互競爭，也與日本主要大公司進行競爭。

在這個競爭者充斥且競爭日益激烈的歐洲市場裡，新力Sony享有其它對手難以匹敵的品牌形象，根據最近一項由時代雜誌TIME Magazine對歐洲14個國家所進行的普查顯示，新力Sony公司在很多方面的大眾可信度都是最高的，包括公司整體形象、良好的管理制度、高品質的產品與服務、合理的價格……等。另外一家唯一列入調查名單的消費性電子公司——飛利浦Philips在各方面的評比皆不及新力Sony。

配銷通路

消費性電子產品的配銷通路結構在各國的差異頗大。舉例來說，在義大利和西班牙，小型或中型的獨立零售商主導了市場；而在英國，超過一半以上的零售交易都是在電子連鎖專賣店完成的。交易結構的不同，接著會反應在零售價格與交易邊際獲利上。在小規模獨立零售商主導的國家裡，其商品的售價與邊際獲利都會比大型連鎖店所主導的市場更高，同樣地，在配銷通路系統較為零散的市場，製造業者的邊際獲利會比較高。（詳見【附錄8】顯示消費性電子產品在各配銷通路的分配比率）

儘管各國的情形有所差異，歐洲地區的配銷通路模式還是有明顯的趨勢。

合併（Consolidation）

獨立零售商在歐洲整體業績的佔有率正在逐漸下滑，專賣及非專賣的連鎖店成了整個市場中銷售量最高的通路系統。

自有品牌（Private Label）

　　由於大型連鎖店的發展，以零售商自有品牌名義出售的消費性電子產品越來越多，典型的自有品牌產品是由遠東地區的承包商所製造的，價格會比原廠產品低很多。到了1994年的時候，在歐洲的消費性電子產品市場裡，零售商自有品牌的產品已經有15％的市場佔有率。

採購集團

　　採購集團在歐洲日益活躍。由於它們代表所屬獨立零售商或小型連鎖店的利益，所以其目標是透過集中購買與高效率物流系統的支援，來降低銷售成本。就如同連鎖店一樣，許多業者都認為採購集團不僅消息靈通，就連經營管理也日益精進。

　　歐洲新力Sony公司在1994年所供應的10,000家授權代理商之中，其實代表了32,000家的店面；而歐洲新力Sony公司總銷售額裡有37％是來自前十大連鎖店（19％）與採購集團（18％）；排名前20名的客戶即包辦歐洲新力Sony公司43％的銷售金額。

跨國通路

　　當大型連鎖店與採購集團已經成為全球趨勢的時候，這樣的組織正不斷跨越國界、擴張版圖，其成長幅度雖小，但不曾停止成長。在新力Sony前20大的歐洲客戶中，只有兩家是在單一國家經營的客戶。跨國零售商與採購集團在歐洲以「最佳客戶」而聞名，它們有時扮演的角色是製造業者在當地的銷售組織，彼此之間也會相互競爭。

歐洲新力Sony公司的改組

　　有一種信念在新力Sony內部持續醞釀，大家都相信歐洲新力Sony公司需要重大改革，才能在歐洲方面獲得更大的整併效果。歐洲的不景氣已經讓新力Sony的業績與利潤飽受壓力。1993年，淨銷

售金額比前一年下降了10％（其中還包括德國馬克升值的因素）；在同一段時期，淨利因為稅金而下降了25％。包括一些在東京的資深經理人在內，大家都認為歐洲方面的營運作業尚未順暢地發揮潛力，以降低經費的開支。

1980年代中期開始，積極跨越國際的進取精神逐漸抬頭，這種精神一直在順其自然的推展。「委員會時期」已經讓新力Sony公司充分體認到跨歐洲機會的重要性，也因此得到相當明確的成果，但歐洲經營團隊卻認為後繼措施仍不足以面對新市場的現實環境。

歐洲新力Sony公司的經營團隊認為，進行跨區域性的整併動作之所以需要，還有另一個重要的原因：要透過單一窗口與東京對談。歐洲新力Sony公司的企業規劃部協理Noby Maeda解釋道：「雖說歐洲新力Sony公司對於新力Sony總公司的貢獻，不單只是替總公司在全球獲利上提供可觀的市場佔有率而已，但假如我們仍舊各國分別與東京方面聯繫，那麼我們對於東京方面所優先考慮的事務就無法發揮影響力。美國和日本方面都比我們有影響力多了。」另一個經理人以同樣的觀點回應道：「跟美國還有日本方面相比，分散而欠缺單一窗口的歐洲單位就像是次等公民一樣。」

大霹靂（Big Bang）

1993年4月，歐洲新力Sony公司的董事長Jack Schmuckli為公司營運史上最重要的改革踏出了第一步，他邀請美國新力Sony公司當時的總裁Ron Sommer回歐洲來擔任新任的營運長。Ron Sommer必須領導歐洲新力Sony公司進行組織重組，套句Jack Schmuckli的話來說，該工作的目的就是「讓歐洲方面能有一個制訂關鍵性決策的全新方法」。Ron Sommer可以自由決定如何重塑歐洲的組織。

Ron Sommer在1991年前往美國前，曾擔任德國的國家經理，而他早在1980年就已加入新力Sony公司了。新力Sony公司許多人都認為，挑選Ron Sommer帶領這次重組的原因十分明顯：他瞭解歐洲的

營運狀況,也在美國看過營運整合後產生的效率;另外一個對Ron Sommer有利的因素則是:他的國際背景。他在以色列出生,父母一個是匈牙利人,一個是俄國人,他本身則在澳洲長大,並在歐洲許多國家工作過,同樣地也有在美國工作過,而且會說多國語言。

Ron Sommer實地探訪過各國的營運作業之後,緊接著在1993年10月正式宣布了新的組織架構。該項由Jack Schmuckli和Ron Sommer共同簽署的宣言裡,預告了歐洲新力Sony公司發展史上另一個新時期的開始,其最終目的是要「徹底扭轉負面(銷售額與邊際獲利)趨勢、並在組織內產生新動力」。這份宣言的結論就是「讓每個人在投身改組工作時,都能夠做積極的理解,並提供大力的支持」。(詳見【附錄9】顯示歐洲新力Sony公司銷售與行銷作業的新組織架構;詳見【附錄13】顯示一部分的組織宣言)

由於所帶來的改革太過重大,人們很快就將歐洲新力Sony公司的改組標上「大霹靂」的封號。這些改革的重點在幾個項目上:

歐洲消費性產品行銷部

總部新增一個職務單位,名為歐洲消費性產品行銷部(Consumer Marketing Europe,簡稱CME),該部門的職責是整合歐洲方面的行銷活動,而CME的領導人必須直接對營運長負責,CME是由五個產品團隊的領導人(被指派為行銷協理)所組成,他們各自對其所專屬的產品類別負擔盈虧之責,此外還要負責一系列的決策,這些決策包括價格、廣告、促銷、購買、存貨管理……等。而這些決策原本是由各國的經營團隊所控制的。

消費性產品銷售部

總部的另一個新增單位則是消費性產品銷售部,它負責掌管依地理位置劃分的四個銷售區域。各國的銷售經理都必須依照其所屬的銷售區域向此一部門負責。而這四個銷售區域的銷售協理也要直接向營運長負責,而這些協理在其所屬區域負責所有銷售事宜,以及與代理

商之間的關係。

營運支援部

　　資訊系統、物流、消費者服務等三種企業功能，被重新組合成新設立的營運支援部。營運支援部的目標是使銷售經濟狀況改善、充分利用資源、減少重複浪費、使跨歐洲計畫達到最佳化地步。該部門是由營運支援部的協理領導，這個職位也是直接向營運長負責。

各國的營運單位

　　新力Sony公司在東、西歐22個國家的合法利益，仍然由各國的營運單位負責。根據1993年10月的宣言，各國經理要向營運長做正式報告（營運長與各國銷售經理有間接性的關係），因此各國經理在新組織裡更形重要。而且身為營運長的左右手，在組織架構改變後，這些各國經理要負責使作業還能順利推行，並使各國的經營達到最佳情況。

　　身為董事長兼執行長的Jack Schmuckli，身負歐洲新力Sony公司所有的責任，並直接監督所有總部新部門的運作，也要關注工程及製造營運在東歐與歐亞大陸的發展。

運作邏輯

　　在正式改組前，Ron Sommer就已經和Jack Schmuckli、位在東京的資深經理人、歐洲組織裡的主要國家經理，一同做出許多決議。東京方面擔心這個新架構將會把日本的產品經營團隊，與那些最靠近市場的歐洲各國經營團隊隔離開來，而這種連結關係對於日本產品經營團隊特別重要。再者，新力Sony日本方面比較想要簡單的架構，總公司擔心新架構會削弱以往由各國經理個別與日本方面洽商時，所肩負的那份使命感。

　　對於Jack Schmuckli來說，新組織的運作邏輯和修正過的決策過程，都是為了更強調歐洲利益而形成的：

在過去，歐洲的產品管理部門與產品團隊是密不可分的，這個事實導致公司以目標銷售量為重，並會設定能夠達成目標的價格，獲利反而是各國經營團隊的問題。因此，Ron Sommer堅持要將歐洲地區的行銷活動與工程／製造活動區隔開來。

歐洲新力Sony公司改組後希望達成兩個方面的目標：順暢的決策過程與物流體系，包括存貨管理在內。這兩項任務原本是由各國的經營團隊來掌控，但在新的架構下，將由歐洲總部統合過的單一決策機制所取代，該決策將會反映各國在整併後的需求。同樣地，由於物流管理的集中化，歐洲新力Sony公司的目標是將歐洲存貨水準從三千多項商品降下來。

建立新架構的另一個理由是要處理歐洲日漸複雜的業務，並為組織重新注入活力，Ron Sommer闡述道：

> 我們擁有的選擇非常簡單：要不就是保持原樣，要不就想出鼓舞人心的方法。若是將底下的安全機制撤走，看看誰能在這樣的新環境裡任意遊走。我認為需要重大改革的理由很多，其中也包括鼓舞人心和提振士氣。

我的目標是利用清晰的決策金字塔，使每個國家團隊都保有創業家精神，能夠像支軍隊一樣運作。我們在這種模式下出狀況時，不用再為誰該出面救援而傷透腦筋。由歐洲方面做出的決議會愈來愈多。我們擁有的歐洲消費者日漸增加，而跨國送貨會構成問題。對國際化業者的處理，執掌中央的我們會比任何一國的經營團隊處理的更好。這不是在搞權力集中化，也不是在搞架構複雜化，這只是在今日歐洲的現實環境下經營企業罷了。

> 你不能仰賴22國經理的共識來處理歐洲問題。如果中央統合決議了一件事之後，各國經營團隊的人就把可以注意力

放在真正屬於各國的事務上。我們難道真的得要派100個人到東京去開會才行嗎？

　　也許我們可以將一般管銷費用的支出，從目前佔銷售金額16％的情況降到10％，有些人說：「這主意真蠢，你絕不可能成功的。」但我卻認為只要我們以整個歐洲的觀點來處理事情，就有機會達成。

有些人認為歐洲新力Sony公司1992年在北歐進行的市場整併，是從改組獲利的小型模範。之前，在丹麥、瑞典、挪威、芬蘭這四個國家都是以個別的方式進行管理，每個國家都有完整規模的營運。當時的挪威領導人，亦即日後成為北歐新力Sony營運總監的Jorn Aspelie回憶道：

　　在1992年之前，我們擁有四位國家經理、四位行銷經理、四套電腦系統，且其它的每樣東西都有四套。但是當我們建立了北歐統合組織以後，我們每樣東西都只需要一個，結果使我們減少20％的員工，將一般管銷費用從銷售額的22％降到16％，將省下來的費用拿來降低售價，這反而使我們的業績與利潤都增加了。

Jorn Aspelie強調北歐的整併並不能討好所有人的胃口。他談道：「你必須說服人們，不然他們會另謀他職。」

在1996年時，歐洲中程計劃裡已經把營運效率定為目標，一般管銷費用佔銷售額的比率應該要下降2％，員工人數要降低10％，改組也意味著歐洲新力Sony公司的傳統營運哲學變了。Ron Sommer解釋道：

　　我們過去遵循著「灑水壺原理」行事，在每個國家進行同樣且少量的資源散播。可是得到的結果卻是：我們的成長不夠快。現在假如東京方面問我：「德國出了什麼問題？」

我會回答：「不要來問我德國的事，要問就問整個歐洲的事！」

執行：從「大霹靂Big Bang」回歸現實

Jack Schmuckli說道：「要廢除以『地頭蛇country king』爲骨幹的舊架構，比剛開始預料的還要困難。人們對新組織是否有必要存在心存懷疑。有些人說：『之前很不錯，爲什麼要改變工作方式及彼此間的從屬關係呢？』在平靜的表面下，我可以感受到大家都沉默的抗拒著。」

有些國家經理對這種改變過程所產生的反感，與他們對該計畫所要達成目標所產生的反感比起來，更有過之而無不及。某位經驗老到且頗爲成功的經理道出他的顧慮之處：

> 1993年10月的宣言（特別指關於新組織何時會變得有效率的部分）終於都送到每個人手中了！也許這個「大霹靂」是必須的，但是這樣的大改革需要廣泛的溝通，人們必須找到在這艘船上過活的方法呀！

職位任命

儘管剛開始時猶豫不決，但到了1994年3月1日時，許多新職位的人選都必須決定，有些國家的經理在新架構中擔任新職位。重要的CME副總裁職位由一位成功的北歐國家經理擔任；兩位新任的歐洲產品經理都曾經擔任東京產品經營團隊的歐洲代表。德國和葡萄牙兩國的經理則擔任額外的工作，分別負責歐洲產品管理部底下的可攜式電子產品與Hi-Fi音響產品。

消費性產品銷售部副總裁的職缺則留給一位有能力的人。同時，

區域銷售協理則由各國銷售經理或營運總監選出。負責中部地區銷售任務的Helmut Rupsch，則是唯一一位不用負責各國事務的區域銷售協理。在接受任命之前，Helmut Rupsch負責處理德國方面業務與支援的職務。所有負責整個區域的銷售協理都要對Ron Sommer負責。

601

總部職位的任命包括了各單位副總裁、協理、其他職員，零零種種加起來需要將近50個不同的職缺。到了1994年中期，仍有十個左右的職缺沒有適當人選。

Ron Sommer審視這些任命案後相信，這個新架構雖受限於人才的短缺，但卻能讓組織裡的年輕經理開創新的契機。他說道：「我們試著要讓年輕人擔當重任，而且我們正等著看他們如何完成使命。」

策略的落實

在1994年3月初，歐洲新力Sony公司的資深管理階層（各國經理以及歐洲總部職員）都在瑞士的洛桑Lausanne集合，商討將新組織理念化為具體行動的方法。Jack Schmuckli在這場研討會開幕時，就向他的同僚提出明確的請託：

> 我們重新找回以往營運活力的企圖能否成功，得要靠在場的各位。Ron Sommer和我已經把架構給你們了，現在就是你們釐清改組重點，並精確制定各項任務與分配責任的時候了，總歸一句話，讓它實現吧！

在研討會結束的時候，21位與會者以「我們會將它實現」為主題，向Jack Schmuckli以及Ron Sommer進行簡報。有一個小組的經理用「貼近顧客」為主題，來表達他們的新領會：我們必須管理相互矛盾的目標，像是「要更加集權」，卻又要「更有效的分權」。第二組成員提出了他們所謂的「蝴蝶理論」：中間商和消費者的想法與資訊，如何透過各地銷售單位到達CME的耳裡，然後再以一致的口徑傳達給東京產品經營團隊（詳見【附錄10】說明蝴蝶理論）。還有另外一

組人提出「歐洲新力Sony公司交響樂」的概念，來隱喻歐洲協調一致的營運。此外，他們還提出一份詳細的決策分工圖，其餘參與者之後也會利用這張圖，因為它把重大決策的主要責任與次要責任做了明確的劃分（詳見【附錄11】說明歐洲新力Sony公司的決策分工圖）。

浮現的問題

在新組織宣言公布後的一年左右，經營團隊開始注意到某些問題，這些問題涉及了新組織及特定決策程序相關的要素。

各國經理

當1993年10月的宣言促使公司重新考慮各國經理的角色時，這些國家經理的角色定位實際上已經開始成形。在大多數的情況下，各國經理的額外職務是消費性產品的國家銷售總監。在重新定義的角色裡，各國經理已經不再直接納入行銷決策中；而包括產品上市決策在內的行銷決策工作，都已被指派給國家行銷經理負責。國家行銷經理要負責向他們所屬各國的國家經理與總部裡相對應的產品經營團隊經理報告。由於各國經理身為國家銷售總監，故必須負責各國市場的盈虧。

有一位國家經理在評論其新角色時說道：「奪走各地經營團隊在品牌建立上的工作，會在配銷方面造成一種狹隘的心態。」另一位國家經理回想道：「我一直代表我的國家出席東京的產品上市會議，因為我最瞭解我的市場，但現在我已經離開駕駛座了。」這兩位國家經理都沒有出席1994年的產品上市會議。其中一位還暗示在新架構裡的國家經理有一項風險，也就是其工作會被降級到相當於「安排聖誕舞會」的程度而已。

英國新力Sony的領導人Shin Tagaki對重新定義過的各國經營團隊有所顧慮，他批評新架構過於集權。Shin Tagaki擔心新秩序將使市場裡的人員士氣低落，他說道：「這些人投注全副心神在工作上，我擔

心我們越是集權，東京營運團隊對各地狀況的瞭解反而會更加模糊。」他想起東京產品上市會議所扮演的關鍵性的角色。在會議上，各國經理都要跟東京營運團隊協商交涉。他補充說：「這些都是棘手的會議，你到達日本後有時差，會議室又不怎麼好，然後你還得遭受質問。如果你的業績記錄呈現上揚，那還好；假如不是的話，你必須為你自己辯護，然後再重新提出承諾與保證。」

歐洲消費性產品行銷部（CME）

另一個與各國經理的角色改變有關的爭議是：CME在新組織裡究竟能有何作為？預期中，歐洲總部產品經理應當要在行銷方面協助各地營運，並單獨代表歐洲與東京方面討論設計與製造的相關事宜。有些國家經理認為以CME目前的職權來看，套句一位國家經理的話，可說已經成了一個「巨大的官僚層級」，因為CME不僅不懂各國市場運作的訣竅，而且與大家較偏好直接接觸的日本方面比起來，可信度又不夠。有許多人都懷疑CME是否能夠完成雄心壯志。

有一位新上任的國家經理則持非常不同的觀點：「我所期望的CME，應該跳脫電視、音響等產品別所圈限的小格局，應該從整體面著手使營運最佳化，並看管歐洲新力Sony公司。CME必須守護及提升新力Sony的形象，還要與消費模式保持同步，並隨時與日本保持聯繫。最後我們需要一位協調者，當然這只在我們無法獲得共識時派得上用場！」

產品管理部門

在舊組織架構中，歐洲產品經理們只是新力Sony公司產品開發與製造部門的職位，其職責是協助日本方面的生產作業與歐洲各地銷售配合。在新力Sony公司，這種過程稱為「Seihan」，而大家認為該過程對消費品銷售的利潤影響十分重大。產品經理並不會控制各國市場的價格或存貨水準，也不必對相關產品在歐洲的獲利情況負責。

產品經理的職責因為歐洲新力Sony公司的改組而產生了重大的

改變。這些職位被納入CME之中，代表市場且與上游活動彼此分開。唯一的例外則是電視產品管理部門，因為它原本就有充分整合的歐洲營運中心。再者，這是產品管理部門頭一次負責決策，而決策範圍包括從日本採購、產品定位、價格、存貨控制、物流作業……等。不過依照原本的計劃，這項工作本來就應當要由中央來管理的。

新產品管理架構使組織增添了額外的需求。有一位掌管小規模、高獲利市場的國家經理，他對於額外的文書工作感到相當沮喪。他說道：「我這裡的一位員工一連加了好幾天班，結果原因只是某位歐洲總部的產品經理想把某項數字調高到6％，並試圖從各地多吸收一些經費，這使得我的員工必須重新安排預算！而且我們並沒有因為文書工作變多而受益，也沒有獲得明顯的改善。」

唯一不擔心產品管理部門的就是歐洲新力Sony公司的電視經營團隊了。由於多年來它們在歐洲已經有了一個充分整合的營運中心，而且還囊括了產品開發及製造部門，所以很多人都把電視產品團隊視為歐洲整合的榜樣。電視團隊的總部行銷協理Ichiro Mihara對其團隊的操作方式做了以下的闡釋：「我們在歐洲已經具備工程與製造部門了；因此相對來說，要從中央的行銷角度將這些經營作業整合起來，就會比較容易。但其它需要仰賴東京貨源的產品部門則不然。」他堅持他的市場行銷經理「不得麻煩各國經理」。維持各國市場發展不可或缺的基層工作才是這些市場行銷經理該做的工作。對於Ichiro Mihara來說，「基層工作」意指交易訪談、提出每個市場的觀察結果、找出可靠的資訊。

產品管理部門另一項引起顧慮的原因是其所擔負的企業盈虧責任。一位資深的歐洲總部經理人懷疑是否各國經營團隊還是不能放手，因為它們與歐洲總部的產品管理部門分擔同樣的營利責任。其他人認為若是產品管理部門不必為結果負責，那麼產品管理部門的存在就沒有實質意義了。還有一些人認為共同承擔責任是向前跨出了一大步，法國新力Sony的營運總監Jean-Michel Perbet，對於他和電視團隊

的新關係做了以下評論：

> 我們現在共同承擔責任了，所以我必須擔心Ichiro
> Mihara的盈虧，而他也必須擔心我的盈虧，這是一項重大的
> 改變。公司真正的敵人在外面，我們不能夠起內訌。飛利浦
> Philips公司可從未停下產品銷售的腳步！

區域性銷售部門（regional sales）

　　對於歐洲消費性產品銷售部門區分為四個區域的作用，新組織裡
還有許多人員不甚清楚。

　　對於漸增的跨國貿易與配銷通路問題的管理，正是區域性銷售部
門所扮演的關鍵角色。區域銷售協理與各國銷售經理必須共同合作，
在價格與交易條件尋求協調。區域性銷售部門所要負責的其它活動，
乃是利用中央方面提供的資訊、交通資源、該區域的市場物流支援、
顧客服務，以便進行聯合促銷活動。各區域銷售協理必須負起該區域
的盈虧責任。

　　並不是每個人都很瞭解區域性銷售部門的貢獻。就一方面來說，
它與CME及其地方性行銷分支單位的工作似乎有所重疊。這些重疊
的工作包括所謂的「最終淨利」價格（或是最終交易價格）、地方性
促銷、存貨管理在內。而就另一方面來說，有些人懷疑現存的跨國貿
易規模，是否能為這項有形的中央功能提供一個必須存在的理由。一
位國家銷售經理評論道：

> 跨歐洲的交易是一種錯覺！我們所擁有的不過是歐洲各
> 地超過1,000位成員的跨歐洲採購集團而已。但即使如此，
> 最終的採購決定權仍落在獨立的各國經銷商手上。假如各國
> 經銷商沒有下訂單的話，統合採購中心也不會有任何的進
> 貨。

與這些疑慮相抗衡的論點指出,既然CME在定義上是與產品行銷事務有關的部門,那麼歐洲新力Sony公司就需要另一個職位,來專心致力於代理商及實地銷售方面的事務。對於身為中區銷售協理的Helmut Rupsch而言,這事再清楚不過了。他說道:

> 我深信我們需要一個跟CME互補的職務,這個組織缺少它就會導致權力不平衡。對於批發商逐日壯大、且又積極於國際貿易,這實在是一個很不幸的發展。

管理能力

在經營團隊的指派過程中,Jack Schmuckli與Ron Sommer清楚知道歐洲新力Sony公司在管理方面的水準尚嫌不足,沒有足以處理新架構複雜組織的人才。Jack Schmuckli觀察道:「我們需要新型態的經理帶領我們達到目標,而我們擁有的多半是已養成舊型態思想的經理,那些人學到的是親身處理業務的方法,他們欠缺策略思考時所不可或缺的訣竅。」其他人也同意這個說法。物流協理Shin Yamamoto認為新基礎架構所需的能力是某些人所欠缺的跨國交涉能力。他說道:「我們日本人並不習慣在會議中爭論,但是跨國交涉能力對全球性企業是非常重要的,所以我們必須加快腳步學會它。」

從正面的角度來看,這項重整給了很多年輕經理晉升的機會。企業規劃協理Noby Maeda評論道:「幸虧橫跨全歐洲這樣的視野,讓現在年輕經理肩負重任的機會大增,這種機會在各國市場不多啊。」

變化的步調

當某些經理人覺得歐洲新力Sony公司的變化速度太快時,有些人卻覺得還不夠快,Jack Schmuckli就是屬於後者。他說道:「有一些大型國家的營運單位卻步不前、靜觀其變,而且它們工作的方式與以前大同小異;還有一些人甚至坐視業績低落而不管!」北歐新力

Sony的營運總監Jorn Aspelie同意這項說法：「很多人都希望都回到舊日時光，尤其是大國市場裡的重要的經理。」

一堆經理將參差不齊的步調歸咎於基礎不夠穩固。同時負責北歐區域的英國銷售協理Pearson解釋說：「在宣言公布前，並沒有充分的觀念紮根溝通。『大霹靂Big Bang』的做法與不當的人選也使得問題更加惡化。」新上任的物流協理Shin Yamamoto頗贊成這項說法，他補充道：

> 我們並沒有把重整的理由清楚地傳達給每個人知道，大家搞不清楚迫使這項重整上路的理由，究竟是市場不夠理想？還是一般管銷費用佔用銷售金額的比例太高。整個重組的過程跑在目標的前面，但現在重組本身卻成了一個目標。

Jack Schmuckli認為跟「大霹靂Big Bang」有關的潛在問題被小看了：

> 組織重組的運行邏輯並不單只是把新組織結合在一起而已，還得向所有受影響的人解釋其中的道理。一份宣言並不足以解釋這道理，所以許多人很沮喪的來找我，我花費了很多精力來告訴人們為什麼需要改變。他們來找我是因為我是組織裡唯一一個沒有受到改變影響的人，其他人全都受到影響了。

有些國家經理擔心要是不能創造更快速的進步，整個重組過程都會失去衝力，Jorn Aspelie評論說：「假如我們在地方上的動作不夠快，特別當市場又比較大時，我們會擔心上級做出快速但無用的決定，這樣會加強組織的風險，也不是一個健全的發展方向。」

評估狀況

當Ron Sommer回想新組織剛上路的前幾個月時光，對許多浮現

的問題都有了瞭解：

　　這些抱怨的好處是可以幫助你認清問題並解決它。你怎麼讓每個人都對大改革有心理準備呢？其中一個方法就是讓他們自己由做中學。以前的組織並不能讓人成長，我們可能要多花兩年的時間，才能讓大家都達到自我激勵的層次。這就像是在一座老車站裡，有很多開往不同方向的車子，開始時你必須親自移動每輛車，當他們各就各位時，你就開始獲得那份衝力了。

Noby Maeda評論Ron Sommer的方法：

　　Ron Sommer是一個超級經理人，他想要做的比他設定的目標還要更好，這樣他才可以更接近他的目標。而且他告訴每個人：「我要你多點侵略性，發出點聲響。假如你不抱怨的話，那你就不會升遷了！」

近來的發展

　　1994年10月，歐洲消費性產品行銷部門（簡稱CME）副總裁不到一年就辭職了，Ron Sommer認為在重大的重組下，這種錯誤是無法避免的：

　　我們也許可以在踏出第一步的時候花更長的時間做多方考慮，也許可以多等五年來尋找或培養一個適合這份工作的人才。我們在歐洲往往是行動之前考慮太久，而美國的情況比我們好多了。我偏向行動，而不是思考。重點是你必須在明知沒有適合人才的情況下，有膽量做出改變才行。你必須甘冒培養不出所需人才的風險，而我一點也不怕冒著這項風險。

第一位CME副總裁的突然離職，留下一個重要的職缺。為了尋找適合的人選，Ron Sommer曾向不少位資深的經理人請益。Shin Takagi是被提名人選之一，他是目前英國的國家經理，也是Jack Schmuckli所偏好的人選。Shin Takagi在歐洲新力Sony公司裡算是一位資深的經理人，他從1976年就開始在德國、義大利、西班牙等地擔任國家經理了，1987年他進入美國新力Sony服務，1990年被指派為美國新力Sony錄影媒體產品的總裁兼執行長。（詳見【附錄12】有關Shin Takagi在新力Sony公司的職場生涯歷史）

Shin Takagi有資格擔任CME的職務是無庸置疑的。一位國家經理評論道：「Shin Takagi是唯一可以做這份工作的人選，他的資深經驗以及他的國際歷練，讓他成為一個理想的候選人。」

一些資深經理人最關切的是，Shin Takagi對於CME在新組織裡的定位持有明顯不同的觀點。Shin Takagi在一些歐洲總部經理與國家經理都出席的會議裡，公開地批評CME原本提倡的集權角色，而且他對跨歐洲行銷活動在將來的可行性抱持存疑的態度。

有一位國家經理表示：「Shin Takagi聰明過人。他如果得到那份工作，多半會追求一種不同以往的方向。」

結論

由於警覺到Shin Takagi對歐洲整合計畫所持的保留態度，Ron Sommer雖然信得過他的相關經歷，仍懷疑是否該讓一位英國的國家經理來擔任CME的職位。他也無法確定Takagi心理是否真的接受該計畫。Ron Sommer打算把Shin Takagi對新架構集權化欠缺興趣的傾向，一起搭配他的完整資歷再做衡量。

附錄1　新力Sony公司相關產品介紹

1950年	日本第一台錄放音機
1955年	日本第一台電晶體收音機
1960年	全世界第一台電晶體電視機
1962年	全世界第一台電晶體錄放影機
1965年	全世界第一台家用錄放影機
1968年	全世界第一台彩色電視機
1971年	全世界第一個彩色錄影帶格式
1975年	全世界第一台卡帶式（Betamax）錄放影機
1979年	全世界第一台個人用立體隨身聽
1981年	全世界第一個可攜式錄影帶格式
1981年	全世界第一個高解析度錄影帶格式
1982年	全世界第一台CD播放器
1983年	推出全世界新標準規格的3.5吋磁碟片
1985年	全世界第一個通用的攝影帶格式
1986年	全世界第一台組合式數位錄放影機
1988年	全世界第一台複合式數位錄放影機
1992年	全世界第一台藍光雷射光碟機
1992年	全世界第一個家用數位磁碟錄影格式

資料來源：新力Sony公司資料

附錄2 新力Sony公司在歐洲的營運發展史

總部與支援功能

1960年：瑞士Baar，新力Sony海外S.A.公司—財務服務單位

1971年：荷蘭Vianen，新力Sony歐洲物流事業單位

1973年：比利時布魯塞爾Brussels，新力Sony歐洲服務中心

1986年：德國柯隆Cologne，歐洲新力Sony公司—營運總部
英國Basingstoke，Basingstoke技術中心

1987年：德國Fellbach，司圖加特Stuttgart技術中心

1990年開始：
比利時布魯塞爾Brussels，新力Sony歐洲事務處
英國倫敦London，新力Sony財務服務處（歐洲）
荷蘭阿姆斯特丹Amsterdam，新力Sony歐洲分部—營運中心
德國Dusseldorf，新力Sony歐洲電腦服務處
比利時布魯塞爾Brussels，新力Sony電信事務處

營運團隊與製造單位

消費性產品：

1974年：英國Pencoed，新力Sony英國製造公司（電視機）
英國Bridgend，新力Sony英國製造公司（映像管）

1975年：德國Fellbach，新力Sony不面電視（Wega）生產有限公司

1982年：西班牙Viladecavalls，新力Sony巴塞隆納Barcelona廠

1986年：法國Ribeauville，歐洲影音設備生產中心—Alsace廠

1987年：英國Staines，歐洲電視生產中心

1990年：荷蘭Badhoevedorp，歐洲消費性錄影帶生產中心

1990年開始：
荷蘭Badhoevedorp，歐洲音響生產中心

銷售與服務單位

1968年：英國Staines，英國新力Sony有限公司

1970年：德國柯隆Cologne，德國新力Sony有限公司（GmbH）

1973年：法國巴黎Paris，法國新力Sony公司
西班牙巴塞隆納Barcelona，西班牙新力Sony公司
義大利米蘭Milan，義大利新力Sony公司

1974年：丹麥哥本哈根Copenhagen，丹麥新力Sony公司

1977年：比利時布魯塞爾Brussels，比利時新力Sony公司

1979年：奧地利維也納Vienna，奧地利新力Sony公司
荷蘭阿姆斯特丹Amsterdam，荷蘭新力Sony公司

1986年：葡萄牙里斯本Lisbon，葡萄牙新力Sony公司
瑞士蘇黎世Zurich，瑞士新力Sony公司

1990年開始：
捷克布拉格Prague，捷克新力Sony公司
芬蘭赫爾辛基Helsinki，芬蘭新力Sony公司
希臘雅典Athens，希臘新力Sony公司
愛爾蘭都柏林Dublin，愛爾蘭新力Sony公司
丹麥哥本哈根Copenhagen，北歐新力Sony公司
挪威奧斯陸Oslo，挪威新力Sony公司
蘇俄莫斯科Moscow，蘇俄新力Sony公司
瑞典斯德哥爾摩Stockholm，瑞典新力Sony公司
土耳其伊斯坦堡Istanbul，土耳其新力Sony公司

資料來源：新力Sony公司資料

附錄3　歐洲各國經營團隊與新力Sony公司東京總部
　　　　之間的關係發展

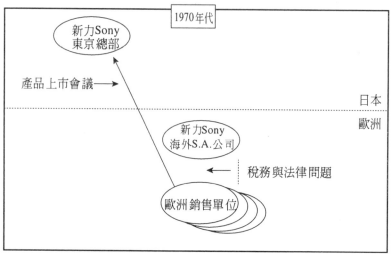

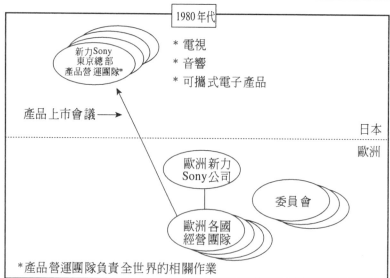

資料來源：新力Sony公司資料

附錄4　歐洲消費性電子產品主要製造商的市場佔有率與整個市場的規模之間的關係發展

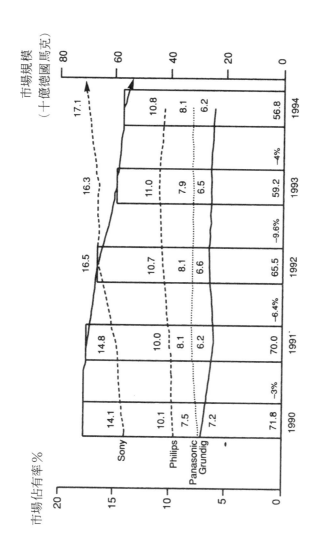

資料來源：新力Sony公司資料

附錄5　依產品類別分析的歐洲消費性電子產品銷售趨勢

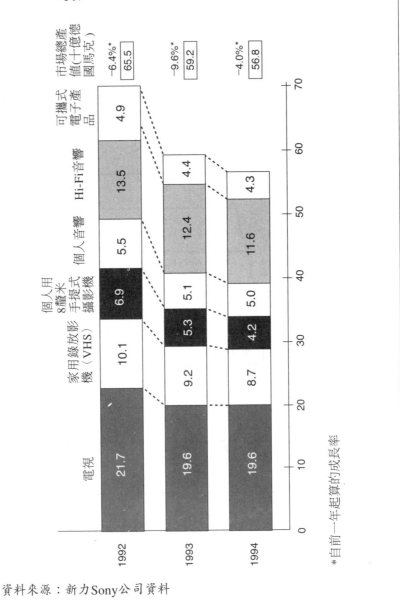

資料來源：新力Sony公司資料

附錄6 依區域與國家分析的歐洲消費性電子產品銷售趨勢

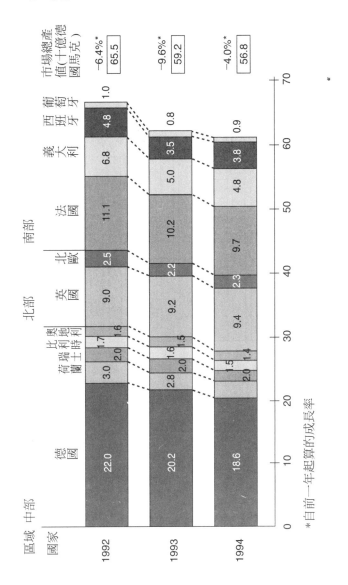

資料來源：新力Sony公司資料

附錄7 1992年歐洲每人平均在消費性電子產品的支
出金額

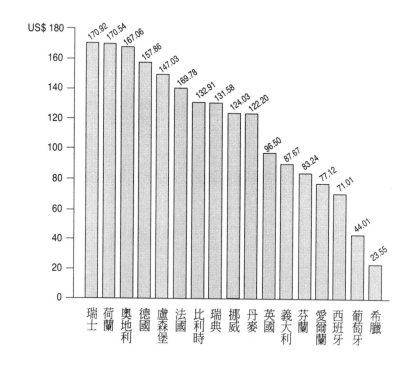

US$ 180

170.92 170.54 167.06 157.86 147.03 169.78 132.91 131.58 124.03 122.20 96.50 87.67 83.24 77.12 71.01 44.01 23.55

瑞士 荷蘭 奧地利 德國 盧森堡 法國 比利時 瑞典 挪威 丹麥 英國 義大利 芬蘭 愛爾蘭 西班牙 葡萄牙 希臘

資料來源：Euromonitor雜誌

附錄8　消費性電子產品在各配銷通路的分配比率

	專賣店				非專賣店*	
	獨立經銷商與採購集團%		連鎖店%		%	
國家	1990年	1993年	1990年	1993年	1990年	1993年
德國	56	50	9	13	35	37
法國	30	25	39	43	31	32
英國	34	32	51	58	15	10
義大利		>85		<5	11	10
西班牙	45	35	10	15	45	50
荷蘭	62	61	29	33	9	6
瑞典	67	55	25	40	8	5
挪威	90	85	6	10	4	5
芬蘭	71	69	19	23	10	8
丹麥	49	45	35	42	15	13
瑞士	50	50	25	25	25	25
比利時	62	55	20	25	18	20
奧地利	53	45	37	45	10	10
全歐洲	54	49	22	27	25	24

*非專賣店涵蓋所有一般銷售通路據點，包括百貨公司、大型量販店……
　等。

資料來源：新力Sony公司資料

附錄9　歐洲新力Sony公司銷售與行銷作業的新組織架構

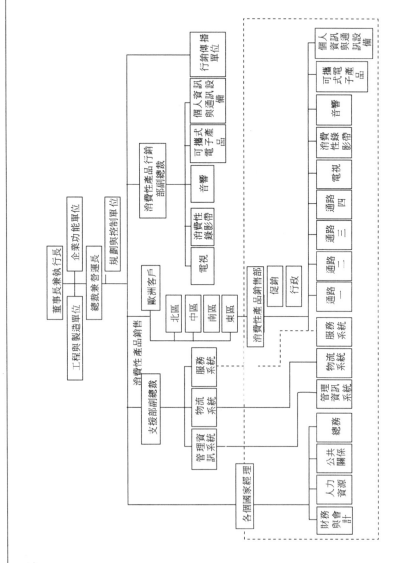

資料來源：新力Sony公司資料

附錄10 　蝴蝶理論

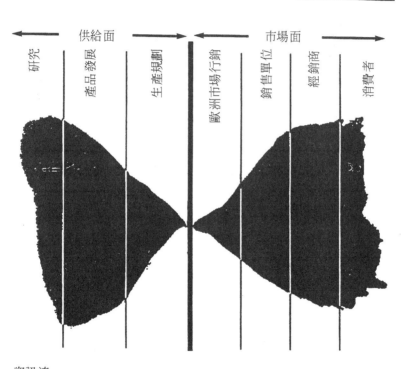

資訊流

供給面　　　　　　　市場面

研究　產品發展　生產規劃　歐洲市場行銷　銷售單位　經銷商　消費者

資訊流

資料來源：新力Sony公司資料

附錄11　歐洲新力Sony公司的決策分工圖

	執行長／營運長	歐洲總部	歐洲消費性產品行銷部	銷售區域	各國銷售單位
定價					
轉撥計價			●		
經銷商淨價			●		
基本零售價			●		
最終零售價					●
採購			●		◆
存貨			●		◆
盈虧狀況					
水平指揮鏈				●	●
垂直指揮鏈－全歐洲			●		
整體		●			
廣告與促銷					
全歐洲			●		
各國市場					●
預算核准					
水平指揮鏈				●	
垂直指揮鏈－全歐洲			●		
整體		●			
與東京方面協調		●			
歐洲客戶				●	◆
支援功能			●		◆
財務					

●主要

◆次要

資料來源：新力Sony公司資料

附錄12　Shin Takagi在新力Sony公司的職場生涯歷史

1973年　　在日本加入新力Sony公司。

1976年　　在德國新力Sony公司擔任Jack Schmuckli的特別助理，負責行銷、採購、銷售管理……等工作。

1979年　　在義大利新力Sony公司負責配銷通路系統的工作達三年。

1980年　　擔任義大利新力Sony公司的副總裁。

1982年　　擔任西班牙新力Sony公司的營運總監。

1986年　　擔任葡萄牙新力Sony公司的營運總監。

1987年　　轉往美國新力Sony公司的消費性錄影帶部門。

1989年　　於美國新力Sony公司的通訊產品團隊，負責創立九家生產工業用產品的關係企業。

1989年　　參加Harvard哈佛商學院的「高階經理人訓練課程」。
至1990年

1990年　　擔任美國新力Sony公司錄影媒體產品部門的總裁兼執行長，負責此一單位的設立，建立二間工廠，監督生產、行銷、配銷通路系統的活動，直接對公司創辦人Akio Morita負責。

1993年　　擔任英國新力Sony公司的總裁。

資料來源：新力Sony公司資料

附錄13　組織宣言的部份內容

新的歐洲營運架構

　　過去幾年裡，歐洲營運一直享有令人印象深刻的高業績成長，收益也同樣是如此，因此奠定了我們在歐洲第一的地位。

　　然而近日卻受到一些負面因素的影響，導致業績負成長，而收益也跟著緊縮了。

　　我們現在亟需一些能夠扭轉劣勢的動力，讓我們能夠回復到兩位數的成長率，這不只要靠增加市場佔有率來達成，同時也要靠全面擴張市場來達成，並藉此獲得良好的收益，好讓我們可以投資未來擴張的市場。

　　因此我們很樂意向大家宣佈一個會引領我們達成這些目標的新歐洲營運架構。

　　今日新力Sony的營運規模與歐洲市場的日漸整合，都需要更強勢的歐洲銷售與行銷功能來引領我們向前，也需要我們支援各國銷售單位，以強化其銷售與配銷通路的管理及服務運作。此時此刻，為了要達到更好的效率與產能，我們必須要充分利用我們整合後的環境。我們都知道改變是不容易的，我們相信適應環境的能力會是我們競爭的主要資產。

　　我們相信這些組織改變，會將我們的企業往前推進，萬分感謝各位員工對我們追求共同目標的支持。

Jack Schmuckli 先生

董事長兼執行長

Ron Sommer 博士

總裁兼營運長

1993 年 10 月 7 日　德國科隆Cologne

資料來源：新力Sony公司資料

行銷管理全球觀

作　　者 / Kamran Kashani, Dominique Turpin
譯　　者 / 陳智暐、周慈韻
校　　閱 / 許長田
編　　輯 / 趙美惠
出 版 者 / 弘智文化事業有限公司
登 記 證 / 局版台業字第6263號
地　　址 / 台北市丹陽街39號1樓
E-mail :hurngchi@ms39.hinet.net
電　　話 / （02）23959178．0936-252-817
傳　　眞 / （02）23959913．23629917
郵政劃撥 / 19467647　戶名：馮玉蘭
發 行 人 / 邱一文
總 經 銷 / 旭昇圖書有限公司
地　　址 / 台北縣中和市中山路二段352號2樓
電　　話 / （02）22451480
傳　　眞 / （02）22451479
製　　版 / 信利印製有限公司
版　　次 / 2002年6月初版一刷
定　　價 / 600元

ISBN 957-0453-55-9

國家圖書館出版品預行編目資料

行銷管理全球觀 / Kamran Kashani, Dominique
　Turpin作；陳智暐，周慈韻譯 · -- 初版 ·
　-- 臺北市：弘智文化，2002〔民91〕
　　面：　公分.
　譯自：Marketing management: an
international perspective
　ISBN　957-0453-55-9（平裝）

　1.市場學 — 個案研究

　　496　　　　　　　　　　　　91005901